作家榜®经典名著

读经典名著，认准作家榜

大方
sight

颜氏家训

[北齐] 颜之推 著

程小铭 译注

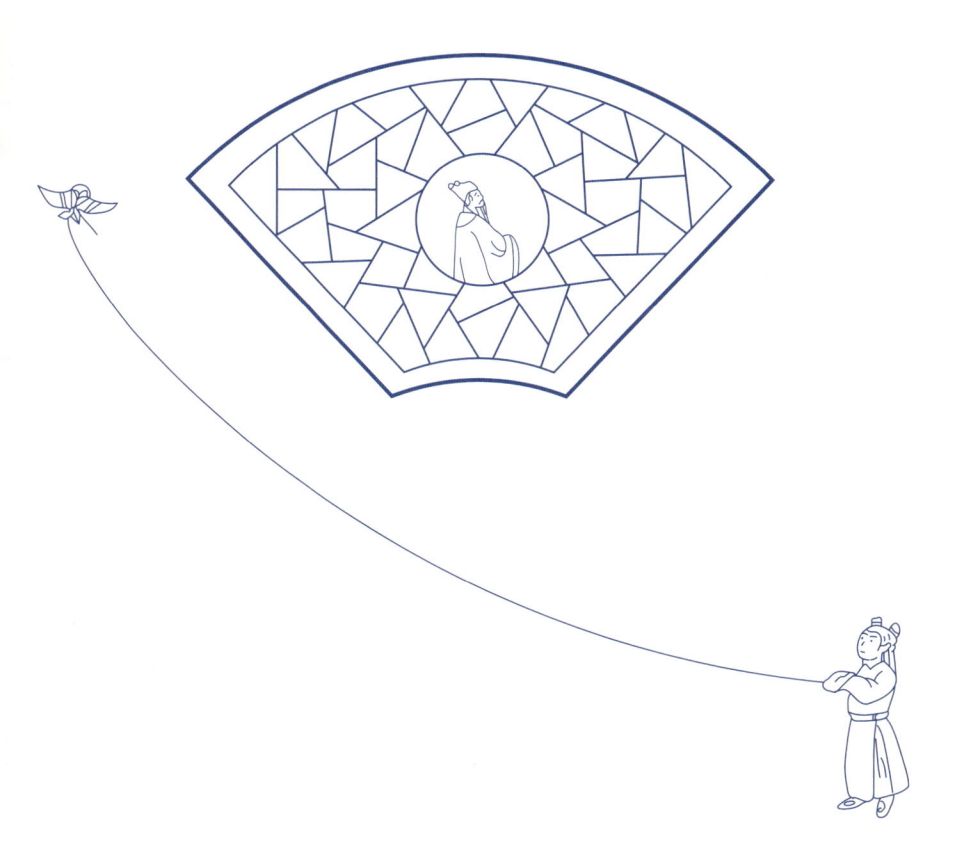

中信出版集团 | 北京

本书所依据底本为清代卢文弨《抱经堂丛书》版

目 录

导读　在时代的乱流中如何修身齐家　　01

	译文	原文
卷第一	001	209
序致第一	003	210
教子第二	007	213
兄弟第三	013	220
后娶第四	019	225
治家第五	025	230
卷第二	033	238
风操第六	035	239
慕贤第七	055	266
卷第三	061	272
勉学第八	063	273
卷第四	087	307
文章第九	089	308
名实第十	103	336
涉务第十一	111	343

	译文	原文
卷第五	117	348
省事第十二	119	349
止足第十三	127	358
诫兵第十四	131	361
养生第十五	135	364
归心第十六	141	369
卷第六	155	382
书证第十七	157	383
卷第七	185	430
音辞第十八	187	431
杂艺第十九	195	444
终制第二十	205	456
译后记	462	
颜之推大事年表	483	

古今家训，以此为祖。

——［宋］陈振孙

凡为人子弟者，当家置一册，奉为明训，不独颜氏。

——［清］王钺

导读
在时代的乱流中如何修身齐家

乱世中的"儒雅之业"

《颜氏家训》是一部被誉为"古今家训之祖"的经典,作者是南北朝时期的颜之推。从文化史的角度看,中国古代精英的人生理想是"立言、立功、立德",而这部《颜氏家训》,正是"立言"的典范。

《颜氏家训》于六世纪末期问世之后,多次被重刻,主要刊本有宋淳熙七年(1180)台州公使库本、明万历二年(1574)颜嗣慎刻本和程荣《汉魏丛书》本、清康熙五十八年(1719)朱轼评点本、雍正二年(1724)黄叔琳刻节钞本、乾隆四十五年(1780)卢文弨(chāo)刻《抱经堂丛书》本、文津阁《四库全书》本。不唯如此,重刻之外,《颜氏家训》问世后还出现了数十种有一定影响的家训之作,形成了一种写作范式。明代著名学者王三聘称赞《颜氏家训》"古今家训,以此为祖",颇为精当。

颜之推写这本书颇有匡世济民的时代心怀,基本立足点是"述立身治家之法,辨正时俗之谬"。在道德立国的中国古代社会,这本书被格外重视,也有着深厚的传统文明内因。然而一切作品都离不开作者的生命体验,表现着作者内心的甘苦。颜之推称自己"生于乱世,长于戎马,流离播越,闻见已多",这深切道出了他写这本家训的深层原因:要为自己一生的坎坷做一个思想上的总结,留给后代,让后人活得更端正、更有价值。

这既来自士大夫阶层"文化传家"的精神惯性,又源于颜之推自身的道德承担意识。颜之推诞生于一个华丽的家族,祖上不乏声名显赫的文化大家,而中国人最为熟悉的,则是颜氏五世之后的唐代大书法家颜真卿。

但颜之推写这本家训,还有一份艰涩的心情,正如他在这本家训中的"戒兵第十四"中所写:

> 颜氏之先,本乎邹、鲁,或分入齐,世以儒雅为业,遍在书记。仲尼门徒,升堂者七十有二,颜氏居八人焉。秦、汉、魏、晋,下逮齐、梁,未有用兵以取达者。
>
> 春秋世,颜高、颜鸣、颜息、颜羽之徒,皆一斗夫耳。齐有颜涿(zhuō)聚,赵有颜冣(zuì),汉末有颜良,宋有颜延之,并处将军之任,竟以颠覆。汉郎颜驷,自称好武,更无事迹。颜忠以党楚王受诛,颜俊以据武威见杀,得姓已来,无清操者,唯此二人,皆罹祸败。顷世乱离,衣冠之士,虽无身手,或聚徒众,违弃素业,徼幸战功。
>
> 吾阮羸薄,仰惟前代,故置心于此,子孙志之。孔子力翘门关,不以力闻,此圣证也。

这段话格外重要,他点出了《颜氏家训》的核心要义:人生在世,最值得去奋斗的是"儒雅为业",而不是"用兵以取达"。

颜之推之所以这样说,是因为他痛苦的人生体会:他的祖上是琅玡临沂(今山东临沂)人,是名门大族。西晋末年"八王之乱",颜氏九世祖颜含跟随琅玡王司马睿南渡,辗转居住于金陵、江陵(又名荆州城,今湖北荆州)。梁武帝中大通三年(531),颜之推出生于江陵。太清三年(549),梁武帝萧衍被叛军囚禁,郁而终。这一年他走出家门,担任湘东王萧绎的国右常侍,开始踏入仕途。第二年,他便成为侯景叛军的俘虏,被押送到建康(今江苏南京)。梁元帝承圣元年(552),侯景叛军被击败,颜之推又回到江陵,担任孝元帝的散骑侍郎,主持校书。554年,战乱又起,梁元帝被杀,颜之推又成为俘虏,被押送西魏。

西魏是个从北魏分裂出来的小王朝,仅仅存在了二十二年(535—556),建都长安(今陕西西安)。西魏后来被北齐取代,颜之推又变成北齐的官员,从天保九年(558)开始,整整干了二十年。577年,北周灭了北齐,四十七岁的颜之推第三次成为俘虏,被送到长安担任御史上士。直到581年,隋文帝杨坚取代北周,颜之推被召为学士,成为隋朝的官员。这段时光他过得比较安定,写下了《颜氏家训》。十余年后,他与世长辞。

颜之推的一生多灾多难,在灾难中他服务过三个不同的王朝,似乎有些失节。他也始终为之感到惭愧,甚至还写过"未获殉陵墓,独生良足耻"这样的沉痛之句。但他对自己"一生而三化"的人生路径也有万般的无奈,因为他看到"自春秋以来,家有奔亡，国有吞灭，君臣固无常分矣"。乱世中的人最能体味"形势比人强"，在兵戈相见的滚滚洪流中，文人很难获得自主与自由。颜之推最向往的还是读书著述的学问之路，但在那个年代，又岂能实现？所以他要写这本书，讲一讲"儒雅之业"应该如何去追求，这是《颜氏家训》的核心价值。

《颜氏家训》共七卷，二十篇。分别是序致第一、教子第二、兄弟第三、后娶第四、治家第五、风操第六、慕贤第七、勉学第八、文章第九、名实第十、涉务第十一、省事第十二、止足第十三、诫兵第十四、养生第十五、归心第十六、书证第十七、音辞第十八、杂艺第十九、终制第二十。从篇名可知，这本书涉及的内容十分丰富，体现了颜之推的思想、观念与学识。我们现在从修身、治家、处世、为学四个方面梳理一下这本书，从细节上体察颜之推在家训中处处显示出来的"君子之道"。

"欲不可纵，志不可满"——颜之推的修身观

工业革命以来，人类的力量获得了机械化、电气化、信息化的强力推动，欲望越来越充盈，四面八方都是征服的脚印。十九世纪五十年代，美国作家麦尔维尔写了本著名长篇小说《白鲸》，其中的主人公亚哈船长为了追杀一条名叫莫比·迪克的大白鲸，不惜断送自己和全船人的生命。如何认识与整合自己的欲望？这是现代人的莫大难题。

颜之推在《颜氏家训》中清醒地认识到人生的一个悲剧："宇

宙可臻其极，情性不知其穷。"人的欲望是心理性的，具有无限扩张的本能。颜之推以儒家经典《礼记》中的名句提醒后人，"欲不可纵，志不可满"，并且告知后人：

先祖靖侯戒子侄曰："汝家书生门户，世无富贵；自今仕宦不可过二千石，婚姻勿贪势家。"吾终身服膺，以为名言也。

这其实是为后人立下了一个欲望的界限：为官不可超过二千石，婚姻嫁娶不要攀附权势显赫之家。为什么颜之推特别重视对欲望的控制呢？因为在他看来，人生追求一定要留有余地，不然时刻都会走在危险的边缘。他形象地写道：

人足所履，不过数寸，然而咫尺之途，必颠蹶于崖岸，拱把之梁，每沉溺于川谷者，何哉？为其旁无馀地故也。
君子之立己，抑亦如之。
至诚之言，人未能信，至洁之行，物或致疑，皆由言行声名，无馀地也。

这就点出了生活中有人会遭受无妄之灾的缘由：说话做事过于胀满，结果险象迭生。

颜之推的这种自我控制，在我们今天人人争先的时代，显得有些中庸。但在农业社会，这种思想毫不奇怪，那时候的人们主要生活在家族社会，集体性的选择远远大于个人选择，"枪打出头鸟"是个常见现象。要生活得安全平顺，湮没在芸芸众生中是最好的选择。颜之推提倡的是"中不溜儿"的精神，要求人尽量低调。这和他的经历也有深刻的关联，《颜氏家训》中写道：

> 仕宦称泰，不过处在中品，前望五十人，后顾五十人，足以免耻辱，无倾危也。高此者，便当罢谢，偃仰私庭。吾近为黄门郎，已可收退；当时羁旅，惧罹谤讟，思为此计，仅未暇尔。
>
> 自丧乱已来，见因托风云，徼幸富贵，旦执机权，夜填坑谷，朔欢卓、郑，晦泣颜、原者，非十人五人也。慎之哉！慎之哉！

"旦执机权，夜填坑谷"——多么惊心动魄的悲剧！他所在的南北朝时期，狼烟四起，杀戮遍地，所以他惊呼："慎之哉！慎之哉！"还十分具体地告诫后人要"处在中品，前望五十人，后顾五十人"。

但颜之推绝不是让人苟且，他是在让人有清晰的选择，不与人争名利，但一定要舍生忘死地担当道义。他说：

> 夫生不可不惜，不可苟惜。
>
> 涉险畏之途，干祸难之事，贪欲以伤生，谗慝而致死，此君子之所惜哉；行诚孝而见贼，履仁义而得罪，丧身以全家，泯躯而济国，君子不咎也。
>
> 自乱离已来，吾见名臣贤士，临难求生，终为不救，徒取窘辱，令人愤懑。

侯景之乱，王公将相，多被戮辱，妃主姬妾，略无全者。唯吴郡太守张嵊（shēng），建义不捷，为贼所害，辞色不挠；及鄱阳王世子谢夫人，登屋诟怒，见射而毙。夫人，谢遵女也。何贤智操行若此之难？婢妾引决若此之易？悲夫！

这一段话铿锵有力，尤其是一句"生不可不惜，不可苟惜"，写出了颜之推的风骨。他深深知道，深陷功名利禄中的人往往容易迷失，位卑言轻的人反而看得清楚，走得端正。为此他感叹：鄱阳王嫡长子萧嗣的夫人谢氏，不怕被叛贼乱箭射死，登上房顶怒骂叛贼。而那些"贤良明智"的吏士却那么胆怯，真让人悲哀呀！

颜之推的深刻，还在于看到了另一种欲望的失控，就是近乎"伪情"的善。他写道：

邺（yè）下有一少年，出为襄国令，颇自勉笃。公事经怀，每加抚恤，以求声誉。

凡遣兵役，握手送离，或赍（jī）梨枣饼饵，人人赠别，云："上命相烦，情所不忍；道路饥渴，以此见思。"民庶称之，不容于口。

及迁为泗州别驾，此费日广，不可常周，一有伪情，触涂难继，功绩遂损败矣。

这个"邺下少年"很有意思，喜欢广施善心，给每个服兵役的男丁送好吃的，受到民众夸赞。但这位小县令的作为显然超出了常理，更超出了制度，是一种不可持续的沽名钓誉。结果他升官之后，这样的"善事"就做不下去了，往日的名声也烟消云散。所以在颜之推看来，"欲不可纵"也包含着控制好善行的"度"，要能够持之以恒，能够普天下而行之。

这对于我们今天的人来说，有很大的启发性。从更广的视角看，任何理想、德行都是有历史条件、有时代限定、有社会阶段的，超越了可能性的"善"常常导致乌托邦式的迷幻，最后走不下去。

因此颜之推注重人人做好自己能做的事，不要过分越界。他认为"人才"可以分为六种，各司其职就好：

士君子之处世，贵能有益于物耳，不徒高谈虚论，左琴右书，以费人君禄位也。

国之用材，大较不过六事：一则朝廷之臣，取其鉴达治体，经纶博雅；二则文史之臣，取其著述宪章，不忘前古；三则军旅之臣，取其断决有谋，强干习事；四则藩屏之臣，取其明练风俗，清白爱民；五则使命之臣，取其识变从宜，不辱君命；六则兴造之臣，取其程功节费，开略有术，此则皆勤学守行者所能辨也。

人性有长短，岂责具美于六涂哉？但当皆晓指趣，能守一职，便无愧耳。

颜之推的立论，最可贵的是看到了每个人的有限性，所有的优秀都在这有限性中，过犹不及，这个人生的尺度，很有哲学智慧。

"人之爱子，罕亦能均"——颜之推的治家观

"修身齐家治国平天下"——这是中国古代君子的理想境界。但颜之推深知，这话讲起来很美，做起来却很难。《颜氏家训》中讲了很多治家的道理，其中最大的问题是"罕亦能均"，也就是种种偏见和偏爱带来的伤害。

最常见的是宠溺。在我们今天的生活中，独生子女享有家庭的中心地位，稍有不慎，教育便会变成"娇育"。颜之推早就看到这种娇生惯养的极大危害，警告后人不要踏入雷区：

> 有一学士，聪敏有才，为父所宠，失于教义：一言之是，遍于行路，终年誉之；一行之非，掩藏文饰，冀其自改。年登婚宦，暴慢日滋，竟以言语不择，为周逖抽肠衅鼓云。

看看这个"聪明孩子"，被父亲宠上了天，变得残暴傲慢，最后被人砍杀，甚至肠子也被抽出来。

颜之推不仅反对这样的宠爱，更反对家庭中的偏爱。他说：

> 人之爱子，罕亦能均；自古及今，此弊多矣。贤俊者自可赏爱，顽鲁者亦当矜怜，有偏宠者，虽欲以厚之，更所以祸之。
>
> 共叔之死，母实为之。赵王之戮，父实使之。刘表之倾宗覆族，袁绍之地裂兵亡，可为灵龟明鉴也。

颜之推的这种观念在古代宗法制度下尤为可贵，他推崇的是平等之爱，具有发乎自然的朴实情感。

家庭是社会的核心，但这个核心在现代社会越来越受到挑战，家庭的分解与重组也成为常态。而颜之推在《颜氏家训》中早就观察到这样的现象，而且鲜明地提出了如何做好"后夫后妻"的大问题：

> 凡庸之性，后夫多宠前夫之孤，后妻必虐前妻之子；非唯妇人怀嫉妒之情，丈夫有沈惑之僻，亦事势使之然也。
>
> 前夫之孤，不敢与我子争家，提携鞠养，积习生爱，故宠之；前妻之子，每居己生之上，宦学婚嫁，莫不为防焉，故虐之。
>
> 异姓宠则父母被怨，继亲虐则兄弟为仇，家有此者，皆门户之祸也。

颜之推看出"后夫多宠前夫之孤，后妻必虐前妻之子"是人性的弱点，这是需要直面的难题，也是"后夫后妻"特别需要警惕的悲剧。平等相待，走出"罕莫能均"的情感陷阱，这才是颜之推心里的期待。

更为可贵的是，《颜氏家训》还对女性的地位有所反思，他特别同情女性面对的歧视，痛惜女性的艰难：

> 太公曰："养女太多，一费也。"陈蕃曰："盗不过五女之门。"女之为累，亦以深矣。然天生蒸民，先人传体，其如之何？世人多不举女，贼行骨肉，岂当如此，而望福于天乎？
>
> 吾有疏亲，家饶媵yìng腾，诞育将及，便遣阍hūn竖守之。体有不

安,窥窗倚户,若生女者,辄持将去;母随号泣,使人不忍闻也。

这里写到了遗弃女婴的可悲现象,颜之推"不忍闻也",专门写进了这本家训,在他那个时代十分难得。

不仅反对歧视女性,颜之推还强烈反对买卖婚姻:

婚姻素对,靖侯成规。
近世嫁娶,遂有卖女纳财,买妇输绢,比量父祖,计较锱^{zī}铢^{zhū},责多还少,市井无异。
或猥婿在门,或傲妇擅室,贪荣求利,反招羞耻,可不慎欤!

看看,他写得多生动,买卖婚姻的结局常常是"或猥婿在门,或傲妇擅室",哪会有什么幸福呢!

读《颜氏家训》,与古往今来那些"治家格言"相当不同的是,颜之推写得很现实,也很有生活的油盐柴米之气,不是那种不食人间烟火的高大上,这才有"家训"的个人化活力,也有"家训"这种面向私人领域的话语特征。

结为兄弟,亦何容易——颜之推的处世观

现代社会是一个流动社会,陌生人聚合到一起,看上去很热闹,但相知不易,持久更难。虽然《颜氏家训》写于农业社会,

但颜之推也清楚地看到人和人的关系始终是人生的一大难题，需要精心对待。

把社会关系家庭化，是传统社会交往中的常见现象。颜之推注意到一种普遍情态：

> 比见北人，甚轻此节，行路相逢，便定昆季，望年观貌，不择是非，至有结父为兄、托子为弟者。

他觉得这状况有些肤浅，陌路相逢，瞬间称兄道弟，这样真的有深情厚谊吗？他认为，"四海之人，结为兄弟，亦何容易。必有志均义敌，令终如始者，方可议之"。

《颜氏家训》这里触及的实际上是人类的"社会感情"问题。家族关系中，血缘很自然地连接着大家的情分，具有一生相扶相济的稳定性。陌生人之间靠什么建立感情？在颜之推看来，从古到今，这都是个巨大的疑问。他父亲的遭遇，让他对人和人之间那种互相取媚的虚情假意避而远之。他在《颜氏家训》中这样写自己的父亲：

> 吾家世文章，甚为典正，不从流俗；梁孝元在蕃邸时，撰《西府新文》，讫无一篇见录者，亦以不偶于世，无郑、卫之音故也。

> 有诗、赋、铭、诔、书、表、启、疏二十卷，吾兄弟始在草土，并未得编次，便遭火荡尽，竟不传于世。衔酷茹恨，彻于心髓！

他父亲的文章没有轻浮的郑国、卫国之风，竟一生寂寞，无人理解，这难道不是世态炎凉的铁证吗？

但人终究是社会动物，需要人和人的多向度联结。人之相与，什么最重要？《颜氏家训》中特别重视的是真情。真情的根本，不是虚美，而是人对人的尊重——尊重他人的人格、贡献、特性。他十分强调尊重别人的劳动：

用其言，弃其身，古人所耻。

凡有一言一行，取于人者，皆显称之，不可窃人之美，以为己力；虽轻虽贱者，必归功焉。窃人之财，刑辟之所处；窃人之美，鬼神之所责。

转化为现代语言，这意味着不能将他人工具化，变为自己牟利的资源。"窃人之美，鬼神之所责"，在我们今天的生活里，市场法则和商业关系无所不在，如何在彼此尊重的基础上建设我们现代社会的情感？《颜氏家训》富于启发性。

当然，人和人之间的联结还应该有更高的层次，相互之间能够提供强大的力量。这就对每个人都提出了一个"相互学习"的要求，要理解和敬重他人的能力。但这正是世俗之人的短板：以为别人的工作都很容易，自己也可以轻易替代。

《颜氏家训》中说：

世人但见跨马被甲，长矟强弓，便云我能为将；不知明乎天道，辨乎地利，比量逆顺，鉴达兴亡之妙也。

但知承上接下，积财聚谷，便云我能为相；不知敬鬼事神，移风易俗，调节阴阳，荐举贤圣之至也。

但知私财不入，公事夙办，便云我能治民；不知诚己刑物，执辔(pèi)如组，反风灭火，化鸱(chī)为凤之术也。

但知抱令守律，早刑晚舍，便云我能平狱；不知同辕观罪，分剑追财，假言而奸露，不问而情得之察也。

爰及农商工贾，厮役奴隶，钓鱼屠肉，饭牛牧羊，皆有先达，可为师表，博学求之，无不利于事也。

颜之推说得多好：种地的农夫、卖货的商贾、靠技艺吃饭的工匠、打鱼的渔夫，甚至童仆、奴隶、屠夫、喂牛的、放羊的，都值得学习。这在等级森严的古代社会，是多么不易！他们中间也都曾出现过有德行学问的前辈，可以作为学习的表率。有这样的平等精神，人间情感怎会不暖？

《颜氏家训》在"处世"的思考中还特别强调"无多言""无多事"，这和孔子提倡的"敏于行而讷于言"一脉相承。颜之推说：

铭金人云："无多言，多言多败；无多事，多事多患。"至哉斯戒也！

能走者夺其翼，善飞者减其指，有角者无上齿，丰后者无前足，盖天道不使物有兼焉也。古人云："多为少善，不如执一；鼫(shí)鼠五能，不成伎术。"

> 近世有两人，朗悟士也，性多营综，略无成名，经不足以待问，史不足以讨论，文章无可传于集录，书迹未堪以留爱玩，卜筮(shì)射六得三，医药治十差(chài)五。

这话说得十分精当。人生很短，一辈子做好一两件事就很不容易了。不需要喋喋不休讲自己要做什么，默默地把自己的专业能力修炼到应有的高度，把自己该做的事做好了，就是最大的与人为善。颜之推很为一些人叹息：明明是很有灵气的人，却忙于各种尝新鲜，不懂得专心于一种事业，失去了自己的生命应该达到的精妙度。现代社会确实有这样一些人：不能始终真正热爱一项事业，总是在各种可能性之间跑来跑去，最后精疲力竭，暗淡收场。颜之推的"家训"，在这一方面适合所有人。

无教而有爱，每不能然——颜之推的为学观

颜之推写《颜氏家训》，关于教育、读书的篇幅较大，这也是他擅长的领域。他注意到教育与学习这件事主要还是针对"中庸之人"，"上智不教而成，下愚虽教无益，中庸之人，不教不知也"。

如何教育？如何学习？颜之推认为应该从胎教开始，学习一辈子：

> 古者，圣王有胎教之法：怀子三月，出居别宫，目不邪视，耳不妄听，音声滋味，以礼节之。书之玉版，藏诸金匮。生子

咳䏿(tí)，师保固明，孝仁礼义，导习之矣。凡庶纵不能尔，当及婴稚，识人颜色，知人喜怒，便加教诲，使为则为，使止则止。比及数岁，可省笞罚。父母威严而有慈，则子女畏慎而生孝矣。

中国古代文化极为重视"孝道"，把"孝"视为孩子的头等大事，需要年轻人付出巨大的努力。但颜之推的逻辑稍有不同：他很看重父母持续不断的教化，培育多年，父母"威严而有慈"，孩子则自然"畏慎而生孝"，儿女孝不孝的根本原因，还是在父母给予的教育中。这样的观念，自然极其看重教育，以优质的教育带动孩子的学习。

而现实生活中，却常常发生截然不同的情况：父母只知道"使为则为"，却不知道"使止则止"，无限度地满足孩子的欲望和需求：

吾见世间，无教而有爱，每不能然；饮食运为，恣其所欲，宜诫翻奖，应诃反笑，至有识知，谓法当尔。骄慢已习，方复制之，捶挞至死而无威，忿怒日隆而增怨，逮于成长，终为败德。

这种状况在贵族子弟中尤为严重，他们靠父母的特权地位，过着花天酒地的生活：

熏衣剃面，傅粉施朱，驾长檐车，跟高齿屐，坐棋子方褥，凭斑丝隐囊，列器玩于左右，从容出入，望若神仙。

这样的"幸福日子",倘若在太平年代也许尚能延喘,一旦社会动荡,这些不学无术的富贵子弟便会立即掉到死亡线上:

及离乱之后,朝市迁革,铨(quán)衡选举,非复曩(nǎng)者之亲;当路秉权,不见昔时之党。求诸身而无所得,施之世而无所用。被褐而丧珠,失皮而露质,兀若枯木,泊若穷流,鹿独戎马之间,转死沟壑之际。

颜之推亲眼看到,战乱蜂起,很多喜欢学习的平民沦为敌人的俘虏。有学问有技艺的人尽管被俘虏了,但因为会识字写作,反而被敌人当作老师。而那些世家大族子弟没有一技之长,几乎不会动笔写作,结果都被罚去种地养马,境遇远远比不上能读会写的那些"下等人"。颜之推不由得感慨:世上的人怎么能不勉励自己刻苦学习呢?如果经常读书,再过一千年也绝不会沦为如此低贱之人。

颜之推说的这番道理,其实大家都明白,只不过人在富贵中,环境过于优渥,没有动力改变自己,错失了学习的黄金年龄。《颜氏家训》中描绘了这样的上流社会纨绔子弟:

多无学术,至于谚云:"上车不落则著作,体中何如则秘书。"……明经求第,则顾人答策;三九公宴,则假手赋诗。当尔之时,亦快士也。

上车不掉下来,就能当著作郎;提笔能写写自己身体如何,就可以做秘书郎。考试或宴席上，不缺人代笔，还博得各种拍马屁的人的喝彩，似乎是个像模像样的"名士"。这样的人从阶层差异中获得丰厚的利益，表面上快活无限。但他们的本质却是软弱无力的寄生虫，是被父母的"无教而爱"推到悬崖边上的多余人，经不起任何社会的风浪。孔子说："饱食终日，无所用心，难矣哉。"讲的就是这种情形。

颜之推在《颜氏家训》中还对不少诗歌、历史资料进行了考证，充分展露了他的学术功底。例如，很多人写信常用"匆匆"这个词，这个词到底是什么意思？颜之推从《说文解字》中找到了答案：

世中书翰，多称匆匆，相承如此，不知所由，或有妄言此怱怱之残缺耳。

案：《说文》："勿者，州里所建之旗也，象其柄及三斿（liú）之形，所以趣（cù）民事。故悤遽（cōng jù）者称为勿勿。"

他通过查阅，弄明白"勿"是乡间的旗子，用来催促老百姓抓紧农业劳动，"匆匆"包含着时间紧迫的意思。一本"家训"里写了不少这样的文字，究其本心，大概是为了彰显知识的力量，为后代立标杆吧。

在诗词解读中，颜之推表现出很高的艺术水准，而且敢于拿经典开刀，表达自己的独立见解。与颜之推差不多同时代的诗人王籍有一首《入若耶溪》，是山水诗中的典范，其中那句"蝉噪林逾静，鸟鸣山更幽"，更是誉满文坛。但颜之推不这样看，他说：

> "蝉噪林逾静,鸟鸣山更幽。"江南以为文外断绝,物无异议。
>
> 简文吟咏,不能忘之,孝元讽味,以为不可复得,至《怀旧志》载于《籍传》。范阳卢询祖,邺下才俊,乃言:"此不成语,何事于能?"魏收亦然其论。
>
> 《诗》云:"萧萧马鸣,悠悠旆旌(pèi jīng)。"毛《传》曰:"言不喧哗也。"吾每叹此解有情致,籍诗生于此耳。

颜之推的这种解读诗意浓浓,颇有诗人的洞察。他从《诗经》中的"萧萧马鸣,悠悠旆旌"感受到以动写静的艺术张力,并与王籍的"蝉噪林逾静,鸟鸣山更幽"进行对比,感叹《诗经》这一句的诗境更高一层,确实是行家之见。

一本《颜氏家训》虽然是为颜氏后代写的,但流传了一代又一代,被古人称赞为"可家置一册,奉为明训,不独颜氏"。(王铁《读书残丛》)它的文化影响为何经久不衰?在今天人人行色匆匆的节奏中,细细读一下这本书,不难体会到一些温润之意,感受到它持久的滋养。

2022 年 6 月

---

1 梁永安:知名学者,文学博士,复旦大学教授。曾任日本神户外国语大学、美国波士顿大学、日本冈山大学、韩国梨花女子大学等院校客座教授。著有后现代文化研究专著《重建总体性》、历史小说《王莽》、传记文学《那朵盛开的藏波罗花》、文学评论《梁永安的爱情课》、文化评论《阅读、游历和爱情》、译作《禅者的初心》等。主编"与西方思想大师对话"丛书。

辛文

卷第一

序致　教子　兄弟
后娶　治家

治家如治国。
父慈而后子孝，
兄友而后弟恭，
夫义而后妇顺。

颜府

序致第一

导言

  本篇为全书之序。

  首先,作者交代了自己的写作动机,他明确表示,写此书的目的在于"整齐门内,提撕子孙",是为了教育自家儿孙晚辈。由于施教者与受教者的这层关系,抽象的说教可以变成娓娓而谈的家常话,这就比外人空讲"师友之诫""尧舜之道"更贴近受教者,因而更易达到良好效果。

  其次,作者着重谈到自己九岁至十八九岁的这段经历:由于父母去世,兄长"有仁无威,导示不切",加之"颇受凡人之所陶染",故养成一些坏毛病,成人以后想改也难。作者以此说明从小接受良好教育的重要性。这些议论无疑是十分中肯的。

古代圣贤们著述的书,是教人行忠孝的,要言语谨慎、行为庄重自持、立身扬名等道理,也已经说得很周全了。

从魏、晋以来,一般人所写的阐述古代圣贤思想的书,道理重复,内容因袭,后来的照搬前面的,好比屋子里又建造屋子、床上再叠放床一样多余。现在我不避照搬之嫌,又来写这一类书,不敢说是想以它作世人行为的规范,不过是以整顿自家门风、警醒后辈儿孙为己任罢了。

同样一句话,有的人就信服,是因为说话者是他们所亲近的人;同样一个吩咐,有的人就照办,是因为作吩咐的是他们所敬服的人。要禁绝孩童的过分淘气,则师友的劝诫还抵不上婢女的指挥命令;要制止兄弟间的内讧,则尧、舜的教导还抵不上他们自家妻子的诱导规劝。

我希望此书为你辈所信服,不过是希望它胜过婢女对孩童、妻子对丈夫所起的作用而已。

我家的门风家教，一向是严整缜密的。

还在孩提时代，我就时时得到长辈的指导教诲；学着我两位兄长的样子，早晚侍奉双亲，一举一动都照规矩办事，神色安顺，言语平和，走路小心恭敬，就同在给父母大人请安时一样。长辈时时传授我佳言锦句，关心我的喜好，勉励我克服缺点，发扬优点，这些没有一样不是恳切深厚的。

我刚满九岁时，父亲便去世了，家道中衰，人丁凋零。慈爱的兄长来尽抚育之责，其困苦辛劳达到极点；但他有仁爱之心而无威严之举，对我的督导就不够严厉。我虽然读了《周礼》《左传》，也有点喜欢写文章，但与平庸之人相交而受其熏染，放纵私欲，信口开河，又不注重衣着容貌的整洁。

到十八九岁时，渐渐懂得要磨炼品性了，但习惯成自然，最终还是难以彻底改掉不良习惯。

二十岁以后，我就很少犯大的过失了，常常是在信口开河时，心里就警觉起来而加以控制，理智与感情往往处于矛盾状态，夜晚觉察到白天的错误，今日追悔昨日的过失，自己意识到是那段时间没有得到好的教育，因此才到这种地步。这时追想平素所立的志向，真是铭心刻骨，那就不仅仅是把古书上的告诫用眼看一遍，用耳听一次所可比拟的。

所以，我留下这二十篇《家训》，以此作为你辈的后车之戒。

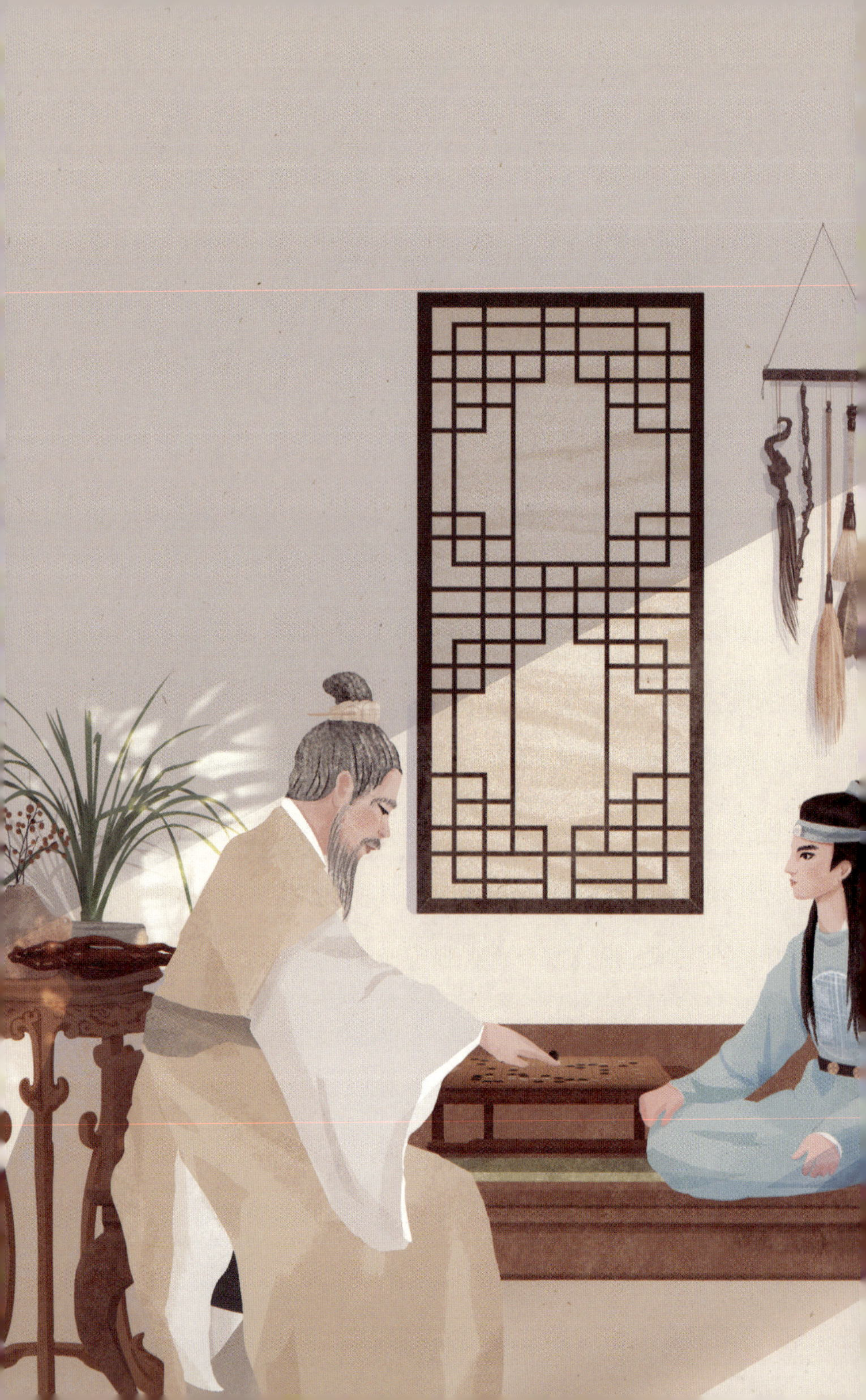

教子第二

导言

　　此篇谈教育子女的有关问题。作者从正反两方面反复举例，说明教育子女的重要性以及方法、目的。

　　首先，作者强调要抓紧对子女的早期教育，这种教育开始得越早越好（包括"胎教"），认为不趁子女幼小时给予良好教育，到习性养成就难以纠正了。

　　其次，强调对子女的教育要严格。作者反复申述父母应该"威严而有慈"，反对"无教而有爱"，认为宠爱孩子最终是害了孩子。为了保持在子女心目中的威严形象，父亲与孩子之间不可过分亲昵，不可不拘礼节，父亲甚至不要亲自教授自己的孩子。只有让子女感到对父母的"畏慎"，才会促使他们产生孝心。

　　此外，作者指出父母对子女应一视同仁，不可偏宠；父母教育子女应有正确的目的，不可为了仕进而谄事权贵，等等。

　　总体来讲，作者的教育思想秉承了儒家的正统观念，并深深打上了那个时代的烙印，但以今天的眼光看，如能去粗取精，去伪存真，则也不乏借鉴、参考的价值。

智力超群的人，不用教育就可以成材；智力迟钝的人，虽受教育也没有用处；智力中常的人，不教育就不会明白事理。

古时候，圣王有所谓胎教的方法：王后怀太子到三个月时，就要搬到专门的房间去住，不该看的就不看，不该听的就不听，音乐、饮食，都依礼加以节制。这种胎教的方法，都写在白石板上，藏在金柜里。太子生下来到两三岁时，师保必然是已经确定好了的，从那时就开始对太子进行孝、仁、礼、义的教育训练。普通平民纵然不能如此，也应当在幼儿知道辨认大人的脸色、明白大人的喜怒时，就开始加以教诲，大人叫他去做他才去做，大人叫他不做他就不做。这样，等他再长大几岁的时候，父母就可不必对他使用打竹板的处罚了。当父母的平时威严而且慈爱，子女就会敬畏谨慎，从而产生孝心。

*

我看这人世上，父母如果不知教育而只是溺爱子女，往往难以教育得当：他们对子女的吃喝玩乐，任意放纵，本应告诫子女时,反而加以奖励,本应呵责子女时,反而面露笑容,等到子女懂事,还以为按道理本当如此。子女骄横傲慢的习气已经养成了,才又去制止它,哪怕把子女鞭抽棍打到死也树立不起父母的威信,对子女的火气一天天增加,却只会招致他们的怨恨,等到子女长大成人,终究是道德败坏。孔子说:"少成若天性,习惯如自然。"就是这个道理。俗话又说:"教媳妇趁新到,教儿子要赶早。"这话一点不假啊!

一般人不去教育子女,也并不是想让子女去犯罪,只是不愿看到子女受责骂而脸色沮丧,不忍子女被荆条抽打皮肉受苦罢了。这应该用治病来打比方,子女生了病,父母哪里能不用汤药针艾去救治他们呢?也应该为那些勤于督促训导子女的父母想一想,他们难道愿意虐待自己的亲骨肉吗?确实是不得已啊。

大司马王僧辩的母亲魏老夫人,品性非常严谨方正。王僧辩在湓(pén)城时,是三千士卒的统领,年纪也过四十了,但稍微不如魏老夫人的意,老夫人还是会用棍棒教训他,正因为受到这样的严格要求,王僧辩才能成就功业。

梁元帝的时候,有一位学士,聪明有才气,从小被父亲宠爱,疏于管教:他若一句话说得漂亮,当爹的巴不得过往行人都晓得,一年到头都挂在嘴上;他若一件事有闪失,当爹的为他百般遮掩粉饰,心里只希望他能自己悄悄改掉。学士成年以后,凶暴傲慢的习气是一天赛过一天,终究因为说话不检点,得罪了周逖,被杀掉后,肠子被抽出,血被拿去涂抹战鼓。

009

＊

以父亲的威严，就不该对孩子过分亲昵；至亲之间可以相亲相爱，但不该不拘礼节。如果不拘礼节，那么慈爱孝敬都谈不上；如果过分亲昵，那么放肆不敬之心就会产生。

古书上讲，从有身份的读书人往上数，他们父子之间都是分室居住的，这就是不过分亲昵的道理；古书上又讲，长辈有个病痛不适，当晚辈的替他们按摩抓搔，长辈起身后，当晚辈的替他们收拾卧具，这就是讲究礼节的正确教育。

有人要问："陈亢这人很高兴听到君子与自己的孩子保持距离的事，这是什么意思呀？"我要回答说："不错啊，大约君子是不亲自教授自己的孩子的，因为《诗经》里面有讽刺骂人的诗句，《周礼》里面有不便言传的告诫，《尚书》里面有悖礼作乱的记载，《春秋》里面有对淫乱行为的指责，《周易》里面有备物致用的卦象，这些都不是当父亲的可以向自己的孩子直接讲述的，所以君子不亲自教授自己的孩子。"

齐武成帝的三儿子琅玡王高俨，是太子高纬的同母弟，他天生就很聪慧，武成帝和明皇后都非常喜欢他，吃的穿的，都让他与太子一个样。武成帝经常当面称赞他说："这可是个机灵的孩子啊，今后会成器的。"等到太子即位，琅玡王被迁到北宫去住，太后给予他的礼仪待遇优厚得过分，与他的兄弟们都不一样；即使这样，太后还说优待不够，常挂在嘴上。

琅玡王十岁左右时，骄横放肆得没有节制，穿的用的，一律要与当皇帝的哥哥相比。一次，他到南殿朝拜，正碰上典御官向皇上进献新从地窖里取出的冰块、钩盾令向皇上进献早熟的李子，他回府后就派人去索取，未得，就大发脾气，骂道："皇上都有的东西，我凭什么就没份？"简直不懂得谨守为臣的本分，他的行为大抵都是如此。有识之士多指责这是古代叔段、州吁的再现。往后，琅邪王讨厌宰相和士开，就假传圣旨将和士开斩首，又担心有人来相救，竟率领手下军士把守殿门。其实他也没有反心，受安抚后也就撤兵了，但后来终究因为此事被朝廷秘密处死。

　　*

　　人们喜爱自己的孩子，却少有能够一视同仁的。从古到今，这中间的弊端可够多了。那聪慧漂亮的孩子，当然值得赏识喜爱；那愚蠢迟钝的孩子，也应该怜悯同情才是。偏宠孩子的人，虽然想以自己的爱厚待他，却反而因此害了他。

　　共叔段的死，实际是他母亲造成的；赵王如意被毒害，实际是他父亲促使的。其他像刘表的宗族倾覆，袁绍的兵败地失，这些事例都像灵龟、明镜一样可供借鉴啊。

　　齐朝有位士大夫，曾经对我讲："我有个孩子，已经十七岁了，很懂抄抄写写的事，我教他讲鲜卑语、弹奏琵琶，他差不多也快掌握了。他用这些特长去为王公大人们效劳，没有人不宠爱他，这也是一件紧要的事啊。"我当时低着头，未作回答。这个人教育孩子，真让人诧异啊！假如因干这种职业，就可当上宰相，我也是不愿让你辈去干的。

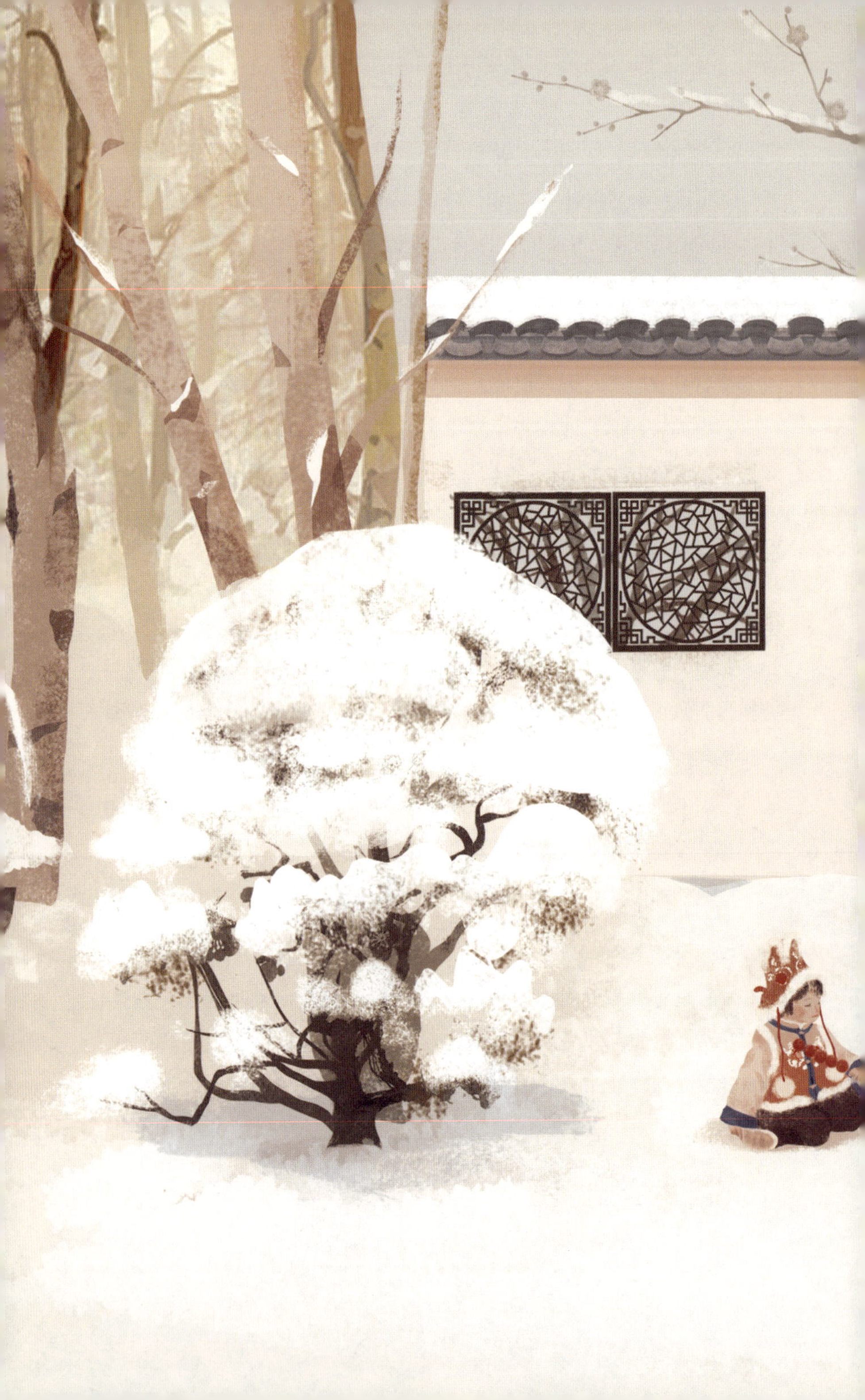

兄弟第三

导言

　　本篇谈兄弟关系。作者对此给予了特别的重视，认为兄弟乃一母所生，有共同的血缘关系（分形连气），从小在一起生活、学习、玩耍，关系密切，理应互相友爱，特别是当弟弟的应该像对父亲那样敬事兄长；对兄弟各自娶妻成家后关系逐渐疏远的现象则颇有微词。作者从正反两方面举例说明了自己的上述观点，应该说是有其积极意义的。

　　但值得注意的是，作者在对兄弟关系表示出特别重视的同时，却对夫妇关系表示出令人惊讶的漠视态度，甚至认为是夫妇关系削弱了兄弟之情，应该像提防雀、鼠、风、雨对房屋的侵蚀那样去提防妻妾童仆对兄弟关系的破坏，这明显地表现出作者歧视妇女的观念。

有了人类然后才有夫妇，有了夫妇然后才有父子，有了父子然后才有兄弟：一个家庭中的亲人，就这三者而已。由此类推，直到产生出九族，都是来源于这"三亲"，所以对于人伦关系来说，这三亲是最为重要的，不可不加以重视。

兄弟，那是一母所生，形体各异但气息相通的人。他们小的时候，父母左手拉一个，右手牵一个；这个扯着父母的前襟，那个就抓住父母的后摆；吃饭是共一个案盘；穿衣是哥哥传给弟弟；学习是弟弟用哥哥用过的课本；游玩是在同一个地方。虽然有那悖礼胡来的人，兄弟间却是不会不互相爱护的。等到他们长大成人，各自娶了妻子，各自有了孩子，虽然有那忠厚重感情的人，兄弟间的感情却会渐渐减弱。

妯娌比起兄弟来，关系就疏远淡薄了。现在让关系疏远淡薄者来决定关系亲密者之间的关系，这就好比给方形的底座配上圆形的盖子，一定是合不拢的。只有那相亲相爱、感情特别深厚、不会受别人影响而改变关系的兄弟，才可避免上述情况。

*

父母死后，兄弟间互相照顾，应当像身体与它的影子，声音与它的回响一样密切。讲到要互相爱护先辈所给予的躯体，要互相珍惜从父母那儿分得的血气，不是兄弟谁会这样互相爱怜呢？兄弟之间的关系与别人是不一样的，相互期望过高就容易产生不满，而地近情亲，不满也容易消除。

就比如一间居室，有一个洞就立刻堵上，有一条缝隙就马上涂盖，这就不会有倒塌的忧虑了。而如果对雀子老鼠的危害不放在心上，对风雨的侵蚀不加提防，就会墙壁倒塌，楹柱摧折，没法补救了。仆妾比起雀子老鼠，妻子比起风雨来，其危害还要更厉害呢！

兄弟之间不和睦，那子侄之间就不会互相爱护；子侄之间不互相爱护，那家庭中的子弟辈们就会关系疏薄；子弟辈们关系疏薄，那童仆之间就互为仇敌了。像这样的家庭，过往路人都可以随意欺辱他们，谁能够救助他们呢？

有的人能够结交天下之士，相互之间都快乐友爱，而对自己的哥哥却缺乏敬意，为什么对多数人可做到的，对少数人却不行呢？有的人统领几万人的军队，能使部属以死效力，而对自己的弟弟却缺乏恩义，为什么对关系疏远的人能做到的，对关系亲密的人却不行呢！

*

　　妯娌之间，容易产生纠纷，即使是同胞姊妹，让她成为妯娌住在一起，也不如让她们远嫁各地。这样，她们反而会因感受霜露的降临而互相思念，仰观日月的运行而遥相盼望。何况妯娌本是陌路之人，处在容易闹纠纷的环境里，互相之间能够不产生嫌隙的，就太少了。

　　之所以会这样，是因为大家以私情处理家庭中的集体事务，肩负重大的家庭责任却心怀个人的区区恩义。如果她们能够本着仁爱之心行事，把别人的孩子当成自己的孩子加以爱护，则这种弊端就不会产生了。

*

　　有的人不肯以对待父亲的态度敬事兄长，他又何必埋怨兄长对他不如对自家孩子那般爱护呢？以此反观自己就可看出缺乏自知之明。

　　沛国的刘琎与哥哥刘 瓛(huán) 住房只隔一层墙壁，一次，刘瓛呼叫刘琎，连叫几声都没有答音，过了好一会才听见刘琎答应。刘瓛感到奇怪，问他原因，他说："因为刚才还没有穿戴好衣帽。"以这样的态度敬事兄长，可以不必担心哥哥对弟弟不如对自家的孩子了。

　　江陵的王玄绍，与他弟弟孝英、子敏兄弟三人，特别友爱，谁要得到美味新奇的食品，除非是兄弟三人在一起共享，否则绝不会有谁一人先去品尝。兄弟三人虽然互相勤勉相待，见面时仍觉自己做得不够。赶上西台陷落,玄绍因为体形魁梧,被敌兵包围,两个弟弟争着去抱他,请求敌兵允许自己替哥哥去死,但还是未能消解厄运,最终被一同杀害。

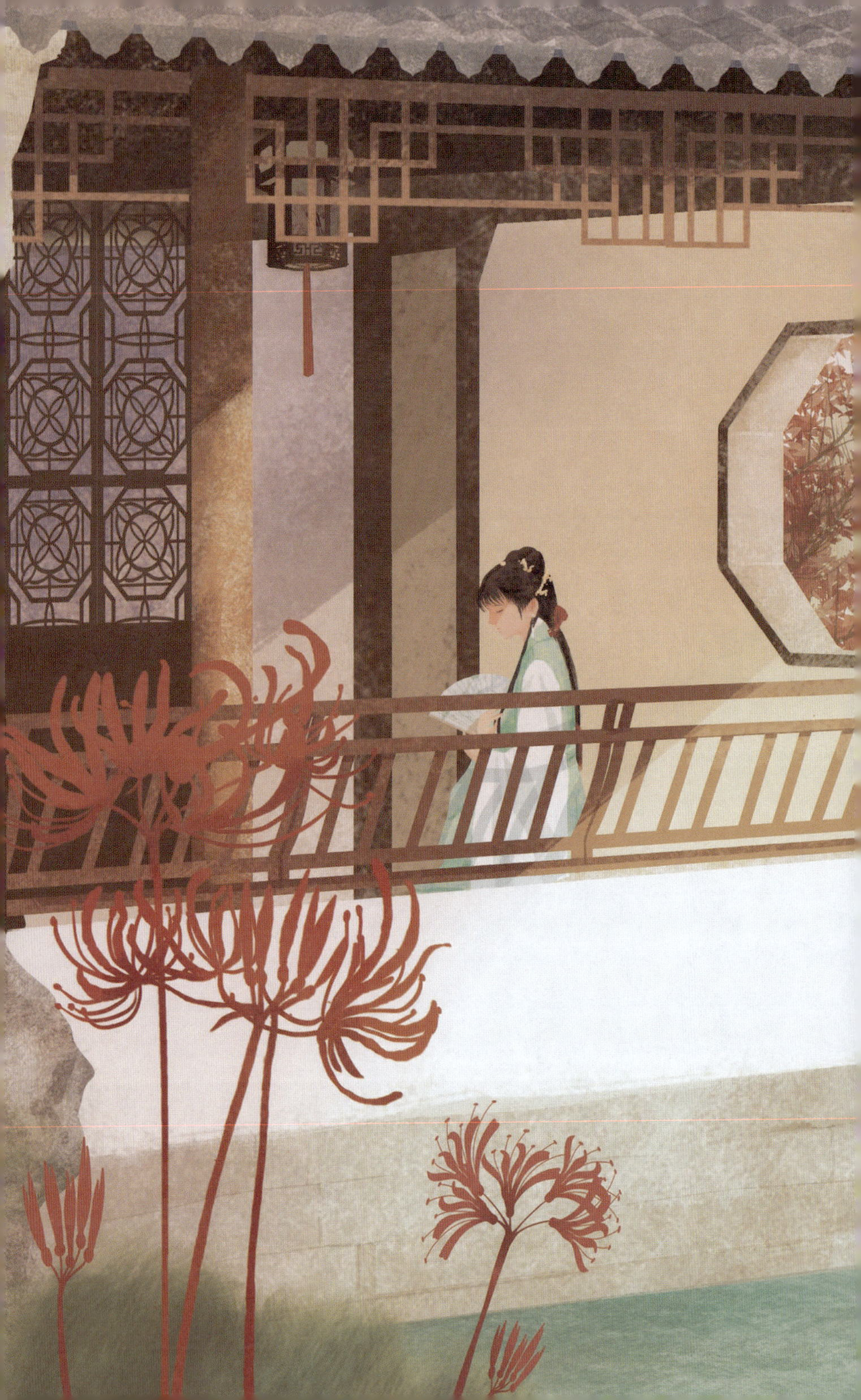

后娶第四

导言

此篇谈后娶之害。

作者告诫子孙,对续弦之事要特别慎重。他认为娶了后妻往往会造成父子骨肉关系遭离间,造成前妻小孩被虐待。令今天的读者惊讶的是,作者虽然对续弦不以为然,却不反对纳妾。

他说,江南地区人家"不讳庶孽",在妻子死后,一般由妾来当家,"限以大分,故稀斗阋之耻",而黄河以北地区人家"鄙于侧出",妻子死后必须续弦,导致家庭产生许多尖锐矛盾。作者又分析后妻往往虐待前妻之子的原因,是因为前妻之子的地位高于后妻之子,"宦学婚嫁,莫不为防焉,故虐之"。

作者在此篇中的叙述和议论,表现出他对妇女的歧视态度,这与《兄弟》篇中所持之论如出一辙,而我们正可通过作者的这种畸形态度,窥见那个时代的种种畸形现象。

吉甫是位贤明的父亲,伯奇是位孝顺的儿子,让贤明的父亲来管教孝顺的儿子,应该能够称心如意吧。但吉甫的后妻从中挑拨,伯奇就被父亲给放逐了。

曾参的妻子死后,他拒绝再娶,并对儿子讲述理由说:"我不如吉甫贤明,你们也不如伯奇孝顺。"王骏在妻子死后,也对别人说了同样的理由:"我不如曾参,我的孩子也不如曾华、曾元。"二人都终身不再娶妻。这些事例都足够让人引以为戒。

在曾参、王骏他们之后,继母残酷虐待前妻留下的孩子,离间父子骨肉的关系,让人伤心断肠的事多得数不清。所以对娶后妻的事,要慎重啊!要慎重啊!

*

江东一带,不顾忌婢妾所生的孩子,正妻死后,多以婢妾主持家事。这样,小的摩擦或许不能避免,但限于婢妾的身份地位,所以很少发生家中兄弟内讧那种耻辱的事。

黄河以北一带,瞧不起婢妾所生的孩子,不让他们平等参与各种家庭或社会事务,这样,在妻子死后,就必须再娶一位,甚至娶三四次，以致后母的年龄比前妻儿子的还小。后妻所生的儿子，与前妻所生的儿子，他们的衣服饮食，乃至婚配做官，竟然有像士庶那样的贵贱差别，而当地习俗认为这是很正常的。在父亲死后，家里人往往挤破衙门打官司，诽谤辱骂之声路上都听到。前妻之子诬蔑后母是小老婆，后母之子贬斥前妻之子当佣仆，他们到处传扬先辈的言语、行迹，揭发祖宗的长短，以此来证明自己的正直，这种人往往就出在这种家庭。

可悲啊！自古到今的奸臣佞妾，用一句话就把人给陷害了的是很多的！何况凭夫妇的情义，早晚可改变男人的心意。婢女童仆为讨得主人欢喜，帮着劝说引诱，积年累月，哪里还会有孝子呢？这不能不让人害怕。

*

按一般人的秉性，后夫大多宠爱前夫留下的孩子，后妻则必定虐待前妻丢下的骨肉。这并不是说，只有妇人才会心怀嫉妒的感情，只有男人才具有一味溺爱的毛病。这也是事物的情势使他们这样的。

前夫的孩子，不敢与自己的孩子争夺家产，而从小照顾抚养他，日积月累就会产生爱心，所以就宠爱他；前妻的孩子，地位往往在自己孩子之上，读书做官、男婚女嫁，没有一样不须提防，所以就要虐待他。

但异姓的孩子被宠爱，父母就会遭到自家子女的怨恨，后母虐待前妻的孩子，兄弟之间就会变成仇人。哪家有这种事，都是家庭的祸害啊。

　　＊

　　思鲁他们的表舅父殷外臣，是位博学通达的读书人。他有两个孩子，叫殷基、殷谌(chén)，都已长大成人。但殷外臣又娶了王氏为妻。殷基每当拜见后母时，因念及生母失声哭泣，不能控制悲痛之情，家里人都不忍抬头看他。

　　王氏也很凄切难过，不知如何是好，才过来十天半月就请求退亲。殷家只好依照礼节将她送回娘家，这也是一件值得懊悔的事啊！

　　《后汉书》上说："安帝的时候，汝南有位叫薛包的，字孟尝，他喜爱学习，行为诚实，母亲已去世。薛包以格外孝顺闻名。等到他父亲娶了后妻，就憎恨薛包，让他分家别住。薛包日夜放声痛哭，不肯离开，以致被父亲用棍棒殴打。薛包不得已，在家门外搭了间小屋暂住，清早就进家清扫房屋。父亲很生气，又赶他出门，薛包只好就在乡里之门外搭了间小屋暂住，但从不忘记早晚按时进家向父母问安。

　　"这样过了一年多，父母也感到羞愧，让他回了家。父母死后，薛包守丧六年，超过了丧礼的要求。不久，弟弟要求分家产另外居住，薛包不能劝止，就把他们的家产平均分配：自己要了年老的奴婢，说：'他们与我共事时间长，你使唤不了。'要了荒废了的田地房屋，说：'我年轻时经营过的，情意有所依恋。'又要了朽败的器物，说：'我平时所用，已经习惯了。'弟弟几次把自己那份家产败光，薛包一次又一次地周济供给。

"建光年间，公车署特地下文征召他，让他官拜侍中，但薛包生性恬淡，声称自己生病起不了床，只求一死而已。朝廷只得下诏优准他保留官职返家养病。"

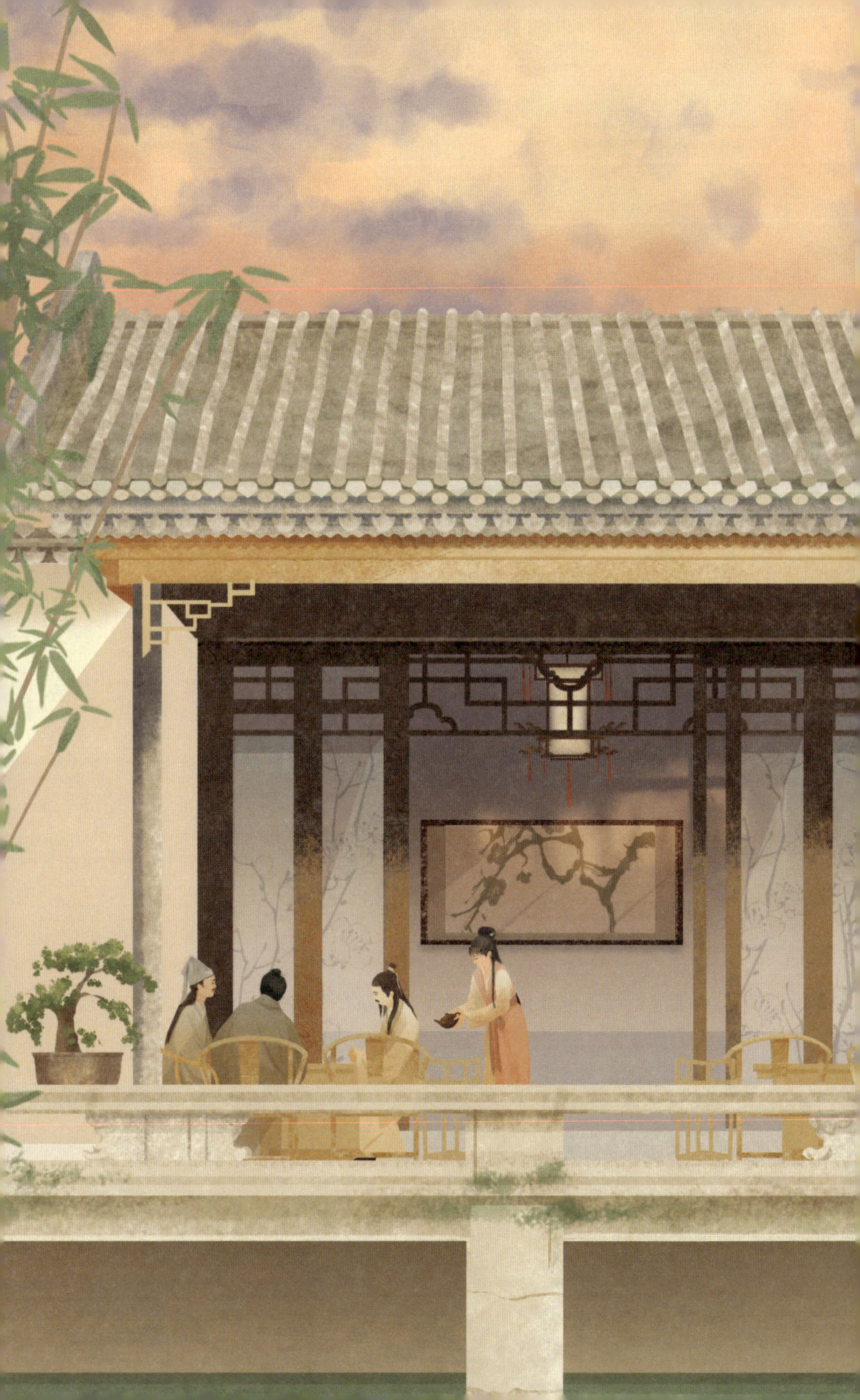

治家第五

导言

　　此篇谈治家的种种注意事项。

　　作者认为，要治理好一个家庭，首先要注意以身作则：父慈而后子孝，兄友而后弟恭，夫义而后妇顺。治家如治国，不能没有章法，"笞怒废于家，则竖子之过立见"，但要注意宽严适度，否则就可能走向反面。作者强调治家要躬俭节用，但如果亲友有困难，就应该尽力相助，毫不吝惜，他举裴子野和"邺(yè)下领军"作为正反两方面的例子，说明"施而不奢，俭而不吝"的道理。

　　以上思想对于我们今天处理家庭关系具有借鉴作用。此外，作者主张男女婚配要注重选择清白的配偶，反对买卖婚姻；强调要爱护书籍；反对巫婆神汉跳神弄鬼、道士画符弄法等迷信活动，这些都是值得肯定的。

　　但是，作者在此篇中，一如他在《兄弟》《后娶》两篇中一样，表现出根深蒂固的歧视妇女的思想。他认为妇女在家庭中的作用，不过是操办酒食衣服，不可让她们主持家政，应酬交际；他把生养女儿过多视为家庭的一大灾难。

　　当然，作者是反对弃杀女婴的。他记述自己的一位"疏亲"，在家中姬妾临产时，即派人窥视，发现产下女婴，立即抱走弃杀，当母亲的追随其后，号啕痛哭。这种惨绝人寰的场面，至今读来，犹觉触目惊心。

提到教育感化的事，是从上面推行到下面、从前人影响到后人的。因此，如果父亲不慈爱，子女就不会孝顺；如果哥哥不友爱，弟弟就不会恭敬；如果丈夫不仁义，妻子就不会和顺。

父亲慈爱而子女逆悖，哥哥友爱而弟弟倨傲，丈夫仁义而妻子凶悍，那就是天生的凶民，只有靠刑罚杀戮来使他们畏惧，而不是靠训育引导可加以改变的。

家庭内部如果取消体罚，那孩子们马上就会出现过失；刑罚施用不当，那么老百姓就不知如何是好。治家的宽严标准，也与治国相同。

*

孔子说："奢侈就显得不恭顺，俭朴就显得鄙陋。与其不恭顺，宁可鄙陋。"孔子又说："假如有一个人，他有周公那样好的才能，但只要他既骄傲又吝啬，那其他方面也是不足道的。"这么说来就应该节俭而不应该吝啬了。

节俭，是指减省节约以合乎礼数；吝啬，是指对穷困急难的人也不关照周济。现在肯施舍的却也奢侈，能节俭的却又吝啬。

如果能做到肯施舍而不奢侈，能节俭而不吝啬，那就可以了。

百姓之本，关键应靠春播秋收获取食物、种桑纺麻得到衣服。蔬菜水果的聚积，是靠果园菜圃里出产；鸡肉猪肉等美味，是靠鸡窝猪圈里产出。乃至房屋器用、柴草照明，没有一样不是耕种养殖的产物。那些最善于管理家业的人，不出门而各种维持生计的物品已经充足了，只不过家里还缺一口产盐的井罢了。

现在北方地区的风俗，一般能够做到减省节约，以保障衣食之用；江南地区风气奢侈，在节俭持家方面大多赶不上北方。

梁朝孝元帝的时候，有一位中书舍人，治家没有一定的法度，待家人过于严格苛刻，妻妾就共同买通刺客，乘他喝醉时刺杀了他。

*

世上的一些名士，只知讲究宽厚仁慈，以致款待客人馈赠的食品，被童仆减损；承诺接济亲友的东西，由妻子把持控制；甚至发生狎弄侮辱宾客、侵犯乡里的事，这也是家中的一大弊害。

齐朝的吏部侍郎房文烈，从不生气发怒。一次，连续几天降雨，家中断粮，房文烈派一名婢女去买米，婢女乘这机会逃跑了，大约过了三四天，才把她抓获。房文烈只是语气平缓地对她说："一家人都没吃的了，你跑哪里去啦？"竟然不用棍棒处罚她。

房文烈曾经把房子借别人居住，奴婢们拆房子当柴烧，差不多要拆光了，他听到这事后皱了皱眉头，最终一句话也没说。

裴子野这人，凡是他的远亲旧属饥寒而无力自救者，他都收养他们。他家平时就清寒贫穷，不时碰上水旱灾害，二石米煮成清薄的粥，也只够每人都喝上。他与大家一道喝清粥，从来没有显出埋怨的神情。

邺(yè)下有一位领军，过于贪婪敛财，家中童仆已有八百人，他发誓要凑满一千。早晚每人的饭菜，以十五文钱为标准，遇到有客人来，再不添加一点。后来他犯罪被法办，朝廷派人没收他的家产时，发现他家麻鞋有一屋子，朽坏的衣服装了几库房，其余的财宝，多得无法说。

南阳有个人，家财积累富厚，而秉性却特别俭省吝啬。有一年冬至后，女婿去拜望他，他就摆出一小铜盆酒、几块獐子肉来招待。女婿怪他简慢，一下子就把酒肉吃尽喝光了。这位南阳人感到惊愕，只好对付着叫仆人添上一点，就这样添了两次。后来他责备他女儿说："你男人爱喝酒，所以你老受穷。"到他死后，几个儿子争夺家财，当哥哥的竟然把弟弟给杀了。

*

妇女主持家务，不过是操办有关酒食衣服等礼仪方面的事罢了。就国家而言，不可让她们参与国事；就家庭而言，不可让她们主持家政。如果有那聪明能干、洞察古今的妇女，正应该辅佐自己的丈夫，以弥补他的不足，绝不能学母鸡在清晨打鸣，招致灾祸。

江东的妇女，没有什么人事交际，她们娘家与婆家双方，有的十几年间未曾见面，只是以遣人问候、互赠礼品来表示各自的深厚情意。

邺下的风俗，是专以妇女当家。她们与外人争辩是非，应酬交际，只见她们乘的车马挤满街道，丝绸衣裙充盈官家的府邸，有的替儿子求官，有的为丈夫叫屈，这就是魏国的鲜卑遗风吗？

南方的贫寒人家，都注意外表的修饰打扮，车马衣服，以整齐为贵，而家中的妻子儿女，却难免挨饿受冻。

黄河以北一带的人事交际，多由妻子出面，因而丝绸衣裙、金银翡翠是不能没有的，那瘦弱的马匹和憔悴的奴仆，不过是凑数而已。至于夫唱妇随的礼节，恐怕已被互相轻贱所代替了。

黄河以北一带的妇女，论纺织、刺绣、裁剪一类的手艺，要比江东的妇女强得多。

*

姜太公说："女儿养得太多，实在是种耗费。"陈蕃说："盗贼也不光顾有五个女儿的家庭。"女儿带来的拖累，也太深重了。但天生众民，先辈传下的骨肉，你拿她怎么办呢？一般人大多不愿抚养女儿，生下的亲骨肉也要加以残害，难道应当这样干，而期望老天赐福给你吗？

我有一个远亲，家中多有姬妾，她们中有谁产期将到时，此人就派看门人去监守，一旦产妇身体不安，就从门窗往屋里窥视，发现生下的是女儿，就立即抱走。母亲追随其后，号啕大哭，真让人不忍心听下去。

　　妇人的秉性，大多是宠爱女婿而虐待儿媳。宠爱女婿，则儿子的不满就由此产生；虐待儿媳，则女儿的谗言就随之而至。

　　既然如此，那么女子不论被嫁出去还是被娶进来，都要得罪家人，这实在是当母亲的造成的。以至于有谚语说："阿姑吃饭好冷清。"这是对她的报应啊。这是家庭中经常出现的弊端，能够不警戒吗！

　　男女婚配要选择清寒人家，这是先祖靖侯立下的规矩。近来嫁女儿娶媳妇，竟然有卖女儿捞钱财、用财礼买媳妇的。这些人家为子女选配偶时，比量算计的是对方父辈祖辈的权势地位，斤斤计较的是对方财礼的多寡；这方要求得多，那方应承得少，与商人没有两样。

　　这些人家，招的女婿猥琐鄙贱，娶来媳妇凶悍擅权。他们贪荣求利，反而招来羞耻，对此能够不慎重吗！

　　*

　　借别人的书籍，都应当加以爱护，借来时如有缺坏，就替别人修补好，这也是士大夫百行之一啊！

　　济阳的江禄，在读书未结束时，即使碰上急事，也一定要把书卷束整齐，然后才起身，所以他的书没有损败的，别人也不讨厌他来借书。

　　有的人把书乱七八糟地堆放在案几上，那些分散的书卷，大多被孩童、婢女、侍妾弄脏，或被风雨侵蚀、被虫鼠蛀咬毁伤，实在有损道德。

我每次读圣人的书,都会严肃恭敬地面对它。那些古书上有"五经"的文义以及贤达的姓名,可不敢用在污秽的地方呀!

　　＊

请巫婆神汉求鬼神消灾赐福的事,在我们家是从不提起的;道士用符书章醮(jiào)弄法,我们也从不去祈求,这些都是你们看到的。可不要为这类妖妄之事破费。

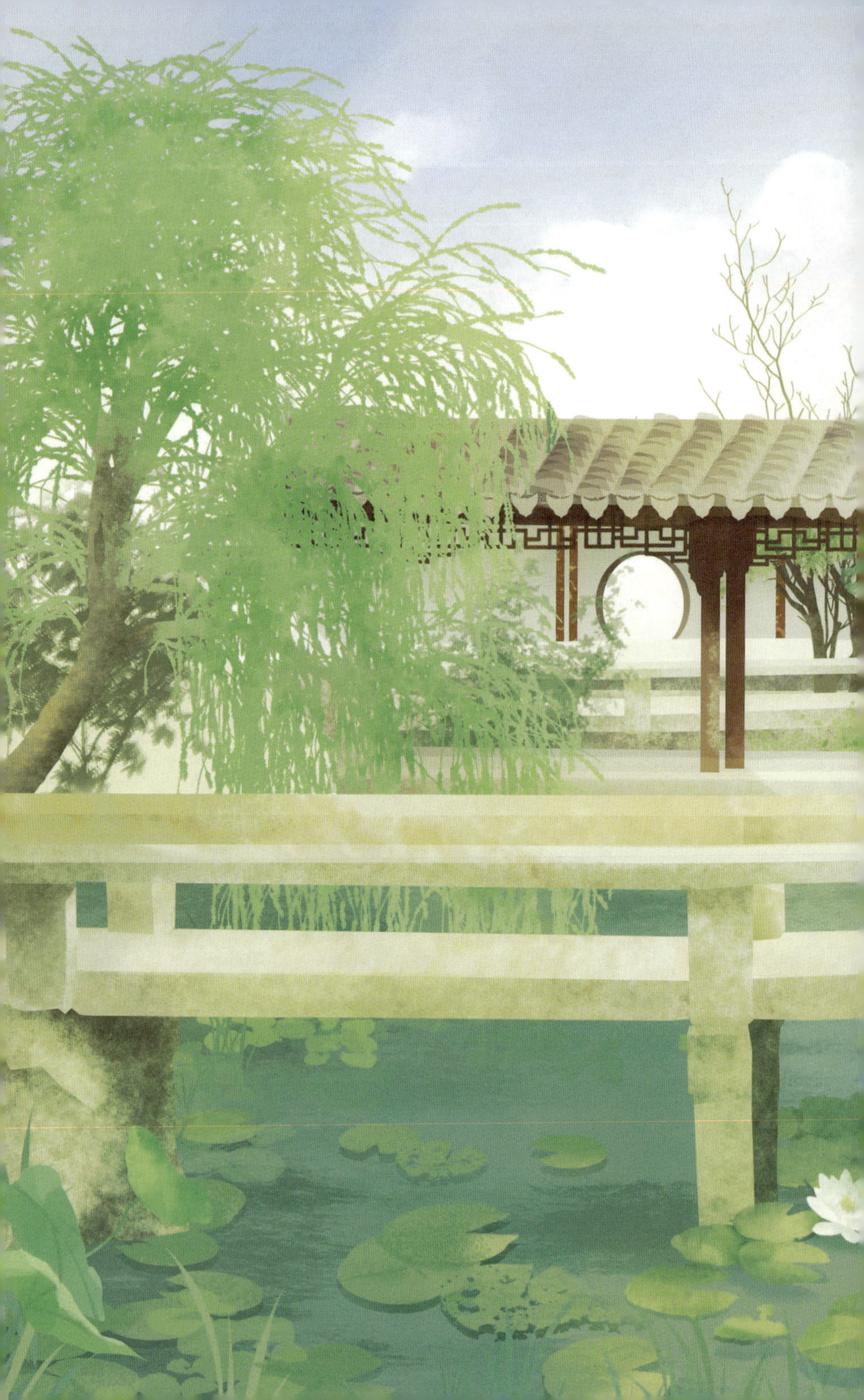

卷第二

风操 慕贤

与善人居，如入芝兰之室，久而自芳也；
与恶人居，如入鲍鱼之肆，久而自臭也。

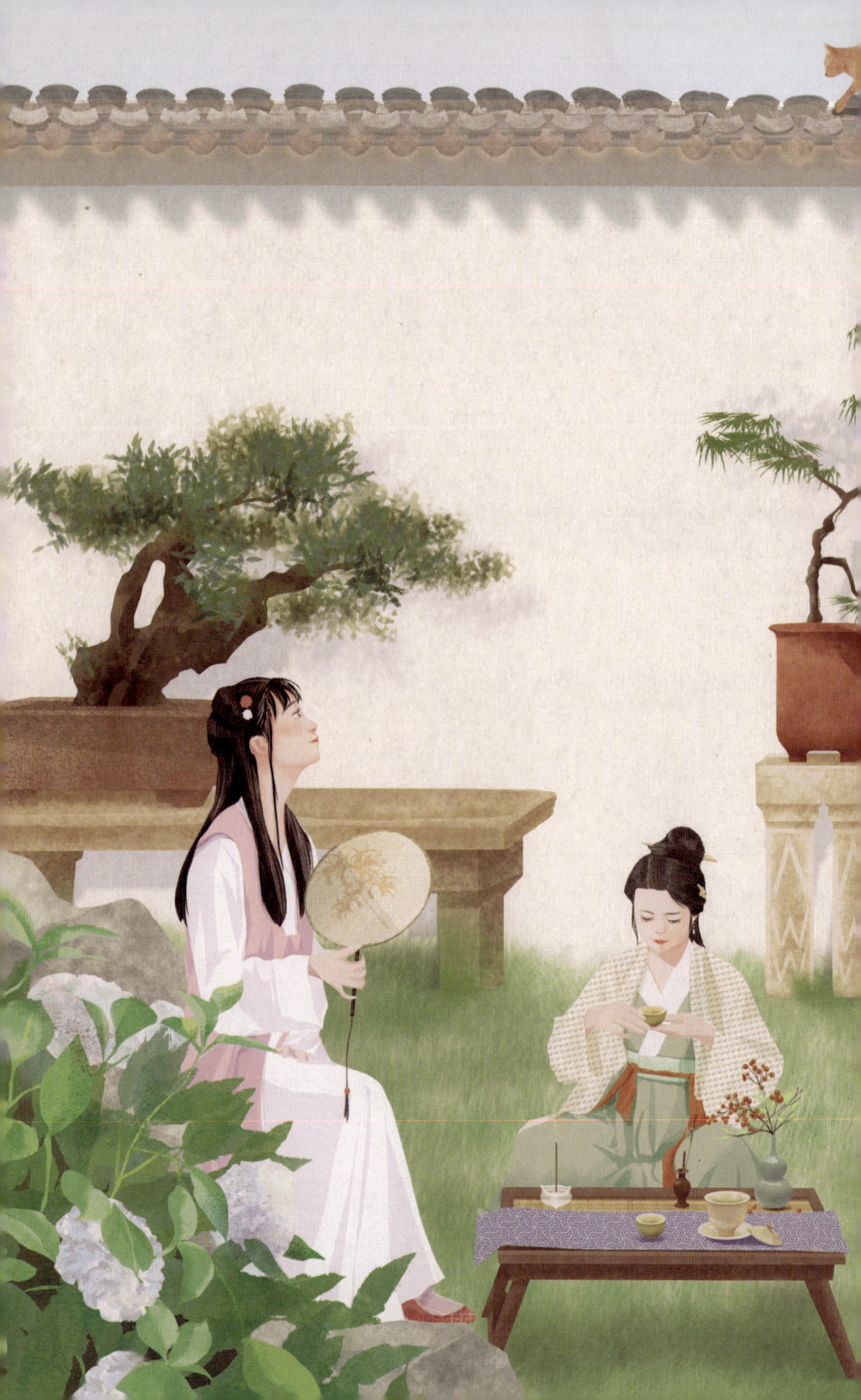

风操第六

导言

　　本篇论士大夫"风操",即士大夫所应遵循的种种礼仪规范,并论及南北风俗习尚的差异。

　　作者在开头便说明:因《礼经》残缺不全,而世事有所改变,更兼孩子们"生于戎马之间",对篇中所述的种种风俗习尚及礼仪规范既没有见到过也没有听说过,所以作者写此篇的目的,是希望让子孙们对这方面的事有所了解,有所弃取。

　　作者一生遍历南北,故他往往把南北风俗习尚加以比较,并表明自己的褒贬态度。比如他谈到迎送客人的习俗:南方人在客人来家时不前往迎接,见面只拱手而不欠身,送客也仅仅离开座席而已;北方人迎送客人都到门口,相见时欠身为礼。作者明确表示赞许北方人这种周到的待客礼节。

　　作者在陈述种种风俗习尚及礼仪规范的同时,也时时强调不可拘礼过甚。比如他谈到陆襄这个人因父亲被斩杀,所以从此不吃刀切过的菜;姚子笃这个人因为母亲被烧死,所以终身不吃烤肉。作者对这种迂腐的行为进行了尖锐的讽刺。

　　作者又谈到那种借口"忌日不乐"而不见外宾、不办公务,却"端坐奥室,不妨言笑,盛营甘美,厚供斋食"的伪君子,对他们进行了严厉的鞭挞。此外,作者对风俗习尚中的种种迷信活动,也表现出坚决的反对态度。

　　总之,此篇记载了较为丰富的南北朝时期社会风俗礼仪方面的资料,有重要价值,作者的观点也多有可取之处,晁公武在《郡斋读书志》中就曾称作者"辨正时俗之谬"。

我看那《礼经》，上面记载的有圣人的教诲：为长辈清扫秽物时该怎样使用撮箕(cuō jī)扫帚，进餐时该怎样选择匙子、筷子，在父母公婆面前该持怎样一种行为姿态，酒席宴会上该有些什么样的规矩，服侍长辈洗手又该如何进行，这种种事项的礼仪，都有一定的节制规范，说得也是十分周详了。但此书已经残缺，不再是全本；有些礼仪规范，书上也未记载，有些则需根据世事的改变作相应调整，博学通达的君子，自己去权衡度量，递相沿袭而推行之，过去人们就把这些礼仪规范称为士大夫风操。

然而各个家庭自有不同之处，对所见到的礼仪规范的优劣看法不尽相同，但它们的大致路径也还是清楚的。我过去在江南的时候，对这些礼仪规范耳闻目睹，早已深受其熏染，就像蓬蒿生长在麻丛中不用依靠绳墨也长得很直一样。你们生长在战乱年代，对这些礼仪规范当然是看不见也听不到的，所以我姑且把它们记录下来，以此传示子孙后代。

*

《礼记》上说:"看见与过世父母相似的容貌,听到与过世父母相同的名字,都会心跳不安。"这是因为有所感触,引发了深藏内心的哀痛。若是正常情况下发生这类事,自应该把这种感情表达出来。遇到实在无法回避的,也应该忍一忍。就比如自己的叔伯兄弟,相貌有酷似过世父母的,难道你能因此而一辈子伤心断肠、与他们绝交吗?

《礼记》上还说过:"写文章时不用避讳,在宗庙祭祀不用避讳,在国君面前不避私讳。"这就让我们进一步明白了在听到先父母的名字时,应该先斟酌一下自己应取的态度,不一定非得立马窘迫趋避不可。

*

梁朝的谢举,很有声誉,但听到别人称先父母的名字就要哭,引得世人讥笑。还有一位臧(zāng)逢世,是臧严的儿子,其人爱好学习,修养品行,不失书宦人家的门风。梁元帝任江州刺史时,派他到建昌督促公事,当地黎民百姓纷纷写信来函,信函集中到官署,堆得案桌满满的。这位臧逢世在处理公务时,凡见信函中出现"严寒"一类字样,必然对之掉泪,不再察看回复,因此经常耽误公事。人们对此既不满又诧异,他最终因不会办事被召回。这二者都是处置避讳不得当的例子。

最近在扬州城,有一位读书人忌讳"审"字,他与一位姓沈的交情深厚,姓沈的给他写信,落款时只写名不写姓,这就不近人情了。

现在凡要避讳的字,都得用它的同义词来替换:齐桓公名叫小白,所以五白这种博戏就有了"五皓(hào)"的称呼;淮南厉王名长,所以"人性各有长短"就说成"人性各有修短"。但还未听说过把布帛称作布皓,把肾肠称作肾修的。

梁武帝的小名叫阿练,所以他的子孙都把练称作绢,然而把销炼物称为销绢物,恐怕就有悖于这个词的含义了。还有那忌讳云字的人,把纷纭叫作纷烟;忌讳桐字的人,把梧桐树称作白铁树,那就好像在开玩笑了。

周公给儿子取名为禽,孔子给儿子取名为鲤,只限于他们本身,自可不必管它;至于像卫侯、韩公子、楚太子的名字都叫虮(jī)虱,司马长卿的名字叫犬子,王修的名字叫狗子,这就牵涉到他们的父母,于理未通了。古人就是这么称呼的,到今天就成了笑柄。北方有许多人给儿子取名为驴驹、猪子,如果让他们这样自称或让他兄弟这样称呼他,又怎么忍心呢?前汉有尹翁归,后汉有郑翁归,梁家有孔翁归,又有顾翁宠;晋代有许思妣(bǐ)、孟少孤,像这类名字,都应当尽力避免。

*

现在的人避讳,比古人更严格。那些为儿子取名字的人,应当为他们的孙子留点余地。

我的亲属朋友中有讳"襄"字的、讳"友"字的、讳"同"字的、讳"清"字的、讳"和"字的、讳"禹"字的。大家在一起时，那交往比较疏远的人一时仓促，讲出话来老是冒犯在座人的忌讳，听到的人感到悲痛，让人无所适从。

从前司马长卿钦慕蔺相如，所以就改名为相如；顾元叹钦慕蔡邕（yōng），所以就取名为雍。而后汉有朱伥（chāng）字孙卿，许暹（xiān）字颜回，梁朝有庾晏婴、祖孙登，这些人把古人连名带姓都作为自己的名字，也是一种鄙贱的做法啊！

从前，刘文饶不忍心奴仆被客人骂为畜生，现在那些愚人们，却拿这类字眼互相开玩笑，还有指名道姓称别人为猪儿牛儿的，有见识的旁观者，都恨不得把耳朵捂住，更何况那当事人呢？

最近我在议曹参加商讨百官的俸禄标准问题，有一位显贵，是当今名臣，他认为大家商议的标准过于优厚了。

有一两位原齐朝士族的文学侍从便对这位显贵说："现在天下统一了，我们应该给后世树一个好样板，哪里能再打统一前的老算盘呢？明公如此吝啬，一定是陶朱公的大儿子吧！"彼此你欢我笑，并不因此产生仇怨。

*

从前侯霸的儿子称他的父亲叫家公；陈思王曹植称他的父亲叫家父，称母亲叫家母；潘尼称他的祖父叫家祖：古代的人就是这么称呼的，在今天的人看来就是笑柄了。

现在南北各地风俗，提到祖父母及双亲，没有冠之以"家"的；只有那村野鄙贱之人，才会有这种称呼。

凡是与别人谈话，提到自己的伯父，就按父辈排行次序称呼他，而不冠以"家"字，是因为伯父尊于父亲，故不敢称"家"。凡是说到自己的姑表姊妹，已经出嫁的，就以她丈夫的姓氏称呼她；还未出嫁的，就按兄弟姊妹的排行次序称呼她。这是说女子行婚礼就成了婆家的人，故不能称"家"。

对于子孙不可称"家"的原因，是为了表示对他们的轻视、忽略。蔡邕的书集中，称他的姑、姊为家姑、家姊；班固的书集中，也说到家孙：现在都不这样称呼了。

凡与人言谈，提到对方的祖父母、伯父母、父母及长姑，都在称呼前面加"尊"字，从叔父母以下，则在称呼前面加"贤"字，这是为了表示尊卑差别呀。

王羲之的信，称呼别人的母亲和称呼自己的母亲时都一样，前面不加尊字，现在认为这样做是不对的。

*

南方人在冬至、岁首这两个节日中，不到办丧事的人家去；如果不写信的话，就过了节再整饬衣冠亲往吊唁（chì），以示慰问。北方人在冬至、岁首这两个节日中，特别重视吊唁活动，这在礼仪上没有明文记载，我是不赞同的。

南方人有客人来家时不去迎接，见面时只是拱手而不欠身，送客仅仅离开座席而已；北方人迎送客人都到门口，相见时欠身为礼，这些都是古代的遗风，我赞许他们这种迎来送往的礼节。

过去，王公诸侯都自称孤、寡、不谷，从那以后，纵使是孔子那样的至圣先师，与门人谈话时也都自称名字。后来虽然有人自称臣、仆，但这大约不多。江南的人不论地位高低，都各有称号，这都记载在《书仪》这类书中。北方人自称名字，这是古人的遗风，我赞许他们自称名字的做法。

说到先人的名字，按理应当产生哀念之情，这对古人来说是很容易的，而今天的人却感到困难。

江南人除非事出不得已，否则，在与别人谈及家世的时候，一定是以书信往来，很少当面谈及的。北方人无缘无故想找人聊天，就会到家拜访，那么，像当面谈及家世这样的事，就不可施加于别人。如果别人把这样的事施加于你，你就应该设法避开它。你们名声地位都不高，如果是被权贵逼迫而必须言及家世，你们可以隐忍敷衍一下，赶快作答，结束谈话；不要让这种谈话变得烦琐重复，以免有辱自家祖辈父辈。

如果自己的祖父、父亲已经去世，谈话中必须提到他们时，就要表情严肃，端正坐姿，口称"大门中"，对伯父、叔父则称"从兄弟门中"，对已过世的兄弟，则称兄弟的儿子"某某门中"，并且要各自依照他们的尊卑轻重，来确定自己在表情上应掌握的分寸，与平时的表情全都要有所不同。如果是同国君谈话提及自己过世的长辈，虽然表情上也有所改变，但还是可以说"亡祖、亡伯、亡叔"等称谓的。

我看见一些名士，与国君谈话时，也有称他的亡兄亡弟为"兄之子某某门中"或"弟之子某某门中"的，这是不够妥帖的。北方的风俗就完全不是这样。泰山的羊侃（kǎn），是在梁朝初年到南方来的。我最近到邺城,羊侃哥哥的儿子羊肃来访我,问及羊侃的具体情况,我回答他说:"您从门中在梁朝时,具体情况是这样的⋯⋯"羊肃说:"他是我的亲第七亡叔,不是'从'。"祖孝征当时也在座,他早就知道江南的风俗,就对羊肃说:"就是指贤从弟门中,您怎么不了解?"

古代人都称呼伯父、叔父,而现在多只单称伯、叔。叔伯兄弟、姊妹死去父亲后,在他们面前,称他们的母亲为伯母、叔母,这是无从回避的。兄弟的儿子死了父亲,你与别人谈话时,当着他们的面,称他们为兄之子或弟之子,就很不忍心;北方人多数称他们为侄。

按:在《尔雅》《丧服经》《左传》诸书中,侄这个称呼虽然男女都可用,但都是对姑而言。晋代以来,才开始称叔侄。现在全部统称作侄,从道理上说是恰当的。

*

分别时容易,再见面就困难了,所以,古人对离别很重视。

江南地区在为人饯行送别时,谈到分离就掉眼泪。有一位王子侯,是梁武帝的弟弟,将到东边的郡去任职,前来与武帝告别,武帝对他说:"我已经老了,与你分别,真感到伤心。"说完流下几行眼泪。王子侯就也显出悲痛的模样,却挤不出眼泪,只好红着脸离开了王宫。他因为这件事被指责,在舟船岸渚间漂荡了一百多天,最终还是没有离开。

北方地区的风俗,就不看重这种事,在岔路口谈起别离,都是欢笑着分手。当然，人群中本来就有一些天生很少流泪的人，他们有时悲痛到肠断欲绝，眼睛仍是炯炯有神；像这样的人，就不可勉强、责备他。

*

凡是自家亲属的名字，都应该有所粉饰，不可滥用。

那些缺乏教养的人，在祖父祖母去世后，对外祖父外祖母的称呼与祖父祖母一个样，叫人听了不高兴，替他们感到难过。虽是当了外祖父外祖母的面，在称呼上都应加"外"字以示区别；父母亲的伯父、叔父，都应当在称呼前加上排行顺序以示区别；父母亲的伯母、叔母，都应当在称呼前加上他们的姓以示区别；父母亲的子侄辈的伯父、叔父、伯母、叔母以及他们的从祖父母，都应当在称呼前加上他们的爵位和姓以示区别。

黄河以北一带的男子，都称外祖父、外祖母为家公、家母；江南的乡间也是这样称呼。用"家"字代替了"外"字，这我就弄不懂了。

宗族亲属的世系辈数，有从父，有从祖，有族祖。江南的风俗，从这往上数，对官职高的，通称为尊，同宗而辈分相同的，虽然隔了一百代，仍然互相称作兄弟；如果是对外人称呼自己宗族的人，则都称作族人。

黄河以北一带的男子，虽然已隔了二三十代，仍然称作从伯从叔。梁武帝曾经问一位中原人："您是北方人，为什么不知道有'族'这种称呼呢？"中原人回答说："亲属骨肉之间的关系容易疏远,所以我不忍心用'族'来称呼。"

这在当时虽然是一种机敏的回答,但从道理上却是讲不通的。

我曾经问周弘让:"父母亲的中表姊妹,你怎样称呼他们?"周弘让回答说:"也把他们称作丈人。"

自古以来没有见过把丈人的称呼加给妇人的。我的亲表们所奉行的称呼是:如果是父亲的中表姊妹,就称她为某姓姑;如果是母亲的中表姊妹,就称她为某姓姨。中表长辈的妻子,俚俗称她们为丈母,士大夫则称她们作王母、谢母等。而《陆机集》中有《与长沙顾母书》,其中的顾母就是陆机的从叔母,现在不这样称呼了。

齐朝的士大夫们,都称祖珽(tǐng)仆射(yè)为祖公,完全不担忧这样称呼会有所牵涉,甚至还有当祖珽面用这种称呼开玩笑的。

*

古时候,名是用来表明自身的,字是用来表示德行的,名在形体消亡后就应对之避讳,字却可以作为孙子的氏。

孔子的弟子在记录孔子的言行时,都称他为仲尼;吕后贫贱的时候,曾经称呼汉高祖刘邦的字"季";到汉代的爰(yuán)种,称呼他叔叔的字"丝";王丹与侯霸的儿子说话时,称呼侯霸的字"君房"。江南至今不避讳称字。

黄河以北一带的士大夫们对名和字完全不加区别,名也称作字,字当然就称作字。尚书王元景兄弟俩,都被称作是名人,他俩的父亲名云，字罗汉，他俩对父亲的名和字全都加以避讳，其他的人讳字，就不足为怪了。

*

《礼记·间传》上说："披戴斩缞(cuī)孝服的人，一声痛哭便至气竭，仿佛再回不过气来似的；披戴齐缞(zī)孝服的人，悲声阵阵连续不停；披戴大功孝服的人，其哭一声三折，余音犹存；披戴小功、缌(sī)麻孝服的人，脸上显出哀痛的表情也就可以了。这些就是哀痛之情通过声音表现出来的种种状况。"《孝经》上说："孝子痛哭父母的哭声，气竭而后止，不会发出余声。"这些话都是在论说哭声有轻微、沉重、质朴、和缓等种种区别。按礼俗以哭时杂有话语者叫作号，如此则哭泣也可带有言辞了。

江南地区的人在丧事中哭泣时，经常杂有哀诉的话语；山东一带的人在披戴斩缞孝服的丧事中哭泣时，只知呼叫苍天，在披戴齐缞、大功、小功以下丧服的丧事中哭泣时，则只是倾诉自己的悲痛多么深重，这就是号而不哭。

江南地区，凡遭逢重丧的人家，如果是与他家相认识的人，又同住在一个城镇里，三天之内不去丧家吊丧，丧家就会与他断绝交往。今后，丧家的人即使已除掉丧服，与他在路上相遇，也要避开他，因为恨他不怜恤自己。如果是另有原因或道路遥远而未能前来吊丧者，可以写信来表示慰问；不来信的，丧家也会像对待同在城邑而不来吊丧的人一样对待他。北方的风俗则不是这样。

江南地区凡来吊丧者,除了主人之外,对不认识的人就不握手;如果吊丧者只认识披戴较轻丧服的人而不认识主人,就不到治丧的地方去吊丧,改天准备好名刺再上他家去表示慰问。

阴阳家说:"辰为水墓,又为土墓,所以辰日不得哭泣。"王充的《论衡》说:"辰日不能哭泣,哭泣就一定是重丧。"而今那些未受教育的人,辰日有丧事,不问轻丧重丧,全家都静悄悄的,不敢发出声音,并谢绝吊丧的客人。

道家的书说:"晦日唱歌,朔日哭泣,都是有罪的,上天要减掉他的寿命。"丧家在朔日望日,哀痛的感情特别深切,难道因为珍惜寿命,就不哭泣了吗?我弄不明白。

旁门左道的书说:人死之后灵魂要返家一次,这一天,家中子孙们都逃避在外,没有人肯留在家中;又说:用画瓦和书符可以镇邪,念咒语可以驱鬼;又说:出丧那一天,门前要烧火,屋外要铺灰,要进行种种仪式以送走家鬼,上章天曹祈求断绝死者的殃祸染及家人。

诸如此类的例子,都不近人情,是儒学正统的罪人,应该对此进行弹劾。

*

自己失去了父亲或母亲,在元旦及冬至这两个节日里,若是没有父亲的,就要拜望母亲、祖父母、世叔父母、姑母、兄长、姐姐,都要哭泣;若是没有母亲,就要拜望父亲、外祖父母、舅舅、姨母、兄长、姐姐,也要哭泣。

这是人之常情。

梁朝的大臣，他们的子孙刚除去丧服，去朝见皇帝和太子的时候，都哭泣流泪；皇帝和太子因感动而改变脸色。但也颇有一些肤色丰满光泽、没有一点哀痛感觉的人，梁武帝看不起他们的为人，这些人大多被贬抑斥退。裴政除去丧服，行僧礼朝见梁武帝的时候，身体瘦弱，形容枯槁，当场痛哭流涕，梁武帝目送着他出去，说："裴之礼没有死啊！"

父母亲去世之后，他们生前斋戒时所居的旁屋，儿子和媳妇都不忍心进去。

北朝顿丘郡的李构，他母亲是刘氏，刘氏死后，她生前所居的屋子，李构终身将其锁闭，不忍心开门进去。李构的母亲，是宋广州刺史刘纂的孙女，所以李构仍然得到江南风教的熏陶。他的父亲李奖，是扬州刺史，镇守寿春，被人杀害。李构曾经与王松年、祖孝征几个人聚在一起喝酒谈天。孝征善于画画，又正巧有纸有笔，就画了一个人。过了一会儿，他因为割取宴席上的鹿尾，就开玩笑地把人像斩断给李构看，但并没有其他意思。李构却悲痛得变了脸色，立刻起身乘马离去了。在场的人都惊诧不已，没有谁知道其中的原因。祖孝征后来醒悟过来，才深感惶恐不安，当时却很少有人能理解这点。

吴郡的陆襄，他的父亲陆闲遭到刑戮，陆襄终身穿布衣吃素餐，即便是生姜，如果用刀切割过，他都不忍心食用；日常生活只用手掐摘蔬菜供厨房之用。江宁的姚子笃，因为母亲是被烧死的，所以他终身不忍心吃烤肉。豫章的熊康，父亲因酒醉后被奴仆杀害，所以他终身不再尝酒。

然而礼是因为人的感情需要而设立的，恩情则可根据事理而断绝，假如父母亲因为吃饭噎死了，应该也不致因此绝食吧！

*

《礼经》上讲：父亲遗留的书籍，母亲用过的口杯，感受到上面留有父母的手汗和气味，就不忍心阅读或使用。这只是因为这些东西是他们生前经常用来讲习、校对缮写以及专门使用的，有父母的痕迹可引发哀思罢了。如果是平常的书籍，用于生活的各种物品，哪里能全部废弃它们呢？

父母遗物既然不阅读使用，就不要让它们散失亡逸，应当封存保护，以留传给后代。

思鲁几弟兄的四舅母，是吴郡张建的女儿，她有一位五妹，三岁时就失去了母亲。那灵床上的屏风，是她母亲平时使用的旧物。这屏风因屋漏被沾湿，被人拿出去晾晒，那女孩一见，就伏在床上流泪。

家里人见她一直不起来，感到奇怪，就过去抱她起身，只见垫席已被泪水浸湿，女孩神色哀伤，不能够饮食。家人带她去看医生，医生看过脉后说："她已经伤心断肠了！"女孩因悲痛而吐血，几天后就死了。中表亲属都怜惜她，没有不悲伤叹息的。

*

《礼记》说："忌日不作乐。"正因为有说不尽的感伤思慕，郁郁不乐，所以这个日子不接待宾客，不办理公务。

如果确能做到伤心独处，何必把自己局限于深藏内室呢？有的人端坐于深宅之中，却并不妨碍他谈天说笑，尽情享用甜美食品，不断摆出精制素餐。可一旦有急促的事发生，亲戚至交来访，他却全都拒绝相见。这种人大概是不懂得礼的意义吧！

魏朝王修的母亲因为是在社日这天去世的，第二年的社日，王修感怀思念母亲，十分哀痛，邻居们听说此事后，为此而停止了社日的活动。

现在，父母亲去世的日子，如果正碰上伏祭、腊祭、春分、秋分、夏至、冬至这些节日，包括忌日前后三天，忌月晦日的前后三天，除了忌日这天外，凡在上述的日子里，仍应对父母亲感怀思慕，与别的日子有所区别，在这些日子里，应该做到不参加宴饮、不听声乐以及不外出游玩。

*

刘绦(tāo)、刘缓两兄弟，同为名人，他们的父亲名字叫昭，所以兄弟俩一辈子都不写照字，只是依照《尔雅》用火旁加召来代替。然而凡文字与人的正名相同，当然应该避讳；如行文中出现同音异字，就不该全都避讳了。

刘字的下半部分就有昭的音。吕尚的儿子如果不能写"上"字，赵壹的儿子如果不能写"一"字，那便会一下笔就犯难，一写字就犯讳了。

曾经有某甲安排宴席，准备请某乙来做客，早上在官署见到某乙的儿子,就问他说:"令尊大人几时可以光临寒舍?"某乙的儿子却回答说他父亲已往(亡)。当时传为笑柄。

类似的事例,凡碰上后就该慎重对待它,不可那样不稳重。

*

江南的风俗,孩子生下来一周年,就为他缝制新衣裳,给他洗浴打扮,对男孩就用弓、箭、纸、笔,对女孩就用剪子、尺子、针线,再加上一些饮食物品及珍宝玩具等物,把它们放在孩子面前,观察他(她)想抓取的东西,以此来检验孩子今后是贪婪还是廉洁,是愚蠢还是聪明,这种风俗被称作"试儿"。

在这天,亲戚们都聚在一起,宴请招待。从此以后,父母亲只要还在世,每到这个日子,就要置酒备饭,吃喝一顿。那些没有教养的人,即使父母已不在世,赶上这一天,仍要设宴待客,尽兴痛饮,纵情声乐,不知道还应该有所感伤。

梁孝元帝年轻的时候,每到八月六日生日这天,经常是吃素讲经。自他母亲阮修容去世之后,这种事也不再有了。

*

人有忧患疾病,就呼喊天地父母,自古以来都是这样。现在的人讲究避讳,处处比古人来得急切。

而江东的士人百姓,悲痛时就叫祢(nǐ)。祢是已故父亲的庙号,父亲在世不可以叫庙号,父亲死后怎能总是呼叫他的庙号呢?

《仓颉篇》中有㨾(yáo)字,《训诂》解释说:"这是因悲痛而呼喊出的声音，发音是羽罪反。"现在北方人悲痛时就呼叫这个音。《声类》注这个字的音是"于未反"，现在南方人悲痛时有的就呼叫这个音。

这两个音随人们的乡俗而定，都是可行的。

梁朝被拘囚弹劾的人，他的子孙弟侄们，都要赶赴皇帝的殿廷，在那里整整三天，免冠赤足，陈情请罪。如子孙中有做官的，就主动请求解除官职。他的儿子们则穿上草鞋和粗布衣服，蓬头垢面，惊恐不安地守候在道路上，拦住主管官员，叩头流血，申诉冤情。如果这人被发配去服苦役，他的儿子们就一起在官署门口搭上草棚，不敢在家中安居，一住就是十来天，官府驱逐，才退离。

江南地区各位宪司弹劾某人，案情虽不严重，但如果某人是因教义而受弹劾之辱，或者因此被拘囚而身死狱中，两家就会结下怨仇，子孙三代都不相往来。到洽做御史中丞的时候，一开始想弹劾刘孝绰，到洽的哥哥到溉在此之前与刘孝绰关系友善，他苦苦规劝到洽不要弹劾刘孝绰而未能如愿，就前往刘孝绰处，流着泪与他告别后就离开了。

*

兵者凶器，战者危事，都不是安全之道。

古时候，天子穿上丧服去统领军队，将军凿一扇凶门然后由此出征。如果某人的父祖伯叔在军队里，他就应该自我约束，不宜参加奏乐、宴会以及婚礼冠礼等吉庆活动。如果某人处在被围困的城邑之中,他就应该面容憔悴,除掉饰物器玩,时时显出如临深渊、如履薄冰的样子。如果他的父母病重,那医生虽然地位低、年纪轻,他也应该向医生哭泣下拜,以此求得医生的怜悯。

梁孝元帝在江州的时候,曾经生了病,他的大儿子方等就亲自拜求过中兵参军李猷(yóu)。

  *

四海异姓之人结拜为兄弟,这谈何容易。必须是那志向道义都相配,能够对朋友始终如一的人,才可加以考虑。

一旦与人结拜为兄弟,就要让自己的孩子向他伏地下拜,称他为丈人,表达孩子对父亲朋友的尊敬。自己对结拜兄弟的父母亲,也应该施礼。

我常常见到一些北方人,很轻率地对待此事,两个人陌路相逢,立刻结成兄弟,问问年龄、看看外貌,也不斟酌一下是否妥当,以致有把父辈当成兄长、把子侄辈当成弟弟的。

过去,周公宁愿随时中断沐浴、吃饭,去接待来访的平民寒士,曾一天之内就接见了七十多人。而晋文公以正在沐浴为借口拒绝接见竖头须,以致遭来"图反"的讥诮。

家中宾客不断,这是古人所看重的。那些没有良好教育的人家,他们的看门人也没有礼貌,有的看门人在客人来访时,就以主人正在睡觉、吃饭或发脾气为借口,拒绝为客人通报,江南地区的人家深以此种事为耻。

黄门侍郎裴之礼，被称作能为人楷模的士大夫，如果他家中有这样的人，他会当着客人的面用棍子打这个人。他的门子、童仆在接待客人的时候，进退礼仪，表情言辞，没有一样不是严肃恭敬的，与主人相比也没有两样。

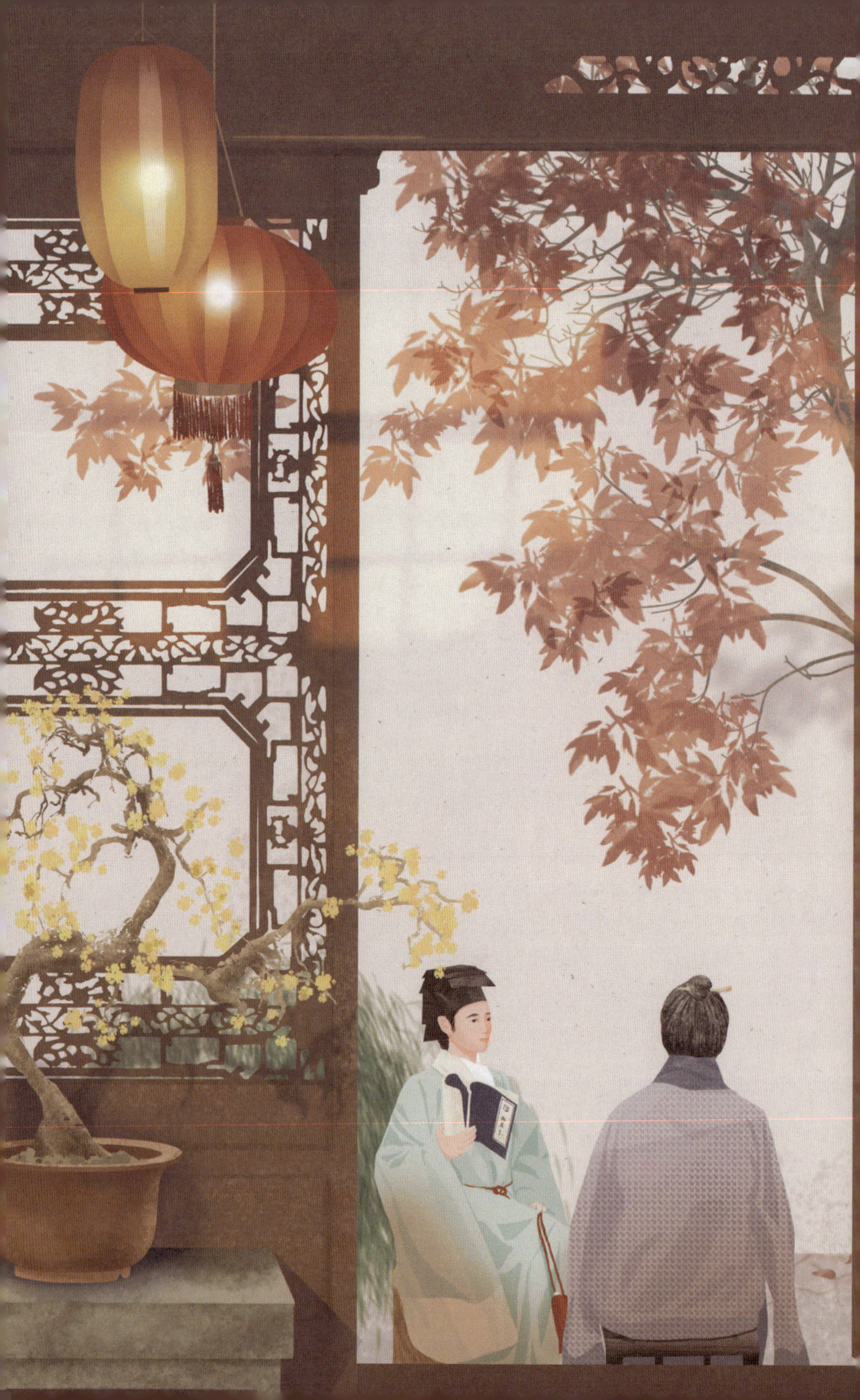

慕贤第七

导言

　　本篇可算一篇小型的人才学论文，充分体现了作者重视人才、钦慕人才的思想。

　　作者首先感慨人才（圣贤）难得，由此说明人才的可贵，进而强调与人才交往的重要性和必要性。

　　其次，作者尖锐批评了世人在人才问题上"贵耳贱目，重遥轻近"的可笑态度，他举春秋时虞国宫之奇谏假道不被采纳及南朝梁书法家丁觇（chān）长期被轻视的事例，说明人才就在身边，而人们却视而不见。

　　作者对人才的重视还表现在：他强调即使是地位低下者，只要他的"一言一行"有利于人，也应充分肯定，绝不能"用其言，弃其身"。

　　最后，作者举齐梁时代一些贤臣名将的例子，说明人才问题关系国家的兴衰存亡，如说梁朝都城建业被围，"恃（羊）侃一人安之"；杨遵彦被杀后，齐朝"刑政于是衰矣"；对斛（hú）律明月、张延隽的被害、被逐，更是感叹"国之存亡，系其生死""齐之亡迹，启于是矣"。这里虽有夸大个人历史作用之嫌，但作者字里行间所表现的"毁灭人才就是毁灭国家"的观点，至今仍振聋发聩。

古人说:"一千年出一个圣人,已经像从早到晚那么快了;五百年出一个贤士,已经像一个紧接一个那么多了。"这是说圣贤之难得,相隔邈(miǎo)远到如此地步。倘若正巧碰到了人世罕有的明达君子,哪可不去攀交景仰他呢?我出生在乱世,成长于战争年代,四处漂泊,听到看到的够多了,但只要遇到有名的贤人,未尝不心醉神迷地向往钦慕于他。

人年轻的时候,精神性情尚未定型,与那情投意合的朋友朝夕相伴,受其熏陶渐染,一言一笑,一举一动,虽然没有存心跟朋友学,但在潜移默化中,自然就跟朋友相似了。何况操守德行和本领技能这种明显容易学到的东西呢?因此,与善人住在一起,就像进入满是芷草兰花的屋子中一样,时间一长自己也变得芬芳起来;与恶人住在一起,就像进入满是鲍鱼的店铺一样,时间一长自己也变得腥臭起来。墨子看见人们染丝就叹惜,说的也就是这个意思。

君子与人交往一定要慎重。孔子说:"不要和不如自己的人交朋友。"像颜回、闵损那样的贤人,哪能够时时遇见!一个人只要比我强,也就足以让我珍视他了。

慕贤第七

*

　　一般人多有一种偏见：对传闻的东西很看重，对亲眼所见的东西则很轻视；对远处的事物很感兴趣，对近处的事物则不放在心上。

　　从小到大在一起相处的人，这中间如有谁是贤士智者，人们也往往对他轻慢侮弄，而不是以礼相待；而处在远方异土的人，凭着那么点名声，就能使大家伸长脖子、踮起脚跟去朝思暮盼，那种心情似乎比饥渴还难以忍受。其实客观地比较一下两者的长短优劣，也许远处的人还不如身边的人。

　　所以，鲁国人轻蔑地称孔子为"东家丘"。过去虞国的宫之奇，与虞国国君从小相处在一起，国君与他过分亲近，因此反而不能正确采纳他的意见，以致亡了国。这个教训不可不加以注意啊。

*

　　采用了某人的意见却抛弃了这个人，这种行为被古人认为是耻辱的。

　　凡采纳一个建议、办理一件事情，是得到别人帮助的，都应该公开称扬人家，不应该窃取别人的成果，把它当成自己的功劳。即使他是地位低下的人，也一定要肯定他的功劳。窃取别人的钱财，会遭到刑罚的处置；窃取别人的成果，会遭到鬼神的谴责。

　　梁孝元帝过去在荆州时，他那里有一位叫丁觇(chān)的人，是洪亭人氏，很会写文章，特别擅长草书和隶书，孝元帝的文书抄写，全都交给他干。军府中那些地位低下的人，大多看他不上，耻于让自己的子弟去临习他的书法，当时流行的话是："丁君写上十张纸，抵不上王褒几个字。"

我非常喜爱丁觇的书法墨迹，常常把它们珍藏起来。孝元帝曾经派一个叫惠编的典签送文章给祭酒萧子云看，萧子云就问惠编："君王最近写了书信给我，还有他的诗歌文章，书法非常漂亮，那书写者定是一位书法高手，他姓甚名谁？哪里会一点名声都没有呢？"惠编据实回答了。萧子云感叹道："此人在后辈中没有谁能相比，竟然不被世人称道，这也是一件奇怪的事。"

从这以后，听说这事的人才稍稍对丁觇刮目相看。丁觇后来渐渐升任到尚书仪曹郎的位置，最后任晋安王侍读，随晋安王东下。等到江陵陷落的时候，那些文书信札一起散失了，丁觇不久也在扬州去世。他那过去被人轻视的书法，后来的人再想得到只言片纸，也不可能了。

*

侯景刚攻入建业城的时候，台门虽然是紧关着的，但台城门内的官吏百姓都惊恐不安，人人自危。这时，太子左卫率羊侃坐守东掖(yè)门，他部署策划抵抗事宜，一个晚上就都安排好了，最终争取到一百多天的时间来抵抗凶恶的叛军。当时，台城内四万多人，其中的王公大臣不下一百，就是靠羊侃一人来安定局面的，他们之间的表现差距是如此之大。

古人说:"巢父、许由把天下这样的大利都推辞掉了,而市侩庸人为一个小钱也要争夺不休。"两者的差距也太悬殊了。

齐朝文宣帝即位几年后,便沉湎酒色,放纵恣睢(zì suī),一点不顾法纪。但他尚能将政事交给尚书令杨遵彦处理,故朝廷内外,清静安宁,每个人每件事都能得到妥善安排,大家都没有意见,这种局面一直保持到天保之朝结束。杨遵彦后来被孝昭帝杀害,国家的刑律政令从此就衰败了。

斛(hú)律明月是齐朝安邦却敌的重臣,无罪被杀,军队因此人心涣散,周国才萌生了吞并齐国的欲望。关中一带人民至今对斛律明月仍称誉不已。这个人用兵,岂止是千万人希望之所归而已啊!他的生死,牵系着国家的存亡。

张延隽任晋州行台左丞时,辅助支持主将,镇守安抚疆界,储藏聚集物资,爱护救助百姓,其威严庄重仿佛可与一国相匹敌。那些卑鄙小人不能按自己的意愿行事,就联合起来放逐了他。那些人取代了他的位置之后,把晋州弄得一片混乱,周国军队一起兵,晋州城就先被占领平定。齐国败亡的迹象,就从这里开始了。

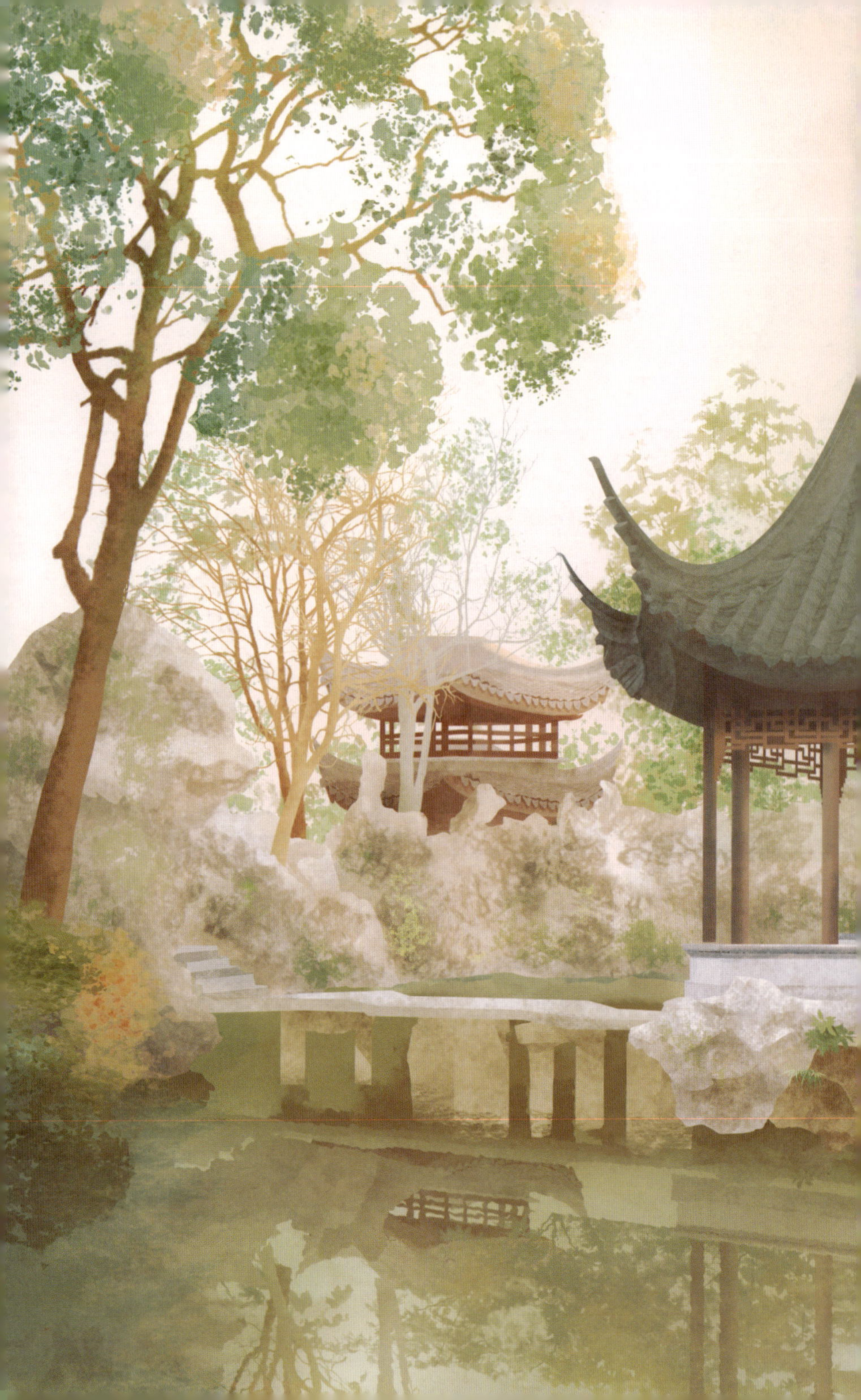

卷第三

勉学

夫命之穷达,
犹金玉木石也;
修以学艺,
犹磨莹雕刻也。

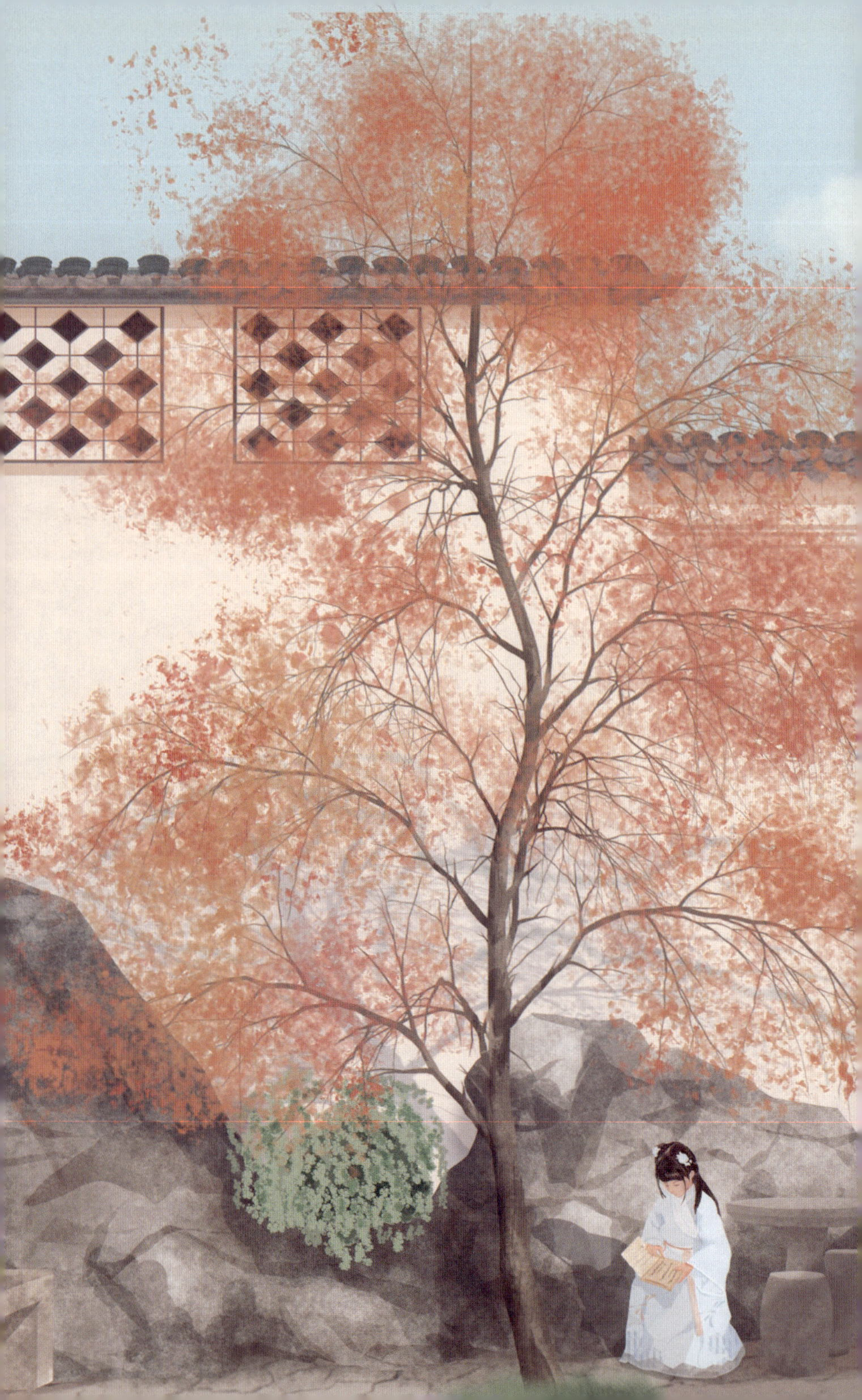

勉学第八

导言

本篇谈学习问题。作者从正反两方面反复强调学习的重要性，认为学有专长是在社会上得以自立的必要前提。

作者饱经乱世，目睹梁朝贵族子弟们不学无术，靠祖上庇荫养尊处优，一旦乱离，没有谋生本领，只能转死沟壑的种种情状，深有感慨地告诫儿孙"父兄不可常依，乡国不可常保"，须靠勤学以谋自立。他坚决反对子女弃学经商，而希望他们勤学不辍，以"务先王之道，绍家世之业"。

作者十分强调学以致用，认为学习的目的是为了提高道德修养，开发心智，以利于行。因此，他反对只知"吟啸谈谑，讽咏辞赋"，而于"军国经纶，略无施用"的空疏无用之学。基于此，作者对老庄之徒只知"清谈雅论，剖玄析微"的学风表示不满，认为其"非济世成俗之要"。从学以致用这个基本观点出发，作者主张读书要"博览机要"，领会精神实质，反对空守章句、烦琐注疏的学究式学习。

此外，他主张要广泛向农夫、工匠等各行业的劳动者学习；主张博览群书，扩大知识面；主张学习时互相切磋讨论，反对"闭门读书，师心自是"；主张要重视"眼学"，反对道听途说；强调文字是"坟籍根本"，反对忽视文字的倾向等，这些意见都是极有见地的。

自古以来的那些圣明帝王,尚且须勤奋学习,何况普通百姓呢!这类事在经书史书中随处可见,我也不想过多举例,姑且拣近世紧要的事说说,以启发点悟你们。

现在士大夫的子弟,长到几岁以后,没有不受教育的,那学得多的,已学了《礼记》《左传》。那学得少的,也学完了《诗经》《论语》。

等到他们成年,体质性情逐渐成形,趁这个时候,就要加倍地对他们进行训育诱导。他们中间那些有志气的,就能经受磨炼,以成就其清白正大的事业;而那些没有操守的,从此懒散起来,就成了平庸的人。

人生在世,应该从事一定的工作:当农民的就要计划思量如何耕田种地,当商贩的就要商谈买卖交易,当工匠的就要精心制作各种用品,当手艺人的就要深入研习各种技艺,当武士的就要熟悉骑马射箭,当文人的就要讲谈讨论儒家经书。

*

　　我见到许多士大夫耻于从事农业商业,又缺乏手工技艺方面的本事,让他射箭连一层铠甲也射不穿,让他动笔仅仅能写出自己的名字,整天酒足饭饱,无所事事,以此消磨时光,以此了结一生。还有的人因祖上的荫庇,得到一官半职,便自我满足,完全忘记了学习的事。碰上吉凶大事,议论起得失来,就张口结舌,茫然无所知,如堕云雾中一般。在各种公私宴会的场合,别人谈古论今,赋诗明志,他却像塞住了嘴一般,低着头不吭声,只有打哈欠的份。有见识的旁观者,都替他害臊,恨不能钻到地下去。这些人为何要吝惜几年的勤学,而去忍受长达一生的愧辱呢!

　　梁朝全盛之时,那些贵族子弟大多不学无术,以至于当时的谚语说:"登车不跌跤,可当著作郎;会说身体好,可做秘书官。"这些贵族子弟没有一个不是以香料熏衣,修剃脸面,涂脂抹粉的;他们外出乘长檐车,走路穿高齿屐,坐在织有方格图案的丝绸坐褥上,倚靠着五彩丝线织成的靠枕,身边摆的是各种古玩,进进出出派头十足,看上去仿佛神仙模样。到明经答问求取功名的时候,他们就雇人顶替自己去应试;在三公九卿列席的宴会上,他们就借别人之手来帮自己作诗,在这种时刻,他们倒显得像模像样的。

　　等到动乱来临,朝廷变迁革易,考察选拔官吏时,不再任用过去的亲信,在朝中执掌大权的,再不见旧日的同党。这时候,这些贵族子弟们靠自己却不中用,想在社会上发挥作用又没有本事。他们只能身穿粗布衣服,卖掉家中的珠宝,失去华丽的外表,露出无能的本质,呆头呆脑像段枯木,有气无力像条快要干涸的水流,在乱军中颠沛流离,最后死于荒沟野壑之中。在这种时候,这些贵族子弟就成了地地道道的蠢材了。

*

有学问有手艺的人,走到哪里都可以站稳脚跟。自从兵荒马乱以来,我见过不少俘虏,其中一些人虽然世世代代都是平民百姓,但由于懂得《孝经》《论语》,还可以去给别人当老师;而另外一些人,虽然是年代久远的世家大族子弟,但由于不会动笔,结果没有一个不是去给别人耕田养马的。由此看来,怎么能不努力学习呢?如果能够经常保有几百卷书籍,就是再过一千年也始终不会沦为平民百姓。

通晓六经旨意,涉猎百家著述,即使不能增强道德修养,劝勉世风习俗,也仍不失为一种才艺,可借此自我充实。父亲兄长是不能长期依赖的,家乡邦国是不能常保无事的,一旦流离失所,没有人来庇护周济你时,就该自己设法了。

俗话说:"积财千万,不如薄技在身。"容易学习而又可致富贵的本事,莫过于读书了。世人不管是愚蠢还是聪明,都希望认识的人多,见识的事广,但不肯去读书,这就好比想要饱餐却懒于做饭,想得身暖却懒于裁衣一样。那些读书人,从伏羲、神农的时代以来,在这世界上,共认识了多少人,见识了多少事,对一般人的成败好恶,他们看得很清楚,这固然不用再说,就是天地鬼神的事，也是瞒不过他们的。

*

有客人对我发出诘问说："那些手持强弓长戟，诛灭罪人，安抚黎民百姓，以此博取公侯爵位的人，我看是有的；那些阐释礼仪，研习吏道，匡正时俗，使国家富足，以此博取卿相职位的人，我看是有的；而那些学问贯通古今，才能文武兼备，却身无俸禄官爵，妻子儿女挨饿受冻的人，却是数也数不清。这么看来，哪里值得对学习那么看重呢？"

我回答他说："一个人的命运是困厄还是显达，就好比金、玉与木、石。研习学问，就好比琢磨金、玉，雕刻木、石。金、玉经过琢磨，就比矿、璞来得更美；木、石截成段敲成块，就比经过雕刻的来得丑陋。但怎么可以说经过雕刻的木、石就胜过未经琢磨的金、玉呢？所以，不能以有学问的人的贫贱，去与那无学问的人的富贵相比。

"况且，那些披挂铠甲去当兵的人，口含笔管充任小吏的人，身死名灭者多如牛毛，脱颖而出者少如灵芝草。现在，勤奋攻读，修养品性，含辛茹苦而没有得到任何好处的人就像日蚀那样少见；而闲适安乐、追名逐利的人却像秋荼那样繁多，哪能把二者相提并论呢？况且我又听说，生下来就明白事理的是上等人，通过学习才明白事理的是次一等的人。

"人之所以要学习，就是想使自己知识丰富，明白通达。如果说一定有天才存在的话，那就是出类拔萃的人。作为将军，他们暗中具备了与孙武、吴起相同的军事谋略;作为执政者,他们先天就获得了管仲、子产的政教才干。虽然他们没有读过书,我也要说他们是有学问的。现在您不能够做到这一点,又不去师法古人的所作所为,那就好比蒙着被子睡大觉,什么也看不见了。"

*

人们看见邻居、亲戚中有出人头地的人物,懂得让自己的子弟钦慕他们,向他们学习,却不知道让自己的子弟向古人学习,这是多么无知啊。

一般人只看见当将军的跨骏马,披铠甲,手持长矛强弓,就说我也能当将军,却不知道了解天时的阴晴寒暑,分辨地理的险易远近,比较权衡逆境顺境,审察把握兴盛衰亡的种种奥妙。

一般人只知道当宰相的秉承旨意,统领百官,为国积财储粮,就说我也能当宰相,却不知道侍奉鬼神,移风易俗,调节阴阳,荐贤举能的种种周到细致。

一般人只知道私财不落腰包,公事及早办理,就说我也能管理好百姓,却不知道诚恳待人,为人楷模,治理百姓如驾车马,止风灭火,消灾免难,化鸱(chī)为凤,变恶为善的种种道理。

一般人只知道依照法令条律,判刑赶早,赦免推迟,就说我也能秉公办案,却不知道同辕观罪、分剑追财,用假言诱使诈伪者暴露,不用反复审问而案情自明这种种深刻的洞察力。

推而广之,甚至那些农夫、商贾、工匠、童仆、奴隶、渔民、屠夫、喂牛的、放羊的，他们中间都有在德行学问上堪为前辈的人，可以作为学习的榜样，广泛地向这些人学习，对事业是不无好处的。

*

人之所以要读书求学，从根本上来说是为了开发心智，提高认识力，以有利于自己的行动。

对那些不知道如何奉养父母的人，我想让他们看看古人如何体察父母心意，按父母的愿望办事；如何轻言细语，和颜悦色地与父母谈话；如何不怕劳苦，为父母弄到香甜软嫩的食品。使他们看了之后感到畏惧惭愧，起而效法古人。

对那些不知道如何侍奉国君的人，我想让他们看看古人如何笃守职责，不侵凌犯上；如何在危急关头，不惜牺牲性命；如何以国家利益为重，不忘自己忠心进谏的职责。使他们看了之后痛心疾首地对照自己，进而想去效法古人。

对那些平时骄横奢侈的人，我想他们看看古人如何恭谨俭朴，节约费用；如何以谦卑自守，以礼让为政教之本，以恭敬为立身之根，使他们看了之后震惊醒悟，自感若有所失，从而端正态度，抑制那骄奢的心意。

对那些平时浅薄吝啬的人，我想让他们看看古人如何贵义轻财，少私寡欲，忌盈恶满；如何周济鳏(guān)寡孤独，体恤平民百姓。使他们看了之后脸红，产生懊悔羞耻之心，从而做到既能积财又能散财。

对那些平时暴虐凶悍的人，我想让他们看看古人如何小心恭谨，自我约束，懂得齿脱舌存的道理；如何宽仁大度，尊重贤士，容纳众人。使他们看了之后气焰顿消，显出谦恭退让的样子来。

对那些平时胆小懦弱的人，我想让他们看看古人如何无牵无碍，听天由命；如何强毅正直，说话算数；如何祈求福运，不违祖道。使他们看了之后能奋发振作，无所畏惧。

由此类推，各方面的品行都可采取以上方式来培养，即使不能使风气纯正，也可断绝那些偏离道德规范的不良习性。从学习中所获取的知识，没有哪里不可运用。

然而现在的读书人，只知空谈，不能行动，忠孝谈不上，仁义也欠缺，再加上他们审断一桩官司，不一定了解了其中的道理，主管一个千户小县，不一定亲自管理过百姓；问他们怎样造房子，不一定知道楣是横着放而棁(zhuō)是竖着放；问他们怎样种田，不一定知道高粱要早下种而黍(shǔ)子要晚下种。整天只知道吟咏歌唱，谈笑戏谑，写诗作赋，悠闲自在，迂阔荒诞，对治军治国则毫无办法，所以他们被那些武官俗吏嗤笑辱骂，确实是有原因的。

*

人们学习是为了用它获取好处。我看见有的人读了几十卷书，就自高自大起来，冒犯长者，轻慢同辈。大家仇视他像对仇敌一般，厌恶他像对猫头鹰那样的恶鸟一般。像这样用学习给自己招来损害，还不如不要学习。

古代求学的人是为了充实自己，以弥补自身的不足；现在求学的人是为了向别人炫耀，只能夸夸其谈。古代求学的人是为了广利大众，推行自己的主张以造福社会；现在求学的人是为了自身需要，涵养德性以求仕进。

求学就像种果树一般，春天可以赏玩它的花朵，秋天可以摘取它的果实。讨论文章，这就好比赏玩春花；修身利行，这就好比摘取秋果。

人在幼小的时候，精神专注敏锐，长大成人以后，思想容易分散。因此，对孩子确实要及早教育，不可坐失良机。

我七岁的时候，背诵《灵光殿赋》，直到今天，隔十年温习一次，仍然不会遗忘。二十岁以后，所背诵的经书，搁置在那里一个月，便到了荒废的地步。当然，人总有困厄的时候，壮年时失去了求学的机会，仍然应当在晚年抓紧时间学习，不可自暴自弃。孔子说："五十岁时学习《周易》，就可以不犯大的过错了。"

魏武帝、袁遗，他俩到老年时学习的兴趣愈加浓厚，这些都是年轻时勤奋学习直到老年也不厌倦的例子。曾子十七岁时才开始学习，最后名闻天下；荀卿五十岁才开始到齐国游学，仍然成了大学者；公孙弘四十多岁才开始读《春秋》，靠这学问后来终于当了丞相；朱云也是四十岁才开始学习《周易》《论语》；皇甫谧二十岁才开始学习《孝经》《论语》：他们最后都成了大学者。这些都是早年迷茫而较晚才醒悟的例子。

一般人如果到成年以后还未开始学习，就说晚了晚了，就这样拖拖拉拉过日子，好像面对着一堵墙壁什么也看不见，也是够愚蠢的了。从小就开始学习的人，就好像太阳初升时的光芒；到老来才开始学习的人，就好像手持蜡烛在夜间行走，但总比那闭着眼睛什么也看不见的人强。

*

　　学习风气的兴盛或衰败，随世道变迁而变化。汉代的贤士俊才们，都靠精通一部经书来弘扬圣人之道，上知晓天命，下贯通人事，他们中凭着这个特长而得到卿相职位的人非常多。汉末风气改变以后就不再是这样了，读书人都空守章句之学，只知背诵老师讲过的现成话，如果靠这些东西来处理实际事务，我看大概不会有任何用处。所以，后来的士大夫子弟读书都以广泛涉猎为贵，不肯专攻一经。

　　梁朝从皇孙以下，在儿童时就一定先让他们入学读书，观察他们的志向，到步入仕途的年龄后，就去参与文官的事务，没有一个是把学业坚持到底的。既当官又能坚持学业的，则有何胤、刘瓛、明山宾、周舍、朱异、周弘正、贺琛、贺革、萧子政、刘绦等人，这些人兼通文史，不光是只能口头讲讲而已。在洛阳城，我还听说崔浩、张伟、刘芳三人的大名，邺下那里还有位邢子才：这四位学者，虽然都喜好经术，但也以才识广博而享有名声。像以上的各位贤士，原本就该是为官者中的上品。除此之外就大多是些村夫庸人，这些人语言鄙陋，风度拙劣，互相之间固执己见，什么事也干不了。你问他一句话，他就会答出几百句，若要问他其中的意旨究竟是什么,他大概一点也摸不到边。

邺下有谚语说:"博士上集市去买驴,契约写了三大张,不见写出个驴字。"如果让你以这种人为师,岂不令人丧气。孔子说:"去学习吧,你的俸禄就在其中了。"而今这些人却在那些毫无益处的事情上下功夫,这恐怕不是正经行当吧!

*

圣人的书,是用来教育人的,只要能熟读经文,粗通注文之义,使之对自己的言行经常提供些帮助,也就足以在世上为人了;何必针对"仲尼居"这三个字就要写两张纸的疏文来解释呢?你说"居"指闲居之处,他说"居"指讲习之所,现在又有谁能亲见?在这种问题上,争个你输我赢,难道会有什么好处吗?

光阴值得珍惜,它就像那逝去的流水般一去不返,我们应当广泛阅读书中那些精要之处,以求对自己的事业有所助益。如果你们能把博览与专精结合起来,那我就十分满意,再无话可说了。

世间的读书人,不广泛涉猎群书,除了读各种经书和纬书外,就是学学解释这些经典的注疏而已。

我初到邺城时,与博陵的崔文彦交游。我与他曾谈起《王粲(càn)集》中关于王粲责难郑玄《尚书注》的事,崔文彦转而给几位读书人谈起此事,才刚开口,就被他们责难说:"文集中只有诗、赋、铭、诔(lěi)等类文体,难道会论及有关经书的事吗?况且在先儒之中,也没听说过王粲这人啊。"崔文彦笑了笑便告退了,终究未把《王粲集》给他们看。

魏收在议曹任上时，与各位博士议及有关宗庙之事，并引《汉书》为据，众博士笑着说："我们没有听说过《汉书》能证验经学。"魏收很生气，一句话也不再说，把《汉书》中的《韦玄成传》扔给他们，就起身走了。众博士花了一个晚上的时间来共同翻检此书，第二天才来道歉说："想不到韦玄成还有这等学问啊！"

*

老子、庄子的书，讲的是如何保持本真、修养品性，不以外物来烦劳自己。所以老子用柱下史的职务把自己的名声掩盖起来，最后隐遁于沙漠之中；庄子隐居漆园为小吏，最终拒绝了楚成王召他为相的邀请，这两人都是任性放纵之徒啊。

后来有何晏、王弼(bì)，师法前贤，陈说道教的教义，继其后者一个跟着一个地夸夸其谈起来，如影子依附于形体、草木顺着风向一般，都以神农、黄帝的教化来装扮自身，而将周公、孔子的事业置之度外。

然而何晏因为党附曹爽而被诛杀，这是碰到贪恋权势至死方休的罗网上了。王弼以自己的所长去讥笑别人而遭来怨恨，这是掉进争强好胜的陷阱里了。山涛因为贪吝积敛而遭到世人议论，这是违背了聚敛越多丧失越大的古训。夏侯玄因为自己的才能声望而遭到杀害，这是因为没有从庄子所说的那于事无用的畸形人支离疏和那大树扭曲无用得以自保的寓言中吸取教训。荀粲在丧妻之后，因内心哀伤不止而送命，这就不是庄子在丧妻之后敲缶(fǒu)

而歌的超脱情怀了。王衍因哀悼儿子而悲不自胜，这就不同于《列子》中的东门吴面对丧子之痛所抱的那种达观态度了。嵇康因排斥俗流而招致杀身之祸，这难道能与老子所说的"和其光，同其尘"相提并论吗？郭象因声名显赫而最终走上权势之路，这难道是老子所提倡的"后其身而身先，外其身而身存"的作风吗？阮籍纵酒迷乱，不合于庄子关于"畏途相诫"的譬喻。谢鲲因家童贪污而丢官，这是违背了"弃其馀鱼"、节欲知足的宗旨。

以上诸位先生，都是道家中人心所信服的领袖人物。至于其余那些在尘世污秽中身套名缰利锁，在名利场中摔爬滚打之辈，我更无从细说了。这些人不过是选取老、庄书中的那些清谈雅论，剖析其中的玄妙细微之处，宾主相互问答，只求娱心悦耳，但这些并不是拯救社会促使良好风气形成的急要之事。

到了梁朝，这种崇尚道教的风气又流行起来，当时，《庄子》《老子》《周易》被总称为"三玄"。武帝和简文帝都亲自加以讲论。周弘正奉君主之命讲述以道教治国的大道理，其风气流行到大小城镇，各地学徒达到一千多人，实在是盛哉美哉。

后来元帝在江陵、荆州的时候，也十分爱好并熟悉此道。他招来一些学生，亲自为他们讲授，为此废寝忘食，夜以继日，甚至在他极度疲倦或忧愁烦闷的时候，也靠讲授道教玄学来自我排解。我当时偶尔也在末位就座，亲耳聆听元帝的教诲，然而我这人资质既顽钝愚鲁，又对此缺乏兴趣，所以也没什么收效。

*

　　北齐的孝昭帝护理病中的娄太后，因此而脸色憔悴，饭量减少。徐之才用艾炷灸太后的两个穴位，太后痛不可忍，孝昭帝让母亲握己手以代痛，指甲嵌入掌心，以致血流满手。太后的病终于痊愈，而孝昭帝却积劳成疾，不久就去世了，临终留下遗诏说：他遗憾的是不能够为娄太后操办后事，以尽最后的孝心。

　　他这人的天性是如此孝顺，却又如此不懂得忌讳，这确实是不学习造成的。他如果从书中看到过有关古人讽刺那盼望母亲早死以便痛哭尽孝的人的记载，就不会在遗诏中说出那样的话了。孝为百行之首，尚且须要通过学习去培养完善，何况其他的事呢！

　　梁元帝曾经对我说："我从前在会稽(kuài)郡的时候，年龄才十二岁，就已经喜欢学习了。当时我身患疥疮，手不能握拳，膝不能弯曲。我在闲斋中挂上葛布制成的帐子，以避开苍蝇独坐，身边的小银盆内装着山阴甜酒，不时喝上几口，以此减轻疼痛。这时我就独自随意读一些史书，一天读二十卷，既然没有老师传授，就常有一个字不认识或一句话不理解的情况，这就须要严格要求自己。我那时从不感到厌倦。"

　　元帝以帝王之子的尊贵，在孩童闲适之时，尚且能够用功学习，何况那些希望通过学习以求显达的小官吏呢？

　　古代的勤学者，有用锥子刺大腿以防止瞌睡的苏秦；有投斧于高树，下决心到长安求学的文党；有映雪勤读的孙康；有用袋子收聚萤火虫用来照读的车武子；汉代的儿宽、常林耕种时也不忘带上经书;还有个路温舒,在放羊的时候就摘蒲草截成小简,用来写字。他们也都算是能勤奋学习的人。

梁朝彭城的刘绮(qǐ),是交州刺史刘勃的孙子,从小死了父亲,家境贫寒,无钱购买灯烛,就买来荻(dí)草,把它的茎折成尺把长,点燃后照明夜读。梁元帝在任会稽太守的时候,精心选拔官吏,刘绮凭借自身的才华当上了太子府中的国常侍兼记室,很受尊重,最后官至金紫光禄大夫。

义阳的朱詹,世居江陵,后来到了建业。他十分勤学,家中贫穷无钱,有时连续几天都不能生火煮饭,他就经常吞食废纸充饥。天冷没有被盖,就抱着狗睡觉。狗也十分饥饿,就跑到外面去偷东西吃,朱詹大声呼唤也不见它归家,哀声惊动邻里。尽管如此,他还是没有荒废学业,终于成为学士,官至镇南录事参军,为元帝所尊重。朱詹之所为,是一般人所不能做到的,这也是一个勤学的典型。

东莞人臧逢世,二十多岁的时候,想读班固的《汉书》,但苦于借来的书自己不能长久阅读,就向姐夫刘缓要来名片、书札的边幅纸头,亲手抄得一本。军府中的人都佩服他的志气,最终他以研究《汉书》出了名。

北齐有位太监叫田鹏鸾,本是少数民族。年纪有十四五岁。起初当宫禁的守门人时,就知道勤奋学习,身上带着书,早晚诵读。虽然他所处的地位十分低下,工作也很辛苦,但仍能经常利用空闲时间,四处拜师求教。每次到文林馆,气喘汗流,除了询问书中不懂的地方外,顾不得讲其他的话。每当他从书中看到古人讲气节、重义气的事,就十分激动,连声赞叹,心情久久不能平静。我很喜欢他,对他倍加开导勉励。后来他得到皇帝的赏识,赐名为敬宣,官至侍中开府。

齐后主逃奔青州的时候,田鹏鸾被派往西边去观看动静,被北周军队俘获。周军问他后主在何处?田鹏鸾欺骗他们说:"已走了,恐怕已经出境了。"周军不信他的话,就殴打他,企图使他屈服;他的四肢每被打断一条,声音和神色就越是严肃,最后终被打断四肢而死。一位少数民族的少年,尚且能够通过学习变得忠诚,北齐的将相们,比敬宣的奴仆都不如啊!

邺城被北周军队平定之后,我们被流放到关内。那时思鲁曾经对我说:"我们家在朝廷没人当官,家里也没有积财,我应当尽力干活赚钱,以此尽供养之责。现在,我却常常被督促检查功课,致力于经史之学,您难道不知道我这做儿子的,能够在这种情况下安心学习吗?"

我教诲他说:"当儿子的固然应当把供养之责放在心上,当父亲的却应当把子女的教育作为根本大事。如果让你放弃学业去赚取钱财,使我丰衣足食,那么,我吃起饭来怎么会感到香甜,穿起衣来怎么会感到温暖呢?如果你能够致力于先王之道,继承我们家世代的基业,那么,我纵使吃粗茶淡饭,穿麻布衣衫,也心甘情愿。"

*

《尚书》上说:"喜欢提问则知识充足。"《礼记》上说:"独自学习而没有朋友共同商讨,就会孤陋寡闻。"看来,学习须要共同切磋,互相启发,这是很明白的了。我就见过不少闭门读书,自以为是,在大庭广众之下口出谬言的人。

《穀梁传》叙述公子友与莒挐(jǔ ná)两人相搏斗,公子友左右的人大喊"孟劳"。孟劳是鲁国宝刀的名称,这个解释也见于《广雅》。近时我在齐国,有位叫姜仲岳的说:"孟劳是公子友左右的人,姓孟,名劳,是位大力士,为鲁国人所爱重。"他和我苦苦争辩。当时清河郡守邢峙也在场,他是当今的大学者,帮助我证实了孟劳的真实含义,姜仲岳才红着脸认输了。

此外,《三辅决录》上说:"汉灵帝在宫殿柱子上题字:'堂堂乎张,京兆田郎。'"这是引用《论语》中的话,而对以四言句式,用来品评京兆人田凤。有一位才士,却解释成:"当时张京兆及田郎二人都是相貌堂堂。"他听了我的上述解释后,开始非常惊讶,后来又感到惭愧懊悔。

江南有一位权贵,读了误本《蜀都赋》的注解,"蹲鸱,芋也","芋"字错作"羊"字。有人馈赠他羊肉,他就回信说:"谢谢您赐我蹲鸱。"满朝官员都感到惊讶,不了解他用的是什么典故,经过很长时间查到出典,才知道是这么回事。

魏元氏在位的时候,有一位有才学而位居重要职务的大臣,他新近得到一本《史记音》,而内中错谬很多,给"颛顼(zhuān xū)"一词错误地注音,"顼"字应当注音为"许录反",却错注为"许缘反",这位大臣就对朝中官员们说:"过去一直把颛顼误读成'专旭',应该读成'专翾(xuān)'。"这位大臣名气早就很大,他的意见大家当然一致赞同并照办。直到一年后,又有大学者对这个词的发音苦苦研究探讨,才知道谬误所在。

《汉书·王莽赞》说:"紫色𡎺(wā)声,馀分闰位。"是说王莽以假乱真。过去我曾经和别人谈论书籍,其中谈到王莽的模样,有一位聪明能干的人,自夸通晓史学,名誉身价很高,却说:"王莽不但长得鹰目虎嘴,而且有着紫色的皮肤,青蛙的嗓音。"

此外,《礼乐志》上说:"给太官桐(dòng)马酒。"李奇的注解是:"以马乳为酒也,挏(chòng)挏乃成。"挥挏二字的偏旁都是"手"。所谓挥挏,这里是说将马奶上下捣击,现在做奶酒也是用这种方法。刚才提到的那位聪明人又认为李奇注解的意思是:要等种桐树之时,太官酿造的马酒才熟。他的学识竟浅陋到了这个地步。

泰山的羊肃,也称得上有学问的人,他读潘岳赋中"周文弱枝之枣"一句,把"枝"字读作"杖策"的"杖"字;他读《世本》"容成造曆"一句,把"曆"字认作"碓磨"的"磨"字。

*

谈话写文章,援引古代的事物,必须是用自己的眼睛去学来的,而不要相信耳朵所听来的。

江南乡里间,有些士大夫不事学问,又羞于被视为鄙陋粗俗,就把一些道听途说的东西拿来装饰门面,以示高雅博学。比如:把征质呼为周、郑,把霍乱叫作博陆,上荆州一定要说成上陕西,下扬都就说是去海郡,谈起吃饭就说是馎口,提到钱就称之为孔方,问起迁徙之处就讲成楚丘,谈论婚姻就说成晏尔,讲到姓王的人没有不称为仲宣的,谈起姓刘的人没有不呼作公干的。

这类"典故"有一二百个，士大夫们前后相承，一个跟着一个学。如果向他们问起这些"典故"的缘由，没有一个回答得出来；用之于言谈文章，常常是不伦不类。庄子有"乘时鹊起"的说法，所以谢朓的诗中就说："鹊起登吴台。"

我有一位表亲，作的一首《七夕》诗又说："今夜吴台鹊，亦共往填河。"《罗浮山记》上说："望平地树如荠。"所以戴嵩的诗就说："长安树如荠。"而邺下有一个人的《咏树》诗又说："遥望长安荠。"我还曾经见过有人把矜诞解释为夸毗，称高年为富有春秋，这些都是"耳学"造成的错误。

*

<u>文字，这是书籍的根本。</u>

世上求学之人，很多都没有把字义弄通：通读"五经"的人，肯定徐邈而非难许慎；学习赋诵的人，信奉褚诠而忽略吕忱；崇尚《史记》的人，只对徐野民、邹诞生的《史记音义》这类书感兴趣，却废弃了对篆文字义的钻研；学习《汉书》的人，喜欢应邵、苏林的注解而忽略了"三仓"和《尔雅》。

<u>他们不明白语音只是文字的枝叶，而字义才是文字的根本。</u>以致有人见了服虔、张揖有关音义的书就十分重视，而得到同是这两人写的《通俗文》《广雅》却不屑一顾。对同出一人之手的著作，居然这样厚此薄彼，何况对不同时代不同人的著作呢？

求学的人都以博闻为贵。他们对于郡国山川、官位姓族、衣服饮食、器皿制度，都希望刨根问底，找出它的源头来；但对

于文字，却漫不经心，自家的姓名，也往往出现谬误，即使不出错的，也不知道它的由来。

近代有些人为孩子起名字：兄弟几个的名字都用"山"作偏旁，内中就有取名为"峙"的；兄弟几个的名字都用"手"作偏旁，内中就有取名为"机"的；兄弟几个的名字都用"水"作偏旁，内中就有取名为"凝"的。在那些知名的大学者中，这类例子很多。如果他们明白这与晋平公的乐工听不出钟的乐音不协调是一回事的话，就会发现这是多么可笑。

我曾经跟从北齐文宣帝到并州去，从井陉关进入上艾县，从那里往东几十里，有一个猎闾村。后来，百官又在晋阳以东百余里的亢仇城旁接受马粮。大家都不知道上述两个地方原本是哪里，博求古今书籍，都没有弄明白。

直到我翻检《字林》《韵集》这两本书，才知道猎闾就是过去的䜲馀聚，亢仇就是䴚䭃亭，它们都属于上艾县。当时太原的王劭想撰写乡邑记注，我把这两个旧地名说给他听，他非常高兴。

我开始读到《庄子》中"蝴二首"这一句时，发现《韩非子》上面说："动物中有叫蝴的，一个身体两张口，为了争夺食物而互相咬龁，终于导致互相残杀。"我茫茫然不知道这个"蝴"字是什么意思，碰到人就问，却没有一个答得上的。

按：《尔雅》等书上说，蚕蛹名蝴，但蚕蛹又不是那种有两个头两张口贪婪有害的动物。后来见了《古今字诂》，才知道这也就是古代的"虺"字，我多年来积滞在胸中的难题，一下子像大雾一样散开了。

我曾经宦游赵州,看见柏人城北面有一条小河,当地人也不知道它的名字。后来我读了城西门徐整写的碑文,上面说:"洦(pò)流东指。"大家都不知道它的意思。

我查阅了《说文解字》,这个"洦"字就是古"魄"字,洦,水浅的意思。这条河从汉代以来就没有名字,人们只是把它当作一条浅浅的河流看待,或许就应当用这个"洦"字给它命名吧?

世上的书信,内中多有"匆匆"这个词语,历来相承如此,不知道它的根由,有人乱下结论说这就是"忽忽"的残缺。

按:《说文解字》上说:"勿,是乡里所树立的旗帜,这个字像旗杆和旗帜末端三条飘带的形状,是用来催促民事的。所以就把匆忙急迫称为匆匆。"

我在益州的时候,与几个人在一起闲坐,天刚放晴,阳光很明亮,我看见地上有些小的光亮点,就问左右的人:"这是什么东西?"有一蜀地的童仆靠近看了看,回答道:"是豆逼。"大家听了惊讶地互相看着,不知他说的什么,我叫他拿过来,原来是小豆。

我曾经一一询问过蜀地的人,都把"粒"叫作"逼",当时没有谁能解释这中间的道理。我就说:"'三仓'和《说文解字》中,这个字就是'白'下加'匕',都解释为'粒',《通俗文》注音作'方力反'。"大家高兴地领会其意。

憨楚的连襟窦如同(mǐn)从河州来,他在那边得到一只青色的鸟,把它驯养起来,喜爱地玩赏,所有的人都称这只鸟为"鹖(hé)"。我说:"鹖出在上党,我曾经多次见过,它的羽毛的颜色全都是黄黑色,没有杂乱的颜色。所以曹植的《鹖赋》说:'鹖举起它那黄黑色的有力的翅膀。'"

我试着翻检《说文解字》,上面说:"鶡雀像鹖而毛色是青的,出产在 羌(qiāng) 中。"《韵集》的注音为"介(jiè)"。这个疑问顿时就消除了。

*

梁朝有位叫蔡郎的忌讳"纯"字,他不事学习,就把莼(chún)菜叫作露葵。那些不学无术之徒,也就一个跟着一个仿效。

承圣年间,朝廷派一位士大夫出使齐国,齐国的主客郎李恕在席间问这位梁朝的使者:"江南有露葵吗?"使者回答说:"露葵就是莼菜,那是水泊中出产的。您今天吃的是绿葵菜。"李恕也是有学问的人,只是还不了解对方的深浅,猛一听见这话也无法去核实推究。

思鲁等人的姨夫是彭城的刘灵,曾经与我同坐闲谈,他的几个孩子在旁边陪侍。我问儒行、敏行:"凡与你们父亲名字同音的字,它的数目是多少,你们都能认识吗?"他们回答说:"没有探究过这个问题,请您指导提示一下。"

我说:"凡是像这一类的字,如果平时不预先研究翻检,忽然见到又不认识,拿去问错了人,反而会被无赖所欺骗,不能满不在乎啊。"于是我就给他们解说这个问题,一共说出了五十多个字。刘灵的几个孩子感叹道:"想不到有这样多!"如果他们竟然一点不了解,那也确实是怪事。

*

考核订正书籍,是很不容易的,从扬雄、刘向开始,他们才算是胜任这个工作了。

天下的书籍没有看遍,就不能任意改动书籍上的文字。书籍上的文字,有时那个版本认为是错误的,这个版本又认为是正确的;有时版本的开头是相同的,后面的部分却出现分歧;有时两个版本的同一处文字都不妥当。所以不可以偏信某一个方面。

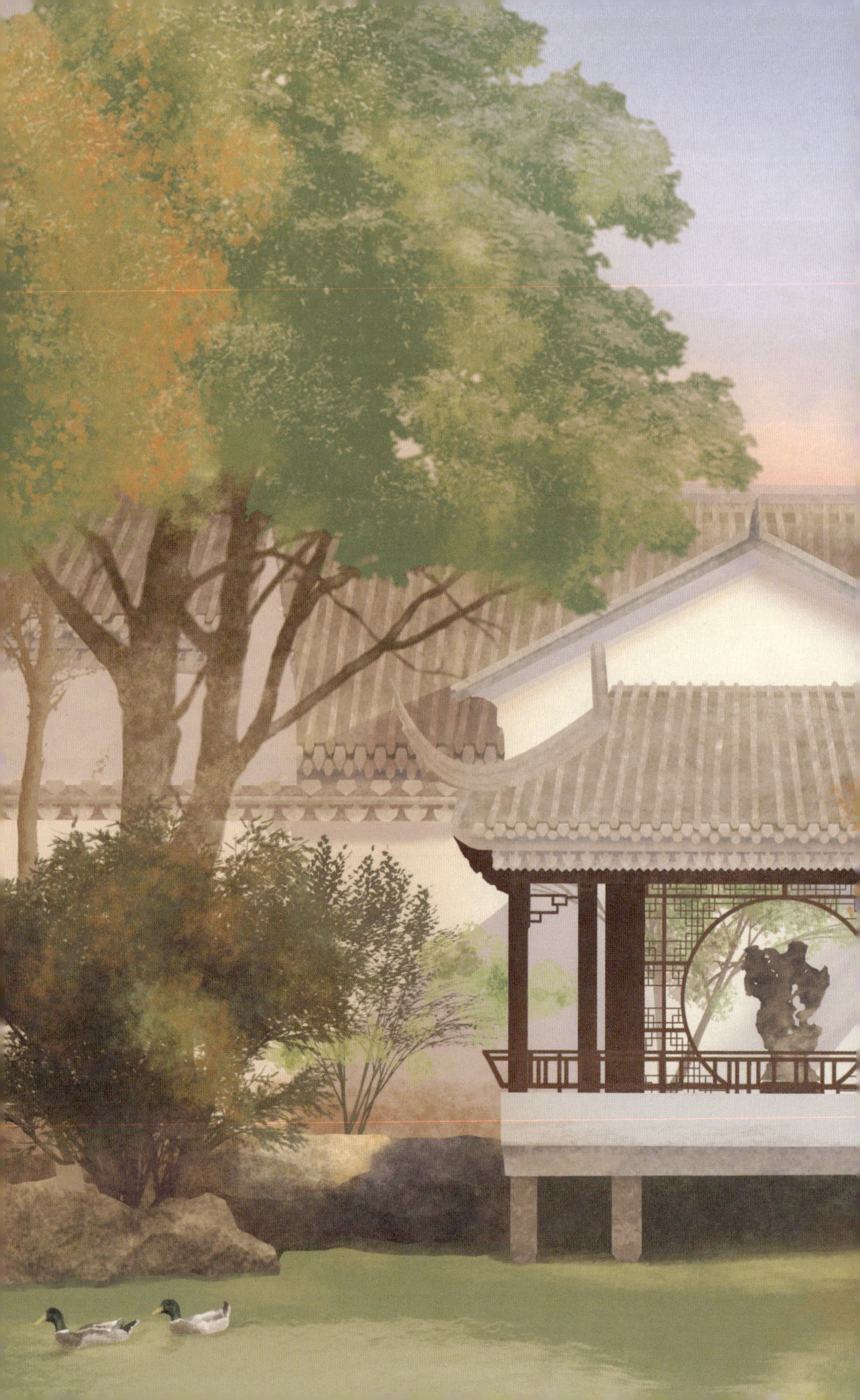

卷第四

文章 名实 涉务

士君子之处世,
贵能有益于物耳。
不修身而求令名于世者,
犹貌甚恶而责妍影于镜也。

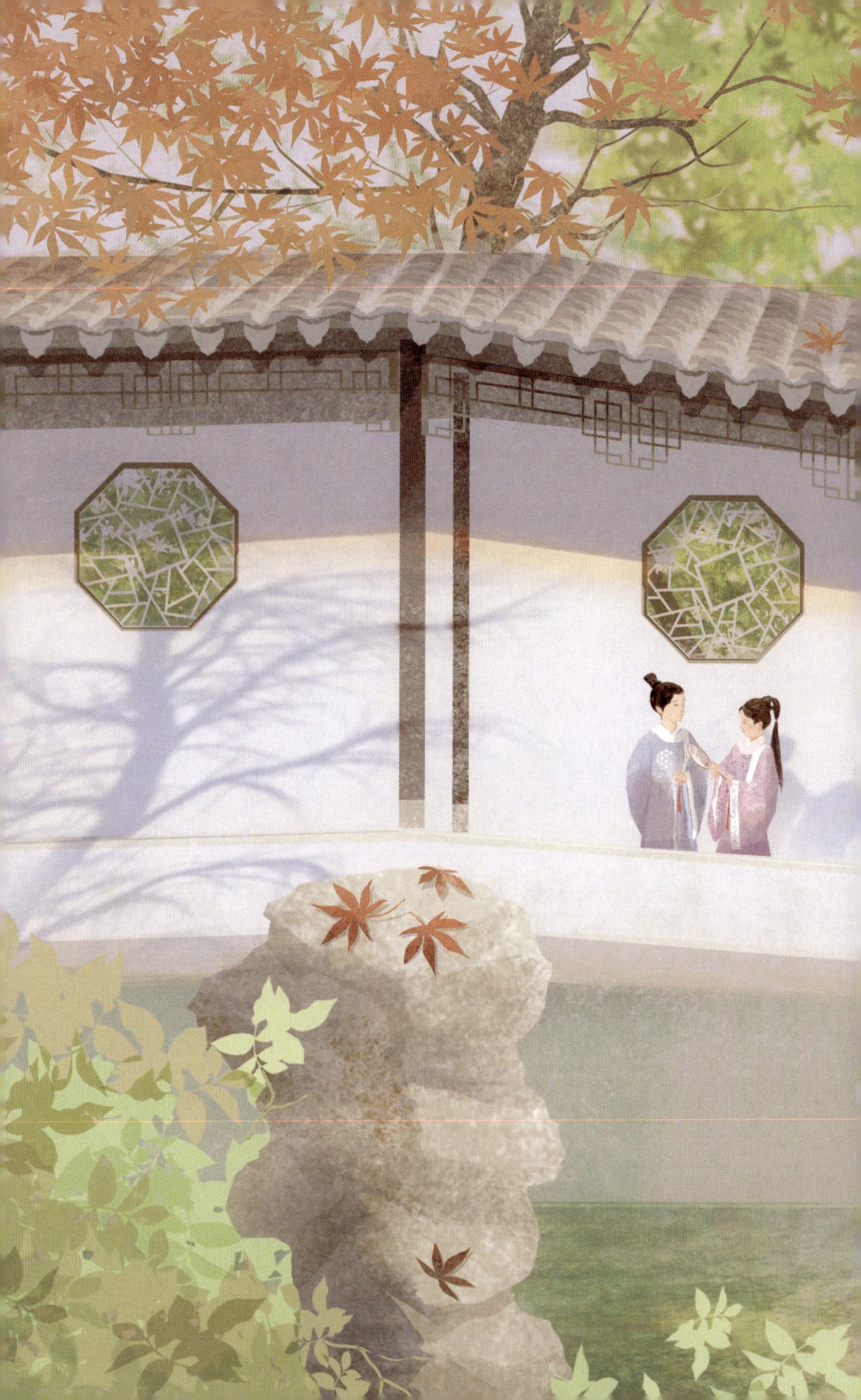

文章第九

导言

  本篇谈文章问题。我国古代文人历来重视写文章，但作者更重视的是文人的德行，故他历数各朝著名文人的毛病，批评他们"多陷轻薄""忽于持操，果于进取"，告诫儿孙对文章之祸要"深宜防虑"。

  作者认为"文章原出五经"，故比较看重文章"敷显仁义，发明功德，牧民建国"这些方面的作用，而把"陶冶性灵，从容讽谏"这类以缘情为特征的文学作品放在次要地位，取"行有余力，则可为之"的态度。

  作者又认为："文章当以理致为心肾，气调为筋骨，事义为皮肤，华丽为冠冕。"反对"趋末弃本""辞胜而理伏"，可见他是把思想性放在首位的。

  但他也并不忽视辞采的作用，认为古人文章的体度风格胜过今人，而今人文章的声律辞采则胜过古人，"宜以古之制裁为本，今之辞调为末，并须两存，不可偏废"。作者很以父辈文章"典正"而"无郑卫之音"自豪，对当时"浮艳"的文风深为不满。

  他主张文章当从"三易"，即易见事、易识字、易读诵；主张"用事不使人觉，若胸臆语"，反对"穿凿补缀""事繁而才损"；他十分赞赏萧悫（què）"芙蓉露下落，杨柳月中疏"的诗句，爱其萧散，宛然在目，这已经有些开唐诗的风气了。

文章都来源于"五经"：诏、命、策、檄(xí)，是从《尚书》中产生的；序、述、论、议，是从《周易》中产生的；歌、咏、赋、颂，是从《诗经》中产生的；祭、祀、哀、诔，是从《礼记》中产生的；书、奏、箴、铭，是从《春秋》中产生的。朝廷中的典章制度，军队里的誓、诰(gào)之辞，传布显扬仁义，阐发彰明功德，统治人民，建设国家，这文章的用途是多种多样的。

至于以文章陶冶情操，或对旁人婉言劝谏，进入那种特别的审美感受，也是一件快乐的事。在奉行忠孝仁义尚有过剩精力的情况下，也可以学学写这类文章。但是自古以来，文人多流于轻浮浅薄：

屈原表露才华，自我宣扬，显现暴露国君的过失；宋玉相貌艳丽，被当作俳(pái)优对待；东方朔言行滑稽，缺乏雅致；司马相如攫取卓王孙的钱财，不讲节操；王褒私入寡妇之门，在《僮约》一文中自我暴露；扬雄作《剧秦美新》歌颂王莽，其品德因此遭到损害；李陵向外族俯首投降；刘歆在王莽的新朝任国师却谋诛王莽；傅毅投靠依附权贵；班固剽窃他父亲的《史记后传》；赵壹为人过于倨傲；冯衍因秉性浮华屡遭压抑；马融谄媚权贵招致讥讽；蔡邕与恶人同遭惩罚；吴质在乡里仗势横行；曹植傲慢不驯，触犯刑法；杜笃向人索借，不知满足；路粹心胸过分狭隘；陈琳确实粗枝大叶；繁钦不知检点约束；刘桢性情倔（pó）强，被罚做苦工；王粲轻率急躁，遭人嫌弃；孔融、祢衡放诞倨傲，招致杀身之祸；杨修、丁廙（yì）鼓动曹操立曹植为太子，反而自取灭亡；阮籍蔑视礼教，伤风败俗；嵇康盛气凌人，不得善终；傅玄负气争斗，被免掉官职；孙楚恃才自负，冒犯上司；陆机违反正道，自走绝路；潘岳唯利是图，不知进退，以致遭到伤害；颜延年意气用事，遭到废黜；谢灵运空放粗略，扰乱朝纪；王融凶恶残忍，咎由自取；谢朓对人轻忽傲慢，因而遭到陷害。

以上这些人，都是文人中出类拔萃之辈，没办法全都记载下来，大致如此吧。至于帝王，有时也难幸免。过去身为天子而有才华的，只有汉武帝、魏太祖、魏文帝、魏明帝、宋孝武帝等数人，他们都遭到世人的议论，并不是具有美德的君主。子游、子夏、荀况、孟轲、枚乘、贾谊、苏武、张衡、左思这类人，有盛名而又能避免过失的，不时也可听到，但他们中间遭受祸患的还是占多数。

我常常思考这个问题，推究其中所蕴含的道理，文章的本质，就是揭示兴味，抒发性情，容易使人恃才自夸，因而忽视操守，却勇于进取。现代的文人，这个毛病更加深切，他们若是一个典故用得快意妥当，一句诗文写得清新奇巧，就神采飞扬直达九霄，心潮澎湃雄视千载，独自吟诵独自叹赏，不觉世上还有旁人。更加上言辞所造成的伤害，比矛、戟等武器更加残酷，讽刺带来的灾祸，比狂风闪电还要迅速，你们应该特别加以防备，以保大福。

做学问有敏捷与迟钝之别，写文章有精巧与拙劣之别。学问迟钝的人不断努力，可以做到精通熟练；文章拙劣的人尽管反复钻研思考，其文章还是难免粗野鄙陋。只要能成为有学之士，也足以在世上为人了。如确实缺乏写作天分，就不要勉强去握笔杆子。

我看世上某些人，没有一点才思，却称自己的文章清丽华美，把他那些丑陋拙劣的文章到处传布，这种人也太多了，江南一带称这种人为"詅(líng)痴符"。

最近在并州有一位士族，喜欢写一些可笑的诗赋，戏言嘲弄邢邵、魏收诸公。大家共同来嘲笑捉弄这位士族，假意称赞他的诗赋，这位士族信以为真，就杀牛筛酒，请客招延声誉。他的妻子是一位明白事理的人，哭着劝他别这样做。这位士族叹息说："我的才华不被妻子所容纳，何况陌生人呢！"至死也没有觉悟。自己能了解自己才可称得上聪明，这确实不容易啊！

学习写文章，应先找亲友征求意见，经过他们的批评鉴别，知道可以在社会上传播了，然后才把文章传播出去；注意不要由着性子自作主张，以免被别人耻笑。

自古以来执笔写文章的人哪里说得完，但能够达到宏丽精美这种地步的文章，不过几十篇而已。只要写出的文章不脱离它应有的结构规范，辞意可观，就可称为才士了。一定要使自己的文章做到惊动众人，气盖当世，怕也只有等黄河的水变清才有可能吧！

＊

不屈身于两个王朝，这是伯夷、叔齐的气节；对任何君主都可侍奉，这是伊尹、箕子的道理。自从春秋以来，士大夫家族流亡奔窜，邦国被吞并灭亡，国君与臣子本来就没有固定的名分了。然而君子之间就算交情断绝也不会相互辱骂，一旦屈膝侍奉于人，怎么能够因为他的存亡而改变初衷呢？

陈孔璋在袁绍手下撰文，就把曹操称为豺狼；在魏国那儿草拟檄文，就把袁绍视为蛇蝎。因为这是受当时君主之命，自己不能做主，但这也算是名人的大毛病了，应该私下斟酌一下。

有人问扬雄说："您年轻的时候喜欢写诗赋吗？"扬雄回答说："是的，诗赋好比儿童们练习的虫书、刻符，成年人是不该干这种事的。"

我私下反驳说：虞舜吟唱过《南风》这首诗，周公写下了《鸱鸮》（xiāo）这首诗，伊尹、史克各有《雅》《颂》中的那些美好篇章，没听说过他们在幼年时代因此损伤了品行呀！孔子说："不学习《诗经》，就不善辞令。"又说："我从卫国返回鲁国后，才把《诗经》的乐曲进行了整理订正，使《雅》乐和《颂》乐都各得其所。"孔子赞美彰明孝道，就引用《诗经》中的诗句来证验它。扬雄怎么敢忽视这些事实呢？如果说到他的《法言》中"诗人的赋华丽而规范，辞人的赋华丽而淫滥"这句话，只不过表明他懂得辨别二者的区别而已，却不明白他作为一个成年人该怎样去选择。扬雄写了《剧秦美新》这篇文章来歌颂王莽的新朝，却糊里糊涂地从天禄阁上往下跳，惊慌失措，未能通达天命，这才是孩童的行为啊。

桓谭认为他超过了老子，葛洪把他与孔子相提并论，实在让人叹息。扬雄这个人只不过通晓算术，懂得阴阳家之学，所以写了《太玄经》，那几个人就被他迷惑了。他的遗言余行，连荀况、屈原都赶不上，哪里还敢望老子、孔子这些大圣人的项背呢？况且，《太玄经》到今天究竟有什么用处呢？无异于盖酱瓿(bù)的盖子罢了。

齐朝有位叫席毗的人，是位清明干练之士，官做到行台尚书。他讥笑鄙视文学，嘲讽刘逖(tì)说："你辈的辞藻，好比那朝生暮死的菌类，只能供片刻观赏，不是栋梁之材，哪能比得上我辈这样的千丈松树，尽管经常有风霜侵袭，也不会凋零憔悴呀！"

刘逖回答他说："既是耐寒的树木，又能开放春花，怎么样呢？"席毗笑着说："那敢情好啦！"

*

凡是写文章，就好比人乘良马一样，虽然良马颇有俊逸之气，但应该用衔勒来控制它，不要让它错乱轨迹，肆意而行以致落到以身体填充沟壑的地步。

文章应该做到以义理情致为心肾，以气韵才调为筋骨，以所用典实为皮肤，以华丽词句为服饰。

现在的人继承前人的写作传统，都是趋向枝节，放弃根本，所写文章大多轻浮华艳，文辞与义理相互比较，则文辞优美而义理薄弱；内容与才华相互争胜，则内容繁杂而才华亏损。那放纵不羁者的文章，流利酣畅却偏离了文章的旨归，那深究琢磨者的文章，材料堆砌却文采不足。

现在的风气就是如此，你们怎么能够独自避免呢？你们只务必做到所写文章不过分、不走极端也就可以了。如果能有才华优异、声誉隆重的人来改革文章的体制，实在是我所希望的。

古人的文章，才华横溢，气势超迈，其体态风格，与今天相去甚远。只是它遣词造句简略质朴，不够严密细致。现在的文章音律和谐靡丽，语句配偶对称，避讳精确详尽，这些方面比过去强多了。

应该以古人文章的体制构架为根本，以今人文章的词句音调为枝叶，两者应该并存，不可偏废。

*

先父的文章，都十分典雅纯正，不盲从社会上流行的风气。梁孝元帝为湘东王时，曾让萧淑辑录各位臣僚的文章编成《西府新文》，先父的文章竟没有一篇被收录，这也是他的文章不投合世俗的口味、没有靡丽的篇章的缘故。

他留下了诗、赋、铭、诔、书、表、启、疏各体文章共二十卷，我们几兄弟当时正在守丧，这些文章都没有来得及编排整理，就遭逢火灾被烧光了，竟然不能流传于世。我怀此惨痛遗恨，真是痛达心肺骨髓！先父的节操品行见于《梁史·文士传》以及孝元帝的《怀旧志》。

沈隐侯说："文章应当遵从'三易'的原则：容易了解典故，这是第一点；容易认识文字，这是第二点；容易诵读，这是第三点。"

邢子才常说:"沈约的文章,用典不让人感觉出来,就像发自内心的话。"因此而深深地佩服他。祖孝征也曾经对我说:"沈约的诗说:'崖倾护石髓。'这难道像在用典吗?"

邢子才、魏收两个人都有盛名,一般人都把他们视为标准,当作宗师。

邢子才赞赏佩服沈约而轻视任昉,魏收喜爱羡慕任昉而诋毁沈约,二人每在谈天喝酒时,就争得面红耳赤。邺下人物盛多,二人各有自己的朋党。祖孝征曾经对我说:"任昉、沈约二人的是非,实际上就代表着邢子才、魏收二人的优劣。"

*

《吴均集》中有《破镜赋》一文。古时候,有座城邑名叫朝歌,颜渊因为这名称就不在那里停留;有条里弄名叫胜母,曾子到此赶紧整饬衣襟以示恭敬:他们大约是忌讳这些不好的名称会损伤事物的内涵吧。破镜是一种凶恶的野兽,它的典故见于《汉书》,希望你们写文章时避开这个名字。

近代常常看见有奉和别人诗歌的人,在和诗的题目中写上敬同二字,《孝经》上说:"资于事父以事君而敬同。"可见这两个字是不能随便说的。梁朝费旭的诗说:"不知是耶非。"殷沄(yún)的诗说:"飖飏(yáo yáng)云母舟。"简文帝讥讽他俩说:"费旭既不认识他的父亲,殷沄又让他的母亲四处飘荡。"这些虽然都是旧事,也不可以随便引用。

有的人在文章中引用《诗经》中"伐鼓渊渊"的诗句,《宋书》对这类引用词语不考虑反切触讳的人已有所讥讽,以此类推,希望你们也一定要避免使用这类词语。有人尚在侍奉母亲,与舅舅分别时却吟唱《渭阳》这种思念亡母的诗歌;有人父亲尚健在,送别兄长时却引用"桓山之鸟"这种表现父亡卖子的悲痛典故,这些都是很大的过失。看到以上部分例子,你们就应该处处慎重对待了。

*

江南地区的人写文章,希望别人加以批评指正,知道毛病所在,立刻就改正它,曹植从丁廙那里就曾经感受过这种好风气。

山东地区的风俗,不懂得请别人对自己的文章加以抨击责难。我刚到邺城的时候,就曾经因此而触犯人,至今感到后悔,你们一定不要轻率地议论别人的文章。

*

凡是代替别人写文章,都使用对方的语气,从道理上讲应该如此。至于涉及哀悼伤痛、死亡灾祸一类的文章,就不可随便代庖了。

蔡邕替胡金盈写的《母灵表颂》说:"悲母氏之不永,胡委我而凤丧。"又替胡颢写他父亲的铭文说:"葬我考议郎君。"还有《袁三公颂》说:"猗欤(yī yú)我祖,出自有妫(guī)。"王粲替潘文则写的《思亲诗》说:"躬此劳瘁,鞠予小人;庶我显妣,克保遐年。"这些文章都刊载在蔡邕、王粲的文集中,这类例子很多。古人是这样写的,今天就被认为是犯讳了。

曹植在《武帝诔》中用"永蛰"表示对父亲的思念;潘岳在《悼亡赋》中用"手泽"抒发看见亡妻遗物而引起的悲伤。前者是把父亲当成了昆虫,后者是把妻子等同于亡父。蔡邕的《杨秉碑》说:"统大麓之重。"潘尼的《赠卢景宣诗》说:"九五思龙飞。"孙楚的《王骠骑诔》说:"奄忽登遐。"陆机的《父诔》说:"亿兆宅心,敦叙百揆。"《姊诔》说:"倪天之和。"今天谁写这些话,就是朝廷的罪人了。王粲的《赠杨德祖诗》说:"我君饯之,其乐泄泄。"这种话不可以胡乱用在别人家孩子的身上,更何况是太子呢?

*

挽歌辞,有人说是古代的《虞殡》之歌,有人说出自田横的门客,都是活着的人用来追悼死者表达哀痛之意的。陆机写的《挽歌诗》大多是死者自叹之言,诗的体例中既没有这样的例子,又违背了作诗的本意。

凡诗人的作品,指责的、规谏的、赞美的、歌颂的,各有其源流,不会混杂,使善和恶同处一篇之中。

陆机作《齐讴行》,前面部分叙述山川、物产、风俗、教化的兴盛,后面部分突然轻视山川之情,太背离此诗的风格了。他写《吴趋行》,为什么不陈述阖庐、夫差的事呢?他写《京洛行》,为什么不陈述周赧王、汉灵帝的事呢?

*

自古以来,那些宏才博学、引用典故却发生错误的人是有的;诸子百家杂说,意见或许不同,倘若那些书籍已经湮灭,则后人就不能见到,所以我也不敢随便谈论它们。现在我且说说那已经是绝对错谬的事例,略举一两例让你们引以为戒。

《诗经》上说:"有鷕雉鸣。"又说:"雉鸣求其牡。"《毛诗诂训传》也说:"鷕,雌雉声。"《诗经》上又说:"雉之朝雊,尚求其雌。"郑玄所注解的《月令》也说:"雊,雄雉鸣。"潘岳的赋却说:"雉鷕鷕以朝雊。"这就混淆雌雄二者了。

《诗经》上说:"孔怀兄弟。"孔,很的意思;怀,思念的意思,孔怀,意思是十分想念。陆机《与长沙顾母书》,叙述从祖弟士璜之死,却说:"痛心拔脑,有如孔怀。"心里既然感到伤痛,就表示十分思念,为什么却说有如呢?看他这句话的意思,应该是说亲兄弟就是"孔怀"。《诗经》上说:"父母孔迩。"如果按照上面的用法把父母亲叫作"孔迩",意思上说得通吗?

《异物志》上说:"拥剑状如蟹,但一螯偏大尔。"何逊的诗说:"跃鱼如拥剑。"这是没有分清鱼和螃蟹的区别。

《汉书》上说:"御史府中列柏树,常有野鸟数千,栖宿其上,晨去暮来,号朝夕鸟。"而文人们往往误作"鸟鸢"来使用。

《抱朴子》说项曼都诈称遇见了仙人,自言:"仙人以流霞一杯与我饮之,辄不饥渴。"而梁简文帝的诗说:"霞流抱朴碗。"就好像郭象把惠施辩论的话当成庄周的话了。

《后汉书》说:"囚司徒崔烈以锒铛锁。"锒铛,指铁锁链,世上的人大多把"银"误写作"金银"的"银"字。武烈太子也是饱读数千卷书的学者了,他曾经作诗说:"银镞三公脚,刀撞仆射头。"这就是被世俗的写法误导了。

*

诗文中涉及有关地理的内容,必须恰当。

梁朝简文帝的《雁门太守行》却说:"鹅军攻日逐,燕骑荡康居,大宛归善马,小月送降书。"萧子晖的《陇头水》说:"天寒陇水急,散漫俱分泻,北注徂(cú)黄龙,东流会白马。"这些错误也可算是明珠中的毛病,美玉中的瑕疵,应该慎重对待。

*

王籍的《入若耶溪》诗说:"蝉噪林逾静,鸟鸣山更幽。"江南文人认为此二句在诗句中无与伦比,没人对此持有异议。

梁朝简方帝咏吟这两句诗后,就不能忘掉它了;梁孝元帝诵读玩味之后,也认为再无人能够写得出来,以至于在《怀旧志》中把它记载在《王籍传》里。范阳人卢询祖,是邺下才俊之士,却说:"这两句诗不像样子,为什么认为他有才能呢?"魏收也同意他的意见。

《诗经》说:"萧萧马鸣,悠悠旆旌(pèi jīng)。"《毛诗故训传》说:"意思是安静而不嘈杂。"我时常赞叹这个解释有情致,王籍的诗句就是由此产生的。

*

兰陵萧悫(què)，是梁朝上黄侯萧晔的儿子，擅长写诗。他曾经写了一首《秋诗》，有两句说："芙蓉露下落，杨柳月中疏。"

当时的人都不欣赏它。我则喜爱这两句诗的空远闲散，其情其景宛如在眼前。颍川荀仲举、琅玡诸葛汉也认为是这样的。而卢思道那一帮人，却很不满意这两句诗。

*

何逊的诗歌确实清新奇巧，颇多生动形象的语句，邺下那些论诗者，却不满他的诗往往有苦辛之病，多贫寒之气，不及刘孝绰诗歌的雍容华贵。

即便如此，刘孝绰仍很忌妒何逊，平时诵读何逊的诗，常常讥讽地说："'蘧(qú)车响北阙'，懂(huà)懂不道车。"他又撰写了《诗苑》一书，只选取了何逊的两篇，当时人都非难他收得太少。刘孝绰当时已经有大名声，没有什么谦让可言，只佩服谢朓，常常把谢朓的诗放在几案上，起居作息之时，就拿来诵读玩味。简文帝喜欢陶渊明的诗文，也和刘孝绰的做法一样。

江南俗语说："梁朝有三何，子朗诗最好。"三何，指何逊、何思澄及何子朗。何子朗的诗歌确实多清新奇巧之句。何思澄游览庐山时，常常有佳作产生，在当时也是超群绝伦的。

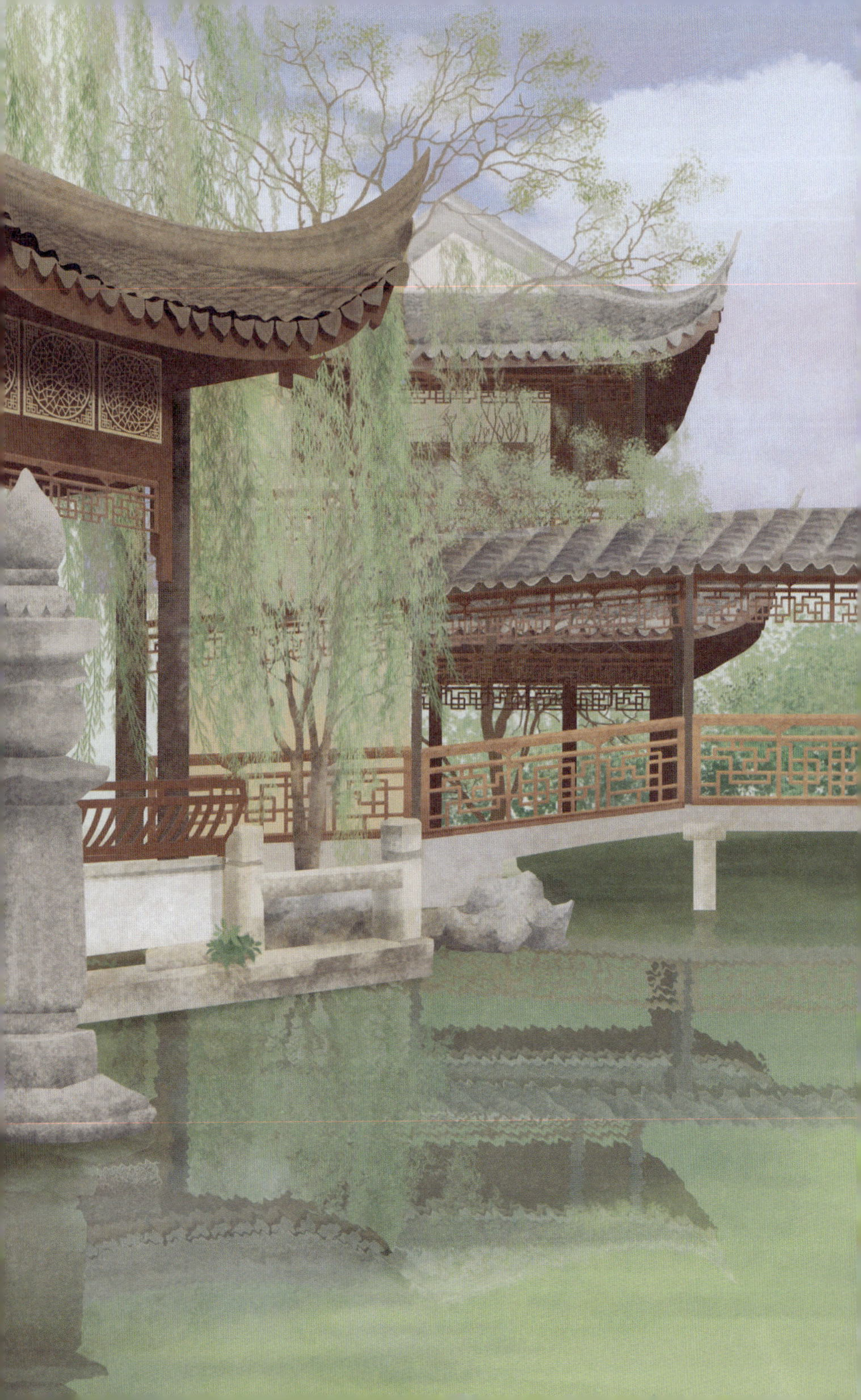

名实第十

导言

此篇谈"名"与"实"的关系。

作者首先用形和影的关系类比,说明"实"是根本的,而"名"是外在的,"不修身而求令名于世者,犹貌甚恶而责妍影于镜也"。

作者又认为,崇实求名,均需留有余地,"至诚之言""至洁之行",人们反而不易相信。作者特别强调,人贵名实相符、言行一致,"巧伪不如拙诚",作者举许多事例说明,如果表里不一,沽名钓誉,终究会露出马脚。比如,有一位"以孝著称"的贵人,在服丧期间用巴豆涂脸,使脸上长疮,表示自己悲伤哭泣的厉害程度。结果事情泄露出去,弄得声名狼藉。

作者最后指出树立榜样的重要性,他认为人都有慕名向善之心,以圣人的言行声名作号召,可以勉励众人,树立起良好的社会风气。

作者在开篇即谈到对待"名"的三种不同境界,即"上士忘名,中士立名,下士窃名"。纵观全篇,可以看出作者所寄望于子孙的,乃是"中士立名"一途。

名声与实际的关系,就好像形体与影像的关系一样。一个人的德行才干全面深厚,则名声必然美好;一个人的容貌美好漂亮,则影像也必然美丽。

现在某些人不注重修养身心,却企求美好的名声传扬于社会,就好比相貌很丑陋却要求镜子中的影像漂亮一样。

上等德行的人已经忘掉了名声,中等德行的人努力树立名声,下等德行的人竭力窃取名声。忘掉名声的人,能够体察事物的规律,使言行符合道德的规范,因而享受鬼神的赐福、保佑,所以他们用不着去求取名声;树立名声的人,努力提高品德修养,慎重对待自己的行动,时时担心自己的荣誉不能显扬,所以他们对名声是不会谦让的;窃取名声的人,貌似忠厚而心怀大奸,求取浮华的虚名,所以他们是不会得到好名声的。

*

人的脚所踩踏的地方,面积不过几寸,然而在咫尺宽的山路上行走,一定会从山崖上摔下去;从碗口粗细的独木桥上过河,也往往淹死在河中,这是为什么呢?这是人的脚旁边没有余地的缘故。

君子要在社会上立足,也是这个道理。

最诚实的话,别人不会相信;最高洁的行为,别人往往产生怀疑,都是因为这类言论、行动的名声太好,没有留余地。

每当我被别人诋毁的时候,就常常以此自责。你们如果能开辟平坦的大道,加宽渡河的浮桥,那么你们就能像子路那样,说话真实可信,胜似诸侯登坛结盟的誓约;像赵熹那样,招降对方盘踞的城池,赛过克敌制胜的将军。

*

我看世上有些人,在清白的名声树立之后,就把金钱财宝弄来装入腰包,在信誉显扬之后,就不再信守诺言,不知道自己说的话自相矛盾。虙(fú)子贱说:"诚于此者形于彼。"人的虚实真伪本于内心,但不会不从他的形迹中显露出来,只是人们没有深入考察罢了。一旦通过考察来鉴别,那么,巧伪的人就不如拙诚的人,他蒙受的羞辱就大了。

*

春秋时代的伯石曾经三次推却官爵的册封,汉朝的王莽也曾一再辞谢大司马的任命,在那个时候,他们都自以为事情做得机巧缜密。后人把他俩的言行记载下来,留传万代,让人读后为之毛骨悚然。

最近有位大官,以孝顺闻名,在居丧期间,他悲伤异常,超过了丧礼的要求,其孝心可说是超乎常人了。

但他曾经在居丧期间,将巴豆涂在脸上,从而使脸上长出疮疤,以此表示他哭泣得多么厉害。他身边的童仆,却未能替他遮盖此事,事情传扬出去,使得外人对他在居处饮食诸方面所表露的孝心,都不相信了。因为一件事情作假而使得一百件诚实的事情也失去别人信任,就是贪求名声不知满足的缘故啊!

*

有一位世家子弟,读的书不过二三百卷,又天性迟钝笨拙,但他家世殷实富有,颇为骄矜自负。

他经常拿出美酒、牛肉及珍贵的玩赏物来结交名士,得到他好处的人,就争相吹捧他。朝廷也认为他才华过人,曾经派他作为使节出国访问。

东莱王韩晋明,非常爱好文学,怀疑这位士族写的东西大多不是出自他自己的命意构思,就设宴与他交谈,想当面试试他。

宴会那天,气氛欢乐和谐,文人才子们聚集一堂,大家挥毫弄墨,赋诗唱和。这位世家子弟也是拿起笔来一挥而就,但那诗歌却完全不是过去的风格韵味。众宾客都各自在专心地低声吟味,竟没有一个发现这篇诗歌有什么异常的。

韩晋明退席后感叹道:"果然如我猜想的那样!"他又曾经问这位世家子弟:"玉珽杼(zhù)上终葵首,那应该是什么样子?"这位世家子弟却回答说:"玉珽的头部弯曲圆转,那样子就像葵叶一样。"韩晋明是有学问的人,忍着笑给我说了这件事。

*

帮助子弟修改润饰文章,以此抬高他们的身价,这是最糟糕的事。

一则因为你不可能持续不断地替他们修改润饰文章,终归有露出真情的时候;二则因为初学者一见有了依靠,就越发不去努力勤奋钻研了。

邺下有一位年轻人,外任襄国县令,他十分勤勉踏实,办公事尽心尽力,对下属体恤爱护,希望以此博取好名声。

凡碰上派遣本地男丁去服兵役,他都要亲自去握手送别,又向服役的人赠送梨子、枣子、糕饼等食品,并对每个人发表临别赠言说:"上级的命令,有劳各位了,心中实在不忍心。你们路上饥渴,特以这点薄礼略表思念之情。"百姓们因此很称颂他,对他赞不绝口。

等到他升任泗州别驾,这类费用就一天多似一天。他不可能事事都做得面面俱到,一旦表现出虚情假意,就处处难以继续下去,过去建树的功业、成绩也随之被抹杀了。

＊

　　有人问道:"一个人的灵魂湮灭,形体消失之后,他遗留在世上的名声,也就像蝉蜕下的壳、蛇蜕掉的皮以及鸟兽留下的足迹一样了,那名声与死者有什么关系,让圣人要把它作为教化的内容来对待呢?"

　　我回答他说:"那是为了勉励大家啊!勉励一个人去树立好的名声,就可以指望他的实际行动能与名声相符。

　　"勉励人们向伯夷学习,成千上万的人就可以树立起清白的风气了;勉励人们向季札学习,成千上万的人就可以树立起仁爱的风气了;勉励人们向柳下惠学习,成千上万的人就可以树立起坚贞的风气了;勉励人们向史鱼学习,成千上万的人就可以树立起刚直的风气了。

　　"所以圣人希望世上芸芸众生,不论其天资禀赋的差异,都纷纷起而仿效伯夷等人,使这种风气连绵不绝,这难道不是一件大事吗?这世界上众多的庶民,都是爱慕名声的,应该根据他们的这种感情而引导他们达到美好的境界。

　　"或许还可以这样说:祖父辈的美好名声和荣誉,也好比是子孙们的礼冠服饰和高墙大厦,从古到今,得到它庇荫的人也够多了。那些广修善事以树立名声的人,就好比是建筑房屋、栽种果树,活着时能得到好处,死后恩泽也可施及子孙。

"那些急急忙忙只知道追逐实利的人，就不明白这个道理。他们死后，如果他们的名声能够与魂魄一道升天，能够同松柏一样长青不衰的话，那就是怪事了！"

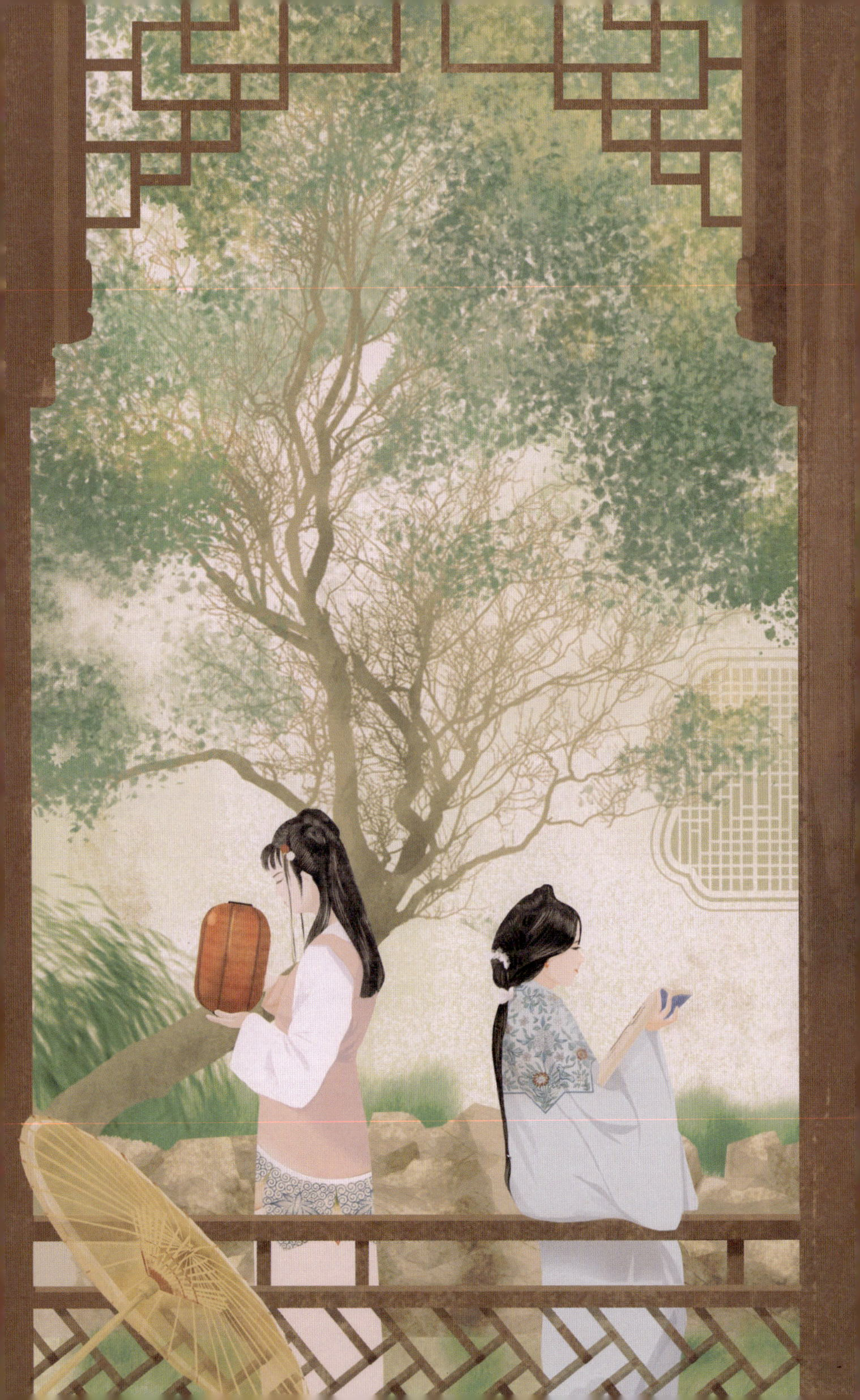

涉务第十一

导言

  本篇的主旨，在于教导儿孙要接触实际，做于国于民有用的人，而不要做只知高谈阔论而不涉世务的人。

  作者尖锐批判梁朝士大夫养尊处优、脱离实际的作风。他们"出则车舆，入则扶侍"，弄到"肤脆骨柔，不堪行步"的地步，故一旦战乱发生，往往"坐死仓促"；他们不事生产劳动，严重脱离社会现实，故"治官则不了，营家则不办"；由于他们地位高贵，虽然不会办事，但有了过失也不好处罚。相比之下，那些出身低微的人讲究实干，熟悉吏道，能够履行职责，有过错能加以处罚，所以他们"纵有小人之态"，也仍然多被任用。

  作者这种鲜明的崇实思想，与他饱经人事变迁、宦海浮沉的经历是分不开的。

君子立身处世，贵在能对旁人有益处，不能光是高谈空论、弹琴练字，以此耗费君主的俸禄官爵。

国家使用的人才，大概不外六种：第一种是朝廷之臣，为他们能通晓政治法度，规划处理国家大事，学问广博，品德高尚；第二种是文史之臣，为他们能撰述典章，阐释彰明前人治乱兴革之由，使今人不忘前代的经验教训；第三种是军旅之臣，为他们能多谋善断，强悍干练，熟悉战阵之事；第四种是藩屏之臣，为他们能通晓当地民风民俗，为政清廉，爱护百姓；第五种是使命之臣，为他们能洞察情况变化，择善而从，不辜负国君交付的外交使命；第六种是兴造之臣，为他们能计量工程的效率、进度，节约费用，开创筹划很有办法。以上种种，都是勤于学习、保持操行的人所能办到的。

人的资质各有高下，哪能要求一个人把以上"六事"都办得完美呢？只要人人都明白这些事的宗旨和要领，能够在某个职位上尽自己的责任，也就可以无愧于心了。

*

我看世上那些舞文弄墨的书生，品评古今，倒像指点掌中之物一般明白，等到需要去干实事，却大多胜任不了。

他们生活在社会安定的时代，不知道会有丧国乱民的灾祸；在朝中做官，不懂得战争攻伐的急迫；有可靠的俸禄收入，不了解耕种庄稼的辛苦；高踞于吏民之上，不明白劳役的艰辛，所以很难让他们去顺应时世，处理公务。

晋朝南渡后，朝廷优待世族，所以江南的官吏，凡有才干的，都提拔他们担任尚书令、尚书仆射以下，尚书郎、中书舍人以上的官职，掌管机要大事。剩下那些空谈文章的书生，大多迂阔傲慢、华而不实，不接触实际事务。纵然有一些小小过失，也不好对他们施以杖责，所以只能给他们名高职轻的职位，以此来掩饰他们的弱点。

至于尚书省的令史、主书监帅，诸王身边的签帅、省事，担任这类职务的都是熟悉官吏事务、能够履行职责的人。其中有些人纵有不良表现，都可施以鞭打杖击的处罚，严加监督，所以这些人多被任用，大概是用其所长吧。

人往往不自量，当时大家都埋怨梁武帝父子亲近小人而疏远士大夫，这也就如自己的眼珠看不见自己的睫毛一样，是没有自知之明的表现。

＊

梁朝的士大夫，都爱好宽袍大带、大帽高履，外出乘车舆，回家靠童仆服侍，在城郊以内，就没见有哪个士大夫骑马的。

周弘正这人被宣城王宠爱，得到一匹果下马，经常骑着它外出，满朝官员都认为他过于放纵。至于像尚书郎这样的官员骑马，就会被人检举弹劾。

到侯景之乱发生时，这些士大夫肌肤脆弱、筋骨柔嫩，受不了步行，身体瘦弱、气血不足，耐不得寒暑，在仓促变乱中坐以待毙的，往往是这些人。建康令王复，性格既温文尔雅，又从未骑过马，一看到马嘶叫腾跃，总是感到震惊害怕，对别人说："这正是老虎，为什么要把它叫作马呢？"那时的风气竟到了这一步。

古人想了解农事的艰难，这大约体现了重视粮食、以农为本的思想。吃饭是民生第一大事，老百姓没有粮食就不能生存，三天不吃饭，恐怕父子之间也顾不上互相问候了。种一季庄稼，要耕地、播种、薅(hāo)草、松土、收割、运载、脱粒、簸扬，经过多道工序，粮食才能入仓，怎么可以轻视农业而看重商业呢？

江南朝廷的士大夫们，是因为晋朝的中兴，南渡过江，最后客居异乡，到现在已过了八九代了，还从来没有花力气种过田，全靠俸禄生活。即使有点田地，也都是靠童仆们耕种，自己从未亲眼看见翻一尺土、薅一株苗。不知道哪个月该播种，哪个月该收割，这样哪能懂得社会上的其他事务呢？所以他们做官不明吏道，理家不会经营，这都是生活优渥闲适造成的啊！

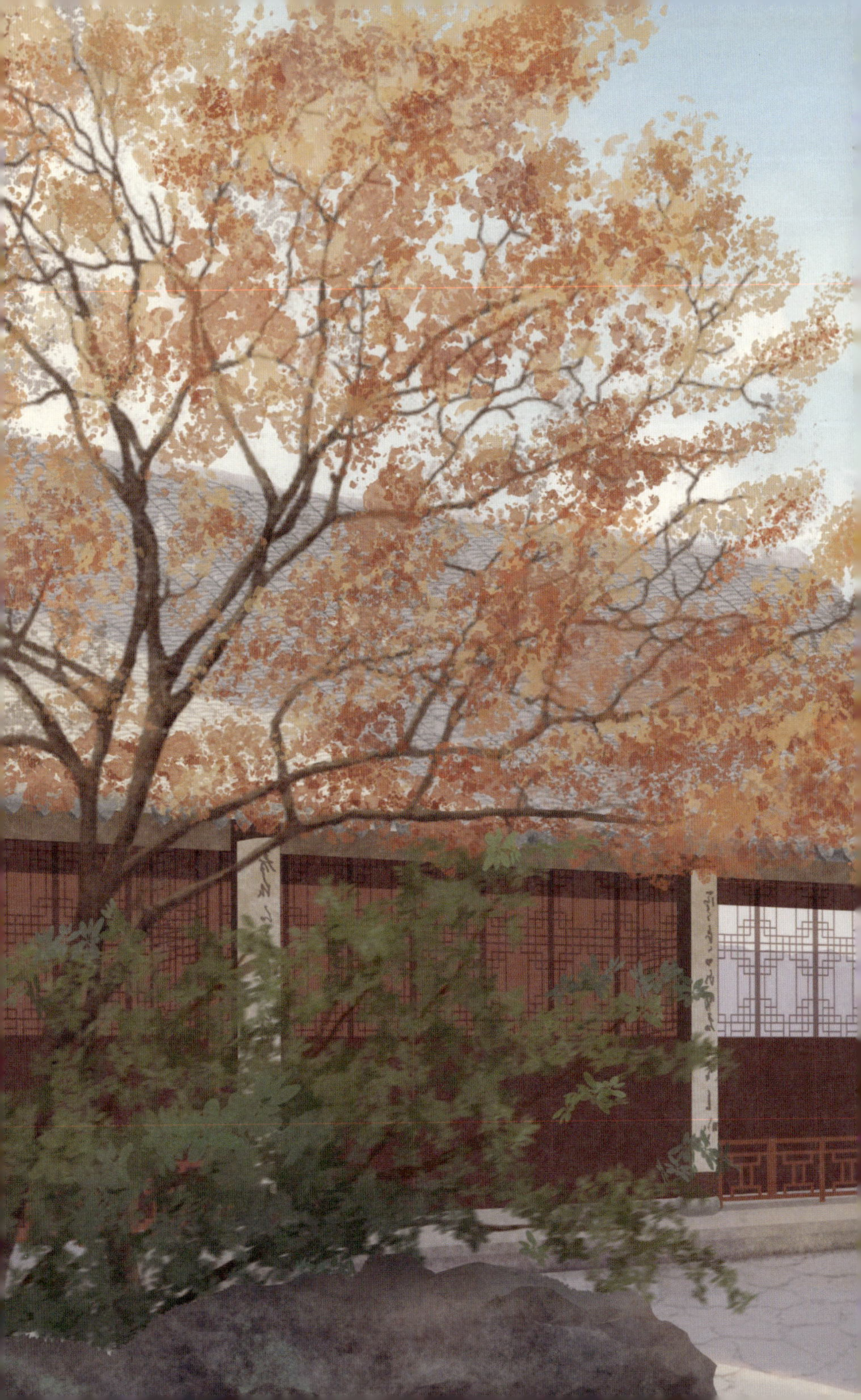

卷第五

省事　止足　诫兵

养生　归心

多为少善，
不如执一。
君子当守道崇德，
蓄价待时，
少欲知足。

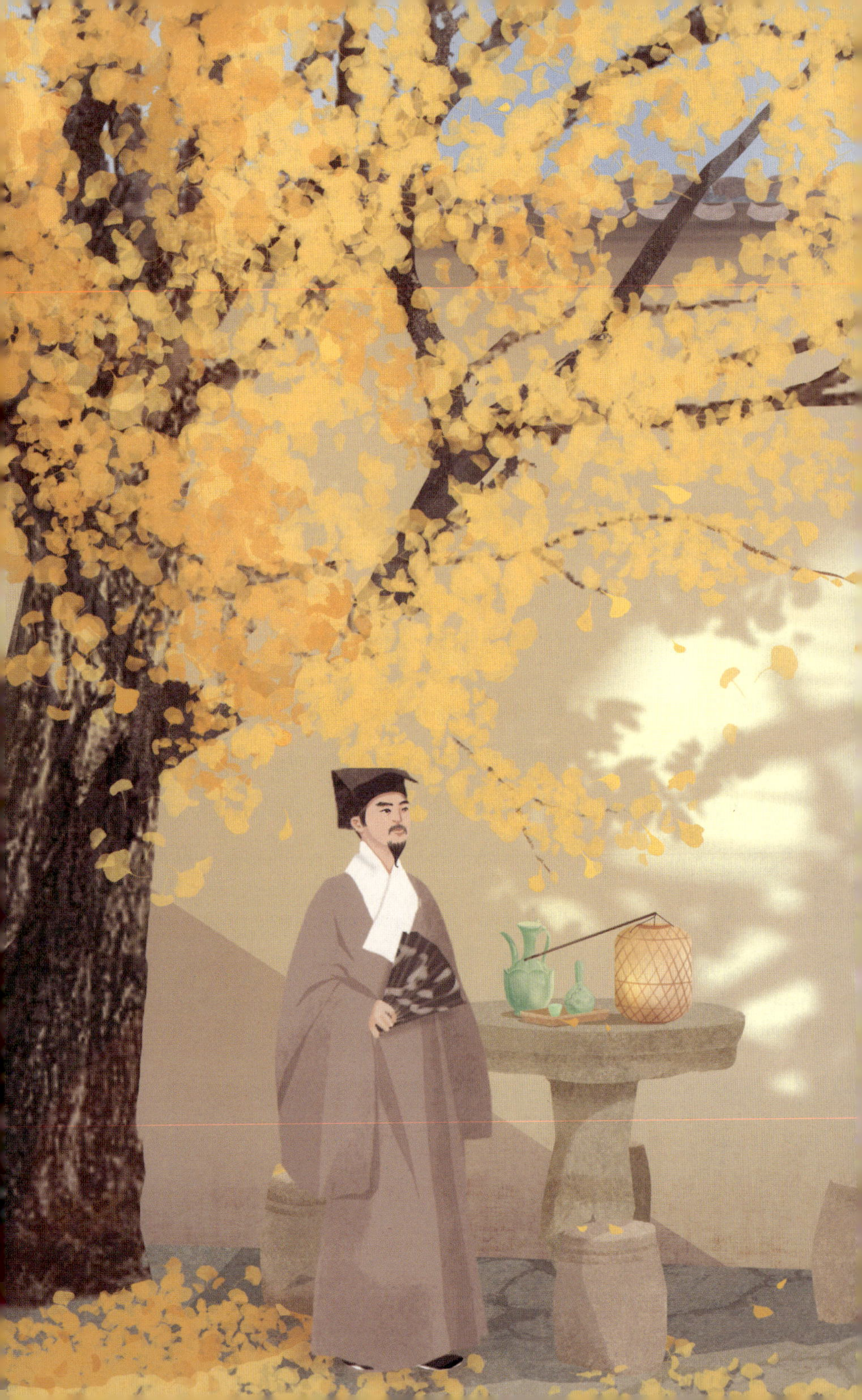

省事第十二

导言

  本篇所说的"省事"，实际上是颜之推从人生经验中总结出来的一种处世哲学。它的意思是干什么事都应把握好一定的尺度，不可逾矩。

  从做学问来说，应有所专精，不可涉猎过广，所谓"多为少善，不如执一"，与其样样通，样样松，不如集中精力研习一门，这样方可达到精妙的程度。

  从为官任事来说，应该忠于本职工作，在自己的职责范围内行事，所谓"就养有方，思不出位"。

  基于这个观点，他对越职向皇帝上书陈事的行为痛加指斥，认为不过是"贾诚以求位，鬻(yù)言以干禄"，最终是没有好下场的，对爵禄这类东西，应当采取"信由天命"的态度，不可刻意追求。"时运之来，不求亦至""风云不与，徒求无益"。他对北齐末年那些以钱财女宠疏通关系谋取爵禄的人，表现出极大的蔑视。

  同时，颜氏认为人应该富有同情心，乐于助人，但不可无原则地去帮助别人，一切应该视其是否符合"仁义"而定。他又认为对自己不熟悉的事，不可妄下评语，否则会招致羞辱。

  以上要儿孙"省事"的告诫，反映出颜氏对乱世中人情险恶的一种本能防范，是有其深刻的社会历史背景的。

译文 卷第五

孔子在周朝的太庙里看见一个铜人,背上刻着几行字,写道:"不要多说话,多说话多受损;不要多管事,多管事多遭灾。"这个训诫说得太好了。

对于动物来说,善于奔跑的就不让它长上翅膀,善于飞行的就不让它长出前肢,头上长角的嘴里就没有上齿,后肢发达的前肢就退化,大概大自然的法则就是不让它们兼有各种优点吧。古人说:"干得多而干好的少,那就不如专心干好一件事;鼫(shí)鼠有五种本领,却都难派用场。"

近世有两个人,都是聪明颖悟之辈,兴趣广泛,却没有一样专长能帮助他们树立名声。他们的经学知识经不起别人提问,史学知识不足以同别人探讨评论,他们的文章水准够不上编集传世,书法作品不值得保存赏玩,他们为人卜筮(shì)六次里面只对三次,替人看病治十个只有五个痊愈,他们的音乐水准在数十人之下,射箭本领也不出众,天文、绘画、棋艺、鲜卑话、胡人文字、煎胡桃油、炼锡成银,像这一类的技艺,他们也能略微了解一个大概,却都不精通熟悉。可惜啊,以他们这样的绝顶聪明,如果能割舍其他爱好,专心研习一种,那一定会达到精妙的地步。

*

向君主上书陈述意见,这种事起自战国时代,到了两汉,这种风气更加流行。

推究它的体度,有四种情况:指责国君长短的,属于谏诤一类;攻讦群臣得失的,属于诉讼一类;陈述国家利害的,属于对策一类;抓住对方私人情感来打动他的,属于游说一类。

总括这四类人之所为,都是靠贩卖忠心来求取地位,靠出售言论来谋取利禄。他们陈述的意见可能没有丝毫益处,反而还会带来不被国君理解的困扰。即使有幸能感动启发国君,建议被及时采纳,起初他们也能得到不可比量的奖赏,但最终还是会招致无法预测的诛杀,就像严助、朱买臣、吾丘寿王、主父偃这类人,那是很多的。

优秀的史官只是选取了其中那些狂狷(juàn)耿介之人评论时政得失的事进行记载,但这些都不是世家君子谨守法度的人所能做的。就我们现在所看到的,那些德才兼备的人都耻于干这种事。

*

守候于国君出入的门户,或趋赴朝廷的殿堂,向国君献书言计,所言内容大多是空疏浅薄、自吹自播的,内中没有治理国家的纲领,都是些鸡毛蒜皮的小事,十条意见里面,没有一条值得采纳。纵然其中所言也有合乎实际情况的,但上书者却忘了那是别人早就认识到的,并不是大家不知道,可忧的是知道了却不去实行。

有时上书者被人揭发出奸诈营私的事，当面与人应答对证，事情的发展反复变化，当事人此时反而是时时担惊受怕。纵然国君出于对外维护朝廷声誉教化的考虑，或许能对他们加以包涵，那他们也只能算是侥幸获免之辈，正人君子是不值得与他们为伍的。

从事谏诤的人，是要去纠正国君的过失的，他一定要处在能够讲话的位置，尽其匡正辅佐之责，不容许苟且偷安、装聋作哑。至于古人所说侍奉国君应各司其职，考虑问题不要超出自己的职务范围，这是应该注意的，如果超越自己的职位去冒犯国君，那就会成为朝廷的罪人。

所以《礼记·表记》上说："侍奉国君，关系疏远却去进谏，那就形同谄媚了；关系密切却不去进谏，那就是尸位素餐了。"《论语·子张》上说："没有取得国君的信任就去进谏，国君就会以为你在诽谤他。"

    *

君子应该谨守正道、推崇德行，蓄养声望以待时机。

一个人如果官职俸禄不能往上升，那实在是天命的缘故。自己去索求奔走，不顾羞耻，与别人比较才能大小，计量功劳高低，声色俱厉，怨这怨那，甚至有人以宰相的毛病进行要挟，以此获得酬谢，有人大声吵嚷，混淆视听，以此求得早日被安排任用。靠这些手段得到官职，说这就是他们的才干能力，这与偷盗食物来填饱肚皮，窃取衣服来求得温暖有什么区别呢！

一般人看见那些奔走钻营而获得官位的人，就说："不去索取怎么能获得呢？"他们不明白时运到来时，你不求取也会来的。他们看见那些恬静谦让却没有得到赏识的人，就说："不去争取怎么能成功呢？"他们不明白时机未至，徒然去追求也是没有好处的。世上那些不求而得的人，以及求而不得的人，哪能计算得清呢？

*

北齐末年，那些想当官的人，大多把钱财托付给外家，通过得宠女子去干求请托。那被任命为地方长官的人，他们的官印绶带，真的是光艳华丽；他们的高车大马，够得上辉煌显赫，那荣耀兼及九族，富贵取于一时。但一旦遭到执政者的怨恨，执政者就会立即对他们的所作所为进行侦探调查。那因利而来的，必定因利而致危，稍微沾染上世俗的不良风气，就背离了为官应有的严肃公正，那陷阱很深很深，那创痛难能平复，纵然能够免掉一死，家庭却没有不因此而败损的，那时再后悔就来不及了。

我从南方到了北方，从来没有对别人谈过一句有关自己过去的地位、资历的话，即使不能富贵显达，也不因此而怨天尤人。

*

王子晋说："帮助厨官做菜，可得美味品尝；助别人争斗，难免要被殴伤。"

这话是说，看见别人做好事就应该参加进去，看见别人做坏事则应该尽量避开,不要拉帮结伙去做不义之事。凡是对人有害的事,都不应该去参与。

但是一只走投无路的小鸟投入人的怀抱,仁慈的人总会去怜悯它;何况敢死的勇士来投靠我,我应当抛弃他吗?伍员托渔夫摆渡相救,季布被藏身在广柳车中,孔融收留张俭,孙嵩藏匿赵岐,这些事例都被前代所看重,也是我所奉行的,就算因此得罪权贵,也心甘情愿。

至于像郭解代人报仇,灌夫为朋友怒责丞相田蚡(fén)索取田地,那是游侠一类人的行为,不是君子应该干的。如果有大逆不道,犯上作乱的行为,因此而得罪君王与父母,那就更不值得同情了。亲友被危难所迫,自家的钱财精力,是不应该吝惜的;但如果有人不怀好心,无理请求,那去帮助他们就不在我对你们的教诲之内了。

墨子的门徒,大家都称他们为热腹,杨朱的同道,大家都称他们为冷肠;肠不可冷,腹不可热,应当用仁义来节制修饰自己的言行,那就对了。

*

从前我在修订法令时,有山东学士与关中太史争论历法,共有十几个人,乱哄哄争了好几年也没有结果,内史下公文交付议官来评定是非。

我发表自己的看法说:"大抵各位先生所争论的,可分为四分律和减分律两家。历象的关键节点,是可以用日晷(guǐ)仪的影子来测量的。现在以此来检验两种历法的春分、秋分、夏至、冬至四个节气以及日食月食等现象，可以看出四分律比较疏略而减分律比较细密。疏略者就声称政令有宽大与严厉之别，天体的运行也会相应产生超前与不足，这并不是历法计算的失误；细密者则说日月的运行虽然有快有慢，用正确的方法来推求，可以预先知道它们运行的躔(chán)度，并不存在什么灾祥之说。如果采用疏略的四分律，就可能隐藏奸邪而失却真实，如果采用细密的减分律，就可能顺应天数而违背经义。况且议官所懂得的知识，不可能精于论争的双方，以学识浅薄的人去裁判学问深厚的人，哪里能让人服气呢？既然这事不属于法律条令所掌管，就希望不要让我们来判决此事吧。"

整个议曹的人不分地位高低，都认为我说得对。有一位礼官，却以表现这种谦让态度为耻辱，苦苦不舍放手，想方设法去对两种历法进行考核。他的有关知识修养又不足，无法进行实地测量，就反反复复地去采访论争的双方，想借此看出其中的优劣。他们从早到晚地聚会评议，暑往寒来，不胜烦劳，由春至冬，竟然无法裁决，抱怨责难之声四起，这位礼官才红着脸告退了，最后还被内史搞得下不了台，这就是好出风头所招来的耻辱。

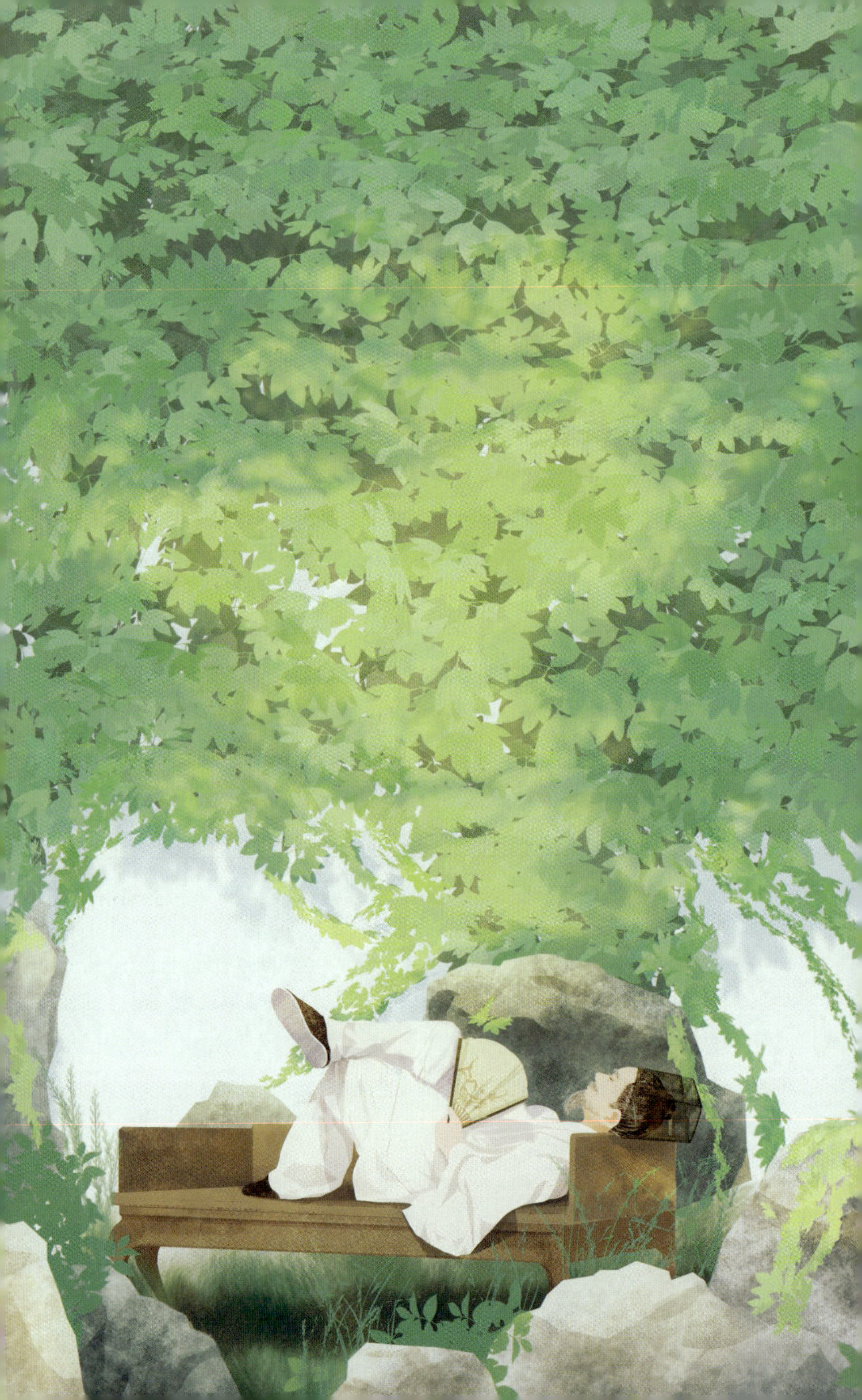

止足第十三

导言

本篇宣传"少欲知足"的思想。但据文中所言,作者的物质标准定得也不算太低:除了房屋、车马之外,奴婢以二十人为限,良田十顷,余钱数万,为官则希望"处在中品,前望五十人,后望五十人"。看来,作者在物质享受方面是抱一种不超前、不落后的中庸态度,企望的是一种富足宽裕而又不过分华奢的生活,比起那些穷奢极欲的豪门权贵来说,也可算是"少欲知足"了吧!

作者之所以不希望孩子们在物质欲望上有过高要求,是因为他饱经乱世,见惯了那些乘时而起、侥幸富贵的人,"旦执机权,夜填坑谷,朔欢卓、郑,晦泣颜、原",而寄希望于"谦虚冲损,可以免害"。这种"全身免祸"的思想,是作者饱经祸乱后的经验总结,在本书的一些篇章中有鲜明的体现。

《礼记》上说："欲望不可放纵，志向不可满足。"天地之大，也可到达它的极限，而人的天性却不知道穷止，只有寡欲而知足，才可划定一个界限。

　　先祖靖侯曾告诫子侄们说："你们家是书生门户，世世代代没有富贵过；从现在起，你们为官，不可担任年俸超过两千石的官职；你们成婚，不可贪图高攀世家豪门。"我对这些话终生信奉，牢记心间，把它当成至理名言。

　　大自然的法则，都是憎恶满溢。谦虚淡泊，可以免除祸患。人生在世，衣服只要能够御寒，饮食只要能够充饥，也就行了。在衣、食这两件与人本身密切相关的事情上，尚且不应该奢侈浪费，在那些非身体所急需的事情上，又何必要穷奢极欲呢？

　　周穆王、秦始皇、汉武帝，他们都富有四海，贵为天子，不知满足，到头来尚且会遭到败损，更何况一般人呢？

　　＊

　　我一直认为，一个二十口的家庭，奴婢盛多，也不可超出二十人，良田只需十顷，房屋只求能遮挡风雨，车马只求可以代步，钱财可积蓄几万，以备婚丧急用，超过这个数量，就该仗义疏财；达不到这个数量，也不可用不正当的手段去索求。

我认为做官做到最高位置，不过是处于中等品级就足够了，向前看有五十人在前面，向后望有五十人在后面，这就足以免去耻辱又不担风险了。高于中品的官职，就应该婉言谢绝，闭门安居。我近来担任黄门侍郎的官职，已经可以告退了，只是客居异乡，怕遭人攻击诽谤，虽有这个打算，只是找不到机会。

自从丧乱发生以来，我看见那些乘时而起、侥幸富贵的人，白天还在执掌大权，晚上就尸填坑谷，月初还作为富豪在欢乐，月底就成为贫士而悲泣，有这种遭际的富贵者，并不止十个五个。要当心啊！要当心啊！

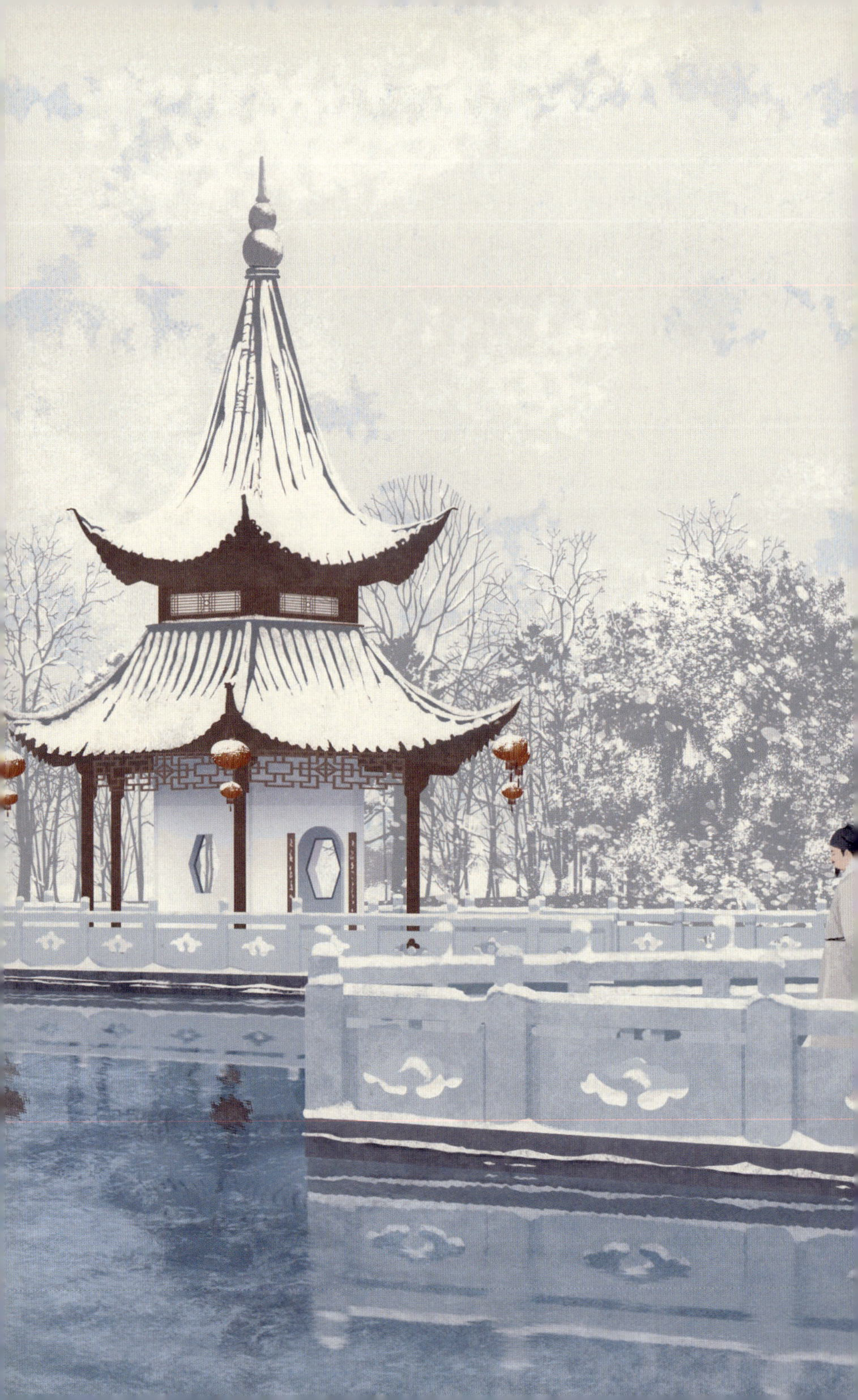

诫兵第十四

导言

　　本篇告诫子孙不要以习武从戎为事。作者遭逢乱世,对兵祸之害看得很清楚,因此,他反对士大夫"违弃素业,侥幸战功",反对他们以武力自炫,认为这样做的结果"大则陷危亡,小则贻耻辱"。

　　他更指出,文士们读一点兵书,懂一点用兵之道,就心怀不轨,拥兵作乱,这是"陷身灭族之本",是极端危险的。

　　作者在本篇中体现的全身自保的思想,在《省事》《止足》《养生》诸篇中也多有反映。

译文 卷第五

颜氏的先辈，祖居春秋时期的邹国、鲁国，有的分散到齐国，<u>世世代代都是以儒雅为业</u>，这在书籍中随处可见记载。孔子的门徒，学问精深的七十二人中，颜氏家族占了八人。从秦、汉、魏、晋，往下数到南朝的齐、梁，颜氏家族中没有靠用兵而得志扬名的。

春秋时期，颜高、颜鸣、颜息、颜羽等人都是一些武夫。齐国有颜涿(zhuō)聚，赵国有颜冣(zuì)，汉朝末年有颜良，东晋末年有颜延，都处在将军的位置上，最终却因此而倾败。汉朝的郎官颜驷，自称好武，更未见他有事迹流传。还有颜忠因党附楚王受诛，颜俊因谋反占据武威被杀，自有颜姓以来，没有高尚节操的，只有这两个人，他们都招致灾祸败亡。近世以来，国家遭逢乱离，士大夫们虽然没有武艺，但有的也聚集徒众，放弃了一贯的诗书儒业，去碰运气求取战功。

我的身体如此单薄，又想到前人好兵致祸的教训，所以把心思放在读书仕宦这上面，希望子子孙孙都记住这一点。<u>孔子的力气可举起城门，却不以武力闻名于世，这是圣人为我们树立的榜样啊！</u>我看见当今的士大夫们，才血气方刚，就以此自恃，又不能披戴铠甲手执兵器去保卫国家；只知穿上剑客的服装，行踪诡秘，到处逞弄拳术，大则身陷危亡，小则自讨耻辱，竟没有一个能幸免的。

*

国家的兴亡，战争的胜败，如果已对此具有广博的学识，也是可以讨论这个问题的。一个人进入国家决策机关，在朝廷的殿堂上参与国政，却不能为君主尽谋划之责以求得国家的安定富足，这是君子所引以为耻的。

但我常常看见一些文士，兵书读得很少，兵法也只是略知概要。如果处在太平盛世，他们会热心于侦伺后宫动静，为每一点动乱而幸灾乐祸，领头犯上作乱，以致牵连善良之辈；如果处在战乱时期，他们会到处挑拨煽动，八方游说，翻手为云，覆手为雨，看不清存亡的趋向，却竭力扶持拥戴别人称王：这些行为都是招致丧身灭族的祸根，对此要警惕！千万要警惕！

熟悉五种兵器，擅长骑马，方可称作武夫。现在的士大夫，只要不读书，就称作武夫，实则是酒囊饭袋罢了。

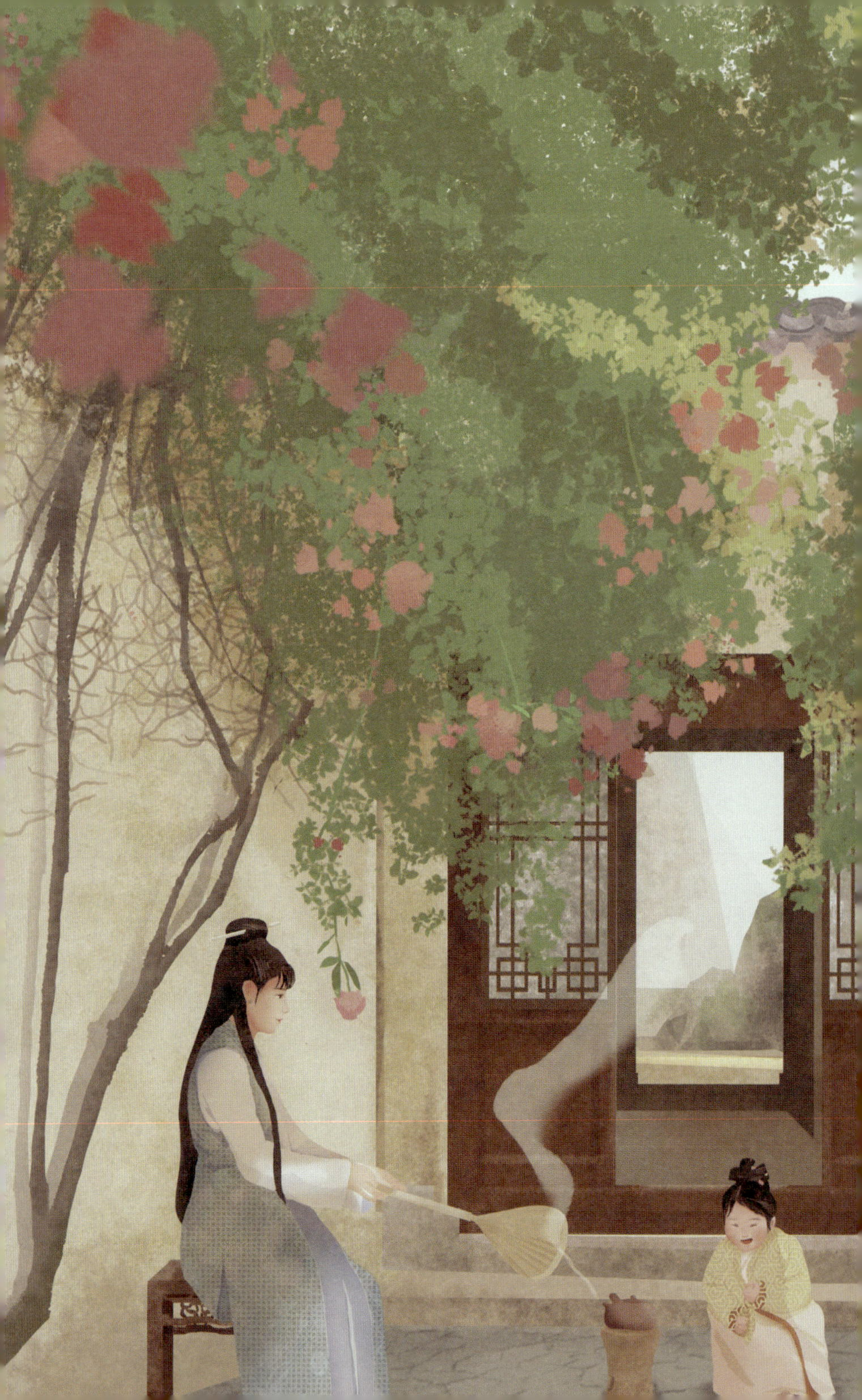

养生第十五

导言

本篇谈养生之术。

作者虽未断然否定道家修道成仙之说，但认为世人受种种限制，是难以如愿的。"华山之下，白骨如莽"是他对求仙悲剧的形象描述。他对养生之术的看法比较实际，主张从"爱养神明，调护气息，慎节起卧，均适寒暄，禁忌饮食，将饵药物"这些方面着手，但又特别强调服药不可轻率，以免为药所误。作者认为，养生的前提条件在于"全身保性"，避免祸患加身。他举嵇康、石崇为例，说二人均重视养生，然而嵇康"以傲物受刑"，石崇"以贪溺取祸"，均不可取。

作者认为，对待生命的正确态度应该是"不可不惜，不可苟惜"，冒无谓之险，行贪欲之事，为此丢掉性命是不值得的，但为忠孝仁义而捐躯，则是君子所心甘情愿的。以上观点，在今天也多有可取之处。

译文 卷第五

有关修道成仙的事,并非全是假的;只是人的禀赋命运乃由上天决定,一般人大概难得遇到这种机会。

人活在世界上,处处要受牵绊:青少年时代,有供养父母的辛劳,成年以后,又增加了妻子儿女的拖累。再加上人得解决穿衣吃饭的费用,要为公事私事而四处奔忙,在这种情况下,却希望藏身于山林之中,超脱于尘世之外,这在千万人中也难找到一个。加上炼制丹药所需各种耗费,更非一般穷人所能办到的。

所以历来学道求仙者多如牛毛,而成功者却像凤毛麟角一般稀少。华山之下,那些求仙者的白骨真是累累如野草,哪有轻易让人称心如愿的道理?

*

考察佛教典籍,说人纵然能够成仙,最终还是会死去,并不能摆脱尘世的束缚,因此,我不希望你们把精力集中在这上面。

如果你们追求的是爱惜保养精神,调理卫护气息,小心节制起卧,适应寒暖变化,注意饮食禁忌,服用药物以养身,能

<u>达到上天赋予一般人的自然年限，不致中途夭折，那我就没有什么可说的了。</u>学习各种服药之法，并不会因此而荒废人世上的各种事务。

庾肩吾经常服用槐实，他七十多岁时，眼睛还能看清细小的字，头发胡须都还是黑的。

邺中的朝臣，有很多人单服杏仁、枸杞、黄精、（白）术（zhú）、车前而取得好的效果，在此不能一一陈述。

我曾经牙齿患病，摇动欲落，饮食冷热都会引起疼痛。后来看见《抱朴子》所记载的牢齿之法，说早上叩齿三百下可获良效。我实行了几天，牙病就痊愈了，到现在还一直坚持早上叩齿。

这种小小的治病方法，对我们的行事并无妨害，也是可以学习一下的。你们如果想服药健身，那么陶隐居的《太清方》一书中收录的药方十分完备，但要选取那些精当有实效的方子使用，不可轻率从事。最近有位叫王爱州的在邺城学服松脂，因为不能节制，导致肠道梗阻而死，这种被药物贻误的例子是很多的。

*

善于摄养身心的人首先应该预防祸患加身，保全身心性命，有了这个生命，然后再去保养它，不要白白地保养那不存在的生命。

单豹这个人善于保养身心，却因外部发生的灾祸而送命；

张毅善于避免外部灾祸的伤害,却因体内发病而丧生。这些是前代贤人引以为戒的。

嵇康著有《养生论》一书,却因为人傲慢而遭刑戮;石崇希望通过服药获取良效,却因贪恋钱财美女而取杀身之祸。这些都是前代人不明事理的例子。

*

人的生命不可以不爱惜,也不可以无原则地吝惜。

踏上那危险可怕的道路,做下那招灾蒙难的事情,贪图肉欲而损伤身体,遭受谗言而枉送性命,在这些事情上君子是应当爱惜他的生命的;如果是奉行忠孝而被杀害,施行仁义而获罪责,舍身以保全家庭,捐躯以拯救祖国,那么,君子是不会抱怨的。

自从乱离以来,我看见那些名臣贤士,临难求生,终未获救,白白地自找羞辱,真是令人愤懑(mèn)。

侯景之乱时,王公将相,大多受辱被杀,妃主姬妾,几乎没有得以保全的。

只有吴郡太守张嵊(shèng),兴师讨贼未能取胜,被贼军杀害,当他兵败被俘之时,言辞神色毫无屈服的表现。还有鄱阳王世子萧嗣之妻谢夫人,登上房屋怒骂群贼,被箭射死。谢夫人是谢遵的女儿。

为什么那些贤德智慧的官绅们坚守操行是如此困难,而那些婢女妻妾自杀成仁却是如此容易?真是可悲啊!

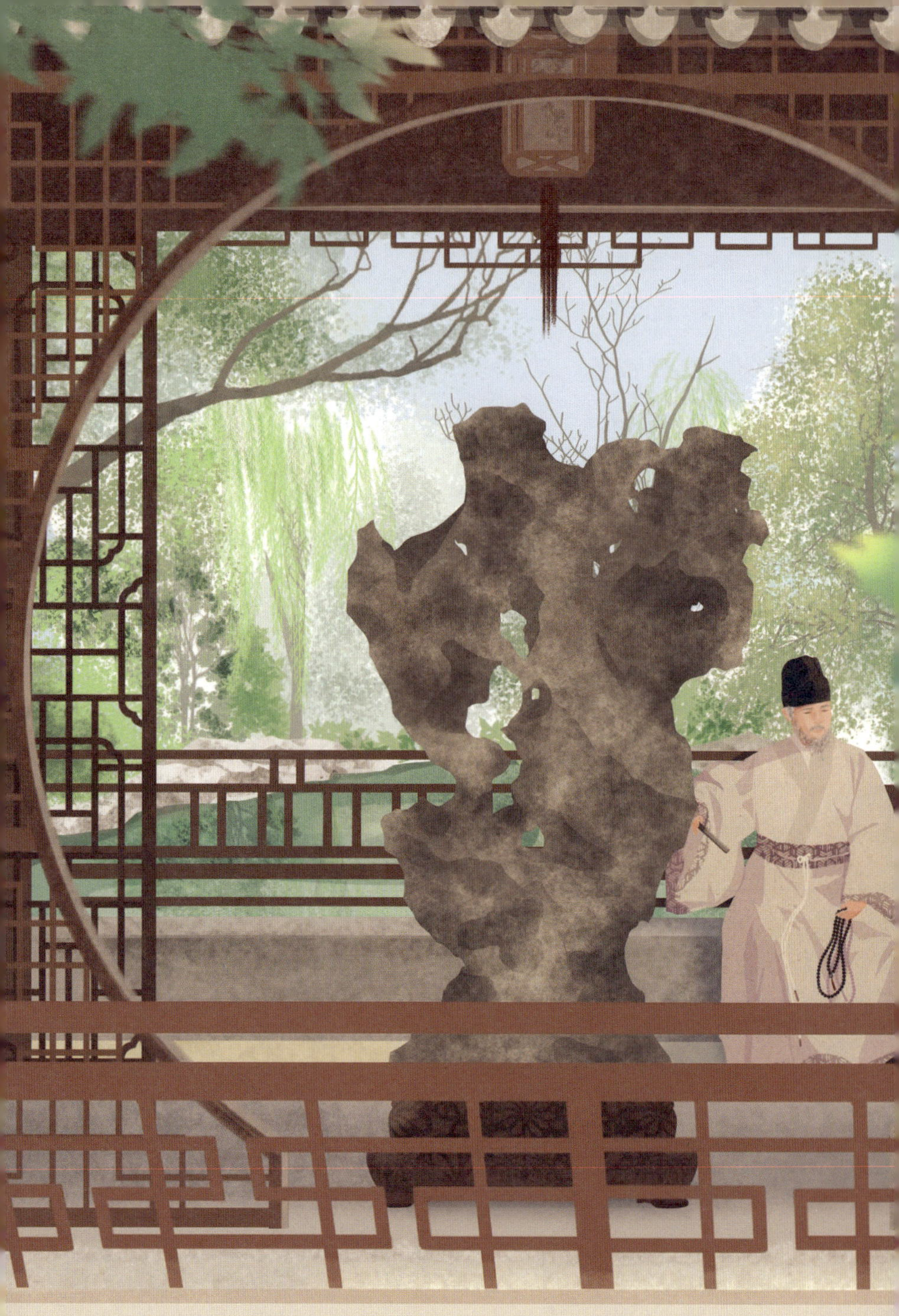

归心第十六

导言

本篇谈对佛教的认识。

作者极力推崇佛教,认为它的博大精深非儒教可及,佛、儒作为内外两教,道理是相通的,人们不应该"归周、孔而背释宗"。作者列举世人攻击佛教的五种意见,并逐一加以批驳。比如,他认为儒家对有关天、地、日、月、星辰等自然现象的看法就有许多不甚了了或不能自圆其说的地方,何以人们就能欣然接受,而对佛教关于空间、时间的无限性的说法(恒沙世界、微尘数劫)则持否定态度呢?人们对佛教的许多观点之所以不能接受,是因为他们所处的环境限制了他们的眼界。

这些论证展现出作者不囿于儒家成说的探索精神,同时也让我们窥见南北朝时期佛教对士大夫阶层的深刻影响,具有较大的认识价值。

佛家所说的过去、未来、现在"三世"的事情，是可靠而有根据的，我们家世代归心佛教，不能对此抱无所谓的态度。

这佛教中的精妙内容，都见于佛教的经、论中，我不用再在这里称美转述了；只是怕你们对佛教的信念尚不坚定，所以再对你们稍加劝勉引导一下。

推究四尘（色、香、味、触）和五荫（色、受、想、行、识）的道理，剖析世间万物的奥秘；借助六舟（布施、持戒、忍辱、精进、静虑、智慧）和三驾（声闻、缘觉、菩萨）去普度众生；让众生通过种种戒行，皈依于"空"；通过种种法门，渐臻(zhēn)于善。其中的辩才和智慧，难道只能与儒家的"七经"及诸子百家的广博相提并论吗？佛教的境界，显然不是尧、舜、周公、孔子之道所能赶得上的。佛学作为内教，儒学作为外教，本来同为一体。两者教义有别，深浅程度不同。

佛教经典的初级阶段，设有五种禁戒，而儒家经典所讲的仁、义、礼、智、信，都与它们相合。

仁就是不杀生的禁戒；义就是不偷盗的禁戒；礼就是不淫乱

的禁戒；智就是不酗酒的禁戒；信就是不虚妄的禁戒。至于像狩猎、征战、饮宴、刑罚等行为，我们还得顺随着老百姓的天性，不能把它们一下子都根除掉，只能让它们存在而有所节制，不至于过分发展。

由此看来，那些信从周公、孔子之道却违背佛教宗旨的人，是多么糊涂啊！

＊

世俗诽谤佛教的说法，大致有以下五种：第一，认为佛教所说的现实世界之外的世界以及那些神奇诡异无法测定的事情是荒唐悖理的；第二，认为人的吉凶祸福未必就有相应的报应，佛教因果报应之说只是一种欺诈蒙骗的伎俩；第三，认为和尚、尼姑这个行当里的人多不清白，佛院寺庙乃藏奸纳垢之所；第四，认为佛教耗费金银财宝，和尚、尼姑们不纳税，不服役，这是对国家利益的一种损害；第五，认为即使有因缘之事，也是善有善报，恶有恶报，怎么能是今天的某甲含辛茹苦而后世的某乙却得到了好处呢？这是不同的两个人啊。

现在，我对上述五种指责一并解释于下。

我对第一种指责的解释是：那极远极大的东西，难道可以测量出来吗？现在人们所知道的最大的东西，没有超过天地的。天是云气堆积而成，地是土块堆积而成，太阳是阳刚之气的精华，月亮是阴柔之气的精华，星星是宇宙万物的精华，这是儒家所喜欢的说法。星星有时会坠落下来，到地上就成了石头。但是，这万物的精华如果是石头，就不应该有光亮，而且石头是很沉重的，靠什么把它们系挂在天上呢？

一颗星星的直径，大的有一百里，一个星座从头到尾，相隔数万里，直径一百里的物体，在天空中数万里相连，它们形状的宽窄、排列的纵横，竟然都保持稳定而没有盈缩的变化。再说，星星与太阳、月亮相比，它们的形状、色泽都相同，只是大小有差别，既然如此，那么太阳、月亮也应当是石头吗？石头的特性既然是那样坚固，那三足乌和蟾蜍、玉兔，又如何在石头中间存身呢？而且，石头在大气中，难道能够自行运转吗？

如果太阳、月亮和星星都是气体，那么气体很轻盈，它们就应当与天空合而为一，它们围绕大地来回环绕转动，就不应该相互错位，这运行中间速度的快慢，按理应该是一样的，但为什么太阳、月亮、五星、二十八宿，它们运行时各有各的度数，速度并不一致？难道它们作为气体坠落的时候，就突然变成石头了吗？

大地既然是浊气下降凝集成的物质，按理应该是沉重而厚实的了，但如果往地下挖土，却能够挖出泉水来，说明大地是浮在水上的；而积水之下，又有些什么东西呢？长江、大河及众多的山泉，它们都是从哪里发源的？它们向东流入大海，那海水为什么不见满溢？据说海水是通过归塘尾闾排泄出去的，那它们最终又到何处去了呢？如果说海水是被东海沃焦山的石头烧掉的，那沃焦山的石头又是由什么点燃的呢？那潮汐的涨落，是靠谁来节制调度？那银河悬挂在天空，为什么不会散落下来？水的特性是往低处流，为什么又会上升到天空中去？

天地初开的时候，就有星宿了，那时九州尚未划分，列国也尚未出现，那么，当时天上的星宿又是如何运行的呢？自封邦建国以来，到底是谁在对它们进行分封割据的呢？

地上的国家有增有减，天上的星宿却没见什么改变，这中间人世的吉凶祸福，照样不断发生。天空如此之大，星宿如此之多，为什么以天上星宿的位置来划分地上州郡的区域只限于中国一地呢？被称作旄(máo)头的昴(mǎo)星是代表胡人的，其位置对应着匈奴的疆域，那么，像西胡、东越、雕题、交阯(zhǐ)这些地区，就该被上天所抛弃吗？

对上述种种问题进行探求，至今无人能弄明白，是否因为这些问题按人世间的寻常道理解释不了，而必须到宇宙之外寻求答案呢？

一般人只相信自己耳闻目睹的事物，除此之外的一概加以怀疑。儒家对天的看法就有好几种：有的认为天包着地，如同蛋壳包着蛋黄一样；有的认为天盖着地，就像斗笠盖着盘子；有的认为日月众星自然飘浮于虚空之中；有的认为天际与海水相接，地就在海水之中；此外，还有的认为北斗七星绕着北极星转动，是靠那斗枢作为转动轴。

以上种种说法，如果是人们亲眼所见，就不应该如此不同；如果是凭推测度量，那怎么能以此为据？我们为什么偏偏相信这凡人的臆测之说，而怀疑佛门学说的精深含义呢？为什么就认定世上绝不可能有佛经中所说的像恒河中的沙粒那么众多的世界，就怀疑世间一粒微小的尘埃也要经历好几个劫的说法呢？驺衍也认为除了作为赤县神州的中国之外，世上还有其他九州呢！

山里的人是不相信世上有像树木那般大的鱼的，海上的人也不相信世上有像鱼那般大的树木；汉武帝不相信世上有一种续弦胶，可以黏合断了的弓弦和刀剑；魏文帝不相信世上有一种火浣布，可以放在火上烧以此去掉污垢；胡人看见锦缎，不相信这是一种叫蚕的小虫吃了桑叶后所吐的丝做成的。从前我在江南的时候，不相信世上有能够容纳一千人的毡帐，等到了黄河以北，才发现这里有人不相信世上有能装载万斛货物的大船：这两件事都是我亲身经历的啊！

世间有巫师及懂得各种法术的人，他们能够穿行火焰，脚踩刀刃，种下一粒瓜籽可立马采摘果实，连水井也可随意移动，眨眼间的工夫，生出各种变化。

人的力量，尚能达到如此地步，何况神佛施展他们的本领，其神奇变幻定是不可思议：那高达千里的旌旗，广达数千里的莲座，变化出佛教的极乐世界，霎时，那高达两万里的七宝塔也会从地下冒出来呢！

*

我对第二种指责的解释是：我相信那些诽谤佛教因果报应之说的种种证据，就好像影之随形、响之应声一样可以明白无误地加以验证。这类事，我经常耳闻目睹。有时报应之所以未发生，或许是当事者还不够真心诚意,"业"与"果"尚未发生感应的缘故,倘若如此,则报应就有早迟的区别,但或迟或早,终归会发生的。

一个人善与恶的行为,将分别招致福与祸的报应。中国的九流百家,都持有与此相同的观点,怎么能单单认为佛经所说是虚妄的呢?

像项橐(tuó)、颜回的短命而死,伯夷、原宪的挨饿受冻;盗跖(zhí)、庄蹻(qiāo)的有福长寿,齐景公、桓魋(tuí)的富足强大,如果我们把这看成是他们前辈的善业或恶业的报应,或者把他们从善或为恶的报应寄托在他们的后代身上,那就说得通了。

如果因为有人行善而偶然遭祸,为恶却意外得福,你便产生怨尤之心,认为佛教所说的因果报应只是一种欺诈蒙骗,那就好比是说尧、舜之事是虚假的,周公、孔子也不可靠,那你又能相信什么,又凭什么去立身处世呢?

*

我对于第三种指责的解释是:自开天辟地有了人类以来,不善良的人多而善良的人少,怎么能够要求每一位僧人都是清白高尚的呢?有些人明明看见了那些名僧们的高尚德行,却抛在一边不予称扬;但若是看到那些平庸僧人的粗俗行为,就竭力指责诋毁。

况且,受学的人不用功,难道是教育者的过错吗?那些平庸的僧人学习佛经、戒律,与世人学习《诗经》《礼记》有什么不同？如果用《诗经》《礼记》中的教义，来衡量朝廷中的官员，恐怕没有几个官员是完全够格的；同样地，用佛经、戒律中的禁条，来衡量这些出家僧人，怎么能够唯独要求他们不犯过错呢？而且，那些缺乏道德的臣子们，仍在那里追求高官厚禄；那些违犯禁条的僧侣们，又何必对自己接受供养感到惭愧呢？

僧侣们自然难免有违犯佛教戒行的时候。但他们一旦披上法衣，就算进入了僧侣的行业，一年到头所干的事，无非是吃斋念佛、讲经修行，比起世俗之人来说，其修为的差距可不止山高海深那样巨大了。

*

我对第四种指责的解释是：佛教修持的方法有很多种，出家为僧只是其中的一种。

如果一个人能够把忠、孝放在心上，以仁、惠为立身之本，像须达、流水两位长者所做的那样，也就不必非得剃掉头发胡须去当僧人不可了；又哪里用得着把所有的田地都拿去盖宝塔、寺庙，让所有在册人口都去当和尚、尼姑呢？都是因为执政者不能够节制佛事，才使得那些非法而起的寺庙妨碍了百姓的耕作，使得那些不事生计的僧人耗空了国家的税收，这就不是佛教救世的本旨了。

但我还是要强调一下，谈到追求真理，这是个人的打算，谈到珍惜费用，这是国家的谋划。个人的打算与国家的谋划，是不可能两全的。作为忠臣，就应该以身殉主，为此不惜放弃奉养双亲的责任；作为孝子，就应该使家庭安宁，为此不惜忘掉为国家服务的职责。因为两者各有各的行为准则啊。儒家中有不为王公贵族所屈、耿介独立、清高自许的人，隐士中有不愿做王侯、丞相而到山林中远避尘世的人，我们又怎么能去算计这些人应承担的赋税，把他们当成逃避赋税的罪人呢？

如果我们能够感化所有的老百姓，使他们统统皈依佛教，就像佛经中所说的妙乐、儴佉（ráng qū）等国度的情况一样，那就会有自然生长的稻米，数不尽的宝藏，哪里用得着再去追求种田、养蚕的微利呢？

*

我对于第五种指责的答复是：人的形体虽然死去，精神仍旧存在。

人生活在世上时，觉得自己与来世的后身似乎没有什么关系，等到他死了以后，才发现自己与前身的关系就好像老人与小孩、傍晚与清晨的关系那样密切。世界上有死人的魂灵向亲人托梦的事，或托梦于他的童仆侍妾，或托梦于他的妻子儿女，向他们索要饮食，求取福祐，这类事是不少的。现在的人若是处在贫贱疾苦的境地，没有不怨恨前世不修功业的，就这一点来说，怎么可以不早修功业，以便为来世留有余地呢？

一个人有儿子、孙子，他与儿子、孙子各自都是天地间的黎民百姓，相互间有什么关系？而这个人尚且知道爱护他的儿孙们，把自己的房产基业留传给他们，何况对于自己本人的魂灵，怎可弃置不顾呢？

那些凡夫俗子们冥顽不灵，看不见未来之事，所以他们说来生、前生、今生不是同一个人。如果能够有一双透视未来的天眼，让这些人通过它照见自己的生命在一瞬间由诞生到消亡，又由消亡到诞生，这样生死轮回，连绵不断，他难道不感到畏惧吗？

再说，君子生活在这个世界，贵在能够克制私欲，谨守礼仪，匡时救世，有益于人。作为管理家庭的人，就希望家庭幸福，作为治理国家的人，就希望国家昌盛，这些人与自己的仆人、侍妾、臣属、民众有什么亲密关系，值得这样卖力地为他们辛苦操持呢？也不过是像尧、舜、周公、孔子那样，是为了别人的幸福而牺牲个人的欢乐罢了。一个人修身求道，可以救济多少苍生，免掉多少人的罪过呢？

希望你们仔细考虑一下这个问题。你们若是顾及世俗的责任，要建立家庭，不抛弃妻子儿女，无法出家为僧，也应当修养品性，恪守戒律，注重对佛经的诵读，把这些作为通往来世幸福的桥梁。人生是宝贵的，可不要虚度啊！

*

儒家的君子，都远离厨房，因为他们若是看见那些禽兽活着时的样子，就不忍心见它们被杀掉，他们若是听见禽兽的惨叫声，就吃不下它们的肉。像高柴、折像这两个人，他们并不了解佛教的教义，却都不愿杀生，这就是仁慈的人天生的善心。

凡是有生命的东西，没有不爱惜自己的生命的，关于不杀生的事，你们一定要努力做到。好杀生的人，临死会受到报应，子孙也跟着遭殃，这类事很多，我不能全部记录下来，现在姑且抄示几条于本章之末。

梁朝的时候有一个人，常常拿鸡蛋清掺在水里洗头发，说这样可使头发光亮，每洗一次就要用去二三十枚鸡蛋。到他临死的时候，只听见头发中传出几千只雏鸡的啾啾叫声。

江陵的刘氏，以卖鳝鱼羹为生。后来他有了一个小孩，长了一个鳝鱼头，从颈部以下，才是人形。

王克任永嘉太守的时候，有人送他一只羊，他就邀集宾客，打算举办一个宴会。等把羊牵出来时，那羊突然挣脱绳子，奔到一位客人面前，跪下拜了两拜后，便钻到客人衣服里去了。这位客人竟然一言不发，坚持不为这只羊求情。一会儿，那只羊就被拉去宰杀后做成肉羹端了上来，那肉羹先送到这位客人面前。他夹起一块羊肉才送入口中，便像是被某种毒素渗进了皮内，在全身运行，这位客人痛苦号叫，方才开口说此情况。他最终发出阵阵羊叫声死去了。

梁孝元帝在江州的时候，有个人在望蔡县当县令，当时刚经历了刘敬躬的叛乱，县署被烧毁，县令就到一所寺庙去寄住。当地百姓送他一头牛、几缸酒作礼物。县令叫人把牛拴在刹柱上，拆掉佛像，准备座席，在佛堂上接待宾客。

还没开始杀牛的时候，那牛就挣脱绳子，径直跑到台阶前向县令跪拜求情，县令大笑，命左右把牛拉下去宰杀了。那县令饱餐了一顿牛肉美酒后,就在屋檐下睡觉,一会儿睡醒后觉得身上发痒,就到处抓痒,后来这皮肤病发展成恶疮,他经过十来年便死了。

杨思达任西阳郡太守的时候,正碰上侯景之乱,又逢旱灾,饥民们便到田里来偷麦子。杨思达就派了一位部属去看守麦田,凡抓到偷麦子的,就砍掉手腕,共砍了十几个人。后来那部属的妻子生了一个男孩,生下来就没有手腕。

齐朝有一位担任奉朝请的人,家中非常豪华奢侈。他有一个怪癖:不是亲手宰杀的牛,吃起来就觉得味道不美。这位奉朝请到三十几岁时,病势沉重,看见许多牛朝他奔来,周身就像刀割般疼痛,最后叫喊着死去。

江陵的高伟,随我一同到齐国,有几年的时间,他都到幽州的湖泊中捕鱼吃。后来生了病,常常看见成群结队的鱼来咬他,最后因此而死去了。

*

世间有一种痴人,不懂得仁义,也不知道富贵皆由天命。他们为儿子娶媳妇,恨那媳妇的嫁妆太少,仗着自己当公公婆婆的尊贵身份,怀着毒蛇那样的心性,对媳妇恶意辱骂,一点不懂得忌讳,甚至谩骂侮辱媳妇的父母,其实,这反而是教媳妇不用孝顺自己,也不用顾忌自己的不满意。

这种人只知道疼爱自己的子女,却不知道爱护自己的儿媳。像这种人,阴曹会把他们的罪过记载下来,鬼神也会减掉他们的寿命。你们千万不可与这种人做邻居,更不要与这种人交朋友,还是躲他们远点吧!

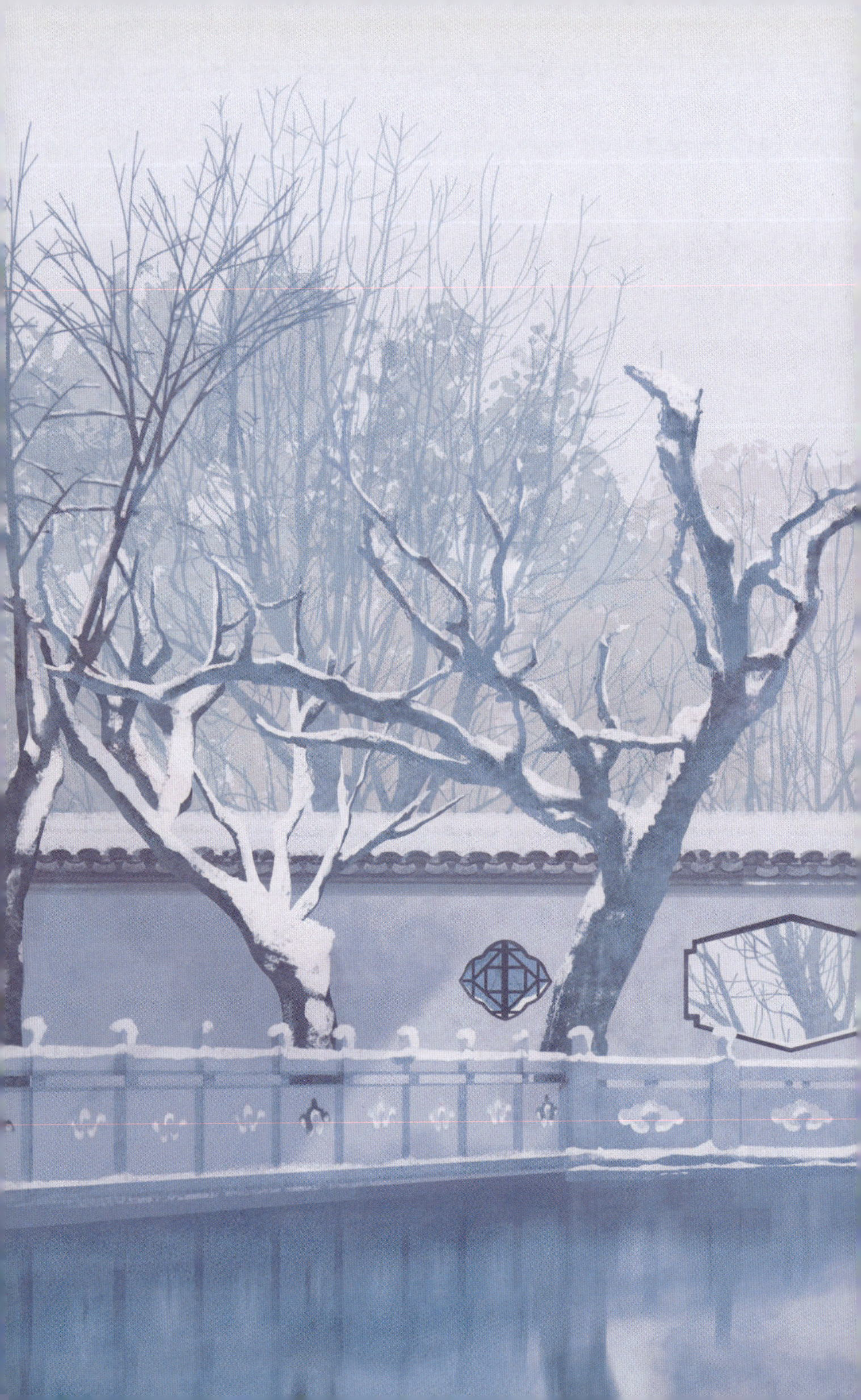

卷第六 书证

所见渐广,
更知通变,
救前之执,
将欲半焉。

幽探

书证第十七

导言

　　此篇是有关文字、训诂、校勘之学的专论,具有很高的学术价值。

　　颜之推对文字书写的态度比较通达,他认为文字本身是随时代不同而变化发展的,因此,他反对那种凡写字"必依小篆"的做法,但也反对那种任意增减改换文字笔画的"鄙俗",认为正确的态度应该是把"从正"和"随俗"二者结合起来,"若文章著述,犹择微相影响者行之,官曹文书,世间尺牍,幸不违俗也"。就是说,在写学术性论著时,可参考《说文解字》,订正俗体;而对一般社会上的应用文章,则可用当时通行的字体。

　　颜之推博览群书,见多识广,故于训诂方面,不仅能引证群书,而且能以方言口语或实物进行印证。比如《诗经》有"谁谓荼苦"之句,《尔雅》《毛诗传》都把"荼"解释为苦菜,也就是《礼记》所谓"苦菜秀"之苦菜。颜之推结合书本,考验实物,指出《诗经》《礼记》所说的是中原的苦菜。江南地区别有一种北方称之为龙葵的苦菜,而一些南方学者不明就里,把它当成《诗经》《礼记》中的苦菜,造成错误。

颜之推在校勘方面同样如此。《史记》说："祸之兴自爱姬，生于妒媚，以至灭国。"《汉书》说："成结宠妾妒媚之诛。"颜之推以为"媚"当作"媢（mào）"，这是根据其他书本及上下文义考证出来的。《史记·秦始皇本纪》中有"丞相隗林"，颜之推认为"林"当作"状（wěi）"，这是利用出土的秦代铁称权上的铭文校正的。他还通过读柏人城西门内的碑文，考证出柏人城东北的一座孤山叫"巏嵍山（quán wù）"[1]。凡此种种，都可看出颜之推学问通博之处。

当然，他也有失误的地方，比如他解释"犹豫"一词，根据《说文解字》把"犹"解释为"犬"，说："人将犬行，犬好豫在人前，待人不得，又来迎候，至于终日，斯乃豫之所以为未定也，故称犹豫。"实际上犹豫为双声字，后人对颜氏此说多作驳正。然而瑕不掩瑜，此篇的考据成果是可供后人汲取、参考的。

---

[1] 巏嵍山：即尧山。唐朝诗人马戴《赠韩定辞》："别后巏嵍山上望，羡君时复见王乔。"

158

《诗经》上说:"参差荇(xing)菜。"《尔雅》解释说:"荇菜,就是接余。""荇"字有时也写作"莕(xing)",前代学者们都解释说:荇菜是一种水草,圆叶细茎,其高低随水的深浅而定,现在凡是有水的地方都有它,它那黄色的花就像莼菜,江南民间也称它为猪莼,也有人叫它荇菜。后魏的刘芳对此都有注释。而黄河以北地区的一般人大多不认识它,博士们都把《诗经》中所说的"参差荇菜"认作苋(xiàn)菜,把"人苋"叫作"人荇",也确实太可笑了。

*

《诗经》上说:"谁谓荼苦?"《尔雅》《毛诗传》都以"荼"为苦菜。此外,《礼记》上说:"苦菜秀。"

按:《易统通卦验玄图》上说:"苦菜生长于寒冷的秋天,经冬历春,到夏天就长成了。"现在中原一带的苦菜就是这样的。它又名游冬,叶子像苦苣而比苦苣细小,摘断后有白色的汁液,花黄色像菊花。江南一带另外有一种苦菜,叶子像酸浆草,它的花有的紫有的白,果实有珠子那么大,成熟时颜色有的红有的黑。这种菜可以消除疲劳。

按：郭璞注的《尔雅》中，认为这种苦菜就是藏草，即黄chú
蔯。现在黄河以北一带把它叫作龙葵。梁朝讲解《礼记》的人，把它当作中原的苦菜，它既没有隔年的宿根，又是在春天才生长，这也是一个大的误释。另外，高诱在《吕氏春秋》注文中说："只开花不结实的叫英。"苦菜的花就应当叫作英，由此更说明它不是龙葵。

*

《诗经》上说："有杕之杜。"江南的版本"杕"字是"木"旁加一个"大"字，《毛诗传》说："杕，孤立的样子。"徐仙民为它注的音是"徒计反"。《说文解字》上说："杕，树木的模样。"字在木部。《韵集》为它注的音是"次第"的"第"，而黄河以北的版本都写作"夷狄"的"狄"字，读音也是"狄"，这是一个大错误。

*

《诗经》上说："駉駉牡马。"江南地区的版本都写作"牝牡"之"牡"，而黄河以北地区的版本全部写作"放牧"的"牧"。邺下的博士向我发出诘问说："《駉颂》既然是歌颂鲁僖公在郊外原野上放牧的事情，为什么要局限于雌马雄马呢？"

我回答说："《毛诗传》说：'駉駉，这是形容良马躯体肥壮的样子。'接下来又说：'诸侯六个马厩四种马：有良马，戎马，田马，驽马。'如果解释作放牧的意思，雌马雄马都说得通，那就不该只限于良马独自得到'駉駉'的赞颂。良马，天子用它来驾玉车，诸侯用它去朝见天子，去郊外祭祀天地，一定没有雌马。《周礼·圉人职》说：'良马，一个人驾一匹。驽马，一个人驾两匹。'养马之人所饲养的良马，也不是雌马；歌颂者举他强壮的骏马作为对象，从道理上说才相宜。《周易》说：'良马逐逐。'《左传》说：'以其良马二。'这也是对精壮骏马的称呼，不是通称一般的马。现在把《毛诗传》上说的良马等同于牧马和雌马，恐怕违背了毛苌（cháng）的本意，况且你们难道没有看见刘芳《毛诗笺音义证》对这个问题的阐释吗？"

*

《月令》说："荔挺出。"郑玄作的注释说："荔挺就是马薤（xiè）。"《说文解字》说："荔像蒲而较小，根可做刷子。"《广雅》说："马薤就是荔。"《通俗文》也称它为"马蔺"。《易统通卦验玄图》说："荔草茎儿长不出，则国家多火灾。"蔡邕的《月令章句》说："荔草以它的茎儿冒出地面。"高诱注释《吕氏春秋》说："荔草的茎儿冒出来。"

这样看来，郑玄的《月令注》把"荔挺"作为草名是错误的。这种草在黄河以北地区的沼泽地带长得到处都是。江东地区则少有此物，有的人把它种在阶庭内，只不过是称它为旱蒲，并不知道马薤这个名字。讲解《礼记》的人竟把它当成马苋；马苋是可以吃的，也叫作豚耳，俗名叫马齿。

江陵曾经有一位僧人，脸形上宽下窄；刘缓的小儿子叫民誉，年龄才几岁，却异常聪明，善于描摹事物，他看见这位僧人就说:"他的脸像马苋。"民誉的伯父刘绦因此就称呼这位僧人叫"荔挺法师"。刘绦本人就是讲解《礼记》的有名学者,尚且会这样误解。

*

《诗经》说:"将其来施施。"《毛诗传》说:"施施,难以前进的意思。"郑玄的《毛诗传笺》说:"施施,缓缓行走的样子。"《韩诗外传》中也是"施施"二字。黄河以北的《毛诗传》都写作"施施"。江南过去的《诗经》版本,全都单写作"施",众人就认可了它,这恐怕是个小小的错误。

*

《诗经》说:"有渰(yǎn)萋萋,兴云祁(qí)祁。"《毛诗传》解释说:"渰,阴云的样子。萋萋,阴云运行的样子。祁祁,舒缓的样子。"郑玄的《毛诗传笺》说:"古时候,阴阳调和,风雨及时,它们来时是缓缓地,不暴烈迅疾。"

按:渰已经是阴云的意思了,为什么又不厌其烦地说"兴云祁祁"呢?"云"字应当作"雨"字,是流行的写法造成了这个错误。班固的《灵台》诗说:"三光宣精,五行布序,习习祥风,祁祁甘雨。"这就是"云"应当作"雨"的证据。

*

《礼记》说:"定犹豫,决嫌疑。"《离骚》说:"心犹豫而狐疑。"前代学者都没有对此进行解释。

按：《尸子》说："五尺长的狗叫作犹。"《说文解字》说："陇西把幼犬叫作犹。"

我认为人带着狗行走，狗喜欢豫先（"预先"的旧时用字）走在人的前面，等人等不到，又返回来迎候，像这样来来去去，直到一天结束，这就是"豫"字具有游移不定的含义的原因，所以也就有了"犹豫"一词。也有的人根据《尔雅》的说法："犹的样子像麂（jǐ），善于攀登树木。"犹是一种野兽的名称，听到人声后，就豫先攀援树木，像这样上上下下，所以叫作犹豫。狐狸作为一种野兽，又性多猜疑，所以要听到河面冰层下没有流水声，然后才敢渡河。今天的俗语说："狐疑，虎卜。"就是这个含义。

*

《左传》说："齐侯疥（jiē），遂痁（shān）。"《说文解字》说："痎是两天发作一次的疟疾。痁是伴随着发热的疟疾。"

按：齐侯的病，本来是两天发一次，较原来逐渐加重，所以成了诸侯忧虑的事。现在北方仍然称之为痎疟，"痎"发音为"皆"。

而世间的传本大多把"痎"写作"疥"，杜预也没有作出解释，徐仙民注音作"介"，浅薄的学者依照这个说法为之疏通说："患了疥疮，使人产生畏寒的症状，就转变成了疟疾。"这是一种想当然的说法。疥癣这种小毛病，有什么值得说的，难道会有生疥疮而转变成疟疾的吗？

*

《尚书》说："惟影响。"《周礼》说："土圭测影，影朝影夕。"《孟子》说："图影失形。"《庄子》说："罔两问影。"像这些"影"字，都应当作"光景"的"景"。凡是阴影，都是因为有光才产生的，所以就叫作景。《淮南子》称为景柱，《广雅》说："晷柱挂景。"都是这样的。

到了晋代葛洪的《字苑》中，才开始在旁边加"彡"，注音为"於景反"。而世上的人就把《尚书》《周礼》《庄子》《孟子》中的"景"字改从葛洪《字苑》中的"影"字，这是十分错误的。

*

姜太公的《六韬》，有天陈(zhèn)、地陈、人陈、云鸟之陈。《论语》说："卫灵公问陈于孔子。"《左传》说："为鱼丽之陈。"俗本多写作"阜"(fù)字旁加"车乘"的"车"字。

按：以上几个"陈"字，都写作"陈郑"的"陈"。行陈的含义，是从"陈列"这个词中取用过来的，这在六书中就是假借，《仓颉篇》《尔雅》以及近世的字书，都没有写成别的字；只有王羲之的《小学章》中，唯独是"阜"旁加"车"字，即使俗体流行，也不应该追改《六韬》《论语》《左传》中的"陈"字作"阵"字。

*

《诗经》说："黄鸟于飞，集于灌木。"《毛诗传》解释说："灌木，就是丛木。"这是《尔雅》上面的解释文字，所以李巡的注释就是："树木丛生叫灌。"《尔雅》的末章又说："树木族生就是灌。""族"也是丛聚的意思。所以江南地区《诗经》古本中"灌"字都写作"丛聚"的"丛"字，而古丛字像"冣"字，近代的学者就将它改成了"冣"字，并解释说："就是树木中最高大的。"

按：各家研究《尔雅》和解释《诗经》的都没有这样说过，只有周续之的《毛诗注》对这个字的注音是"徂会反"，刘昌宗《诗注》对这个字的注音是"在公反"，又注为"祖会反"：都是牵强附会的，违背了《尔雅》的解释。

*

"也"是语尾及语助词，文籍中都能见到它。黄河以北的儒家经传，全都删减了这个字，这中间有的"也"字是不能没有的，至于像"伯也执殳（shū）""於旅也语（wū）""回也屡空（kòng）""风，风（fēng）也，教也"，以及《毛诗传》说的"不戢（jí），戢也；不傩（nuó），傩也""不多，多也"，像这类例子，如果删去"也"字，句子就不完整了。

《诗经》说："青青子衿（jīn）。"《毛诗传》解释说："青衿，青领也，学子之服。"按：古时候，斜领下连到衣衿，所以把领叫作衿。孙炎、郭璞注解的《尔雅》，曹大家（gū）注解的《列女传》，都说："衿，交领也。"邺下的《诗经》版本，既然没有"也"字，各位学者就荒谬地解释说："青衿，青领，这是衣服中两处地方的名称，都用青色作装饰。"用来解释"青青"二字，这个差错就大了！还有那些盲从世俗流行之学的人，听说经传中常常须用"也"字，就按自己的意思加上去，往往加的不是地方，就更加可笑了。

*

《周易》有蜀才作注的版本，江南的学士，竟然不知道蜀才是什么人。王俭的《四部目录》中，也不谈他的姓名，写作："王弼后人。"谢炅(jiǒng)、夏侯该都是读了数千卷书的人，他俩都怀疑这人是谯(qiáo)周；而《蜀李书》（一名《汉之书》）上说："这人姓范，名长生，自称蜀才。"在南方，因为晋朝渡江之后，北方的传记都被指为伪书，人们不重视阅读它们，所以没见到这段文字。

*

《礼记·王制》说："裸股肱。"郑玄的注释说："捋衣出其臂胫。"现在的人把"捋"字都写成"擐(xuān)甲"的"擐(huàn)"字。国子博士萧该说："'擐'应当作'捋'，读音是'宣'，'擐'是表示穿着的字，没有露出手臂的含义。"依照《字林》，萧该的读音是正确的，徐爰认为此字读音作"患"，是不对的。

*

《汉书》说："田肯(kěn)贺上。"江南的版本都把"肯"写作"宵"字。沛国人刘显，博览经籍，特别精研班固的《汉书》，梁代称他为"《汉》圣"。刘显的儿子刘臻，不失家传儒业。他读班固的《汉书》时，读的是"田肯"。梁元帝曾经就这个问题问过他，他回答说:"这没有什么含义可求,只是因为我家里传下的旧本中,用雌黄把'宵'字改成了'肎'字。"梁元帝也没办法难住他。我到江北时,看见那里的版本就写作"肎"。

*

《汉书·王莽赞》说:"紫色蠅($wā$)声,馀分闰位。"意思大致是说(王莽)不是玄黄正色,不符合律吕正音。最近有位学士,名声很高,竟然说:"王莽不但有老鹰的肩膀、老虎的目光,而且还是紫色的皮肤、青蛙的嗓音。"这可弄错了。

*

简策的"策"字,是"竹"下面放一个"朿",后代的隶书,把"朿"写得就像"杞宋"的"宋"字,也有在"竹"下放一个"夹"字的;就像"刺"字的偏旁应该是"朿",现在也写成"夹"一样。徐仙民的《左传音》《礼记音》就是以"筴"为正字,以"策"作读音,完全弄颠倒了。

《史记》又在写"悉"字时,误写成"述",在写"妒"字时,误写成"姤"($gòu$),裴骃、徐邈、邹诞生都用"悉"字给"述"字注音($yīn$),用"妒"字给"姤"字注音。既然这样,难道也可以用"亥"字为"豕"字注音,以"帝"字为"虎"字注音吗?

*

张揖说:"虙($fú$),就是现在所说的伏羲氏。"孟康《汉书》古文注也说："虙，就是现在的伏。"而皇甫谧却说："伏羲，有人也称之为宓羲。"我查阅了各种经书、史书、纬书及占验之书，就没有"宓羲"这个称号。"虙"字从"虍"，"宓"字从"宀"，下面部分都是"必"，后代人传抄，就误把"虙"写成了"宓"，而皇甫谧的《帝王世纪》据此给伏羲氏另外立了一个名称。

用什么来验证它呢？孔子的学生虙子贱担任单父的长官，他就是虙羲氏的后代，俗字也写作"宓"，有的又在"宓"下加个"山"。现在兖州永昌郡城，就是过去单父的地盘，东门有一个"子贱碑"，是汉代竖立的，那上面就说："济南人伏生，就是子贱的后人。"由此可以知道"虙"与"伏"自古以来就是通用字，后人误把"虙"写作"宓"的事实，就显而易见了。

*

《史记》说："宁为鸡口，无为牛后。"这是节取《战国策》中的文字。

按：延笃的《战国策音义》说："尸，鸡中之主。从，牛子。"这样看来，"鸡口"的"口"字应当作"尸"字，"牛后"的"后"字应当作"从"字，世俗流行的写法是错误的。

*

应劭的《风俗通义》说："《太史公记》：'高渐离变名易姓，为人庸保，匿作于宋子，久之作苦，闻其家堂上有客击筑，伎痒，不能无出言。'"

按：所谓伎痒，就是指怀有技艺很想表现，内心像痒一样难耐。因此，潘岳的《射雉赋》也说："徒心烦而伎痒。"现在的《史记》"伎痒"二字都写作"徘徊"，或者写作"彷徨不能无出言"，这是因为世俗在传抄时导致了误写。

*

《史记》中太史公评论英布说："祸之兴自爱姬，生于妒媢，以至灭国。"另外，《汉书·外戚传》也说："成结宠妾妒媢之诛。"这两个"媢"字都应当作"媢(mào)"字，"媢"也就是"妒"，这个字的含义见于《礼记》和"三仓"。况且《史记·五宗世家》也说："常山宪王后妒媢。"王充《论衡》说："妒夫媢妇生，则忿怒斗讼。"更可明白"媢"是"妒"的别名。推究英布被杀的原因，是他怀疑贲(féi)赫，所以不能说成"媢"。

*

《史记·秦始皇本纪》说："二十八年，丞相隗(wěi)林、丞相王绾(wǎn)等，议于海上。"各种版本都写作"山林"的"林"字。

隋文帝开皇二年五月，长安百姓掘得一个秦代的铁秤锤，旁边有镀铜的镌刻铭文二处，其一处说："廿六年，皇帝尽并兼天下诸侯，黔首大安，立号为皇帝，乃诏丞相状、绾，法度量则不壹嫌疑者，皆明壹之。"共四十字。

其另一处说："元年，制诏丞相斯、去疾，法度量，尽始皇帝为之，皆囗刻辞焉。今袭号而刻辞不称始皇帝，其于久远也，如后嗣为之者，不称成功盛德，刻此诏□左，使毋疑。"共五十八字，有一个字磨灭，可见者五十七字，了了分明。它的字体全部是古隶。

我受皇帝的命令摹写认读它，并与内史令李德林进行核对，见到这两个秤锤，现在官库里面；那上面"丞相状"的"状"字，乃是"状貌"的"状"，"爿"旁加"犬"；由此知道世俗写作"隗林"，是不对的，应当写作"隗状"。

*

《汉书》说："中外禔福。""禔"字应当从"礻"。禔，安的意思，发音是"匙匕"的"匙"，其含义见于"三仓"以及《尔雅》《方言》。黄河以北的学士都说是这样的。而江南的写本中，这个字多从手，撰写文章的人写对偶句时，都把它当成提挈的意思，恐怕是不对的。

*

有人问："《汉书·昭帝纪》的注文说：'因为孝元皇后的父亲名禁，所以把禁中改称省中。'为什么要用'省'字代替'禁'字呢？"

我回答说："按《周礼·宫正》上说：'掌王宫之戒令纠禁。'郑玄的注说：'纠，犹割也，察也。'李登说：'省，察也。'张揖说：'省，今省詧也。'那么'省'字有'小井''所领'两个反切音，且读这两种发音时都有训察的意思。禁中那种地方既然经常有禁卫军省察，所以就用'省'来代替'禁'。詧，就是古代的'察'字。"

*

《后汉书·明帝纪》说："为四姓小侯立学。"按：汉桓帝行冠礼，又赐给四姓及梁、邓小侯丝帛，由此知道他们都是外戚。

汉明帝的时候，外戚有樊氏、郭氏、阴氏、马氏这四姓。把他们称为小侯的原因，可能是因为年纪尚小就获得封爵，所以还须立学。有人以为他们属侍祠侯或猥朝侯，这些侯不是封于王子之列的诸侯，所以叫作小侯，《礼记》说："庶方小侯。"就是它的含义。

*

《后汉书》说："鹳(guàn)雀口衔三条鳣鱼。"这个"鳣"字大多假借为"鱣鲔(zhānwěi)"的"鱣"字。那些世俗的学者，因此而称呼它为鳣鱼。

按：魏武《四时食制》说："鳣鱼大如五斗奁(lián)，长度为一丈。"郭璞在《尔雅》注文中说："鳣鱼长度为二三丈。"哪里会有能够衔得起一条鳣鱼的鹳雀，何况是衔三条呢？而且鳣鱼是纯灰色的，身上没有花纹。鳝鱼长的不过三尺，大的粗细不超过三指，黄的底色黑的花纹，所以都讲说："蛇鳝是卿大夫衣服的征象。"

《续汉书》及《搜神记》也说到此事，都写作"鳝"字。荀卿说："鱼鳖鳅鳣。"以及《韩非子》《说苑》都说："鳣像蛇，蚕像蠋(zhú)。"都写作"鱣"字。假借"鱣"作"鳝",由来已久了。

*

《后汉书》说:"酷吏樊晔任天水郡太守,凉州城百姓为他编了歌谣说:'宁见乳虎穴,不入冀府寺。'"而江南的版本"穴"字都误写作"六"字。学者们沿袭这个错误,有了迷误而未认识到。虎豹穴居,这是明明白白的事;所以班超说:"不探虎穴,安得虎子?"难道他说的是六只虎七只虎吗?

*

《后汉书·杨由传》说:"风吹削肺。"这个"肺"就是削札牍时削下的碎片"削柿(fèi)"的"柿"。古时候,字写错了就把它刮削掉,所以《左传》说"削而投之",就是这个意思。也有把"札"叫作"削"的,王褒《童约》说:"书削代牍。"苏竟的信中说:"昔以摩研编削之才。"都是"札"作"削"的证据。

《诗经》说:"伐木浒(xǔ)浒。"《毛诗传》解释说:"浒浒,柿貌也。"史官们用假借之法把"柿"字写成了"肝肺"的"肺"字,世上流行的版本又据此全都写成了"脯(fǔ)腊"的"脯"字,或者写作"反哺"的"哺"字。

学者们因此解释《后汉书》中的"削哺"一词说:"削哺,是屏障之名。"这种解释既无证据,也只能算是主观臆测了。"风吹削哺"讲的是风角占候。《风角书》上说:"庶人风者,拂地扬尘转削。"如果"削"是指屏障,怎么可能转动呢?

*

《三辅决录》说："前队大夫范仲公，盐豉蒜果共一筒。""果"字应当读作"魏颗"的"颗"，北方地区普遍把"一块"东西，改称为"一颗"，"蒜颗"就是世间的常用语。所以陈思王曹植的《鹞雀赋》说："头如果蒜，目似擘椒。"另外《老子化胡经》说："合口诵经声璅璅，眼中泪出珠子䪰。"

这个"䪰"字虽然写法不同，但它的发音和意义与"颗"字是相同的。江南地区只知道有蒜符的称呼，不知道它也叫作蒜颗。学者互相承袭，把这个字读成了"裹结"的"裹"，说范仲公把盐和蒜一起包在包裹里，放进竹筒中。《正史削繁》音义又给"蒜颗"的"颗"注音为"苦戈反"，两者都是错误的。

*

有人询问我说："《魏志》中蒋济上书说'弊刽之民'，这个'刽'是什么字啊？"

我回答他说："根据行文的意思，'刽'就是'觤倦'的'觤'字。张揖、吕忱都说：'这个字是"支"字旁加"刀剑"的"刀"，也就是"剞"字。'不知道这个字是蒋济自造'支'字旁加上'筋力'的'力'字，还是有人借用它作'剞'字？它终归还是应当发音为'九伪反'。"

*

《晋中兴书》说："泰山的羊曼，曾经为人疏慢放纵，扶弱济

173

贫，好酒贪杯漫无节制，兖州那里的人把他称为'鯑(tà)伯。'这个"鯑"字的意思各种书里都没有进行解释。梁孝元帝曾经对我说："我从前不认识这个字。只有张简宪曾经教过我，把它叫作'噇(tà)羹'的'噇'字。从那以后我就遵从这个读音了，也不知道它的出处。"简宪是湘州刺史张缵(zuǎn)的谥号，江南地区的人称他为饱学之士。

按：著《晋中兴书》的何法盛离我们年代很近，那个"鯑"字应当是老人们传下来的。社会上又有"鯑鯑"这个词语，大致是无所不施、无所不容的意思。顾野王的《玉篇》误写为"黑"字旁加"沓"。顾野王这人虽然博学多闻，但他的学识还是在张缵、梁孝元帝之下，而后二人都说是"重"字旁。我所见到的几个版本，都没有作"黑"字旁的。"重沓"是多饶积厚的意思，"黑"字作偏旁就完全不知道它的含义何在了。

*

《古乐府·相逢行》的歌词，先记述三个儿子，其次才述及三个媳妇。"媳妇"是相对"公婆"而言的称呼。这首歌词的末章说："丈人且安坐，调弦未遽(jù)央。"

古时候，媳妇供养侍奉公婆，早晚都在二老身旁，与儿女没有两样，所以歌词中有这些话。"丈人"也可作为对长辈老人的称呼，现在的习惯仍是把某人已故的祖辈和父辈称为"先亡丈人"。我又怀疑"丈"字应当写作"大"字，北方地区的风俗，媳妇称呼公公为"大人公"。"丈"字与"大"字，是很容易误写的。

近代的文士，有很多人写有《三妇诗》，内容却是描写自己与妻妄配对成双的事，又加入一些淫邪的词句，这些道德高尚才能出众的人，为什么如此荒谬呢？

*

《古乐府》歌咏百里奚的歌词说："百里奚，五羊皮。忆别时，烹伏雌，吹㸓䉛(yǎn yí)；今日富贵忘我为！""吹"字应当写作"炊煮"的"炊"。

按：蔡邕的《月令章句》说："键，就是关牡，是用它来栓门的，有人也称它做剡移(yǎn)。"这样看来，百里奚夫妇当时很贫困，把门闩也当作薪柴烧了。这个字《声类》写作"㸓"，有的书也写作"㸃"(diàn)。

*

《通俗文》一书，世间的版本都写作"河南服虔字子慎撰"。服虔虽然是汉代人，他的《叙》却引用了苏林、张揖的话；苏林、张揖都是三国时魏国人。而且在郑玄以前，人们都不懂得反切，《通俗文》的反切注音，与现在的习尚非常相合。阮孝绪又说是"李虔所撰"。黄河以北地区，这本书家家收藏有一本，就没有说是李虔撰写的。《晋中经簿》及《七志》中，并没有它的条目，最终不能知道是谁撰写的。

但是它的文辞妥帖，确实是高才。殷仲堪的《常用字训》，也引用了服虔的《俗说》，现在又没见到这本书，不知它就是《通俗文》，还是另一种书？或者是另有一位服虔吗？不能知晓啊！

*

有人问："《山海经》这本书，是由夏禹和伯益记述的，而里面有长沙、桂阳、诸暨，像这一类的秦、汉地名有不少，这是为什么呢？"

我回答说："史书上的缺疑，由来已久了；再加上秦人毁灭学术，董卓焚烧书籍，典籍发生错乱，造成的问题还不只有您说的这些。比如像《本草》这本书是神农所记述的，然而里面有豫章、朱崖、赵国、常山、奉高、真定、临淄、冯翊等汉代的郡县名称，以及这些郡县分别出产的各种药物；《尔雅》是周公撰写的，而书中却说出'张仲孝友'这样的话；孔子修订《春秋》，而《左传》却写着孔子死亡的语句；《世本》是左丘明撰写的，而里面却有燕王喜、汉高祖之名；《汲冢琐语》发掘于战国时代，里面却记载了《秦望碑》上刻的文字；《仓颉篇》是秦丞相李斯所撰写，里面却说'汉朝兼并天，海内英雄竞相参与，陈豨被黥面，韩信遭败覆，叛臣被讨伐，残贼被消灭'；《列仙传》是西汉人刘向所撰写，而书中的《赞》却说有七十四人的故事出自佛经；《列女传》也是刘向所撰写，他的儿子刘歆又写了《列女传颂》，记事终止于赵悼后，而书中却有更始韩夫人、明德马后及梁夫人嫕的传记。以上所述都是由后人掺杂进去的，不是原文。"

*

有人问道："《东官旧事》为什么称'鸱尾'为'祠尾'？"

我回答说："因为作者张敞是吴地人，不太研习古事，随手记述注解，依从了乡俗的错误，误作了这类字体。吴地人称呼'祠祀'为'鸱祀'，所以用'祠'代'鸱'字；称呼'绀(gàn)'为'禁'，所以用'糸'旁加'禁'代替'绀'字；称呼'盏'为'竹简反'的音，所以用'木'旁加'展'代替'盏'字；称呼'镬'字为'霍(huò)'字，所以用'金'旁加'霍'代替'镬'字；又用'金'旁加'患'代替'镮'字，'木'旁加'鬼'代替'魁'字，'火'旁加'庶'代替'炙'字，'既'下加'毛'代替'鬀'字，'金花'就用'金'旁加'华'字表示，'窗扇'就用'木'旁加'扇'字表示：诸如此类，任意妄写的字实在不少。"

又有人问："《东宫旧事》上面的'六色罽(jì)縗(wēi)'是什么东西？应当读作什么音？"

我回答说："按《说文解字》说：'莙，就是牛藻，读作"威"的音。'《说文解字音隐》注音为'坞瑰反'。就是陆机所说的'聚藻，叶子像蓬草'的那种东西。另外，郭璞注释的'三仓'也说：'蕰，属藻类，细叶子像蓬草般柔密地丛生着。'现在水中有这种东西，它的一节有几寸长，纤细柔密如丝，缠绕成圆形，十分可爱，长的有二三十节，人们仍然称它为莙。此外，把五色丝线剪断成一寸长，横放在几股线中间用绳子拴住，把它做得像莙草一样，用来装饰物品，就把它叫作莙。当时一定是要捆缚六色罽，就制作了这种莙来装饰绳带，张敞于是造了'糸'旁加'畏(gǔn)'的字，发音是'隈(wēi)'。"

＊

　　柏人城东北有一座孤山，古书中没有记载它的。只有阚骃的《十三州志》认为舜进入大麓，说的就是这座山，它的上面现在还有尧的祠庙；世人有的称它为"宣务山"，有的称它为"虚无山"，没有谁知道这些称呼的来历。赵郡的士族中有李穆叔、李季节兄弟和李普济，也可算有学问的人，都不能判定他们家乡这座山的名称。

　　我曾经担任赵州佐，与太原的王邵一起读柏人城西门内的石碑。碑是汉桓帝时柏人县的民众为县令徐整竖立的，上面的铭文说："有一座巏嶅山，是王子乔成仙的地方。"我才知道这山就是巏嶅山。却不知道"巏"字的出处。"嶅"字依照各种字书，就是"旄丘"的"旄"字；《字林》给"旄"字注音作"亡付反"，现在依照通俗的名称，应当读作"权务"的音。我到邺城后，给魏收说了这件事，魏收对此大加赞许。正赶上他撰写《赵州庄严寺碑铭》，于是写了"权务之精"这句话，就是使用了我说的这个典故。

　　＊

　　有人问："一夜为什么有五更？'更'字作什么解释？"

　　我回答说："汉、魏以来，一夜的五个时辰被称为甲夜、乙夜、丙夜、丁夜、戊夜，又叫作一鼓、二鼓、三鼓、四鼓、五鼓，也叫作一更、二更、三更、四更、五更，都是以五来划分时间段落。《西都赋》也说：'卫以严更之署。'之所以这样，是因为假如把正月作为建寅之月，北斗星的斗柄日落时就指向寅的区间，日出时就指向午的区间；从寅时到午时，共经历了五个区间。冬天和夏天的月份，白昼和夜晚的时间虽然又长短不齐，但是对时辰的宽广来说，增长不会超过六个时辰，减短不会低于四个时辰，进退常在五个时辰之间。更，是经历、经过的意思，所以说叫'五更'。"

*

《尔雅》说："术，就是山蓟。"郭璞的注说："术像蓟，生长在山中。"

按：术的叶子其形状就像蓟，近代的文人，竟然把"蓟"读成"筋肉"的"筋"，"山蓟（筋）"作为"地骨"的对偶来使用它，恐怕并非它的正确含义。

*

有人问："俗称傀儡戏叫郭秃，有什么典故出处吗？"

我回答说："《风俗通义》上面讲：'所有姓郭的人都忌讳秃字。'当是前代人有姓郭而患秃头病的人，善于滑稽调笑，所以后人就以他的形象制作了傀儡，把它叫作郭秃，就像《文康》乐舞中出现的形象庾亮一样。"

*

有人问："为什么把治狱参军取名为长流呢？"

我回答说："《帝王世纪》说：'帝少昊驾崩，他的神灵降临到长流这座山上，主持秋祭。'《周礼·秋官》上说，司寇掌管刑罚。长流的职务，在汉、魏就是捕贼掾。晋、宋以后才开始置参军，上属司寇管辖，所以就取秋帝少昊所居之处作为美称。"

*

有位客人非难我说："今天的经典，你都说不对，《说文解字》所说的，你都说对，这么说来，许慎比孔子还高明吗？"

我拍手大笑，回答他说："今天的经典，都是孔子的亲笔手迹吗？"

客人说："今天的《说文解字》，都是许慎的亲笔手迹吗？"

我回答道："许慎用六书来检验文字，用分出的部首贯串全书，使它们不致出现错误，出现错误就能发现。孔子保留文句的含义而不讨论文字本身。前辈学者尚能改动经典的文字以顺从文句的含义，何况经过书写流传呢？

"如果是像《左传》里所说的'止戈为武''反正为乏''皿虫为蛊''亥有二首六身'这类情况，后人自然不能随便改动，哪能用《说文解字》来校订它们的是非呢？况且我也不是只以《说文解字》为是，《说文解字》中有援引经传的文句，与今天的经传文句不相合的，我就不敢依从它。

"又比如司马相如的《封禅书》说：'導(dǎo)一茎六穗于庖，牺双觡(gé)共抵之兽。'这个'導'字就解释作'择'，汉光武帝的诏书中'非徒有豫养導择之劳'里的'導'字，就是这个含义。

"而《说文解字》却说：'䅚(dào)是禾名。'并引《封禅书》为证。我们不妨说本来就有一种禾叫䅚，却不是司马相如在《封禅书》中使用的。否则，'禾一茎六穗于庖'，难道能成文句吗？就算是司马相如的天资低下拙劣，很勉强地写下了这句话，那么下一句也应当说'麟双觡共抵之兽'，而不应该说'牺'。

"我曾经笑许慎是专一于文字的纯粹儒者，不懂得文章的体制，像这一类情况，就不足凭信。但总的说来我佩服许慎撰写的这本书，审定文字有条例可依，剖析文字含义能够穷尽它的根源，郑玄注解经书，往往引用《说文解字》作为证据。如果我们不相信《说文解字》的说法，就会懵懵懂懂，不知道文字的一点一画有什么意义。"

*

世上那些研究文字、音韵、训诂之学，而又不通古今变化的人，写字一定要依据小篆，以之订正书籍。凡是"三仓"以及《尔雅》《说文解字》上面的文字，难道都能得到仓颉造字时的最初字形吗？也是依随年代变化而增减笔画，相互之间有同有异。西晋以来的字书，哪里能够全部否定呢？只要它能体例完备，不任意专断就行了。考校文字的是非，特别需要斟酌。至于像"仲尼居"这三个字中，有两个字就不合正体，"三仓"在"尼"旁边加了"丘"，《说文解字》在"尸"下面放了"几"：像这一类例子，哪里可以依从呢？古代一个字没有两种形体，又多假借之字，以"中"为"仲"，以"说"为"悦"，以"召"为"邵"，以"间"为"闲"：像这一类情况，也用不着劳神去改它。

有时文字本身就有错讹谬误，这种错字却形成了不良的风气，如"乱"字旁边是"舌"，"揖"字下面无"耳"，"鼋""鼍"的下面部分依从了"龜"的形体,"奮""奪"的下面依从了"雚"的形体,"席"字中间改成"带"字,"惡"字上面安放成"西"字,"鼓"字的右面写成"皮"字,"鑿"字头上生出"毁"字,"離"字的左面配上"禹"字,"壑"字上面加成"豁","巫"字与"經"的"巠"傍相混淆,"皋"字分"澤"的半边成了"睪","獵"字变成了"獦"字,"寵"字变成了"寵"字,"業"字左面加上"片","靈"的下面写成"器","率"字本来就有"律"这个音,却勉强地改换为别的字,"單"字本来就有"善"这个音,却分写成不同的两个字:像这一类情况,不可不加整治。

我从前看《说文解字》时,看不起俗字,想依从正体又怕别人不认识,想随顺俗体心里又觉得这样写不对,这样就完全不能下笔为文了。后来,随着所见的东西逐渐增多,进一步懂得了通变的道理,要补救从前的偏执态度,需要把从正和随俗二者结合起来。如果是写文章做学问,仍然要选择与《说文解字》的字体比较相近的来使用,如果是官府的文书或社会上的信函,就希望不要违背世俗习惯。

*
按:"弥亘"的"亘"字是"二"字中间加"舟"字,就是《诗经》说的"亘之柜秠"的"亘"字。现在的隶书,把"舟"改写为"日"。而何法盛的《晋中兴书》却以"舟在二间"为"舟航"的"航"字,这是错误的。

《春秋说》以"人十四心"为"德"字,《诗说》以"二在天下"为"酉"字,《汉书》以"货泉"二字拆开作"白水真人"四字,《新论》以"金昆"为"银"字,《三国志》以"天上有口"为"吴"字,《晋书》以"黄头小人"为"恭"字,《宋书》以"召刀"组成"邵"字,《周易参同契》以"人背负告"为"造"字。像这一类例子,都是玩弄术数的荒谬言语,不过是假托附会,把游戏玩笑穿插在中间罢了。就好像把"贡"字转变成"项"字,把"叱"字当成"七"字,哪里能用这种方法审定文字的读音呢?

潘岳、陆机诸人的《离合诗》《离合赋》《栻(chì)卜》《破字经》以及鲍照的《迷字》,都是迎合社会上流行的风气,不能够用规范的字形字音来评论它们。

*

河间人邢芳对我说:"《汉书·贾谊传》上说:'日中必熭(wèi)。'注解是:'熭,暴也。'我曾经看见有人解释说:'这个暴是暴疾的意思,就是说太阳当顶不一会儿,突然间就西斜了。'这个解释恰当吗?"

我对邢芳说:"《贾谊传》中的这句话原本出自太公《六韬》,根据字书看,古时候'暴(pù)晒'的'暴'字与'暴(pù)疾'的'暴'字很相似,只是下面部分稍微不同,后来的人主观地在'暴'字旁边加了个'日'旁。这句话意思是说太阳当顶时,必须暴晒物品,不这样的话,就会失去时机。关于这点晋灼已有详细解释。"

邢芳听了我的说明后感到信服并含笑告退了。

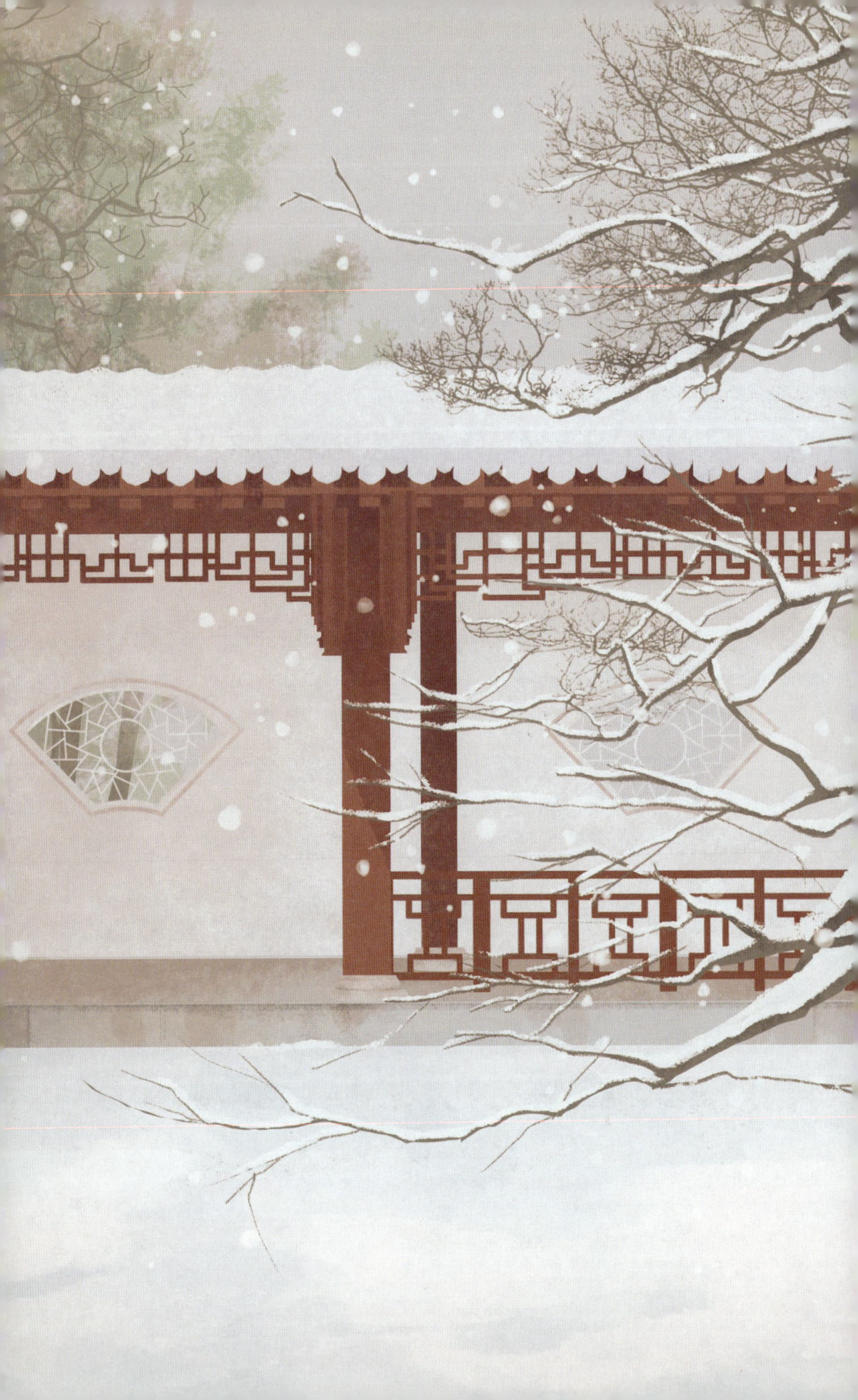

卷第七

音辞　杂艺　终制

汝曹宜以传业扬名为务,
不可顾恋朽壤,
以取湮没也。

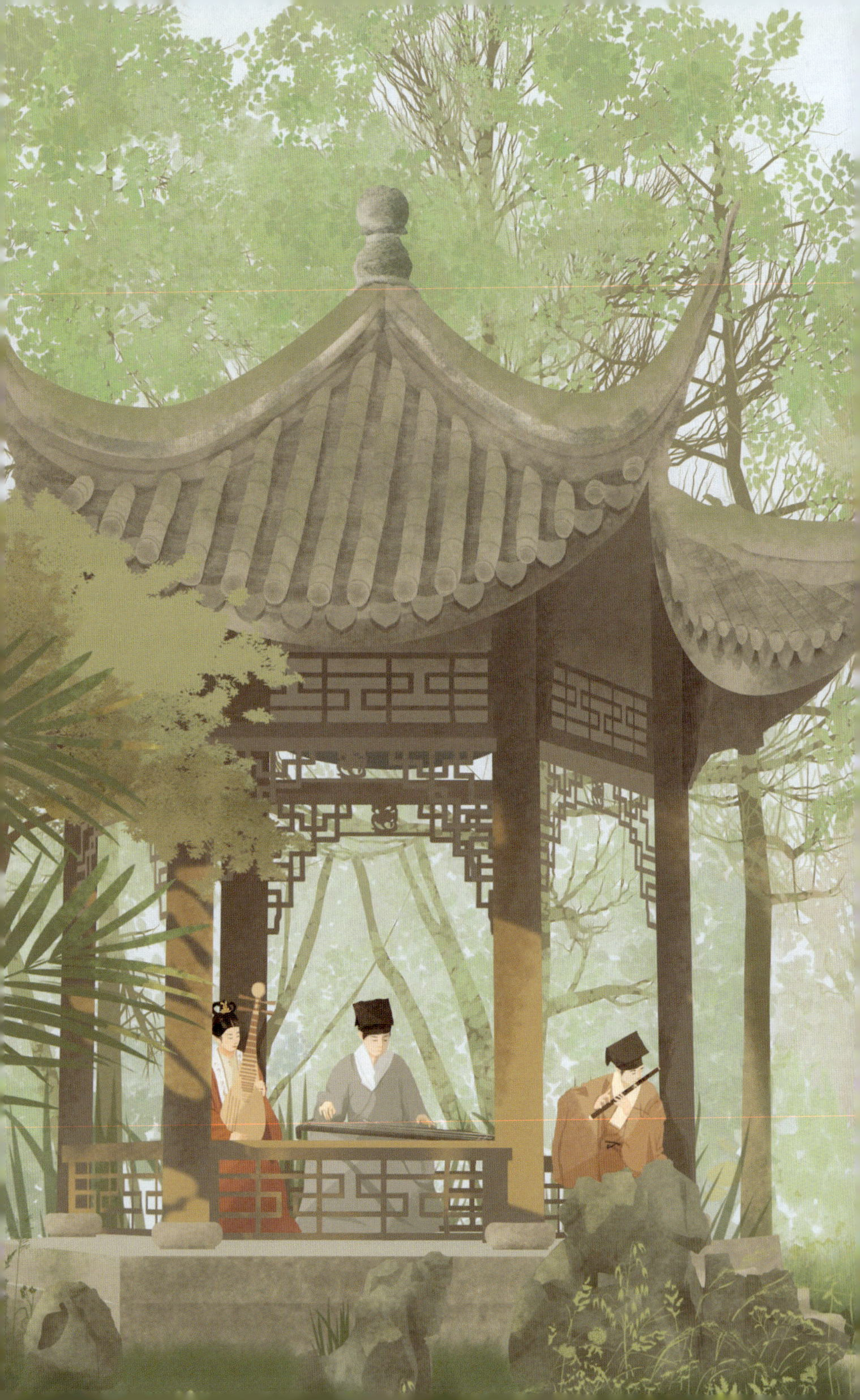

音辞第十八

导言

  此篇是有关声韵之学的专论，与上篇一样，具有很高的学术价值。

  颜之推对声韵之学造诣深邃，在此文中，他注意到因地域不同而造成的语言的差异，也注意到因时代不同而引起的古今声韵的变迁。关于后一点，古人往往容易忽略。

  缪钺(yuè)先生在《颜之推的文字、训诂、声韵、校勘之学》一文中曾提到，唐玄宗读《尚书·洪范篇》"无偏无颇，遵王之义"二句，觉得"颇"字与"义"字不协韵，于是下诏改为"无偏无陂(bēi)"，其实"义"在古韵中读音与"我"字相近，是与"颇"字协韵的。唐玄宗不了解古今音变的道理，所以闹了笑话。

  颜之推看到当时研究音韵学的人因地域不同、口音各异而产生"各有土风，递相非笑"的弊端，提出以京都洛阳和金陵的语音为"正音"，并以此为标准评论南北语音的优劣得失，详论历代韵书、字书的讹误。

  由于颜之推精于审音，且一生遍历南北各地，故对南北语音都很清楚，他的这篇有关声韵之学的专论，就成了宝贵的语音史资料。

  关于此篇，前代学者虽多有笺校，然未能尽善，今人周祖谟(mó)先生有《颜氏家训音辞篇注补》一文，极为详备，本篇之注释，多参考周说。

全国各地的人，言语各不相同，从有人类以来，本就一向如此。自从《春秋公羊传》标出对齐国方言的解释，《离骚》被看作楚人语词的经典作品，这大概就是语言差异开始明显的初级阶段了。后来，扬雄写出了《方言》一书，这方面的论述就大为完备了。但书中都是考辨事物名称的异同，并不显示读音的是与非。直到郑玄注释六经，高诱诠解《吕氏春秋》《淮南子》，许慎撰写出《说文解字》，刘熙编著了《释名》，这才开始有譬况和假借的方法用来验证字音。

然而古代语言与今天的语言有很大差别，古代语言的语音的轻重清浊，我们尚且无法知晓；再加上古人是采用内言外言、急言徐言、读若这一类的注音方法，就更让人疑惑了。孙炎创制了《尔雅音义》一书，他是汉末人中唯一懂得使用反切法注音的人。到了魏国时代，这种注音法盛行起来。高贵乡公曹髦（máo）不懂反切注音法，被人们认为是一桩奇怪的事。从那以后，音韵方面的论著成果大量脱颖而出，各自带有地方口语的色彩，相互之间非难嘲笑，是非曲直，也难以作出判断。看来只能是大家都用帝王都城的语言，参照比较各地方言，考查审核古今语音，以此替它们确定一个恰当的标准。经过反复研究斟酌，只有金陵和洛阳的语言适合作为正音。

南方的水土平和温柔，所以南方人的口音清脆悠扬，发音迅急，它的弱点在于浮浅，其言辞多鄙陋粗俗。北方的山川深邃宽厚，所以北方人的口音低沉粗重、滞浊迟缓，体现了北方的质朴劲直，其言辞多用古代语汇。

然而谈到官宦君子的语言，还是南方地区的为优；谈到市井小民的语言，则是北方地区的较胜。让南方人变易服装而与他们交谈，那么几句话就可分辨出官绅与平民的身份；隔着墙听北方人谈话，则你一整天也难以区分出讲话人是官是民。然而南方的语言已经沾染了吴越地区的方言，北方的语言已经杂糅了异族的词汇，两者都有严重的弊端，在此不能够一一评论。

它们中错误差失较轻的例子，则如南方人把"钱"读作"涎"，把"石"读作"射"，把"贱"读作"羡"，把"是"读作"舐"；北方人把"庶"读作"戍"，把"如"读作"儒"，把"紫"读作"姊"，把"洽"读作"狎"。像这些例子，两者的差失都很多。

*

我到邺城以来，只看到崔子约、崔瞻叔侄，李岳、李蔚兄弟，对语言略有研究，稍微做了些切磋补正的工作。李概所著的《音韵决疑》，时时出现错误差失；阳休之编著的《切韵》，十分粗略草率。我家的儿女们，虽然还在孩童时代，我就开始在这方面对他们进行矫正；孩子有一个字讹误差失，我都将之视为自己的罪过。家中所做的各种物品，未经从书本中考证过的，就不敢随便称呼名字，这是你们所知道的吧。

*

古代和今天的语言，因时俗的变化而有所不同，进行著述的人，因地处南北而在语音上表现出差异。

《仓颉训诂》一书，把"稗"的反切音注为"逋卖"，把"娃"的反切音注为"於乖"；《战国策》把"刎"注音为"免"，《穆天子传》把"谏"注音为"间"；《说文解字》把"夏"注音为"棘"，把"皿"读为"猛"；《字林》把"看"注音为"口甘反"，把"伸"注音为"辛"；《韵集》把"成、仍"和"宏、登"分别合成两个韵，把"为、奇、益、石"却分成四个韵；李登的《声类》以"系"作"羿"的音，刘昌宗的《周官音》把"乘"读作"承"。这类例子是很普遍的，必须对它们进行考校。前代人标注的反语，又有很多不确切，徐邈的《毛诗音》把"骤"的反切音注为"在遘"，《左传音》把"椽"的反切音注为"徒缘"，那是不可以依凭的，这种情况也是很多的了。

今天的学者，语音也有不正确的，古人难道有什么特殊的地方，一定要依随他们的谬误吗？《通俗文》上说："入室求曰搜。"服虔把"搜"的反切音注为"兄侯"。如果这样，那么"兄"应当发音为"所荣反"。现在北方的习惯就通行这个音，这也是古代言语中不可沿用的。玙璠，是鲁国人的宝玉，"璠"的反切应当发音为"余烦"，江南地区的人都把这个字发音为"藩屏"的"藩"。

190

岐山的"岐"应当发音为"奇",江南地区都把它呼为"神祇"的"祇"。江陵城陷落的时候,这两个音就流行于关中,不知道它们是根据什么语音来的,凭我这样肤浅的学识,过去没有听说过。

北方人的语音,大多把"举""莒"读为"矩"。只有李季节说:"齐桓公和管仲在台上商议攻伐莒国,东郭牙看见齐桓公的嘴是张开而不是闭拢,所以知道齐桓公所说的是莒国。这样看来'莒''矩'一定有开口合口的区别。"这就是通晓音韵的人了。

*

器物自身有精致和粗糙的分别,这种精致或粗糙就称之为好（hǎo）或恶（è）；人的感情对某样事物有所弃取,这种弃取的态度称之为好（hào）或恶（wù）。这后一个"好、恶"的读音见于葛洪、徐邈的撰著。而黄河以北地区的读书人读《尚书》的时候却读作"好（hǎo）生恶（è）杀"。这样,读音取了评论器物精致或粗糙的读音,而意思却是表达感情弃取的意思,就太说不通了。

甫,是男子的美称,古书中大多假借成"父"字,于是北方人就没有一个把这个"父"字发成"甫"音的,这也是不明白个中的道理。只是管仲的号仲父,范增的号亚父,应该依照"父"字本身的读音。

*

按:考查各种字书,焉是鸟的名称,有的字书说焉是虚词,都注音为"於愆（qiān）反"。从葛洪的《要用字苑》起开始区分焉字的注音释义：如果是解释作"何"或解释作"安"，就应当注音为"於衍反"，"于焉逍遥""于焉嘉客""焉用佞""焉得仁"之类都是这样的；如果是用为句尾语气词及句中语气词，就应当注音为"矣愆反"，"故称龙焉""故称血焉""有民人焉""有社稷焉""托始焉尔""晋、郑焉依"之类都是这样的。

江南地区至今仍然实行这种分别，明明白白，容易理解；而黄河以北地区把二者混同作一个读音，虽然是依照古代的读法，却不可拿到今天来实行。

邪，是表示疑问的词。《左传》说："不知天之弃鲁邪？抑鲁君有罪于鬼神邪？"《庄子》说："天邪？地邪？"《汉书》说："是邪？非邪？"这类"邪"字都是这种用法。

而北方人就把它读成"也"，这是错误的。责难我的人说："《周易·系辞》说：'乾坤，《易》之门户邪？'这个'邪'也是表示疑问的词吗？"

我回答说："为什么不是！上面先标明疑问，下面才阐明阴阳之德的道理以作出结论。"

*

江南地区的学者读《左传》，是用口相互传述，自订章法，自家军队失败说成"败（蒲迈反）"，打败别的军队说成"败（补败反）"。各种传记中也未看见注音为"补败反"，徐邈所读的《左传》，只有一处注了这个音，又不说明"自败""败人"的区别，这就显得牵强附会了。

古人说:"膏粱子弟其性难正。"是因为他们骄横奢侈自我满足,不能够克制私欲,力求上进。我看见那些王侯外戚,语音大多不纯正,也是内受下贱保傅的熏染,外无良师益友的缘故。

梁朝有一位侯王,曾经与梁元帝一起饮酒戏谑,他自称"痴钝",却说成"飔(sī)段",梁元帝戏答他说:"飔不同于凉风,段也不是干木。"他又把"郢(yīng)州"说成"永州",梁元帝把此事告知简文帝,简文帝说:"庚辰日吴人进入郢都的郢,却成了后汉的司隶校尉鲍永的永。"像这一类例子,这位侯王张口就是。梁元帝亲自教授几位儿子的侍读,就以这位侯王的错讹为诫。

黄河以北地区的人反切"攻"字为"古琮",与"工""公""功"三字的读音不同,这是大错。近代有一个人名为暹,他自称为纤;有一个人名为琨,他自称为衮;有一个人名为洸(guāng),他自称为汪;有一个人名为鹞(yào),他自称为鸤(shuò)。不仅音韵有错讹,也使他们的儿孙辈面对纷繁杂乱的避讳无所依从。

氣知蘭靜在春風

懷若竹虛臨曲水

杂艺第十九

导言

本篇杂论书法、绘画、射箭、卜筮、算术、医学、音乐、博弈、投壶等各种技艺。作者统称之为"杂艺"，与儒学正宗相对。

作者对这些杂艺的总的看法是：兼通几门，有益无害，但不可专精，以免受其累。

当然根据各门技艺的不同情况，作者对它们的态度也有所区别。比如，他主张对书法要"微须留意"，但又要子女"慎无以书自命"；他强调算术是"六艺要事"，但又希望子女"不可以专业"；他喜欢琴瑟之乐"愔愔雅致，有深味哉"，但又告诫子女"不可令有称誉，见役勋贵"；他欣赏围棋"颇为雅戏"，但又感叹它"令人耽愦(kuì)，废丧实多，不可常也"。对于卜筮，他虽然称之为"圣人之业"，认为"不可不信"，但又以前代善卜者"皆无官位，多或罹(lí)灾"的事实以及自己学习占卜术而"讨求无验，寻亦悔罢"的亲身经历，对这门"技艺"进行了实际上的否定。

本篇也有助于我们了解这些"杂艺"在当时的种种情状。比如作者对梁朝大同末年那种"改易字体""颇行伪字"的不良风气的具体陈述，使我们得以窥见当时文字书写的混乱状况；作者写武烈太子给宾客写生，画成的人像拿给儿童看，他们都能一一道出被画者姓名，可见当时绘画水平之高；作者陈述投壶之戏的古今演变及种种情状，这一类文字也具有宝贵的史料价值。

楷书、草书的书法，需要稍加用心。江南的谚语说："一尺长短的信函，就是你在千里之外给人看到的面貌。"那里的人承继晋、宋流传下来的风气，大家都信奉这句话，所以没有把字写得很马虎的人。

我从小继承家传的学业，加上生性对书法喜爱偏重，所看到的书法范本也多，玩味研习的功夫下得颇深，但书法水平终究不高，确实是我没有天分的缘故吧。

但是这门技艺也不需要过于精湛。巧者多劳，智者多忧，因为字写得好就经常被人使唤，反而感觉是一种负担。韦仲将给子孙留下不要学习书法的诫言，是很有道理的。

*

王羲之是个风流才士，潇洒闲散的名人，举世的人都知道他的书法，反而因此掩盖了他的其他才能。萧子云常常感叹说："我撰著《齐书》，编纂成为一部史籍典策，这中间的文采大义，自以为是可观的，却只是以书法得名，也是一件怪事啊！"王褒门第高贵，学识渊博，才思敏捷，后来虽然被迫入关，也仍然受到礼遇。但他还是因为工于书法，只能奔波于碑碣(jié)之间，辛辛苦苦地挥毫写字，他曾经悔恨地说："假如我不懂得书法，大概不会弄到今天这个样子吧？"

由此看来，千万不要以书法自命。虽是这样，那些地位低下的人，因为会书法而得到提拔的也很多。所以说"道不同不相为谋"。

梁朝秘阁的图书散逸以来，我所看到的王羲之、王献之父子的楷书、草书墨迹仍有很多，家里就曾经收藏有十卷。由此我才知道陶弘景、阮研、萧子云三人的各种书法，没有不受王羲之书法影响的，所以王羲之的书体是书法的渊源。萧子云晚年书体有所变化，却是变成了王羲之少年时期的笔法。

＊

晋、宋以来，多有擅长书法的人。所以当时重视书法的风气互相濡染影响，所写著述都是楷书正体，十分可观！纵然其中不无俗字，也无伤大雅。

到了梁朝天监年间，这种风气也未改变。到了大同末年，谬误的字体就逐渐产生了。萧子云改换字体，邵陵王萧纶也爱使用不规范的字，朝廷内外翕(xī)然成风，以他们的字作为楷模，结果是画虎不成反类狗，造成许多弊端。以至于写一个字，只看见几个点，或者任意摆布笔画，为求方便而改换文字。这样一来，此后的文献书籍，就难以阅读了。

北朝在丧乱之后，字迹变得粗率难看，再加上随心所欲地造字，文字的拙劣程度更甚于江南。竟然用"百""念"组成"忧"字，用"言""反"组成"变"字，用"不""用"组成"罢"字，用"追""来"组成"归"字，用"更""生"组成"苏"字，用"先""人"组成"老"字，像这类例子不是一个两个，而是遍于经典书籍之中。只有姚元标擅长楷书隶书，留心文字训诂，晚辈师承他的很多。到了齐朝末年，官府里缮写的各类文稿，都比过去好多了。

江南地区民间有《画书赋》流传，是陶隐居弟子杜道士所作。这个人认不得多少字，却轻率地为绘画书法制定准则，还假托名师，社会上的人也就轻易传布相信，后生晚辈多有为他所贻误的。

*

绘画技艺的工巧，也是十分奇妙的。自古以来的名士，很多都很擅长此道。我们家里曾经有梁元帝亲手画的蝉雀白团扇和马图，也是一般人难以赶上的。武烈太子特别擅长人物写生，座上的宾客，他随手勾画，就成了几个人像，拿去问小孩，小孩都能知道这几个人像画的是谁。

萧贲、刘孝先、刘灵都是除文学之外又擅长绘画的人物。他们平时鉴别赏玩的古今名画，特别值得珍爱。但习画的人如果官职没有通达显赫，就会经常被公家或私人叫去为他们画画，这也是一项苦差事。

吴县的顾士端做过湘东王国侍郎，后来担任镇南府刑狱参军。

他有个儿子叫顾庭,在梁朝任中书舍人,他们父子俩都会弹琴和书法,绘画技艺尤其高超,所以也经常被梁元帝叫去画画,父子俩常常感到羞愧和愤恨。

彭城的刘岳,是刘橐的儿子,任骠骑府管记、平氏县令,是位有才学的豪爽之士,绘画的水平无人可及。后来他随同武陵王萧纪进入蜀地,武陵王的军队在下牢失败以后,他被陆护军遣去画支江寺的壁画,与工匠们混杂在一起。

以上三位贤人假如都不懂得绘画,而是专攻儒学,难道会蒙受这种耻辱吗?

*

弓与箭相反相成,相互配合可以威服天下,前代帝王以射箭观察人的德行,选择贤才,同时射箭也是保全自身的紧要技艺。江南地区称社会上的一般习射叫作兵射,仕宦人家的读书人大多不操习它。另有一种博射,用软弓长箭,射在箭垛上,讲究揖让进退,以此表达礼节。对于防御敌寇,却毫无用处。战乱之后,这种射法也不再出现了。

黄河以北地区的文人,大多懂得兵射,不但能像葛洪那样,用它来御敌防身,而且在三公九卿出席的宴会上,常靠它分到赏赐。虽然如此,遇到那些拦截轻捷的飞禽、狡猾的野兽的围猎活动,我还是不愿你们去参加的。

＊

卜筮，是圣人从事的职业，但近代没有好的巫师，所以卜筮的结果大多不能应验。古时候用占卜来解决疑惑，现在的人却因为占卜而产生疑惑，这是什么原因呢？一个人恪守道义，相信自己的谋划，打算去干一件事，却卜得一个恶卦，反而使他忧惧不安，这就是所说的因占卜而产生疑惑的情况吧！况且今人十次占卜有六七次应验，就被看成占卜高手，其实他们对占卜术只是粗知大意，对情况又不详尽了解，对是或否两种结果进行占卜，自然也能有一半应验。这种占卜术有什么值得信赖的呢？

社会上流传说："懂得阴阳之术的人，会被鬼所妒忌，其命运坎坷，穷困潦倒，大多不得平安。"我看近古以来特别精通占卜术的人，只有京房、管辂、郭璞，他们都没有得到官位，多遭受了灾祸，就使人更加相信这句话了。如果碰到世网严密，勉强地背上善于占卜的名声，就会产生失误，这也是招来祸患的根源。至于观察天文气象以预测吉凶之事，你们一概不要去做。

我曾经学习过《六壬式》，也遇到过社会上的好术士，搜集到《龙首》《金匮》《玉軨变》《玉历》等十来种书，对它们进行研究探讨却没有效验，随即就为此感到后悔。

阴阳之术，与天地一齐产生，这也是上天对人间昭示吉凶、施加恩泽和惩罚的手段，不可不相信，但我们距离圣人的时代已经很远，社会上流传的有关阴阳术数的书，都出自平庸者之手，语言粗鄙肤浅，应验的少，虚妄的多。至于像反支日不宜出行，可有人照样遇害；归忌日需寄宿在外，可有人还是不免惨死：说明这类说法死板而多禁忌，也是没有什么益处的。

*

算术也是六艺中很重要的一项。自古以来，学者们谈论天文，制定律历，都要懂得它。但是可以附带地掌握这门学问，不可以把它作为专业。

江南地区懂得这门学问的人很少，只有范阳的祖暅(gèng)精通它，祖暅这人官至南康太守。黄河以北地区的人大多通晓这门学问。

*

看病开药方的事，要想达到精妙的地步是很困难的，我不想劝你们以此作为追求目标。只要稍微懂一点药性，能配一点药方，家中能够以此救急，也就是一桩好事了，皇甫谧、殷仲堪就是这样的人。

*

《礼记》上说："君子无故不把琴瑟撤除。"自古以来的名士，大多爱好弹琴。到了梁朝初年，官宦人家的子孙，不懂得弹琴的，就被称为是一种缺憾。大同末年以后，这种风气就完全消失了。但是这种音乐和悦文雅，有很深的韵味。

现在的乐曲，虽然与古代不同，但仍足以充分抒发感情。只是不可让自己因此而出名，以致被功臣权贵所役使，让你处于下座，遭受吃残羹冷饭的屈辱。连戴安道都受到这样的对待，更何况你们呢！

　　＊

　　《孔子家语》说："君子不玩博戏，是因为博戏也会使人走入邪道。"《论语》说："不是有玩博戏下围棋的游戏吗？玩玩这些，也比什么都不干好。"那么圣人是不用博戏、围棋作为施教手段的。只要读书人不时时专于此道，遇到疲倦的时候，偶尔玩玩，比吃饱了饭整天昏睡或呆呆地坐着要好。

　　至于像吴太子认为下围棋无益，叫韦昭写文章论述它的害处，王肃、葛洪、陶侃不许眼观棋盘、手执棋子，这些都是对本职工作勤奋专心的表现。能够这样当然好。

　　古时候玩大博用六根竹棍，玩小博用两个骰子，现在已经没有懂得这种玩法的人了。现在流行的玩法，是用一个骰子十二个棋子，术数浅短，不值得一玩。

　　围棋有手谈、坐隐等别称，是一种颇为高雅的游戏，但会使人沉溺其中，实在会旷废丧失太多事情，不可经常下。

　　投壶之礼，到近代更加精妙。古时候，在壶里装上小豆，这是怕箭弹出壶外。现在则只希望箭投进去又弹出来，弹出的次数越多就越让人高兴，于是就根据箭弹出的不同情况而有了倚竿、带剑、狼壶、豹尾、龙首等名目。其中最妙的，要数莲花骁。

汝南周瓌（guī），是周弘正的儿子，会稽贺徽，是贺革的儿子，他俩都能用一支箭反弹出来四十余次。贺徽又曾经做了一个小屏障，把壶放在屏障外面，隔着屏障投壶，没有投不中的。

我到邺城以后，也看见广宁王、兰陵王等有这种小屏障，但全国却没有一人能把箭投进去又反弹出来的。

弹棋也是近代的一种雅戏，不时可以玩玩，以消愁解闷。

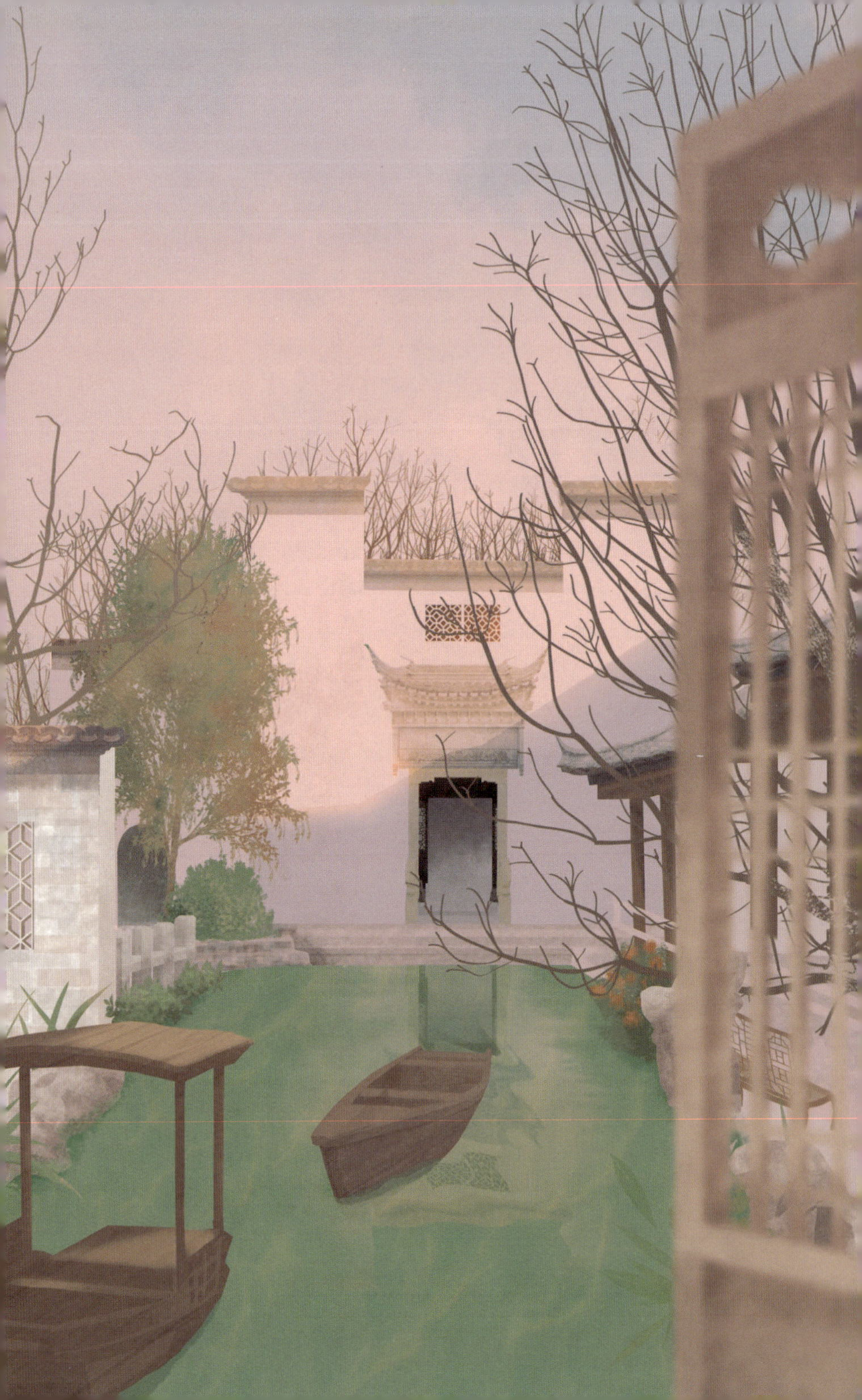

终制第二十

导言

本篇可算作作者晚年的遗嘱。

他陈述自己一生屡遭离乱、几死者数的坎坷遭遇及最终未能将父母的灵柩迁回故土安葬的负疚心情。他认为自己如果不做官，或许不会遭受如此之多的忧患灾难，但又担心如果辞官退隐，将使后辈儿孙"无复资荫""沉沦厮役"，成为家族的耻辱。这种两难心理在本书《止足》篇及《观我生赋》（见《北齐书·颜之推传》）中均有反映。

作者对于自己的后事则力主从简。他于此并非仅限于泛泛而谈，而是有许多具体的嘱咐，如：不许为自己招魂复魄，不许用随葬品，不许为自己树碑立传，不垒坟，不许用酒肉饼果做祭品，拒绝亲友的祭奠，等等。他还严正地告诫孩子们说："汝曹若违吾心，有加先妣，则陷父不孝，在汝安乎？"说明他的态度是恳切而决绝的。

这固然是追随母亲薄葬的榜样，怕自己的丧事被人大肆操办会招来"不孝"的恶名，同时也是希望后辈儿孙不要在这方面耗费精力和物力，而要以"传业扬名为务"。作者身为中国古代社会的朝廷命官，对自身后事能抱此达观态度，是难能可贵的。

死亡，这是每个人的必然归宿，不可能幸免的。我十九岁的时候，碰上梁朝发生兵乱，这期间也在刀光剑影中奔走过好几次。幸承祖上的余福，得以存活到今天。

古人说："五十岁就不算夭折了。"我已经六十多岁，所以内心是坦然的，并不以残年为念。我早先患有风气的疾病，时常怀疑自己会突然死去，姑且在此写下我平素的怀抱，以此作为对你们的嘱告。

*

我去世的父母亲都没有回到建业故土，他们的灵柩旅葬于江陵的东郭。承圣末年，我已经向朝廷提出请求，想把父母的灵柩迁葬回故土。蒙朝廷下诏赏赐一百两银子，我已经在扬州郊区北地开始烧制墓砖，却碰上梁朝的覆没，就这样流离失所，几十年间，断绝了返回故土的希望。

现在国家虽然统一了，我们的家境却是一贫如洗，到哪里去筹措迁葬的经费呢？况且扬都已被毁弃，什么也没有留下，回到那潮湿低洼的江南地区，也不是办法。我内心自罪自责，如利剑穿心，痛达骨髓。

想来我们几兄弟，都不应该走仕途，只因为家族衰败，骨肉至亲都孤单弱小，五服之内的亲属，没有一人可以依托，加上流落到他乡，失去了门第的庇护。如果让你们沦为奴仆，就会成为祖上的一种耻辱。所以我只能含羞忍耻于世间，不敢随便辞去官职。加上北朝的政治教化十分严厉，完全没有退隐的人，这也是我至今仍居官位的一个原因。

*

我现在年纪已老，疾病缠身，倘若突然死去，怎么会要求你们对我礼仪周备呢？哪一天我死了，只求你们为我沐浴遗体而已，不劳你们行复魄之礼，我身上只需穿普通的衣服。

你们祖母去世的时候，正碰上闹饥荒，家庭境况空乏窘迫，我们几兄弟都还年幼单弱。因此，你们祖母的棺木就很简朴单薄，墓内连砖也没有一块。我也只应当备办二寸厚的松木棺材一口，除了衣服帽子以外，其他东西一概不要随身带去，棺材底部只放一块七星板就可以了。

至于像蜡弩牙、玉豚、锡人这类东西，都应该裁撤不用，粮
yīng
罂明器，本来就不要去料理，更不用提碑志铭旌了。棺材用鳖甲车运载，墓底用土衬垫就可下葬，墓的上面是平地而不要垒坟。如果你们担心拜祭扫坟时不知道墓地的界限，就在墓地的左右前后修筑一堵低墙，顺便在上面做一个标志。灵床上不要设置枕几，
dàn
每逢朔日望日祥禫祭奠，只需用白粥清水干枣等物，不许用酒肉

饼果作祭品。亲友们来奠祭的，要一概谢绝。

你们如果违反了我的心愿，把我的丧礼规格置于你们祖母之上，那就是把我陷于不孝的境地，你们能够心安吗？至于念佛诵经等佛教功德，可量力而行，不要因此而耗尽资财，使你们遭受冻馁之苦。

一年四季对先辈行祭祀之礼，这是周公、孔子所教育我们的，是希望人们不要忘记他们死去的亲人，不要忘记孝道。如果要到佛经中去寻找根据，祭祀就没有什么好处了。靠杀生来进行祭祀活动，反而会增加我们的罪过。如果你们要报答父母的恩德，抒发思念亲人的伤悲，那么除了有时候供奉斋品外，到每年七月半的盂兰节，我也是盼望能得到你们的斋供的。
yú

*

孔子安葬父母亲，说："古时候，只筑墓而不垒坟。我孔丘是东西南北漂泊不定之人，墓上不可以没有标志。"于是就垒了四尺高的坟。然而君子应付世事，实践自己的主张，也有不能守着坟墓的时候，何况是为情势所逼迫呢！

我现在客居他乡，身子像浮云般漂泊不定，竟然不知道哪方乡土是我的埋葬之地，只应断气后便就地埋葬。你们应该以传承家业播扬名声为己任，不可顾恋我葬身的墓地，以致埋没了自己的前程。

卷第一

序致　教子　兄弟
后娶　治家

治家如治国。
父慈而后子孝，
兄友而后弟恭，
夫义而后妇顺。

序致第一[1]

夫圣贤之书，教人诚孝[2]，慎言检迹[3]，立身扬名，亦已备矣。

魏、晋已来[4]，所著诸子[5]，理重事复，递相模敩(xiào)[6]，犹屋下架屋，床上施床耳[7]。吾今所以复为此者，非敢轨物范世也，业以整齐门内，提撕子孙[8]。

夫同言而信，信其所亲；同命而行，行其所服。禁童子之暴谑，则师友之诫，不如傅婢之指挥[9]；止凡人之斗阋(xì)[10]，则尧、舜之道[11]，不如寡妻之诲谕[12]。

吾望此书为汝曹之所信，犹贤于傅婢寡妻耳。

注释

1. 序致第一：六朝以前作品，自序往往在全书之末，也有在全书之首的，本书属后一种情况。
2. 诚孝：即忠孝，隋文帝父亲叫杨忠，隋人避其讳，故此书凡"忠"字均改为"诚"字。颜氏此书成于隋文帝平陈以后，隋炀帝杨广即位之前，故避文帝家讳而不避炀帝名讳。
3. 检迹：行为自持，不放纵之意，为六朝及隋时习惯用语。《乐府诗集》卷六十七张华《游猎篇》："伯阳为我诫，检迹投清轨。"
4. 已：通"以"。
5. 诸子：本指先秦诸子。这里指魏、晋以来的人阐述儒家学说的著述。下同。
6. 模教：模拟，仿效。教，即"效"。
7. "犹屋下架屋"二句：此语为六朝、隋、唐时习语，比喻重复他人的所作所为而无所创新。
8. 提撕：扯拉，提引。此处引申为提醒、教诲之意。《诗经·大雅·抑》："匪面命之，言提其耳。"东汉末年经学家郑玄《毛诗传笺》："我非但对面语之，亲提撕其耳。"
9. 傅婢：即侍婢。《后汉书·吕布传》："私与傅婢情通。"《三国志·魏书·吕布传》作"布与卓侍婢私通"，可证。
10. 斗阋：指家庭内兄弟之间的争执。
11. 尧、舜：传说中上古时代的两位帝王。
12. 寡妻：嫡妻，正妻。《诗经·大雅·思齐》："刑于寡妻。"《左传》："嫡妻也。"

吾家风教，素为整密。

昔在龆龀(tiáo chèn)[1]，便蒙诱诲；每从两兄[2]，晓夕温凊(qìng)[3]，规行矩步[4]，安辞定色[5]，锵锵翼翼[6]，若朝严君焉[7]。赐以优言，问所好尚，励短引长，莫不恳笃。

年始九岁，便丁荼蓼(tú liǎo)[8]，家涂离散[9]，百口索然[10]。慈兄鞠养，苦辛备至；有仁无威，导示不切。虽读《礼》《传》[11]，微爱属文[12]，颇为凡人之所陶染，肆欲轻言，不修边幅[13]。

年十八九，少知砥砺[14]，习若自然，卒难洗荡。

二十已后，大过稀焉；每常心共口敌，性与情竞，夜觉晓非，今悔昨失[15]，自怜无教，以至于斯。追思平昔之指[16]，铭肌镂骨[17]，非徒古书之诫，经目过耳也。

故留此二十篇，以为汝曹后车耳[18]。

注释

1. 龆龀：儿童换齿之时。指童年时代。
2. 两兄：见《南史·颜协传》："子之仪、之推。"又《颜氏家庙碑》（唐颜真卿撰）中有之善其人，称之推为弟，则两兄即指之仪、之善。
3. 晓夕温清：见《礼记·曲礼上》："凡为人子之礼，冬温而夏清，昏定而晨省。"即依照礼节侍奉父母的意思。清，寒，凉。
4. 规行矩步：比喻举动合乎法度。规、矩，圆规和直尺，引申为准则、法度。
5. 安辞定色：见《礼记·曲礼上》："安定辞。"又《礼记·冠义》："礼义之始，在于正容体，齐颜色，顺辞令。"此句本此。
6. 锵锵翼翼：行走时恭敬有礼。《广雅·释训》："锵锵，走也。翼翼，敬也，又和也。"
7. 严君：父母为全家所尊，如同国有严君，故旧称父母为严君。后多专指父亲。《周易·家人》："家人有严君焉，父母之谓也。"
8. 丁：当，碰上。荼蓼：处境艰苦。这里喻指丧失父亲。
9. 家涂：家道。涂，通"途"。
10. 百口：全家。古代大家庭人口众多，故称百口。索然：萧索；冷落。
11. 《礼》《传》：指《周礼》与《左传》。
12. 属文：联字造句，使之相属，成为文章。即写文章的意思。
13. 不修边幅：形容不注意衣着、容貌的整洁。边幅，布帛的边缘。比喻仪容、衣着。《后汉书·马援传》："公孙不吐哺走迎国士，与图成败，反修饰边幅，如偶人形。此子何足久稽天下乎？"
14. 少：同"稍"。砥砺：本指磨刀石，引申为磨炼。
15. 今悔昨失：见《淮南子·原道训》高诱注："所谓月悔朔，日悔昨也。"
16. 指：意旨，意向，通"旨"。
17. 铭肌镂骨：形容印象深刻，永志不忘。铭、镂，都是刻的意思。
18. 后车：后继之车。见《汉书·贾谊传》："前车覆，后车诫。"

教子第二

上智不教而成，下愚虽教无益，中庸之人，不教不知也[1]。

古者，圣王有胎教之法[2]：怀子三月，出居别宫，目不邪视，耳不妄听，音声滋味，以礼节之。书之玉版，藏诸金匮[3]。生子咳(tí)嗯[4]，师保固明[5]，孝仁礼义，导习之矣。凡庶纵不能尔[6]，当及婴稚，识人颜色，知人喜怒，便加教诲，使为则为，使止则止。比及数岁，可省笞罚。父母威严而有慈，则子女畏慎而生孝矣。

注释

1. "上智不教而成"四句：出自《论语·阳货》："唯上智与下愚不移。"《后汉书·杨终传》："终以书戒马廖云：'上智下愚，谓之不移；中庸之流，要在教化。'"即此文所本。中庸之人，指智力中常的人。
2. 胎教：古人认为胎儿在母体中能够受孕妇言行的感化，故孕妇须谨守礼仪，给胎儿良好影响，叫"胎教"。详见《大戴礼记·保傅》。
3. "书之玉版"二句：此二句本《大戴礼记·保傅》："素成胎教之道，书之玉版，藏之金匮，置之宗庙，以为后世戒。"玉版，刊刻文字的白石板。金匮，以金属制作的藏书柜，古人以"金"统称各种金属。
4. 咳嗯：一作"孩提"。《说文解字·口部》："咳，小儿笑也。孩，古文咳从子。"

《孟子·尽心上》:"孩提之童。"赵岐注:"孩提,二三岁之间,在襁褓,知孩笑,可提抱者也。"
5. 师保:古代担任教导皇室贵族子弟的官,有师有保,统称师保。《礼记·文王世子》:"师也者,教之以事而喻诸德者也;保也者,慎其身以辅翼之而归诸道者也。"
6. 凡庶:普通人。

　　吾见世间,无教而有爱,每不能然;饮食运为[1],恣其所欲,宜诫翻奖,应诃反笑,至有识知,谓法当尔。骄慢已习,方复制之,捶挞至死而无威,忿怒日隆而增怨,逮于成长,终为败德。孔子云"少成若天性,习惯如自然"是也[2]。俗谚曰:"教妇初来,教儿婴孩。"诚哉斯语!

　　凡人不能教子女者,亦非欲陷其罪恶;但重于诃怒[3],伤其颜色,不忍楚挞惨其肌肤耳[4]。当以疾病为谕,安得不用汤药针艾救之哉[5]?又宜思勤督训者,可愿苛虐于骨肉乎[6]?诚不得已也。

　　王大司马母魏夫人[7],性甚严正;王在湓(pén)城时[8],为三千人将,年逾四十,少不如意,犹捶挞之,故能成其勋业。

　　梁元帝时,有一学士,聪敏有才,为父所宠,失于教义:一言之是,遍于行路[9],终年誉之;一行之非,掩(yǎn)藏文饰[10],冀其自改。年登婚宦[11],暴慢日滋,竟以言语不择,为周逖抽肠衅(tì)鼓云[12]。

注释

1. 运为：行为。
2. "孔子云"三句：见贾谊《新书·保傅》："孔子曰：'少成若天性，习惯如自然'是殷周之所以长有道也。"少成，从小养成的习惯。天性，人出生就具有的本性。
3. 重：难的意思。《史记》卷一一七《司马相如传·喻巴蜀檄（xí）》："重烦百姓。"《索隐》："重犹难也。"
4. 楚：荆条，古时用作刑杖。这里是用刑杖打人的意思。
5. 艾：艾叶，中医以艾叶熏灼人体以达到治疗目的。
6. 可愿：岂愿。
7. 王大司马：即王僧辩，字君才，南朝梁人。以军功官拜大司马等官职。事见《梁书·王僧辩传》。魏夫人：即王僧辩之母。《梁书·王僧辩传》称其："性甚安和，善于绥接，家门内外，莫不怀之。……恒自谦损，不以富贵骄物，朝野咸共称之，谓为明哲妇人也。"
8. 湓城：也称湓口，为湓水入长江之处。故址在今江西九江西。
9. 行路：路人。《后汉书·党锢传·范滂》："行路闻之，莫不流涕。"
10. 揜：通"掩"。遮蔽，掩盖。
11. 婚宦：结婚和做官，这里指成年。
12. 周逖：其人无考，《陈书》有《周迪传》，梁元帝时官拜持节通直散骑常侍、壮武将军、高州刺史，封临汝县侯。衅：古代新制器物成，杀牲后用血涂缝隙以祭。

父子之严，不可以狎；骨肉之爱，不可以简。简则慈孝不接，狎则怠慢生焉。

由命士以上[1]，父子异宫[2]，此不狎之道也；抑搔痒痛[3]，悬衾箧(qiè)枕[4]，此不简之教也。

或问曰："陈亢喜闻君子之远其子[5]，何谓也？"对曰："有是也。盖君子之不亲教其子也。《诗》有讽刺之辞，《礼》有嫌疑之诫[6],《书》有悖乱之事[7],《春秋》有衺僻之讥[8],《易》有备物之象[9]：皆非父子之可通言，故不亲授耳。"[10]

齐武成帝子琅玡王[11]，太子母弟也，生而聪慧，帝及后并笃爱之，衣服饮食，与东宫相准[12]。帝每面称之曰："此黠儿也，当有所成。"及太子即位[13]，王居别宫，礼数优僭[14]，不与诸王等；太后犹谓不足，常以为言。

年十许岁，骄恣无节，器服玩好，必拟乘舆[15]；常朝南殿[16]，见典御进新冰[17]，钩盾献早李[18]，还索不得，遂大怒，诟曰[19]："至尊已有，我何意无？"不知分齐[20]，率皆如此。识者多有叔段[21]、州吁之讥[22]。后嫌宰相，遂矫诏斩之，又惧有救，乃勒麾下军士，防守殿门；既无反心，受劳而罢，后竟坐此幽薨[23]。

注释

1. 命士：古代称读书做官者为士，命士指受有爵命的士。
2. 父子异宫：见《礼记·内则》："由命士以上，父子皆异宫。"
3. 抑搔痒痛：见《礼记·内则》："子事父母，妇事舅姑，……疾痛苛痒，而敬抑搔之……"抑搔，按摩抓痒。
4. 悬衾箧枕：意思是说，长辈起床后，晚辈应替长辈收拾卧具，把被子捆好悬挂起来，把枕头放进箱子里，再把竹席收藏好。见《礼记·内则》："悬衾，箧枕，敛簟（diàn）而襡（shǔ）之。"
5. "陈亢"句：见《论语·季氏》："陈亢问于伯鱼曰：'子亦有异闻乎？'对曰：'未也。尝独立，鲤趋而过庭。曰："学《诗》乎？"对曰："未也。""不学《诗》，无以言。"鲤退而学《诗》。他日，又独立，鲤趋而过庭。曰："学《礼》乎？"对曰："未也。""不学《礼》，无以立。"鲤退而学《礼》。闻斯二者。'陈亢退而喜曰：'问一得三，闻《诗》，闻《礼》，又闻君子之远其子也。'"陈亢，孔子弟子。

6. 嫌疑之诫：见《礼记·曲礼上》："男女不杂坐，不同椸（yí）枷，不同巾栉（zhì），不亲授，嫂叔不通问。""寡妇之子，非有见焉，弗与为友。"此当为颜氏所谓"嫌疑之诫"。

7. 悖乱之事：《商书》有《汤誓》，《周书》有《秦誓》《牧誓》，皆以臣伐君，此当为颜氏所谓"悖乱之事"。

8. 衺：通"邪"。

9. 备物：备办各种器物。《周易·系辞上》："备物致用，立成器以为天下利。"

10. 当代史学家、教育家洪业曰："窃恐颜于《诗》，殆指《墙有茨》等篇；于《书》，殆指淫酗肆虐刳（kū）剔孕妇等句；于《春秋》，殆指夫人逊于齐之类；于《易》，殆指男女构精，万物化生等解也。"可供参考以理解此段。

11. 齐武成帝：指北齐第五位皇帝高湛，561—565年在位。琅玡王：指高湛第三子高俨（yǎn），初封东平王，高湛死后，改封琅玡王。

12. 东宫：太子所居之处，也代指太子。准：比照。

13. 太子：指高俨的哥哥北齐后主纬，565—577年在位。

14. 礼数：礼与数同义，这里指礼仪的级别。

15. 乘舆：皇帝的车子，后用以代指皇帝。

16. 常：通"尝"，曾经。

17. 典御：古代主管帝王饮食的官员。

18. 钩盾：古代官署名，主管皇家园林等事项。

19. 诟：骂。

20. 分齐：本分、有限度的意思。

21. 叔段：春秋时郑国国君郑庄公之弟，因母亲的偏宠纵容，从小骄纵不法，终至发动叛乱，被郑庄公平定。事见《左传·隐公元年》。

22. 州吁：春秋时卫国国君卫庄公之子，杀哥哥卫桓公自立，后亦被杀。事见《左传·隐公三、四年》。

23. 坐：触犯。薨：周代诸侯死之称。《礼记·曲礼下》："天子死曰崩，诸侯曰薨。"关于高俨被秘密处死之事，详见《北齐书·琅玡王俨传》。

人之爱子，罕亦能均；自古及今，此弊多矣。贤俊者自可赏爱，顽鲁者亦当矜怜，有偏宠者，虽欲以厚之，更所以祸之。

共叔之死[1]，母实为之。赵王之戮，父实使之[2]。刘表之倾宗覆族[3]，袁绍之地裂兵亡[4]，可为灵龟明鉴也[5]。

齐朝有一士大夫[6]，尝谓吾曰："我有一儿，年已十七，颇晓书疏[7]，教其鲜卑语及弹琵琶[8]，稍欲通解，以此伏事公卿[9]，无不宠爱，亦要事也。"吾时俛而不答[10]。异哉，此人之教子也！若由此业[11]，自致卿相，亦不愿汝曹为之。

注释

1. 共叔：即叔段，叔段逃亡至共，因称之为共叔段。
2. "赵王之戮"二句：据《史记·吕后本纪》载：汉高祖刘邦与其宠妃戚夫人生赵王如意，倍加宠爱。戚夫人日夜向刘邦哭泣，想以如意代太子（吕后所生），终未成。刘邦死后，吕后即毒死如意，并以残酷手段杀死戚夫人。
3. "刘表"句：据《后汉书·刘表传》载：刘表字景升，官镇南将军、荆州牧。刘表有二子，即刘琦、刘琮（cóng）。刘琮娶了刘表的后妻蔡氏的侄女为妻，蔡氏就偏宠刘琮而厌恶刘琦，常向刘表说刘琦的坏话，刘表往往信从。刘琦自危，即请求外出任职。刘表生病，刘琦回来探视，蔡氏等也不准他进门，并乘机立刘琮为继承人，终使兄弟反目，时曹操大军压境，刘琦逃往江南，刘琮向曹操投降。
4. "袁绍"句：据《后汉书·袁绍传》载：袁绍为冀州牧，有三子，袁谭、袁熙、袁尚。袁绍后妻刘氏偏宠袁尚，袁绍即让袁谭外出任职。官渡之战，袁绍败于曹操，发病而死，未及定继承人。其部下因袁谭为长子，想立他为继承人，而亲近袁尚的一帮人却假传袁绍遗命，立袁尚为继承人。后兄弟反目，互以兵戎相见，终被曹操各个击破，其地亦为曹操所占。
5. 灵龟明鉴：古人以龟壳占卜，以铜镜照形，故以此二物比喻可资借鉴的事物。

6. 齐：指北齐。
7. 书疏：这里指文书信函等的书写工作。
8. "教其"句：北齐显贵多为鲜卑族，其族喜弹琵琶，故当时以会讲鲜卑语、会弹琵琶为做官的门径。
9. 伏：通"服"。
10. 俛：即"俯"。
11. 业：职业，此指服侍公卿一事。

兄弟第三

夫有人民而后有夫妇，有夫妇而后有父子，有父子而后有兄弟：一家之亲，此三而已矣。自兹以往，至于九族[1]，皆本于三亲焉，故于人伦为重者也，不可不笃。

兄弟者，分形连气之人也[2]，方其幼也，父母左提右挈，前襟后裾，食则同案[3]，衣则传服[4]，学则连业[5]，游则共方[6]，虽有悖乱之人，不能不相爱也。及其壮也，各妻其妻，各子其子，虽有笃厚之人，不能不少衰也。

娣姒(dì sì)之比兄弟[7]，则疏薄矣；今使疏薄之人，而节量亲厚之恩[8]，犹方底而圆盖，必不合矣。惟友悌深至[9]，不为旁人之所移者[10]，免夫！

注释

1. 九族：一说指本身以上的父、祖、曾祖、高祖和以下的子、孙、曾孙、玄孙。也有说法认为应包括异姓亲属，以父族四、母族三、妻族二为"九族"。
2. "兄弟者"二句：见《吕氏春秋·精通》："父母之于子也，子之于父母也，一体而两分，同气而异息。"分形连气，指形体各别，气息相通。形容父母与子女关系密切，后也用于兄弟之间。

3. 案：古代一种放食器的盘，下安短足，以便席地就食。
4. 传服：指大的孩子用过的衣服留给小的孩子穿。
5. 连业：指哥哥用过的经籍，弟弟又接着使用。业，指书写经典的大板。
6. 方：地方。《论语·里仁》："游必有方。"
7. 娣姒：兄弟之妻互称。后也称作妯娌。《尔雅·释亲》："长妇谓稚妇为娣妇，稚妇谓长妇为姒妇。"
8. 节量：节制度量的意思，为六朝人习惯用语。
9. 友：兄弟相亲爱。悌：敬爱兄长。
10. 旁人：此指妻子。

二亲既殁(mò)[1]，兄弟相顾，当如形之与影，声之与响；爱先人之遗体[2]，惜己身之分气[3]，非兄弟何念哉[4]？兄弟之际，异于他人，望深则易怨，地亲则易弭[5]。

譬犹居室，一穴则塞之，一隙则涂之，则无颓毁之虑；如雀鼠之不恤[6]，风雨之不防[7]，壁陷楹沦[8]，无可救矣。仆妾之为雀鼠，妻子之为风雨，甚哉！

兄弟不睦，则子侄不爱[9]；子侄不爱，则群从疏薄[10]；群从疏薄，则童仆为仇敌矣。如此，则行路皆踏其面而蹈其心(jī)[11]，谁救之哉！

人或交天下之士，皆有欢爱，而失敬于兄者，何其能多而不能少也！人或将数万之师，得其死力，而失恩于弟者，何其能疏而不能亲也！

注释

1. 殁:死。
2. 先人:指已死亡的父母。遗体:古代称子女的身子为父母的遗体。《礼记·祭义》:"曾子曰:身也者,父母之遗体也。"
3. 分气:指分得父母的血气。
4. 念:爱怜。
5. 地亲:地近情亲。
6. "如雀鼠"句:见《诗经·召南·行路》:"谁谓雀无角,何以穿我屋?谁谓女无家,何以速我狱?虽速我狱,室家不足。谁谓鼠无牙,何以穿我墉(yōng)?谁谓女无家,何以速我讼?虽速我讼,亦不女从。"
7. "风雨"句:见《诗经·豳(bīn)风·鸱鸮(chī xiāo)》:"予室翘翘,风雨所漂摇。"
8. 楹:厅堂前的柱子。沦:没落,这里是摧折的意思。
9. 子侄:见清朝中期学者、校勘学家卢文弨(chāo)《注颜氏家训序》:"子侄,谓兄弟之子也。"
10. 群从:指与前句中"子侄"同辈的族中子弟。
11. 行路:路人。踏:践踏。《释名·释姿容》:"踏,藉也,以足藉也。"蹈:踩。《庄子·达生》:"蹈火不热。"

娣姒者,多争之地也,使骨肉居之¹,亦不若各归四海,感霜露而相思²,伫日月之相望也。况以行路之人,处多争之地,能无间者,鲜矣。

所以然者,以其当公务而执私情³,处重责而怀薄义也;若能恕己而行⁴,换子而抚⁵,则此患不生矣。

注释

1. 骨肉：此就妯娌为同胞姊妹关系而言。
2. "感霜露"句：见《诗经·秦风·蒹葭》："蒹葭苍苍，白露为霜；所谓伊人，在水一方。"
3. 公务：这里指大家庭内部的集体事务。
4. 恕己：谓扩充自己的仁爱之心。
5. 换子而抚：互相交换孩子抚养，这里指把兄弟的子女当成自己的子女。

人之事兄，不可同于事父[1]，何怨爱弟不及爱子乎？是反照而不明也。

沛国刘琎，尝与兄瓛(huán)连栋隔壁[2]，瓛呼之数声不应，良久方答；瓛怪问之，乃曰："向来未着衣帽故也[3]。"以此事兄，可以免矣。

江陵王玄绍[4]，弟孝英、子敏，兄弟三人，特相友爱，所得甘旨新异，非共聚食，必不先尝，孜孜色貌，相见如不足者[5]。及西台陷没[6]，玄绍以形体魁梧，为兵所围，二弟争共抱持，各求代死，终不得解，遂并命尔[7]。

注释

1. "人之事兄"二句：近代蜀中著名教育家、诗人林思进曰："《尔雅·释言》：'猷(yóu)，肯，可也。''肯''可'互训，此'可'字正作'肯'用。"韩愈《故贝州司法参军李君墓志铭》："事其兄如事其父，其行不敢有出焉。"盖本此文。
2. "沛国刘琎"二句：见清朝学者赵曦明所著《颜氏家训注》："《南史·刘瓛传》：

223

'瓛字子圭，沛郡相人。笃志好学，博通训义。弟玭，字子璥（jǐng），方轨正直，儒雅不及瓛，而文采过之。'瓛音桓，玭音津。"沛国，地名，在今安徽萧县西北。
3. "向来"句：此句意思是，弟敬事兄，应声时须衣帽整齐。向来，刚才。
4. 江陵：县名。在今湖北。王玄绍：人名。其事迹不详。
5. "弟孝英"八句：这几句意思是，兄弟三人虽勤勉相待，相见时仍有替别人做得不够之感。孜孜，勤勉的样子。《尚书·君陈》："惟日孜孜，无敢逸豫。"
6. 西台：指江陵。《资治通鉴》卷一四四胡三省注："江陵在西，故曰西台。"
7. 并命：指相从而死。

后妻第四

吉甫,贤父也,伯奇,孝子也,以贤父御孝子[1],合得终于天性[2],而后妻间之,伯奇遂放[3]。

曾参妇死[4],谓其子曰:"吾不及吉甫,汝不及伯奇。"王骏丧妻,亦谓人曰:"我不及曾参,子不如华、元[5]。"并终身不娶,此等足以为诫。

其后,假继惨虐孤遗[6],离间骨肉,伤心断肠者,何可胜数。慎之哉!慎之哉!

注释

1. 御:治理。这里是管教的意思。
2. 天性:即天命,指人的自然寿命。
3. 伯奇:相传为周宣王时重臣尹吉甫长子。母死,后母欲立其子伯封为太子,乃谮(zèn)伯奇对其有邪念,吉甫怒,放伯奇于野。伯奇自伤无罪而被放逐,乃作琴曲《履霜操》以述怀。吉甫感悟,遂求伯奇,射杀后妻。见《初学记》卷二引汉蔡邕(yōng)《琴操·履霜操》。
4. 曾参:即曾子。春秋鲁国南武城人,字子舆。孔子弟子。以孝著称。其事迹散见《论语》各篇及《史记·仲尼弟子列传》。
5. "王骏丧妻"四句:此四句本《汉书·王吉传》:"吉子骏,为少府,时妻死,因不复娶，或问之，骏曰：'德非曾参，子非华、元，亦何敢娶。'"王骏，西汉成帝时大臣。华、元，指曾参的两个儿子曾华、曾元。

6. 假继：继母。

江左不讳庶孽[1]，丧室之后，多以妾媵(yìng)终家事[2]；疥癣蚊虻(méng)[3]，或未能免，限以大分[4]，故稀斗阋之耻[5]。

河北鄙于侧出[6]，不预人流[7]，是以必须重娶，至于三四，母年有少于子者。后母之弟，与前妇之兄[8]，衣服饮食，爱(yuán)及婚宦，至于士庶贵贱之隔[9]，俗以为常。身没之后，辞讼盈公门，谤辱彰道路，子诬母为妾[10]，弟黜兄为佣[11]，播扬先人之辞迹[12]，暴露祖考之长短[13]，以求直己者，往往而有。

悲夫！自古奸臣佞妾，以一言陷人者众矣！况夫妇之义，晓夕移之，婢仆求容，助相说(shuì)引[14]，积年累月，安有孝子乎？此不可不畏。

注释

1. 江左：指长江下游以东地区。古人叙地理以东为左，以西为右，故称江东为左。庶孽：古代社会对妾所生之子女的称呼。
2. 妾媵：春秋时诸侯之女出嫁，由宗室之妹及侄女等陪嫁，叫妾媵。后作为正妻以外的婢妾的通称。终：结束。这里是继续管下去的意思。
3. 疥癣：比喻危害甚小。虻：即"蚊"。
4. 大分：名分。
5. 斗阋：指家庭内兄弟之间的争执。
6. 河北：指今河北省和河南、山东两省的古黄河以北的地区。侧出：指妾所生的

226

子女。
7. 人流：有身份者的行列。当代文史学家、校勘学家王利器《颜氏家训集解》："人流之流，与士流、学流、文流、某家者流之流义同。"
8. "后母之弟"二句：此处"弟""兄"，均就母亲的儿子而言。
9. 士庶：士族和庶族。当时士族和庶族不能通婚。庶族也不能像士族一样任清贵之官。
10. 子：这里指前妻之子。母：这里指后母。
11. 弟：这里指后母之子。兄：这里指前妻之子。
12. "播扬"句：此句指传扬先辈的隐私。辞迹，言语、行迹。
13. 祖考：指已去世的祖先。考，指已去世的父亲。
14. 说：劝说别人相信自己的话。引：诱引。

凡庸之性，后夫多宠前夫之孤，后妻必虐前妻之子；非唯妇人怀嫉妒之情，丈夫有沈惑之僻[1]，亦事势使之然也。

前夫之孤，不敢与我子争家，提携鞠养，积习生爱，故宠之；前妻之子，每居已生之上，宦学婚嫁[2]，莫不为防焉，故虐之。

异姓宠则父母被怨[3]，继亲虐则兄弟为仇[4]，家有此者，皆门户之祸也。

注释

1. 沈惑：溺于所爱而不明。僻：邪僻悖理的意思。
2. 宦：指学习仕宦之事。学：指学习六经之事。
3. 异姓：指前夫之子。因其用前夫之姓，故称异姓。
4. 继亲：指后母。

思鲁等从舅殷外臣[1]，博达之士也。有子基、谌（chén），皆已成立，而再娶王氏。基每拜见后母，感慕呜咽[2]，不能自持，家人莫忍仰视。

王亦凄怆，不知所容，旬月求退，便以礼遣，此亦悔事也。

《后汉书》曰："安帝时，汝南薛包孟尝[3]，好学笃行，丧母，以至孝闻。及父娶后妻而憎包，分出之。包日夜号泣，不能去，至被殴杖。不得已，庐于舍外，且入而洒埽（sǎo）[4]。父怒，又逐之，乃庐于里门[5]，昏晨不废[6]。

"积岁余，父母惭而还之。后行六年服，丧过乎哀[7]。既而弟子求分财异居，包不能止，乃中分其财：奴婢引其老者[8]，曰：'与我共事久，若不能使也。'田庐取其荒顿者[9]，曰：'吾少时所理[10]，意所恋也。'器物取其朽败者，曰：'我素所服食[11]，身口所安也。'弟子数破其产，还复赈给。

"建光中[12]，公车特征[13]，至拜侍中[14]。包性恬虚，称疾不起，以死自乞。有诏赐告归也[15]。"

注释

1. 思鲁：颜之推长子名。从舅：母亲的从兄弟。
2. 感慕：此指对死者的哀念。感、慕二字均为思念的意思。《文选·曹植〈上责弓应诏诗表〉》："窃感《相鼠》之篇，无礼遄（chuán）死之义。"李善注："感，犹思也。"《玉篇·心部》："慕，思也。"
3. 汝南：郡名。汉高帝四年置。治所在上蔡（今河南上蔡西南）。此句依宋本，其他各本"包"下有"字"字。
4. 埽：即"扫"。

228

5. 里门：即乡里之门。古以二十五家为里。
6. 昏晨不废：指坚持早晚向父母问安。废，舍弃，停止。
7. "后行六年服"二句：古代社会，父母去世，儿子应行服（服丧）三年，薛包行六年服，所以说"丧过乎哀"。
8. 引：取的意思。
9. 荒顿：荒废。
10. 理：王利器《颜氏家训集解》："《后汉纪》十一、《御览》四一四引《汝南先贤传》作'治'。此盖传抄者避唐高宗李治讳改。"
11. 服：用的意思。《说文解字·舟部》："服，用也。"
12. 建光：汉安帝年号。
13. 公车：汉代官署名。卫尉的下属机构，设公车令，掌管宫殿中司马门的警卫工作。臣民上书和征召，都由公车接待。
14. 侍中：官名。秦始置，为丞相属官。历朝沿用，至南宋废。《续汉书·百官志》："侍中，比二千石，无员。掌侍左右，赞导众事顾问应对。法驾出，则多识者一人参乘，余皆骑，在乘舆车后。"
15. 赐告：汉制，吏病满三月当免，天子优赐其告，使得带印绶，将官属归家养病，谓之赐告。

治家第五

夫风化者[1]，自上而行于下者也，自先而施于后者也。是以父不慈则子不孝，兄不友则弟不恭，夫不义则妇不顺矣。

父慈而子逆，兄友而弟傲，夫义而妇陵[2]，则天之凶民，乃刑戮之所摄[3]，非训导之所移也。

笞怒废于家，则竖子之过立见[4]；刑罚不中（zhòng），则民无所措手足[5]。治家之宽猛，亦犹国焉。

注释

1. 风化：教育感化。
2. 陵：通"凌"，侵侮。
3. 摄：通"慑"，使畏惧。
4. "笞怒废于家"二句：见《吕氏春秋·荡兵》："家无怒笞，则竖子婴儿之有过也立见。"竖子，指未成年的人。
5. "刑罚不中"二句：见《论语·子路》："刑罚不中，则民无所措手足。"中，合适，确当。措，安放。

孔子曰："奢则不孙，俭则固；与其不孙也，宁固[1]。"又云："如有周公之才之美，使骄且吝，其余不足观也已[2]。"然则可俭而不可吝已。

俭者，省约为礼之谓也；吝者，穷急不恤之谓也。今有施则奢，俭则吝；如能施而不奢，俭而不吝，可矣。

生民之本，要当稼穑而食（sè）[3]，桑麻以衣。蔬果之畜，园场之所产；鸡豚之善[4]，坍圈（shí）之所生。爰及栋宇器械，樵苏脂烛[5]，莫非种殖之物也。至能守其业者，闭门而为生之具以足，但家无盐井耳[6]。

今北土风俗，率能躬俭节用，以赡衣食；江南奢侈，多不逮焉。

梁孝元世，有中书舍人[7]，治家失度，而过严刻，妻妾遂共货刺客，伺醉而杀之。

注释

1. "奢则不孙"四句：见《论语·述而》篇。孙，通"逊"，恭顺的意思。固，鄙陋。
2. "如有周公之才之美"三句：见《论语·泰伯》篇。周公，姬旦。周文王子。辅助武王灭纣，建周王朝，封于鲁。周代的礼乐制度相传是他所制定。
3. 稼：播种谷物。穑：收获谷物。
4. 善：通"膳"，饭食。
5. 樵苏：做燃料用的柴草。脂烛：古人用麻蕡灌以油脂，点燃用来照明，此物称作"脂烛"。
6. 家无盐井：见左思《蜀都赋》："家有盐泉之井。"此句意思是家里不能产盐。
7. 中书舍人：官名，为中书省属官，任起草诏令之职，参与机密，权力甚重。详见《隋书·百官志》。

231

世间名士，但务宽仁；至于饮食饷馈，童仆减损，施惠然诺[1]，妻子节量[2]，狎侮宾客，侵耗乡党[3]：此亦为家之巨蠹(dù)矣[4]。

齐吏部侍郎房文烈，未尝嗔怒[5]，经霖雨绝粮，遣婢籴(dí)米，因尔逃窜，三四许日，方复擒之。房徐曰："举家无食，汝何处来？"竟无捶挞。

尝寄人宅[6]，奴婢彻屋为薪略尽[7]，闻之颦蹙(pín cù)[8]，卒无一言。

裴子野有疏亲故属饥寒不能自济者[9]，皆收养之；家素清贫，时逢水旱，二石米为薄粥，仅得遍焉，躬自同之，常无厌色。

邺(yè)下有一领军[10]，贪积已甚，家童八百，誓满一千；朝夕每人肴膳，以十五钱为率，遇有客旅，更无以兼。后坐事伏法，籍其家产，麻鞋一屋，弊衣数库，其余财宝，不可胜言。

南阳有人[11]，为生奥博[12]，性殊俭吝，冬至后女婿谒之，乃设一铜瓯(ōu)酒[13]，数脔(luán)獐肉[14]；婿恨其单率，一举尽之。主人愕然，俯仰命益[15]，如此者再；退而责其女曰："某郎好酒[16]，故汝常贫[17]。"及其死后，诸子争财，兄遂杀弟。

注释

1. 然诺：应允之辞。
2. 节量：节制度量。
3. 乡党：周制以五百家为党，以一万二千家为乡，后因以"乡党"泛指乡里。
4. 蠹：本指蛀虫，引申指侵害家庭的人或事。
5. "齐吏部侍郎房文烈"二句：见《北史·房法寿传》："法寿族子景伯，景伯子文烈，位司徒左长史，性温柔，未尝嗔怒。"为吏部侍郎时，下载本段事。
6. "尝寄"句：卢文弨《注颜氏家训序》："以宅寄人也。"
7. 彻：通"撤"，拆毁。
8. 颦蹙：皱眉蹙额，不快乐的样子。
9. 裴子野：南朝梁人。以孝行著称。《南史·裴松之传》："松之曾孙子野，字几原，少好学，善属文。……外家及中表贫乏，所得奉，悉给之，妻子恒苦饥寒。"
10. 邺下：即邺城，北齐建都于此，在今河南临漳境。领军：领军大将军的省称，为高级武官。见《晋书·职官志》。据李慈铭说，此领军即库（shè）狄伏连，其人专事聚敛，而性吝啬，事见《北齐书·慕容俨传》。
11. 南阳：郡名。治所在宛县（今河南南阳）。
12. 奥博：指深藏广蓄，积累富厚。
13. 瓯：盛酒器。
14. 脔：切成块的肉。
15. 俯仰：周旋，应付。
16. 郎：六朝人呼婿为"郎"。《资治通鉴》卷二〇一胡三省注："今人犹呼婿为郎。"
17. 常：这里同"长"。

妇主中馈¹，惟事酒食衣服之礼耳，国不可使预政，家不可使干蛊²；如有聪明才智，识达古今，正当辅佐君子³，助其不足，必无牝鸡晨鸣⁴，以致祸也。

江东妇女，略无交游，其婚姻之家⁵，或十数年间，未相识者，惟以信命赠遗，致殷勤焉。

邺下风俗，专以妇持门户⁶，争讼曲直，造请逢迎，车乘填街衢，绮罗盈府寺，代子求官，为夫诉屈。此乃恒、代之遗风乎⁷？

南间贫素，皆事外饰，车乘衣服，必贵齐整；家人妻子，不免饥寒。

河北人事[8]，多由内政[9]，绮罗金翠，不可废阙，羸马悴奴，仅充而已；倡和之礼[10]，或尔汝之[11]。

河北妇人，织纴组紃之事[12]（rèn xún），黼黻锦绣罗绮之工[13]（fǔ fú），大优于江东也。

注释

1. 中馈：见《周易·家人》："无攸遂，在中馈。"指妇女在家主持饮食等事。
2. 干蛊：见《周易·蛊》："干父之蛊。"此句中"干蛊"是主事的意思。三国时期曹魏经学家、哲学家王弼注云："干父之事，能承先轨，堪其任者也。"
3. 君子：古时候妻子对丈夫的敬称。《诗经·召南·草虫》："未见君子，忧心忡忡。"
4. 牝鸡晨鸣：见《尚书·牧誓》："牝鸡无晨；牝鸡之晨，惟家之索。"牝鸡，母鸡。
5. 婚姻之家：指亲家。《尔雅·释亲》："婿之父为姻，妇之父为婚，妇之父母，婿之父母，相谓为婚姻。"
6. 持门户：当家的意思。《玉台新咏》卷一古乐府《陇西行》："健妇持门户，胜一大丈夫。"
7. "此乃"句：见清初经学家、学者阎若璩（qú）《潜邱札记》："有以恒、代之遗风问者，余曰：拓跋魏都平城县……县属代郡，郡属恒州，所云恒、代之遗风，谓是魏氏之旧俗耳。"魏，指北朝鲜卑族建立的魏国。
8. 人事：指交际应酬。
9. 内政：家庭内部事务，这里借指主持家务的妻子。
10. 倡和：指夫唱妇随。
11. 尔汝：指夫妻间互相轻贱。《北史·儒林·陈齐传》："游雅性护短，因以为嫌，尝众辱奇，或尔汝之，或指为小人。"
12. "织纴"句：见《礼记·内则》："女子十年不出，姆教婉娩听从，执麻枲（xǐ），治丝茧，织纴组紃。"《正义》："纴为缯帛，组、紃，俱为绦也。薄阔为组，似绳者为紃。"此句指妇女从事的织作事务。
13. 黼黻：古代礼服上所绣的花纹。

太公曰："养女太多，一费也[1]。"陈蕃曰："盗不过五女之门[2]。"女之为累，亦以深矣。然天生蒸民[3]，先人传体，其如之何？世人多不举女，贼行骨肉，岂当如此，而望福于天乎？

吾有疏亲，家饶妓媵(yìng)，诞育将及，便遣阍(hūn)竖守之[4]。体有不安，窥窗倚户，若生女者，辄持将去[5]；母随号泣，使人不忍闻也。

注释

1. "太公曰"三句：见《艺文类聚》卷三五引《六韬》："太公曰：'养女太多，四盗也。'"太公，指姜太公，即吕尚。
2. "陈蕃曰"二句：见《后汉书·陈蕃传》。意思是，女儿出嫁需置办嫁妆，五个女儿的嫁妆就会把家弄穷，连盗贼也不愿来光顾。陈蕃，后汉末年的名士大臣。
3. 天生蒸民：见《诗经·大雅·荡》："天生蒸民。"蒸，众多的意思。
4. 阍竖：守门人。
5. 持将去：指抱走杀害。持，抱。

妇人之性，率宠子婿而虐儿妇。宠婿，则兄弟之怨生焉[1]；虐妇，则姊妹之谗行焉[2]。

然则女之行留[3]，皆得罪于其家者，母实为之。至有谚云："落索阿姑餐[4]。"此其相报也。家之常弊，可不诫哉！

婚姻素对[5]，靖侯成规[6]。

近世嫁娶，遂有卖女纳财，买妇输绢，比量父祖，计较锱(zī)铢(zhū)[7]，责多还少，市井无异[8]。

235

或猥婿在门，或傲妇擅室，贪荣求利，反招羞耻，可不慎欤！

注释

1. 兄弟：指女儿的兄弟。
2. 姊妹：指儿子的姊妹。
3. 行：指女儿出嫁。留：指儿子娶媳妇。
4. 落索：冷落萧索的意思。阿姑：媳妇称丈夫的母亲为阿姑。见《尔雅·释亲》。
5. 素对：清寒的配偶。素，寒素。
6. 靖侯：即颜之推九世祖颜含。《晋书·孝友传》："颜含字宏都，琅玡莘人也。……致仕二十余年，年九十三卒，谥曰靖侯。"成规：立下的规矩。本书《止足》篇说："靖侯戒子侄曰：'婚姻勿贪势家。'"
7. 锱铢：均为古代很小的计量单位。比喻微小的事物。
8. 市井：古代指做买卖之处。也用以指商人。《管子·小匡》："处商必就市井。"尹知章注："立市必四方，若造井之制，故曰市井。"

借人典籍，皆须爱护，先有缺坏，就为补治，此亦士大夫百行之一也[1]。

济阳江禄[2]，读书未竟，虽有急速，必待卷束整齐[3]，然后得起，故无损败，人不厌其求假焉。

或有狼籍几案，分散部帙(zhì)[4]，多为童幼婢妾之所点污(diàn)[5]，风雨虫鼠之所毁伤，实为累德。

吾每读圣人之书，未尝不肃敬对之；其故纸有五经词义，及贤达姓名，不敢秽用也[6]。

注释

1. 百行：古代社会士大夫所订立身行己之道，共有百事，称之为百行。
2. 济阳：县名，故址在今河南兰考县境。江禄：字彦遐。《南史》附其高祖江夷传。
3. 卷束：南北朝时尚未有雕版印刷，当时的书籍是抄写在绢帛上，然后卷成一束收藏，谓之书卷。
4. 部：古代书籍按内容分为若干门类称部，引申后称一种书为一部书。帙：古人用以装书卷的书套。
5. 点：通"玷"。
6. 秽用：指把书卷用于覆瓿（bù）、当薪、糊窗等。

吾家巫觋(xí)祷请[1]，绝于言议；符书章醮(jiào)亦无祈焉[2]，并汝曹所见也。勿为妖妄之费。

注释

1. 巫觋：男女巫的合称。《荀子·正论》："出户而巫觋有事。"《荀子注》："女曰巫，男曰觋。"祷请：向鬼神祈祷请求。
2. 符书：旧时道士用来驱鬼召神或治病延年的神秘文书。章醮：旧时道士为人消灾度厄所做的法事。《资治通鉴》卷一七五胡三省注："道士有消灾度厄之法，依阴阳五行数术，推人年命，书之如章表之仪，并具贽（zhì）币，烧香陈读，云奏上天曹，请为除厄，谓之上章。夜中于星辰之下，陈设酒果饼饵币物，历祀天皇、太一、五星、列宿，为书如上章之仪以奏之，名为醮。"

卷第二

风操 慕贤

与善人居，如入芝兰之室，
久而自芳也；
与恶人居，如入鲍鱼之肆，
久而自臭也。

风操第六

　　吾观《礼经》，圣人之教：箕帚匕箸[1]，咳唾唯诺[2]，执烛沃盥[3]，皆有节文[4]，亦为至矣。但既残缺，非复全书；其有所不载，及世事变改者，学达君子，自为节度，相承行之，故世号士大夫风操[5]。

　　而家门颇有不同，所见互称长短；然其阡陌[6]，亦自可知。昔在江南，目能视而见之，耳能听而闻之；蓬生麻中[7]，不劳翰墨[8]。汝曹生于戎马之间，视听之所不晓，故聊记录，以传示子孙。

注释

1. 箕帚匕箸：见《礼记·曲礼上》："凡为长者粪之礼，必加帚于箕上，以袂（mèi）拘而退，其尘不及长者。""饭黍毋以箸。"箕帚，粪箕和扫帚。此指为长者清扫秽物时应有的动作规范。匕箸，匙和筷。此指吃黄米饭时应用匙而不用筷。
2. 咳唾唯诺：见《礼记·内则》："在父母舅姑之所，不敢哕噫、嚏咳、欠伸、跛倚、睇视，不敢唾洟。"又《礼记·曲礼上》："抠衣趋隅，必慎唯诺。"以上为此句所本。
3. 执烛：见《礼记·少仪》："执烛，不让不辞不歌。"古人饮酒之礼，宾主互让，相互辞谢，又各自歌诗以见意。执烛在手者，不得兼为之。沃盥（guàn）：见《礼记·内则》："进盥，少者奉槃，长者奉水，请沃盥；盥卒，授巾，问所欲而敬进之。"此写为父母洗手应遵循的礼仪。
4. 节文：见《礼记·坊记》："礼者，因人之情，而为之节文，以为民坊者也。"指节制修饰。
5. 风操：指风度、节操。
6. 阡陌：这里是途径的意思。
7. 蓬生麻中：出自《荀子·劝学》："蓬生麻中，不扶而直。"
8. 不劳翰墨：王利器《颜氏家训集解》："'翰墨'恐是'绳墨'之误，言蓬生麻中，不劳绳墨而自直，即不扶自直之意，可通。绳墨即木匠画直线用的工具。

　　《礼》曰："见似目瞿（jù），闻名心瞿（cè chuàng）[1]。"有所感触，恻怆心眼；若在从容平常之地，幸须申其情耳。必不可避，亦当忍之；犹如伯叔兄弟，酷类先人，可得终身肠断，与之绝耶？

　　又："临文不讳，庙中不讳，君所无私讳[2]。"益知闻名，须有消息[3]，不必期于颠沛而走也[4]。

注释

1. "见似目瞿"二句：出自《礼记·杂记下》。瞿，惊动不安的样子。
2. "临文不讳"三句：出自《礼记·曲礼上》。指行诸文字时，不应因避讳而改换文字；在宗庙里祭祀时对被祭者的小辈可以称其名而不用避讳；在国君面前，不应避自己先人的名讳。
3. 消息：这里是斟酌的意思。
4. 颠沛：这里是形容闻先人名讳后立即趋避的狼狈样。

梁世谢举[1]，甚有声誉，闻讳必哭，为世所讥。又有臧(zāng)逢世，臧严之子也[2]，笃学修行，不坠门风；孝元经牧江州[3]，遣往建昌督事[4]，郡县民庶，竞修笺书，朝夕辐辏(còu)[5]，几案盈积[6]，书有称"严寒"者，必对之流涕，不省(xǐng)取记[7]，多废公事，物情怨骇[8]，竟以不办而还。此并过事也。

近在扬都，有一士人讳审，而与沈氏交结周厚，沈与其书，名而不姓，此非人情也。

凡避讳者，皆须得其同训以代换之[9]：桓公名白[10]，博有五皓(hào)之称[11]；厉王名长[12]，琴有修短之目[13]。不闻谓布帛为布皓，呼肾肠为肾修也。

梁武小名阿练[14]，子孙皆呼练为绢；乃谓销炼物为销绢物，恐乖其义。或有讳云者，呼纷纭为纷烟；有讳桐者，呼梧桐树为白铁树，便似戏笑耳。

周公名子曰禽[15]，孔子名儿曰鲤[16]，止在其身，自可无禁。至若卫侯、魏公子[17]、楚太子，皆名虮(jǐ)虱；长卿名犬子[18]，王修名狗子[19]，上有连及，理未为通，古之所行，今之所笑也。北土多有名儿为驴驹、豚子者，使其自称及兄弟所名，亦何忍哉？前汉有尹翁归[20]，后汉有郑翁归，梁家亦有孔翁归，又有顾翁宠；晋代有许思妣(bǐ)[21]、孟少孤[22]，如此名字，幸当避之。

注释

1. 谢举：南朝梁文士。其事见《梁书·谢举传》："举字言扬，中书令览之弟，幼好学，能清言，与览齐名。"
2. 臧严：南朝梁文士。其事见《梁书·文学传》。
3. 孝元：指梁元帝萧绎。《梁书·元帝纪》："大同六年，出为使持节都督江州者军事、镇南将军、江州刺史。"江州：州名，治所在湓口（今江西九江）。
4. 建昌：江州的属县。
5. 辐辏：车轴集中于轴心，此喻信函聚集于官署。
6. 几案：案桌，这里作文书档案等的代称。
7. 省：检查，察看。记：书信。
8. 物情：即人情。古代谓人为物。《国语·周语》："今以美物归汝，而何德以堪之。"美物指美人。《南齐书·焦度传》："见度身形黑壮，谓师伯曰：'真健物也。'"健物即健儿。
9. 同训：指同义词。
10. 桓公：指齐桓公，名小白。
11. "博有"句：此句意思是说，五白这种博戏，因要避齐桓公小白的名讳，改称五皓。博，博戏。五皓，即五白，古代赌博的五木之戏，五子全白，又称枭。
12. 厉王名长：见《汉书·淮南厉王传》："名长，高祖少子。"
13. "琴有"句：王利器《颜氏家训集解》："修琴之说，别无所闻。《淮南·修务》篇：'人性各有所修。'疑'琴'为'性'音近之误。寻《考工记·凫（fú）氏》：'钟大而短，则其声疾而短闻；钟小而长，则其声舒而远闻。'《尔雅·释乐》作：'徒鼓钟谓之修。'又疑'琴'为'钟'连类而及之误。然不能辄定也。"今姑从前说。
14. "梁武"句：见《梁书·武帝纪》："高祖武皇帝讳衍，字叔达，小字练儿。"
15. "周公"句：周公之子鲁公名伯禽，见《史记·鲁周公世家》。
16. "孔子"句：见《家语·本姓解》："十九娶宋之开（qiān）官氏，一岁而生伯鱼。鱼之生也，鲁昭公以鲤鱼赐孔子；孔子荣君之赐，故因名曰鲤，而字伯鱼。"
17. 魏公子：当为韩公子。《史记·韩世家》："襄王十二年，太子婴死，公子咎、公子虮虱争为太子，时虮虱质于楚。"《战国策·韩策》作"几瑟"，虱、瑟古同音通用。
18. "长卿"句：见《史记·司马相如列传》："蜀郡成都人也，字长卿。少时，好读书，学击剑，故其亲名之曰犬子。"
19. "王修"句：见《晋书》："王修，字敬仁，小名苟子，太原晋阳人。"六朝人以苟、狗通用。

242

20. "前汉"句：见《汉书·尹翁归传》："字子兄，平陵人。"翁，义同父。
21. "晋代"句：许永，字思姒。其事见《世说新语·政事》。姒，义同母。
22. 孟少孤：见《晋书·隐逸传》："孟陋，字少孤，武昌人。"

今人避讳，更急于古。凡名子者，当为孙地[1]。

吾亲识中有讳襄、讳友、讳同、讳清、讳和、讳禹，交疏造次[2]，一座百犯，闻者辛苦[3]，无憀赖焉[4]。

昔司马长卿慕蔺相如，故名相如[5]，顾元叹慕蔡邕，故名雍[6]，而后汉有朱伥字孙卿[7]，许暹字颜回[8]，梁世有庾晏婴[9]、祖孙登[10]，连古人姓为名字，亦鄙事也。

昔刘文饶不忍骂奴为畜产[11]，今世愚人遂以相戏，或有指名为豚犊者[12]：有识傍观，犹欲掩耳，况当之者乎？

近在议曹[13]，共平章百官秩禄[14]，有一显贵，当世名臣，意嫌所议过厚。

齐朝有一两士族文学之人，谓此贵曰："今日天下大同[15]，须为百代典式，岂得尚作关中旧意[16]？明公定是陶朱公大儿耳[17]！"彼此欢笑，不以为嫌。

注释

1. 为孙地：为孙子留余地，意思是不要让孙子因父亲名讳为难。
2. 交疏：当为"疏交"（据卢文弨《注颜氏家训序》注）。指相交之疏远者。造次：仓促。

3. 辛苦：见西晋初年官员《陈情表》："臣之辛苦，非独蜀之人士及二州牧伯，所见明知，皇天后土，实所共鉴。"这里当悲痛讲。
4. 无憀赖：无所依从。
5. "昔司马长卿"二句：见《史记·司马相如列传》："相如既学，慕蔺相如之为人，更名相如。"司马长卿，即司马相如，字长卿，蜀郡成都（今属四川）人。西汉辞赋家。蔺相如，战时赵国大臣。秦向赵强索和氏璧，他奉命带璧入秦，当廷力争，使完璧归赵。秦、赵两国国君在渑池相会，他使赵王不受秦王之辱。对同朝大臣廉颇能容忍谦让，使廉颇愧悟，成为团结御侮的知交。事见《史记·廉颇蔺相如列传》。
6. "顾元叹"二句：顾元叹，即东吴丞相顾雍。《三国志·吴志》有传。蔡邕，东汉文学家、书法家。他通经史、音律、天文；散文长于碑记，工整典雅，多用偶句；善辞赋；工篆、隶，尤以隶书著称；也能画。《后汉书》有传。雍，通"邕"。
7. 孙卿：即荀卿（荀子），汉人避宣帝（名询）讳，故以"孙"代"荀"，荀子是战国时著名思想家、教育家。
8. 颜回：即颜渊，春秋末鲁国人，名回，字子渊。孔子弟子。其德行为孔子所称道。
9. 晏婴：春秋时齐国大夫，父死后继任齐卿，历仕灵公、庄公、景公三世。世传《晏子春秋》，是战国时人搜集有关他的言行编辑而成。
10. 孙登：三国魏人。隐居汲郡山中，居土窟，好读《周易》，弹一弦琴，善啸。其事见《晋书·隐逸传》。
11. "昔刘文饶"句：见《后汉书·刘宽传》。刘宽，字文饶。畜产，畜生的意思。
12. 豚：小猪。犊：小牛。
13. 近在议曹：卢文弨《注颜氏家训序》："曹，局也。"著名古典文学研究专家、古典文献学家刘盼遂曰："《北齐书》之推本传：'入周为御史上士。'此云议曹，正指其事。"洪业谓此处之议曹，当指隋之咨议参军，可供参考。
14. 平章：这里是商讨的意思。《后汉书·蔡邕传》："更选忠清，平章赏罚。"义与此同。
15. 天下大同：指隋于开皇九年平陈，统一天下。可知此书写成于入隋之后。
16. 关中旧意：古代称函谷关以西为关中，隋建都大兴（今陕西西安），属关中地区。关中旧意是就隋统一天下前的情形而言。
17. 明公：汉、魏、六朝人以"明"字加于称谓上表示尊重，如明公、明府、明将军、明使君等。陶朱公：春秋时越国大夫范蠡（lí）的别号。据《史记·越王勾践世家》载,范蠡的二儿子在楚国杀人被抓获,范的大儿子携千金前往楚国通关节营救,因吝啬钱财,致使其弟被杀。

昔侯霸之子孙,称其祖父曰家公[1];陈思王称其父为家父[2],母为家母;潘尼称其祖曰家祖[3]:古人之所行,今人之所笑也。

今南北风俗,言其祖及二亲,无云家者;田里猥人[4],方有此言耳。

凡与人言,言己世父[5],以次第称之,不云家者,以尊于父[6],不敢家也。凡言姑姊妹女子子[7]:已嫁,则以夫氏称之;在室[8],则以次第称之。言礼成他族[9],不得云家也。

子孙不得称家者,轻略之也[10]。蔡邕书集,呼其姑姊为家姑家姊;班固书集[11],亦云家孙。今并不行也。

凡与人言,称彼祖父母、世父母、父母及长姑[12],皆加尊字,自叔父母已下,则加贤字,尊卑之差也。

王羲之书[13],称彼之母与自称己母同,不云尊字,今所非也。

注释

1. "昔侯霸之子孙"二句:侯霸,字君房,河南密人。矜严有威仪,笃志好学,官至大司徒。《后汉书》有传。此二句中"孙""祖"二字误衍(据卢文弨《注颜氏家训序》注)。
2. 陈思王:指曹操的儿子曹植,陈为曹植的封地,亦称陈王,思为谥。为建安文学的代表人物。传见《三国志》。

3. 潘尼：晋代文学家，潘岳之子。传见《晋书·潘岳传》。
4. 田里：农村里。猥人：鄙俗之人。
5. 世父：伯父。《尔雅·释亲》："父之晜弟，先生为世父。"
6. 尊于父：伯父较父亲年长，故云"尊于父"。
7. 女子子：女儿。《仪礼·丧服》："女子子在室为父。"郑玄注："女子子者，女子也，别于男子也。"
8. 在室：女子未出嫁叫在室。
9. 礼成他族：指女子出嫁到婆家。
10. 轻略：轻视忽略。
11. 班固：东汉史学家、文学家。汉扶风安陵人，字孟坚。他继承父业，续撰《汉书》，后因窦宪事被捕，死于狱中。传见《后汉书·班彪传》。
12. 长姑：父亲的姐姐。
13. 王羲之：晋代著名书法家，字逸少，《晋书》有传。

　　南人冬至岁首[1]，不诣丧家；若不修书，则过节束带以申慰[2]。北人至岁之日[3]，重行吊礼；礼无明文，则吾不取。

　　南人宾至不迎，相见捧手而不揖[4]，送客下席而已；北人迎送并至门，相见则揖，皆古之道也，吾善其迎揖。

　　昔者，王侯自称孤、寡、不谷[5]，自兹以降，虽孔子圣师，与门人言皆称名也。后虽有臣、仆之称，行者盖亦寡焉。江南轻重[6]，各有谓号[7]，具诸《书仪》[8]；北人多称名者，乃古之遗风，吾善其称名焉。

　　言及先人，理当感慕，古者之所易，今人之所难。

　　江南人事不获已[9]，须言阀阅[10]，必以文翰，罕有面论者。北人无何便尔话说[11]，及相访问。如此之事，不可加于人也。人加诸己，则当避之。名位未高，如为勋贵所逼，隐忍方便，速报取了；勿使烦重，感辱祖父。

若没[12]（mò），言须及者，则敛容肃坐，称大门中[13]，世父、叔父则称从兄门中，兄弟则称亡者子某门中，各以其尊卑轻重为容色之节，皆变于常。若与君言，虽变于色，犹云亡祖亡伯亡叔也。

吾见名士，亦有呼其亡兄弟为兄子弟子门中者，亦未为安贴也。北土风俗，都不行此。太山羊侃[14]，梁初入南；吾近至邺[15]，其兄子肃访侃委曲[16]，吾答之云："卿从门中在梁，如此如此。"肃曰："是我亲第七亡叔[17]，非从也。"祖孝征在坐[18]，先知江南风俗，乃谓之云："贤从弟门中，何故不解？"

古人皆呼伯父叔父，而今世多单呼伯叔。从父兄弟姊妹已孤[19]，而对其前，呼其母为伯叔母，此不可避者也。兄弟之子已孤，与他人言，对孤者前，呼为兄子弟子，颇为不忍；北土人多呼为侄。

案：《尔雅》《丧服经》《左传》[20]，侄虽名通男女，并是对姑之称。晋世已来，始呼叔侄；今呼为侄，于理为胜也。

注释

1. 冬至：二十四节气之一。岁首：农历一年的第一个月，亦指一年的第一天。古人把冬至看成是节气的起点。《史记·律书》："气始于冬至，周而复始。"《东观汉记·吴良传》："今日岁首，请上雅寿。"
2. 束带：整饬（chì）衣冠，束紧衣带。表示恭敬。
3. 至岁：指冬至、岁首二节。

247

4. 捐：附身为礼。
5. 孤、寡、不谷：均为古代帝王诸侯的谦辞。《吕氏春秋·士容》篇注："孤、寡，谦称也。"《淮南子·人间训》注："不谷，不禄也，人君谦以自称也。"
6. 轻：指地位低；重：指地位高。
7. 号：别名。陶渊明《五柳先生传》："宅边有五柳树，因以为号焉。"
8. "具诸"句：《隋书·经籍志》载《内外书仪》四卷，谢元撰；《书仪》二卷，蔡超撰；又十卷，王宏撰；又《书仪疏》一卷，周舍撰。
9. 不获已：犹不得已，没有办法。
10. 阀阅：本作伐阅。指家世。
11. 无何：犹言无故。清代学者刘淇《助字辨略》："诸无何，并是无故之辞。无故犹云无端，俗云没来由是也。"
12. 没：去世。
13. 大门中：对别人称自己已故的祖父和父亲。以下所言"门中"，都是称家族中的死者。
14. 羊侃：字祖忻（xīn）。自魏归梁，授徐州刺史，累迁都官尚书。事见《梁书·羊侃传》。太山：即泰山。
15. 邺：北齐都城，在今河北临漳县。
16. 肃：羊侃侄羊肃。委曲：事情的始末经过。
17. 亲：汉、魏至隋，习惯于亲戚称谓之上加"亲"字，以示其为直系的或最亲近的亲戚关系。
18. 祖孝征：即祖珽（tǐng），字孝征。《北齐书》有传。
19. 从父：伯父叔父的通称。
20. "《尔雅》"句：见《尔雅·释亲》《仪礼·丧服》《左传·僖（xī）公十四年》。《尔雅》，我国最早解释词义的专著。《汉书·艺文志》著录二十篇。今本三卷，十九篇。前三篇《释诂》《释言》《释训》解释语词，后十六篇专门解释名物术语。《丧服经》，即《仪礼》中的《丧服》篇。《仪礼》为十三经之一。《左传》，亦称《春秋左氏传》或《左氏春秋》，我国古代史学和文学名著，为儒家经典之一。

别易会难，古人所重。

江南饯送，下泣言离。有王子侯[1]，梁武帝弟，出为东郡[2]，与武帝别，帝曰："我年已老，与汝分张[3]，甚以恻怆。"数行泪下。侯遂密云[4]，赧(nǎn)然而出。坐此被责，飘飖(yáo)舟渚，一百许日，卒不得去。

北间风俗，不屑此事，歧路言离，欢笑分首[5]。然人性自有少涕泪者，肠虽欲绝，目犹烂然；如此之人，不可强责。

注释

1. 王子侯：皇室所封列侯。《汉书》有王子侯表。
2. 东郡：建康以东之郡。
3. 分张：分别的意思，为六朝人习惯用语。南北朝时期文学家庾信《伤心赋》："兄弟则五郡分张，父子则三州离散。"以分张与离散对文，可知二词同义。
4. 密云：无泪，其意取自《周易·小畜彖(tuàn)》："密云不雨。"指故作悲凄之态而不掉泪。
5. 分首：即分手。首，通"手"。

凡亲属名称，皆须粉墨，不可滥也。

无风教者[1]，其父已孤，呼外祖父母与祖父母同，使人为其不喜闻也。虽质于面，皆当加外以别之，父母之世叔父[2]，皆当加其次第以别之；父母之世叔母，皆当加其姓以别之；父母之群从世叔父母及从祖父母[3]，皆当加其爵位若姓以别之。

河北士人，皆呼外祖父母为家公家母[4]；江南田里间亦言之。以家代外，非吾所识。

凡宗亲世数，有从父[5]，有从祖[6]，有族祖[7]。江南风俗，自兹已往，高秩者[8]，通呼为尊，同昭穆者[9]，虽百世犹称兄弟；若对他人称之，皆云族人。

河北士人，虽三二十世，犹呼为从伯从叔。梁武帝尝问一中土人曰[10]："卿北人，何故不知有族？"答云："骨肉易疏，不忍言族耳。"

当时虽为敏对，于礼未通。

吾尝问周弘让曰[11]："父母中外姊妹[12]，何以称之？"周曰："亦呼为丈人[13]。"

自古未见丈人之称施于妇人也[14]。吾亲表所行，若父属者，为某姓姑；母属者，为某姓姨。中外丈人之妇，猥俗呼为丈母[15]，士大夫谓之王母、谢母云[16]。而《陆机集》有《与长沙顾母书》[17]，乃其从叔母也，今所不行。

齐朝士子，皆呼祖仆射(yè)为祖公[18]，全不嫌有所涉也[19]，乃有对面以相戏者。

注释

1. 风教：教化。《毛诗序》："风，风也，教也；风以动之，教以化之。"
2. 世叔父：世父和叔父。世父，指伯父。
3. 群从：指诸子侄辈。
4. 家公家母：清代学者梁章钜(jù)《称谓录》："案：北人称母为家家，故谓母之父母为家公家母。"
5. 从父：伯父叔父统称从父。

6. 从祖：父亲的堂伯叔。
7. 族祖：祖父的堂伯叔。
8. 秩：官吏的俸禄。引申指官吏的职位或品级。
9. 昭穆：古代宗法制度，宗庙或墓地的辈次排列，以始祖居中。二世、四世、六世，位于始祖的左方，称"昭"；三世、五世、七世位于右方，称"穆"。用来区别宗族内部的长幼、亲疏和远近。后亦泛指家族的辈分。
10. 中土：中原。汉以后，以今河南一带为中土。
11. "吾尝"句：见《陈书·周弘正传》："弟弘让，性闲素，博学多通，天嘉初，以白衣领太常卿光禄大夫，加金章紫绶。"
12. 中外：一称中表，即内外之意。舅父之子为内兄弟，姑母之子为外兄弟。
13. 丈人：这里指对亲戚长辈的通称。
14. "自古"句：颜氏此句失察，如《古诗为焦仲卿妻作》曰："三日断五匹，丈人故嫌迟。"此丈人即指焦仲卿母亲亦即刘兰芝婆婆而言。惠栋《松崖笔记》、卢文弨《龙城札记》等，对此辨之甚详。
15. 丈母：这里指父辈的妻子。王利器《颜氏家训集解》引钱大昕《恒言录》三："是凡丈人行（háng）之妇，并称丈母也。"丈人行，指父辈。
16. 王母、谢母：此为泛指，即王姓母、谢姓母之意。
17. 陆机：西晋吴郡吴人，字士衡，文学家。其诗文辞藻华丽，讲求排偶，开六朝文风之先。
18. "齐朝士子"二句：见《北齐书·后主纪》："武平三年二月，以左仆射唐邕为尚书令，侍中祖珽为左仆射。"仆射，职官名。
19. "全不"句：祖父称公，而齐朝士子连祖珽姓称公，故云"有所涉"。

古者，名以正体，字以表德[1]，名终则讳之，字乃可以为孙氏[2]。

孔子弟子记事者，皆称仲尼[3]；吕后微时[4]，尝字高祖为季[5]；至汉爰种，字其叔父曰丝[6]；王丹与侯霸子语，字霸为君房[7]。江南至今不讳字也。

河北士人全不辨之，名亦呼为字，字固呼为字。尚书王元景兄弟[8]，皆号名人，其父名云，字罗汉，一皆讳之，其余不足怪也。

1. "名以正体"二句：这里是在区分"名"与"字"的不同。正体，表明自身。表德，表示德行。
2. 为孙氏：用来作为孙辈的氏。氏，表明宗族的称号。上古时代，氏是姓的分支，用以区别子孙之所自出。汉魏以后，姓与氏合，姓也称氏。
3. 仲尼：孔子名丘，字仲尼。
4. 吕后：汉高祖刘邦的妻子，惠帝的母亲，名雉。惠帝死后，临朝称制，主政柄八年。《史记》《汉书》有记。
5. "尝字"句：见《史记·高祖本纪》："姓刘氏，字季。"
6. "至汉爰种"二句：见《汉书·爰盎传》："盎字丝，徙为吴相，兄子种谓丝曰：'吴王骄日久，国多奸，今丝欲刻治，彼不上书告君，则利剑刺君矣。'"
7. "王丹与侯霸子语"二句：见《后汉书·王丹传》："丹字仲回，京兆下邽人……时大司徒侯霸，欲与交友，及丹被征，遣子昱候于道，昱迎拜车下，丹下答之，昱曰：'家公欲与君结交，何为见拜？'丹曰：'君房有是言，丹未之许也。'"《后汉书·侯霸传》："霸字君房。"
8. "尚书"句：见《北齐书·王昕传》："昕字元景，北海剧人。父云……弟晞（xī），字叔朗，小名沙弥。"

　　《礼·间传》云："斩缞（cuī）之哭[1]，若往而不反；齐缞（zī）之哭[2]，若往而反；大功之哭[3]，三曲而偯（yǐ）[4]；小功缌（sī）麻[5]，哀容可也，此哀之发于声音也。"《孝经》云："哭不偯[6]。"皆论哭有轻重质文之声也。礼以哭有言者为号，然则哭亦有辞也。

江南丧哭，时有哀诉之言耳；山东重丧[7]，则唯呼苍天，期功以下[8]，则唯呼痛深，便是号而不哭。

江南凡遭重丧，若相知者，同在城邑，三日不吊则绝之；除丧[9]，虽相遇则避之。怨其不己悯也。有故及道遥者，致书可也；无书亦如之[10]。北俗则不尔。

江南凡吊者，主人之外，不识者不执手；识轻服而不识主人[11]，则不于会所而吊[12]，他日修名诣其家[13]。

阴阳说云[14]："辰为水墓，又为土墓，故不得哭[15]。"王充《论衡》云："辰日不哭，哭则重丧[16]。"今无教者，辰日有丧，不问轻重，举家清谧[17]，不敢发声，以辞吊客。

道书又曰[18]："晦歌朔哭[19]，皆当有罪，天夺其算[20]。"丧家朔望[21]，哀感弥深，宁当惜寿，又不哭也？亦不谕。

偏傍之书[22]，死有归杀[23]。子孙逃窜，莫肯在家；画瓦书符[24]，作诸厌(yā)胜[25]；丧出之日，门前然火[26]，户外列灰[27]，祓(fú)送家鬼[28]，章断注连[29]。

凡如此比，不近有情，乃儒雅之罪人[30]，弹议所当加也。

注释

1. 斩缞：旧时五种丧服中最重的一种，以粗麻布制成，左右和下边不缝。儿子、未嫁女儿对父母，媳妇对公婆，承重孙对祖父母，妻子对丈夫，都服斩缞，期为三年。
2. 齐缞：旧时五种丧服之一，次于斩缞。服用粗麻布做成，以其缉边，故称"齐缞"。服期有一年的，如孙为祖父母，丈夫为妻子；有五月的，如为曾祖父母；

有三月的，如为高祖父母。见《仪礼·丧服》。
3. 大功：旧时五种丧服之一，以熟布做成，比齐缞为细，小功为粗。
4. 偯：哭的余声。
5. 小功：旧时五种丧服之一，以熟布做成，较大功为细，比缌麻为粗。缌麻：五种丧服之最轻者。
6. "《孝经》云"二句：《孝经》，儒家经典之一。《孝经·丧亲》："孝子之丧亲也，哭不偯。"唐玄宗注："气竭而息，声不委曲。"
7. 山东：指太行、恒山以东，亦即前段文中河北之地。重丧：指须披戴斩缞孝服的丧事。
8. 期功：期即期服，即齐缞为期一年之服。功指大功、小功。
9. 除丧：除去丧礼之服。《礼记·丧服小记》："故期而祭，礼也；期而除丧，道也。"
10. 如之：如同那样，即如同对待"三日不吊"者一样。
11. 轻服：五种丧服中较轻的几种，如大功小功缌麻之类。
12. 会所：聚会的场所。这里指治丧的地方。
13. 名：名刺。古未有纸时，削竹木写上自己的名字，拜访通名时用。后改用纸，仍相沿叫刺或名刺，就好比今天的名片一样。
14. 说：《群书类编故事》卷二"说"作"家"。
15. "辰为水墓"三句：赵曦明《颜氏家训注》："水土俱长生于申，故墓俱在辰。"
16. 王充《论衡》云"三句：此所引二句，见《论衡·辩祟》篇。王充，东汉时哲学家。字仲任，会稽上虞（今属浙江）人。《论衡》为王充的代表作，全书二十多万字，共三十卷。
17. 清谧：清静。
18. 道书：指道家之书。
19. 晦：阴历每月的最后一天。朔：阴历每月初一。
20. 算：寿命。《抱朴子·微旨》："若乃越井跨灶，晦歌朔哭，凡有一事，辄是一罪，随事轻重，司命夺其算纪。"
21. 望：阴历每月十五日。
22. 偏傍之书：指旁门左道的书。偏傍，不正。
23. 归杀：也作"归煞""回煞"。旧时迷信谓人死之后若干日灵魂回家一次叫"归杀"。卢文弨补注："俗本'杀'作'煞'，道家多用之。"
24. 画瓦：旧时在瓦片上画图象以镇邪。
25. 厌胜：古代一种巫术，谓能以诅咒制胜，压服人或物。

254

26. 然:"燃"的本字。
27. 户外列灰:在门外铺灰,以观死人魂魄之迹,为一种迷信活动。见南宋洪迈《夷坚乙志》卷十九《韩氏放鬼》。
28. 祓:古代除灾祈福的仪式。
29. 章断注连:上章以求断绝死者之殃染及旁人。注连,传染的意思。
30. 儒雅:儒学正统。

己孤[1],而履岁及长至之节[2],无父,拜母、祖父母、世叔父母、姑、兄、姊,则皆泣;无母,拜父、外祖父母、舅、姨、兄、姊,亦如之。

此人情也。

江左朝臣[3],子孙初释服[4],朝见二宫[5],皆当泣涕;二宫为之改容。颇有肤色充泽、无哀感者,梁武薄其为人,多被抑退。裴政出服[6],问讯武帝[7],贬瘦枯槁,涕泗滂沱,武帝目送之曰:"裴之礼不死也[8]。"

二亲既没,所居斋寝[9],子与妇弗忍入焉。

北朝顿丘李构[10],母刘氏,夫人亡后,所住之堂,终身锁闭,弗忍开入也。夫人,宋广州刺史纂之孙女[11],故构犹染江南风教。其父奖,为扬州刺史,镇寿春[12],遇害。构尝与王松年[13]、祖孝征数人同集谈宴。孝征善画,遇有纸笔,图写为人。顷之,因割鹿尾[14],戏截画人以示构,而无他意。构怆然动色,便起就马而去。举坐惊骇,莫测其情。祖君寻悟,方深反侧[15],当时罕有能感此者。

吴郡陆襄[16]，父闲被刑，襄终身布衣蔬饭，虽姜菜有切割，皆不忍食；居家惟以掐摘供厨。江宁姚子笃，母以烧死，终身不忍噉（dàn）炙。豫章熊康父以醉而为奴所杀[17]，终身不复尝酒。

然礼缘人情，恩由义断，亲以噎死，亦当不可绝食也。

注释

1. 孤：这里指失去父亲或母亲。
2. 履岁：履端岁首的意思，即指元旦。长至：冬至。《太平御览》卷二八引崔浩《女仪》："近古妇人，常以冬至日上履袜于舅姑，履长至之意也。"
3. 江左：江东。此指梁朝。
4. 释服：与下文"出服"义同，指丧期已满，除去丧服。
5. 二宫：指帝与太子。
6. 裴政：见《北史·裴政传》："政字德表，仕隋为襄阳总管，令行禁止，称为神明。著《承圣实录》一卷。"
7. 问讯：僧尼行礼，先打一恭，将手举至眉心，再放下，称问讯。因梁武帝信佛，故裴政以僧礼相见。
8. "贬瘦枯槁"四句：见《南史·裴邃传》："子之礼，字子义。母忧居丧，惟食麦饭。邃庙在光宅寺西，堂宇弘敞，松柏郁茂；范云庙在三桥，蓬蒿不翦（jiǎn）。梁武帝南郊，道经二庙，顾而叹曰：'范为已死，裴为更生。'"
9. 斋寝：斋戒时居住的旁屋。
10. 顿丘：郡名。西晋时置。治所在顿丘（今河南清丰县西南）。辖境相当今河南清丰、濮阳、内黄、南乐、范县等县地。北齐废。李构：即下文李奖之子。《北史·李崇传》："崇从弟平，平子奖，字遵穆，容貌魁伟，有当世才度。元颢（hào）入洛，以奖兼尚书左仆射，慰劳徐州羽林，及城，人不承颢旨，害奖，传首洛阳。孝武帝初，诏赠冀州刺史。子构，字祖基，少以方正见称，袭爵武邑郡公，齐初，降爵为县侯，位终太府卿。构常以雅道自居，甚为名流所重。"
11. 刺史：州的长官。纂：即广州刺史刘纂。
12. 寿春：县名。在今安徽寿县。

13. 王松年：仕北齐任给事黄门侍郎等职。《北齐书》有传。
14. 鹿尾：鹿之尾。为古代珍贵食品。
15. 反侧：惶恐不安。
16. 陆襄：字师卿。父陆闲，仕南齐任扬州别驾。《文苑英华》卷八四二引江总《梁故度支尚书陆君诔》："君讳襄，字师卿，吴人也。……父闲，扬州别驾，齐永元绍历，萧遥光谋反伏诛，闲以州职见害。子绛（jiàng），其日殒命。忠孝之道，萃此一门。襄时年十四，号毁殆灭，布衣蔬食，终于身世。"《南史·陆慧晓传》亦备载此事。
17. 豫章：见《晋书·地理志》："豫章郡属扬州。"故治在今江西南昌。

《礼经》：父之遗书，母之杯圈，感其手口之泽，不忍读用[1]。政为常所讲习[2]，雠（chóu）校缮写[3]，及偏加服用，有迹可思者耳。若寻常坟典[4]，为生什物[5]，安可悉废之乎？

既不读用，无容散逸，惟当缄（jiān）保[6]，以留后世耳。

思鲁等第四舅母，亲吴郡张建女也[7]，有第五妹，三岁丧母。灵床上屏风[8]，平生旧物，屋漏沾湿，出曝晒之，女子一见，伏床流涕。

家人怪其不起，乃往抱持；荐席淹渍，精神伤怛（dá），不能饮食。将以问医，医诊脉云："肠断矣[9]！"因尔便吐血，数日而亡。中外怜之，莫不悲叹。

注释

1. "《礼经》"五句：见《礼记·玉藻》："父没而不能读父之书，手泽存焉尔；母没而杯圈不能饮焉，口泽之气存焉尔。"此五句本此。杯圈，一种木制饮器。手口之泽,指手汗和口泽之气。
2. 政:通"正"。只。
3. 雠校:校对。雠谓一人持本,一人读之,若怨家相对,有误必举,不肯少恕。
4. 坟典:三坟五典。见孔安国《尚书序》:"伏犧(xī)、神农、黄帝之书,谓之三坟,言大道也;少昊、颛顼(zhuān xū)、高辛、唐、虞之书,谓之五典,言常道也。"后亦用为书籍之意。
5. 什物:各种物品器具。
6. 缄:封。
7. 亲:表直系或最亲近的亲戚关系。
8. 灵床:即灵座。为死者所设之座,供祭奠用。
9. 肠:指心地。肠断指悲痛至极。

《礼》云:"忌日不乐[1]。"正以感慕罔极,恻怆无聊[2],故不接外宾,不理众务耳。

必能悲惨自居,何限于深藏也?世人或端坐奥室[3],不妨言笑,盛营甘美,厚供斋食[4];迫有急卒(cù)[5],密戚至交,尽无相见之理。盖不知礼意乎。

魏世王修母以社日亡[6];来岁社日,修感念哀甚,邻里闻之,为之罢社。

今二亲丧亡,偶值伏腊分至之节[7],及月小晦后,忌之外,所经此日[8],犹应感慕[9],异于余辰,不预饮宴、闻声乐及行游也。

注释

1. 忌日:旧俗父母死亡之日禁饮酒作乐,叫忌日。

2. 无聊：这里是不快乐的意思。《楚辞·九思》："心烦愦兮意无聊。"王逸注："聊，乐也。"
3. 奥室：深隐之室。
4. 斋食：素食。
5. 卒：通"猝"。急遽（jù）的样子。
6. "魏世"句：事见《三国志·魏志·王修传》。社日，古代祀社神之日。汉以后，一般用戊日，以立春后第五个戊日为春社，立秋后第五个戊日为秋社。南朝梁宗懔《荆楚岁时记》："社日，四邻并结综会社，牲醪（láo），为屋于树下，先祭神，然后飨其胙（zuò）。"王修，字叔治，魏北海营陵人。
7. 伏腊：指伏祭和腊祭之日。伏祭在夏季伏日，腊祭在农历十二月。分：春分、秋分。至：冬至、夏至。
8. "及月小晦后"三句：清朝大儒郑珍曰："六朝时更有忌月之说。……而又有此月中忌前晦前、忌后晦后各三日之说。……黄门此云'月小晦后'，正谓忌月之晦前后三日，月小则廿七八九也；此与伏腊分至，皆在忌日之外，故黄门自言：'已丧亲后值如此，于忌之外，所经等日，犹感慕异于余辰，不必正忌日也。'"此从郑说。
9. 感慕：此书有几处用"感慕"，如《后娶》篇："基每拜见后母，感慕呜咽。"本篇前文："言及先人，理当感慕。""正以感慕罔极，恻怆无聊。"大致可作感伤思慕解。王利器曰："思慕仅存于心，感慕则形于色也。"

　　刘绦、缓、绥（tāo），兄弟并为名器，其父名昭[1]，一生不为照字，惟依《尔雅》火旁作召耳[2]。然凡文与正讳相犯[3]，当自可避；其有同音异字，不可悉然。

　　刘字之下，即有昭音[4]。吕尚之儿[5]，如不为上；赵壹之子[6]，傥（tǎng）不作一：便是下笔即妨，是书皆触也。

　　尝有甲设宴席，请乙为宾，而旦于公庭见乙之子[7]，问之曰："尊侯早晚顾宅[8]？"乙子称其父已往，时以为笑[9]。

如此比例[10]，触类慎之[11]，不可陷于轻脱。

1. "刘缘、缓、绥"三句：赵曦明《颜氏家训注》："《梁书·文学传》：'刘昭，字宣卿，平原高唐人。集《后汉》同异，以注范书。为剡（yǎn）令，卒。子缘，字言明。通三礼，大同中为尚书祠部郎，寻去职，不复仕。弟缓，字含度。历官湘东王记室；时西府盛集文学，缓居其首。随府转江州，卒。'绥，本传不载，疑此字衍。"郑珍曰："据《世说·雅量》注，刘绥，高平人。《南史》，刘昭，平原人。绥字衍文。"王利器谓"绥"字系传抄者涉縍（bàng）组排行误入或即因"缓"字形近而误衍。以上诸说是。
2. "一生不为照字"二句：见《尔雅·释虫》："萤火即炤（zhào）。"《广韵·笑韵》：炤，通"照"。
3. 正讳：指人的正名。
4. "刘字之下"二句：繁体"劉"字的下半部分是"釗（zhāo）"，即与"刘昭"的"昭"同音。
5. 吕尚：周初人。姜姓，吕氏，名尚。俗称姜太公。曾辅佐武王灭殷。周朝建立后封于齐，为齐国始主。事见《史记·齐太公世家》。
6. 赵壹：东汉辞赋家。字元叔，汉阳西县（今甘肃天水南）人。有《刺世疾邪赋》传于世。事见《后汉书·赵壹传》。
7. 公庭：这里是官署的意思。
8. 尊侯：对别人父亲的敬称。早晚：这里是几时的意思。此为六朝人惯用语。
9. "乙子称其父已往"二句：此云"时以为笑"，原因有多种解释。近代蜀中著名教育家、诗人林思进曰："下云'时以为笑'者，盖笑其不审早晚，不顾望而对，遽云已往，所谓'陷于轻脱'，此耳。"刘盼遂曰："此甲问乙子，乙将以何时可以枉过，乙子不悟，答以其父已往，遂成笑柄。盖六朝、唐人通以早晚二字为问时日远近之辞。"郑珍及子知同校本签条云："'已往'，嫌谓父已亡。"译文从后一说。
10. 比例：可以比照的事例。
11. 触：凡是。

江南风俗，儿生一期[1]，为制新衣，盥浴装饰，男则用弓矢纸笔，女则刀尺针缕，并加饮食之物，及珍宝服玩，置之儿前，观其发意所取，以验贪廉愚智，名之为试儿。

亲表聚集[2]，致宴享焉。自兹已后，二亲若在，每至此日，尝有酒食之事耳。无教之徒，虽已孤露[3]，其日皆为供顿[4]，酣畅声乐，不知有所感伤。

梁孝元年少之时，每八月六日载诞之辰[5]，常设斋讲[6]；自阮修容薨殁之后[7]，此事亦绝。

注释

1. 期：一周年。
2. 亲表：亲属中表。中表，父亲姊妹（姑母）的子女叫外表，母亲兄弟（舅父）姊妹（姨母）的子女叫内表，互称中表。
3. 孤露：魏晋时人以父亡为孤露，也称"偏露"，即孤单无所荫庇的意思。
4. 供顿：设宴待客。
5. 载诞之辰：指生日。载，始。
6. 斋讲：斋素讲经。
7. "自阮修容"句：见《梁书·后妃传》："高祖阮修容，讳令嬴，本姓石，会稽余姚人，齐始安王遥光纳焉。遥光败，入东昏侯宫。建康城平，高祖纳为彩女，天监六年八月生世祖，寻拜为修容，随世祖出蕃。大同六年六月薨于江州内寝。世祖即位，追崇为文宣太后。"修容，古代宫嫔的位号，为九嫔之一。

人有忧疾，则呼天地父母，自古而然。今世讳避，触途急切[1]。而江东士庶，痛则称祢[2]。祢是父之庙号，父在无容称庙[3]，父殁何容辄呼?

《仓颉篇》有㿈字[4],《训诂》云:"痛而謼也,音羽罪反[5]。"今北人痛则呼之。《声类》音于耒反[6],今南人痛或呼之。

此二音随其乡俗,并可行也。

梁世被系劾者,子孙弟侄,皆诣阙三日,露跣陈谢[7];子孙有官,自陈解职。子则草屩粗衣[8],蓬头垢面,周章道路[9],要候执事,叩头流血,申诉冤枉。若配徒隶,诸子并立草庵于所署门[10],不敢宁宅[11],动经旬日,官司驱遣,然后始退。

江南诸宪司弹人事,事虽不重[12],而以教义见辱者,或被轻系而身死狱户者,皆为怨仇,子孙三世不交通矣。到洽为御史中丞[13],初欲弹刘孝绰[14],其兄溉先与刘善[15],苦谏不得,乃诣刘涕泣告别而去。

注释

1. "人有忧疾"五句:卢文弨《注颜氏家训序》:"言今世以呼天呼父母为触忌也,盖嫌于有怨恨祝诅之意,故不可也。"触迕,各方面,处处。
2. 祢:已死父在宗庙中立主之称。《春秋公羊传·隐公元年》:"惠公者何,隐之考也。"东汉时期今文经学家何休注:"生称父,死称考,人庙称祢。"
3. 无容:不可以。
4. 《仓颉篇》:古代字书名。《汉书·艺文志》:"《仓颉》一篇。上七章,秦丞相李斯作。"
5. 謼:即"呼"。羽罪反:即用"羽""罪"二字反切出字的读音。反,指反切,是我国给汉字注音的一种传统方法。用两个汉字来注另一个汉字的读音。两个字中,前者称反切上字,后者称反切下字。被切字的声母和清浊跟反切上字相同,被切者的韵母和字调跟反切下字相同。

6. 《声类》：书名。《隋书·经籍志》："《声类》十卷，魏左校令李登撰。"
7. 露：露髻。即不戴帽子露出发髻的意思。跣：不穿鞋。
8. 屩：草鞋。
9. 周章：惊恐不安的意思。
10. "诸子"句：见《风俗通义·愆（qiān）礼》："丧者、讼者，露首草舍。"可知涉及诉讼事则露首草舍的风气从东汉就已经开始。
11. 宁宅：安居的意思。
12. "江南诸宪司弹人事"二句：卢文弨《注颜氏家训序》："两'事'字似衍其一。"宪司，魏晋以来对御史的别称。
13. 到洽：见《梁书·到洽传》："洽字茂泆，彭城武原人。普通六年，迁御史中丞，弹纠无所顾望，号为劲直，当时肃清。"
14. 刘孝绰：见《梁书·刘孝绰传》："孝绰字孝绰，彭城人，本名冉，小字阿士。与到洽友善，同游东宫，自以才优于洽，每于宴坐嗤鄙其文；洽衔之。及孝绰为廷尉，携妾入官府，其母犹停私宅。洽寻为御史中丞，遣令史案其事，遂劾奏之。"
15. 兄溉：见《梁书·到溉传》："溉字茂灌，少孤贫，与弟洽俱聪敏，有才学。"

兵凶战危[1]，非安全之道。

古者，天子丧服以临师，将军凿凶门而出[2]。父祖伯叔，若在军阵，贬损自居，不宜奏乐宴会及婚冠吉庆事也[3]。若居围城之中，憔悴容色，除去饰玩，常为临深履薄之状焉[4]。父母疾笃，医虽贱虽少，则涕泣而拜之，以求哀也。

梁孝元在江州，尝有不豫[5]；世子方等亲拜中兵参军李猷焉[6]。
（yóu）

注释

1. 兵凶战危：见《汉书·晁错传》："兵，凶器，战，危事也，以大为小，以强为弱，在俯仰之间耳。"此句本此。
2. 凶门：古代将军出征时，凿一扇向北的门，由此出发，如办丧事一样，以示必死的决心，称"凶门"。
3. 冠：冠礼。古代男子二十岁行成人礼，结发戴冠。
4. "常为"句：见《诗经·小雅·小旻（mín）》："如临深渊，如履薄冰。"
5. "梁孝元在江州"二句：见《礼记·曲礼》《疏》引《白虎通》曰："天子病曰不豫，言不复豫政也。"
6. 方等：梁元帝长子，字实相。事见《梁书·世祖二子传》。中兵参军：《隋书·百官志》："皇帝皇子府，置功曹史、录事、记室、中兵等参军。"

　　四海之人，结为兄弟，亦何容易。必有志均义敌，令终如始者，方可议之。

　　一尔之后[1]，命子拜伏，呼为丈人[2]，申父友之敬；身事彼亲，亦宜加礼。

　　比见北人，甚轻此节，行路相逢，便定昆季[3]，望年观貌，不择是非，至有结父为兄、托子为弟者。

　　昔者，周公一沐三握发，一饭三吐餐[4]，以接白屋之士[5]，一日所见者七十余人。晋文公以沐辞竖头须，致有图反之诮[6]。

　　门不停宾，古所贵也。失教之家，阍寺无礼[7]，或以主君寝食嗔怒，拒客未通，江南深以为耻。

　　黄门侍郎裴之礼[8]，号善为士大夫，有如此辈，对宾杖之；其门生童仆[9]，接于他人，折旋俯仰[10]，辞色应对，莫不肃敬，与主无别也。

注释

1. 一尔：一旦如此。
2. 丈人：对亲戚长辈的称呼。
3. 昆季：指兄弟。长为昆，幼为季。
4. "周公一沐三握发"二句：意思是一次沐浴须三度握其已散之发，一顿饭中间须三次停食，以接待宾客。两句均形容求贤殷切。事见《史记·鲁周公世家》："周公戒伯禽曰：'然我一沐三捉发，一饭三吐哺，起以待士，犹恐失天下之贤人。'"
5. 白屋之士：指平民。古代平民住房不施彩，故称其所住之屋为白屋。
6. "晋文公以沐辞竖头须"二句：见《左传·僖公二十四年》："初，晋侯之竖头须，守藏者也，其出也，窃藏以逃，尽用以求纳之。及入，求见。公辞焉以沐。谓仆人曰：'沐则心覆，心覆则图反，宜吾不得见也。居者为社稷之守，行者为羁绁（xiè）之仆，其亦可矣，何必罪居者！国君而仇匹夫，惧者甚众矣。'仆人以告，公遽见之。"图反，指想法反常。图，考虑。
7. 阍寺：看门人。
8. 黄门侍郎：职官名。《隋书·百官志》："门下省置侍中给事、黄门侍郎各四人。"
9. 门生：此指门下使役之人。清朝文学家、史学家赵翼《陔（gāi）馀丛考》三六："六朝时所谓门生，则非门弟子也。其时仕宦者，许各募部曲，谓之义从；其在门下亲侍者，则谓之门生，如今门子之类耳。"
10. 折旋：曲行。古代行礼时的动作。

慕贤第七

古人云："千载一圣，犹旦暮也；五百年一贤，犹比髆（bó）也[1]。"言圣贤之难得，疏阔如此。倘遭不世明达君子，安可不攀附景仰之乎？吾生于乱世，长于戎马，流离播越[2]，闻见已多；所值名贤，未尝不心醉魂迷向慕之也。

人在年少，神情未定，所与款狎[3]，熏渍陶染，言笑举动，无心于学，潜移暗化，自然似之；何况操履艺能[4]，较明易习者也[5]？是以与善人居，如入芝兰之室，久而自芳也；与恶人居，如入鲍鱼之肆，久而自臭也[6]。墨子悲于染丝[7]，是之谓矣。

君子必慎交游焉。孔子曰："无友不如己者[8]。"颜、闵之徒[9]，何可世得！但优于我，便足贵之。

注释

1. "千载一圣"四句：见《孟子外书·性善辨》："千年一圣，犹旦暮也。"《鹖（yù）子》第四："圣人在上，贤士百里而有一人，则犹无有也；王道衰微，暴乱在上，贤士千里而有一人，则犹比肩也。"此外，《吕氏春秋·观世》《庄子·齐物论》等亦有类似的话。髆，肩胛，通"膊"。
2. 播越：离散，流亡。

3. 款狎：款洽狎习。指相互间关系亲密。
4. 操履：操守德行。艺能：本领、技能。
5. 较：通"皎"，明显。也：读为"耶"，表疑问语气词。
6. "是以与善人居"六句：见《说苑·杂言》："孔子曰：'与善人居，如入兰芷之室，久而不闻其香，则与之化矣；与恶人居，如入鲍鱼之肆，久而不闻其臭，亦与之化矣。'"以上六句本此。
7. "墨子"句：见《墨子·所染》："子墨子见染丝者而叹曰：'染于苍则苍，染于黄则黄，所入者变，其色亦变，五入而已则为五色矣：故染不可不慎也。'"
8. "无友"句：见《论语·学而》。无，通"毋"。
9. 颜、闵：指孔子弟子颜回、闵损。

世人多蔽，贵耳贱目，重遥轻近。

少长周旋[1]，如有贤哲，每相狎侮，不加礼敬；他乡异县，微藉风声[2]，延颈企踵，甚于饥渴。校其长短，核其精粗，或彼不能如此矣。

所以鲁人谓孔子为东家丘[3]，昔虞国宫之奇，少长于君，君狎子，不纳其谏，以至亡国[4]，不可不留心也。

注释

1. 少长：此指从年少到长大。周旋：交往。
2. 藉：凭借，依靠。
3. "所以"句：见《文选》陈琳《为曹洪与魏文帝书》："怪乃轻其家丘。"张铣（xiǎn）注："鲁人不识孔子圣人，乃云：'我东家丘者，吾知之矣。'"说明与孔子为近邻的鲁国人反而对孔子缺乏敬意。
4. "昔虞国宫之奇"五句：指春秋时期诸国纷争之事，晋国向虞国请求通过虞国的

267

领土去攻伐虢（guó）国，虞国大臣宫之奇向虞国国君进谏，拒绝晋国的要求，虞国国君不听。晋国军队于是通过虞国去攻灭了虢国，晋军在班师途经虞国时，又乘机灭掉了虞国。详见《左传·僖公五年》。

用其言，弃其身，古人所耻[1]。

凡有一言一行，取于人者，皆显称之，不可窃人之美，以为己力；虽轻虽贱者，必归功焉。窃人之财，刑辟之所处（bì）[2]；窃人之美，鬼神之所责。

梁孝元前在荆州[3]，有丁觇（chān）者[4]，洪亭民耳，颇善属文，殊工草隶；孝元书记，一皆使之。军府轻贱[5]，多未之重，耻令子弟以为楷法，时云："丁君十纸，不敌王褒数字[6]。"

吾雅爱其手迹，常所宝持。孝元尝遣典签惠编送文章示萧祭酒[7]，祭酒问云："君王比赐书翰[8]，及写诗笔[9]，殊为佳手，姓名为谁？那得都无声问？"编以实答。子云叹曰："此人后生无比，遂不为世所称，亦是奇事。"

于是闻者稍复刮目。稍仕至尚书仪曹郎[10]，末为晋安王侍读[11]，随王东下。及西台陷殁[12]，简牍湮（dú）散，丁亦寻卒于扬州；前所轻者，后思一纸，不可得矣。

注释

1. "用其言"三句：指春秋时郑国驷歂（chuán）杀邓析而用其竹刑事，详见《左传·定公九年》。

2. 刑辟：刑法；刑律。
3. "梁孝元"句：见《梁书·元帝纪》："普通七年，出为……荆州刺史。"梁孝元，指梁元帝萧绎。荆州，治所为江陵，即今湖北江陵。
4. 丁觇：唐朝大臣、画家、绘画理论家张彦远《法书要录》："丁觇与智永同时人，善隶书，世称丁真永草。"则此人亦为世所知。
5. 军府：时萧绎都督六州军事，故称其治所为军府。
6. 王褒：字子渊，琅玡临沂人，工书法，为时所重。事见《周书·王褒传》。
7. 典签：官名，本为掌管文书的小吏。南朝以诸王出镇，由朝廷派典签佐之，起监视诸王的作用，权力甚大，称为签帅。祭酒：官名。《隋书·百官志》："学府有祭酒一人。"萧祭酒：即萧子云，为王褒的姑夫，仕梁为国子祭酒，亦善书法。
8. 比：近。书翰：指书信。
9. 诗笔：六朝人以诗笔对言，笔指无韵之文。
10. 仪曹郎：职官名。《隋书·百官志》："尚书省置仪曹、虞曹等郎二十三人。"
11. 晋安王：梁简文帝萧纲于梁天监五年封晋安王。侍读：诸王属官，职务是给诸王讲学。
12. 西台：《资治通鉴》卷一四四胡三省注："江陵在西，故曰西台。"

侯景初入建业[1]，台门虽闭[2]，公私草扰，各不自全。太子左卫率羊侃坐东掖门[3]，部分经略[4]，一宿皆办，遂得百余日抗拒凶逆。于时，城内四万许人，王公朝士，不下一百，便是恃侃一人安之，其相去如此。

古人云："巢父、许由，让于天下[5]；市道小人，争一钱之利[6]。"亦已悬矣[7]。

齐文宣帝即位数年[8]，便沉湎纵恣(zì)，略无纲纪；尚能委政尚书令杨遵彦[9]，内外清谧，朝野晏如，各得其所，物无异议，终天保之朝[10]。遵彦后为孝昭所戮[11]，刑政于是衰矣。

斛(hú)律明月[12]，齐朝折冲之臣[13]，无罪被诛，将士解体，周人始有吞齐之志[14]，关中至今誉之。此人用兵，岂止万夫之望而已哉[15]！国之存亡，系其生死。

张延隽之为晋州行台左丞[16]，匡维主将，镇抚疆埸(yì)[17]，储积器用，爱活黎民，隐若敌国矣[18]。群小不得行志，同力迁之；既代之后，公私扰乱，周师一举，此镇先平。齐亡之迹，启于是矣。

注释

1. 侯景：南朝梁怀朔镇人，字万景。初为北朝魏尔朱荣将，后归高欢。欢死，附梁为河南王。后举兵叛变，攻破梁都建康，史称"侯景之乱"。寻为梁将陈霸先、王僧辩击败，被杀。详见《梁书·侯景传》《南史·贼臣传》。建业：梁朝时称为建康，故址在今江苏南京。
2. 台门：台城的城门。朝廷禁近之地称台。
3. 羊侃：本仕北朝，后投梁，为当时名将。太子左卫率为主管门卫的官，羊侃时任该职，侯景攻建康时，羊主持防卫工作。东掖门：台城正南端门的左右二门为东、西掖门。
4. 部分：部署处分。经略：策划处理。
5. "巢父、许由"二句：巢父、许由俱为唐尧时人，尧以天下让此二人，皆不受。事见晋代皇甫谧《高士传》。
6. "市道小人"二句：见《晋书·华谭传》："或问谭曰：'谚言人之相去，如九牛毛。宁有此理乎？'谭对曰：'昔许由、巢父，让天下之贵；市道小人，争半钱之利：此之相去，何啻(chì)九牛毛也！'闻者称善。"
7. 悬：悬殊。《盐铁论·贫富》："然后诸业不相远，而贫富不相悬也。"
8. 文宣帝：北齐君主，名高洋，字子建。《北齐书·文宣帝纪》称其"以功业自居，纵酒肆欲，事极猖狂，昏邪残暴，近世未有"。
9. 杨遵彦：即杨愔(yīn)，字遵彦，弘农华阴人。官至北齐尚书令，拜骠骑大将军，封开封王，以贤能为朝野所称，乾明初孝昭篡位，被杀。
10. 天保：北齐文宣帝年号。
11. 孝昭：即北齐孝昭帝，名高演，字延安。是文宣帝的舅舅。文宣帝死后，废幼主自立。因受杨遵彦猜斥，遂杀之。事见《北齐书·孝昭帝纪》。
12. 斛律明月：北齐名将斛律金之子，名光，字明月。官至太子太保，善骑射。屡有战功。后因祖珽等人的诬陷而被杀。
13. 折冲：使敌战车后撤，即击退敌军。冲，战车的一种。《吕氏春秋·召类》："夫修之于庙堂之上，而折冲乎千里之外者，其司城子罕之谓乎？"
14. 周：指北周。
15. 万夫之望：见《周易·系辞下》，即众望所归的意思。
16. 行台：见《云麓漫钞》卷二："《南史》，凡朝廷遣大臣督诸军于外，谓之行台。"
17. 疆场：国界。
18. "隐若"句：此句意思是张延隽的威重仿佛与一国相匹敌。隐，威重之貌。敌国，与国相匹敌。《后汉书·吴汉传》："诸将见战不利，或多惶惧，汉意气自若。帝时遣人观大司马何为，还言方修战攻之具，乃叹曰：'吴公差强人意，隐若一敌国矣。'"

卷第三

勉学

夫命之穷达,
犹金玉木石也;
修以学艺,
犹磨莹雕刻也。

勉学第八

自古明王圣帝，犹须勤学，况凡庶乎！此事遍于经史，吾亦不能郑重[1]，聊举近世切要，以启寤汝耳[2]。

士大夫子弟，数岁已上，莫不被教，多者或至《礼》《传》，少者不失《诗》《论》[3]。

及至冠婚[4]，体性稍定；因此天机，倍须训诱。有志尚者，遂能磨砺，以就素业[5]，无履立者，自兹堕慢[6]，便为凡人。

人生在世，会当有业：农民则计量耕稼，商贾则讨论货贿，工巧则致精器用，伎艺则沈思法术，武夫则惯习弓马，文士则讲议经书。

注释

1. 郑重：这里是频繁的意思。
2. 寤：通"悟"。
3. "多者或至《礼》《传》"二句：《礼》，指《礼记》。《传》，指《左传》。《诗》，指《诗经》。《论》，指《论语》。
4. 冠：古代男子二十岁行加冠之礼，称冠礼，表示已成年。
5. 素业：清素之业，即士族所从事的儒业。本书《诫兵》篇"违弃素业"中的"素业"与此义同。

6. 堕：通"惰"。

　　多见士大夫耻涉农商，差务工伎，射则不能穿札，笔则才记姓名，饱食醉酒，忽忽无事，以此销日，以此终年。或因家世余绪，得一阶半级，便自为足，全忘修学；及有吉凶大事，议论得失，蒙然张口，如坐云雾；公私宴集，谈古赋诗，塞默低头，欠伸而已。有识旁观，代其入地。何惜数年勤学，长受一生愧辱哉！

　　梁朝全盛之时，贵游子弟[1]，多无学术，至于谚云："上车不落则著作[2]，体中何如则秘书[3]。"无不熏衣剃面，傅粉施朱，驾长檐车[4]，跟高齿屐[5]，坐棋子方褥[6]，凭斑丝隐囊[7]，列器玩于左右，从容出入，望若神仙。明经求第[8]，则顾人答策[9]；三九公宴[10]，则假手赋诗。当尔之时，亦快士也[11]。

　　及离乱之后，朝市迁革[12]，铨(quán)衡选举，非复曩(nǎng)者之亲；当路秉权，不见昔时之党。求诸身而无所得，施之世而无所用。被褐而丧珠，失皮而露质，兀若枯木，泊若穷流[13]，鹿独戎马之间[14]，转死沟壑之际。当尔之时，诚驽材也。

注释

1. 贵游子弟：无官职的王公贵族叫贵游，他们的子弟就叫贵游子弟。这里是泛称贵族子弟。
2. 著作：即著作郎，官名，掌编纂国史。

3. 体中何如：当时书信中的客套话。王筠（yún）《与长沙王别书》："筠顿首顿首，高秋凄爽，体中何如？"秘书：掌典籍或起草文书的官。
4. 长檐车：一种用车幔覆盖整个车身的车子。《晋书·舆服志》所称通幔车是也。
5. 高齿屐：一种装有高齿的木底鞋。
6. 棋子方褥：一种用方格图案的丝织品制成的方形坐褥。
7. 隐囊：靠枕。《资治通鉴》卷一七六注云："隐囊者，为囊实以细软，置诸坐侧，坐倦则侧身曲肱以隐之。"
8. 明经：六朝以明经取士。《文选·永明九年策秀才文》李周翰注："高等明经，谓德行高远，明于经国之道，第一者也。"
9. 顾：即"雇"。答策：即对策。《汉书·萧望之传》注："对策者，显问以政事经义，令各对之，而观其文辞，定高下也。"
10. 三九：指三公九卿。《后汉书·郎𫖮传》："陛下践阼以来，勤心众政，而三九之位，未见其人。"注云："三公九卿也。"
11. 快士：优秀人物。
12. 朝市：此指朝廷。
13. 洎：卢文弨《注颜氏家训序》："洎"疑当作"洦"。《说文解字·水部》："洦，浅水貌。"
14. 鹿独：流离颠沛的样子。

有学艺者，触地而安。自荒乱以来，诸见俘虏。虽百世小人[1]，知读《论语》《孝经》者，尚为人师；虽千载冠冕，不晓书记者，莫不耕田养马。以此观之，安可不自勉耶？若能常保数百卷书，千载终不为小人也。

夫明六经之指[2]，涉百家之书，纵不能增益德行，敦厉风俗，犹为一艺[3]，得以自资。父兄不可常依，乡国不可常保，一旦流离，无人庇荫，当自求诸身耳。

谚曰："积财千万，不如薄伎在身[4]。"伎之易习而可贵者，无过读书也。世人不问愚智，皆欲识人之多，见事之广，而不肯读书，是犹求饱而懒营馔（zhuàn），欲暖而惰裁衣也。夫读书之人，自羲、农已来[5]，宇宙之下，凡识几人，凡见几事，生民之成败好恶，固不足论，天地所不能藏，鬼神所不能隐也。

注释

1. 小人：指平民百姓。
2. 六经：依《礼记·经解》所列，为《诗经》《尚书》《乐经》《周易》《仪礼》《春秋》。指：通"旨"。
3. 艺：技艺，才能。
4. 伎：通"技"。
5. 羲、农：伏羲、神农，均为传说中的古代帝王，与女娲并称"三皇"。

有客难主人曰[1]："吾见强弩长戟（jǐ）[2]，诛罪安民，以取公侯者有矣；文义习吏[3]，匡时富国，以取卿相者有矣；学备古今，才兼文武，身无禄位，妻子饥寒者，不可胜数，安足贵学乎？"

主人对曰："夫命之穷达，犹金玉木石也；修以学艺，犹磨莹雕刻也。金玉之磨莹，自美其矿璞（pú）[4]，木石之段块，自丑其雕刻；安可言木石之雕刻，乃胜金玉之矿璞哉？不得以有学之贫贱，比于无学之富贵也。

"且负甲为兵，咋笔为吏（zé）[5]，身死名灭者如牛毛，角立杰出者如芝草[6]；握素披黄[7]，吟道咏德，苦辛无益者如日蚀，逸乐名利者如秋荼[8],岂得同年而语矣[9]。且又闻之:生而知之者上,学而知之者次[10]。

"所以学者,欲其多知明达耳。必有天才,拔群出类,为将则暗与孙武、吴起同术[11],执政则悬得管仲、子产之教[12],虽未读书,吾亦谓之学矣[13]。今子即不能然,不师古之踪迹,犹蒙被而卧耳。"

注释

1. 主人:作者自称。
2. 弩、戟:均为古代兵器。
3. 文:文饰,这里作阐释解。义:礼仪。
4. 矿:未经冶炼的金属。璞:未经雕琢的玉石。
5. 咋笔为吏:见《北齐书·徐之才传》:"小史好嚼笔。"咋,啃咬。
6. 角立:如角之挺立。芝草:即灵芝草,一种菌类植物,古人以为瑞草。
7. 素:即绢素,古代用以抄写书籍的丝织品。黄:即黄卷,古时用黄蘖(niè)染纸以防蠹,故名。素、黄均代指书籍。
8. "逸乐"句:荼至秋而花繁叶密,此喻其多。
9. 同年:相等。
10. "生而知之者上"二句:出自《论语·季氏》:"孔子曰:生而知之者,上也;学而知之者,次也……"
11. 孙武:春秋时杰出军事家,字长卿,齐国人。仕吴为将,率吴军攻破楚国。著有《孙子兵法》,为中国最早最杰出的兵书。吴起:战国时军事家,卫国人。善用兵。著《吴起》四十八篇,已佚。
12. 悬:预先。管仲:即管夷吾,字仲。春秋齐颍上人,相齐国,助桓公成为春秋五霸之首。子产:即公孙侨、公孙成子。春秋时政治家。《史记·循吏列传》谓其"相郑二十六年而死,丁壮号哭,老人儿啼"。
13. "虽未读书"二句:见《论语·学而》:"虽曰未学,吾必谓之学也。"

人见邻里亲戚有佳快者[1]，使子弟慕而学之，不知使学古人，何其蔽也哉？

世人但见跨马被甲，长矟(shuò)强弓，便云我能为将；不知明乎天道，辨乎地利[2]，比量逆顺，鉴达兴亡之妙也。

但知承上接下，积财聚谷，便云我能为相；不知敬鬼事神，移风易俗，调节阴阳[3]，荐举贤圣之至也[4]。

但知私财不入，公事夙办，便云我能治民；不知诚己刑物[5]，执辔(pèi)如组[6]，反风灭火[7]，化鸱(chī)为凤之术也[8]。

但知抱令守律，早刑晚舍[9]，便云我能平狱；不知同辕观罪[10]，分剑追财[11]，假言而奸露[12]，不问而情得之察也[13]。

爰(yuán)及农商工贾，厮役奴隶，钓鱼屠肉，饭牛牧羊，皆有先达，可为师表，博学求之，无不利于事也。

注释

1. 佳快：优秀的意思。卢文弨《注颜氏家训序》："佳快，言佳人快士，异乎庸流者也。"
2. "不知明乎天道"二句：见《孙子兵法·计篇》："天者，阴阳寒暑时制也。地者，远近险易广狭生死也。"
3. 阴阳：中国哲学的一对范畴，古代思想家以此解释自然界两种对立和相互消长的物质势力。
4. 至：周密。
5. 刑物：给人作出榜样。刑，通"型"。
6. 执辔如组：出自《诗经·邶风·简兮》。辔，马缰绳。组，用丝织成的宽带子。古代一车四马，每马两条缰绳，驾车人手牵着马缰绳，就像一排正在编织的丝带一般。《吕氏春秋·先己》引此句，并引孔子的话说："审此言也，可以为天下。"《毛诗传》《韩诗外传》均以此句比喻御民有方。

7. 反风灭火：见《后汉书·儒林传》载：刘昆为江陵令时，该县连年发生火灾，刘昆向火叩头，就能降雨止风。言其德政能感动上天。本句即指此事。反，通"返"，回的意思。

8. "化鸱"句：见《后汉书·循吏传》载：仇览为蒲亭长。有位叫陈元的，他的母亲到仇览处告儿子不孝，仇览亲到陈元家，向其陈述人伦孝行之理，终于感化陈元，使他成为孝子。当时乡里传出民谣说："父母何在在我庭，化我鸱鸮哺所生。"本句即指此事。鸱，鸱鸮，即猫头鹰，古代人把它视为恶鸟。

9. 早刑晚舍：宋本原作"早刑时舍"，注云："'时舍'，本作'晚舍'。"洪业曰："按作'晚舍'者是。'早刑晚舍'，句中相对为言。用刑宁早，纵舍宁迟，酷吏之习也。"

10. "不知"句：清朝学者朱亦栋曰："《左传·成公十七年》：'郤犨（chōu）与长鱼矫争田，执而梏之，与其父母妻子同一辕。'杜注：'系之车辕。'之推此句本此。然此事非明察类，不解之推何以用之？抑或别有所本耶？"

11. 分剑追财：见《太平御览》卷六百三十九引《风俗通义》："沛郡有富家公，赀（zī）二千余万。子才数岁，失母，其女不贤。父病，令以财尽属女，但遗一剑，云：'儿年十五，以还付之。'其后又不肯与儿，乃讼之。时太守大司空何武也，得其辞，顾谓掾（yuàn）吏曰：'女性强梁，婿复贪鄙，畏害其儿，且寄之耳。夫剑者所以决断；限年十五者，度其子智力足闻县官，得以伸展也。'乃悉夺财还子。"

12. "假言"句：见《魏书·李崇传》载：李崇任扬州刺史时，有位叫苟泰的，儿子才三岁，被诱拐。几年后，发现在同县人赵奉伯家，苟即告到官府，而赵也坚持说是自家的儿子，官府也不好判定。李崇知道后，让人把苟、赵与小儿分别隔离，过了几十天，才派人传话说小儿已得暴病身亡。苟泰听说后放声痛哭，悲不自胜；赵奉伯却没有一点悲痛的样子。李崇察知此情，就把小儿归还了苟泰。

13. "不问"句：见《晋书·陆云传》载，陆云任浚仪令时，有人被杀，凶犯未定，陆云派人把被害者妻子招来盘问，也未获结果，关了十来天后将她放出去，暗地派人悄悄尾随其后，并交代说："不出十里，就会有男人等候她，然后把他们抓来。"后来果然如陆云所言。凶犯坦白说自己与被害人妻子私通，共谋杀害了她丈夫，听说她被抓后又获释，故在远处等候。人们都称赞陆云办案的神明。

夫所以读书学问，本欲开心明目，利于行耳。

未知养亲者，欲其观古人之先意承颜[1]，怡声下气[2]，不惮劬劳，以致甘腝[3]，惕然惭惧，起而行之也。

未知事君者，欲其观古人之守职无侵，见危授命[4]，不忘诚谏[5]，以利社稷，恻然自念，思欲效之也。

素骄奢者，欲其观古人之恭俭节用，卑以自牧[6]，礼为教本，敬者身基，瞿然自失，敛容抑志也。

素鄙吝者，欲其观古人之贵义轻财，少私寡欲，忌盈恶满[7]，赒穷恤匮，赧然悔耻，积而能散也。

素暴悍者，欲其观古人之小心黜己，齿弊舌存[8]，含垢藏疾[9]，尊贤容众[10]，苶然沮丧[11]，若不胜衣也[12]。

素怯懦者，欲其观古人之达生委命[13]，强毅正直，立言必信[14]，求福不回[15]，勃然奋厉，不可恐慑也。

历兹以往，百行皆然。纵不能淳，去泰去甚[16]。学之所知，施无不达。

世人读书者，但能言之，不能行之，忠孝无闻，仁义不足；加以断一条讼，不必得其理；宰千户县[17]，不必理其民；问其造屋，不必知楣横而梲竖也[18]；问其为田，不必知稷早而黍迟也；吟啸谈谑，讽咏辞赋，事既优闲，材增迂诞，军国经纶，略无施用：故为武人俗吏所共嗤诋，良由是乎！

注释

1. 先意承颜：语本《礼记·祭义》："君子之所谓孝者，先意承志，谕父母于道。"先意承志，同先意承颜，指孝子先父母之意而顺承其志。
2. 怡声下气：见《礼记·内则》："及所，下气怡声，问衣燠寒。"指声气和悦，形容恭顺的样子。
3. 腝（nèn）：指肉柔软脆嫩。
4. 见危授命：出自《论语·宪问》："见利思义，见危授命，久要不忘平生之言。"授命，献出生命。
5. 诚：避隋文帝父"忠"字讳改。
6. 卑以自牧：语出《周易·谦》："谦谦君子，卑以自牧也。"高亨注："余谓牧犹守也，卑以自牧谓以谦卑自守也。"
7. 忌盈恶满：见《周易·谦·彖辞》："人道恶盈而好谦。"
8. 齿弊舌存：意思是说物之刚者易亡折而柔者常得存。汉朝学者刘向《说苑·敬慎》："常枞（chuāng）有疾，老子往问焉……（常枞）张口而示老子曰：'吾舌存乎？'老子曰：'然。''吾齿存乎？'老子曰：'亡。'常枞曰：'子知之乎？'老子曰：'夫舌之存也，岂非以其柔耶？齿之亡也，岂非以其刚耶？'"
9. 含垢藏疾：包容污垢，藏匿恶物。形容宽仁大度。出自《左传·宣公十五年》："山薮（sǒu）藏疾……国君含垢。"
10. 尊贤容众：出自《论语·子张》："君子尊贤而容众，嘉善而矜不能。"
11. 苶：疲倦的样子。
12. 不胜衣：出自《礼记·檀弓下》："赵文子退然若不胜衣，其言呐呐然如不出诸其口。"形容谦恭退让的样子。
13. 达生：不受世务牵累的意思。委命：听任命运支配。
14. 立言必信：见《论语·子路》："言必信。"
15. 求福不回：出自《诗经·大雅·旱麓》："岂弟君子，求福不回。"《毛诗传笺》："不回者，不违祖先之道。"
16. 去泰去甚：出自《老子》："是以圣人去甚、去奢、去泰。"谓事宜适中。
17. 千户县：指最小的县。
18. 楣：房屋的横梁。棁：梁上短柱。

夫学者所以求益耳。见人读数十卷书，便自高大，凌忽长者，轻慢同列；人疾之如仇敌，恶之如鸱枭[1]。如此以学自损，不如无学也。

古之学者为己，以补不足也；今之学者为人，但能说之也[2]。古之学者为人，行道以利世也；今之学者为己，修身以求进也。

夫学者犹种树也，春玩其华，秋登其实；讲论文章，春华也；修身利行[3]，秋实也。

人生小幼，精神专利，长成已后，思虑散逸，固须早教，勿失机也。

吾七岁时，诵《灵光殿赋》[4]，至于今日，十年一理，犹不遗忘；二十之外，所诵经书，一月废置，便至荒芜矣。然人有坎壈（lǎn）[5]，失于盛年，犹当晚学，不可自弃。孔子云："五十以学《易》，可以无大过矣[6]。"

魏武、袁遗[7]，老而弥笃，此皆少学而至老不倦也。曾子七十乃学，名闻天下[8]；荀卿五十[9]，始来游学，犹为硕儒；公孙弘四十余[10]，方读《春秋》，以此遂登丞相；朱云亦四十[11]，始学《易》《论语》；皇甫谧二十[12]，始受《孝经》《论语》：皆终成大儒，此并早迷而晚寤也。

世人婚冠未学，便称迟暮，因循面墙，亦为愚耳。幼而学者，如日出之光，老而学者，如秉烛夜行，犹贤乎瞑目而无见者也[13]。

注释

1. 鸱枭：鸱为猛禽，枭传说食母，古人以为皆恶鸟。
2. "古之学者为己"四句：见《论语·宪问》："古之学者为己，今之学者为人。"王利器《颜氏家训集解》："孔安国曰：'为己，履而行之；为人，徒能言。'"
3. 修身利行：涵养德行，以利于事。
4. 《灵光殿赋》：东汉文学家王逸的儿子王延寿所作，见《文选》。灵光殿，西汉宗室鲁恭王所建。
5. 坎壈：困顿；不得志。
6. "五十以学《易》"二句：见《论语·述而》。朱熹《集注》："学《易》，则明乎吉凶消长之理，进退存亡之道，故可以无大过。"
7. 魏武：即魏武帝曹操。袁遗：字伯业，为袁绍堂兄，任长安令。据《魏志·武帝纪》注，曹操尝称："长大而能勤学，惟吾与袁伯业耳。"
8. "曾子七十乃学"二句：见《类说》"七十"作"十七"，曾子小孔子四十六岁，而从其学，故此处应以"十七"为当。古代十七岁已达入仕之年，而曾子十七岁始学，故可谓晚学。
9. 荀卿：战国时思想家、教育家。名况，时人尊之而号为"卿"。《史记·孟荀列传》："荀卿，赵人。年五十，始来游学于齐。"
10. 公孙弘：字季，汉代人。年四十余始学《春秋》，元朔中为丞相，封平津侯。《汉书》有传。
11. 朱云：字游，汉代平陵人。年四十，从博士白子友学《周易》，又从萧望之学《论语》。事见《汉书·朱云传》。
12. 皇甫谧：魏晋间医学家、学者，字士安，自号玄晏先生。著有医书《甲乙经》。另著有《帝王世纪》《高士传》《列女传》《玄晏春秋》等。事见《晋书·皇甫谧传》。
13. "幼而学者"五句：见《说苑·建本》："师旷曰：'少而好学，如日出之阳；壮而好学，如日中之光；老而好学，如秉烛之明。秉烛之明，孰与昧行乎？'"

学之兴废，随世轻重。汉时贤俊，皆以一经弘圣人之道，上明天时，下该人事，用此致卿相者多矣。末俗已来不复尔[1]，空守章句[2]，但诵师言，施之世务，殆无一可。故士大夫子弟，皆以博涉为贵，不肯专儒。

梁朝皇孙以下，总丱(guàn)之年[3]，必先入学，观其志尚，出身已后[4]，便从文吏，略无卒业者。冠冕为此者[5]，则有何胤[6]、刘瓛、明山宾[7]、周舍[8]、朱异[9]、周弘正[10]、贺琛[11]、贺革[12]、萧子政[13]、刘绦等，兼通文史，不徒讲说也。洛阳亦闻崔浩[14]、张伟[15]、刘芳[16]，邺下又见邢子才[17]：此四儒者，虽好经术，亦以才博擅名。如此诸贤，故为上品，以外率多田野间人，音辞鄙陋，风操蚩(chī)拙，相与专固，无所堪能，问一言辄酬数百，责其指归，或无要会[18]。

邺下谚云："博士买驴[19]，书券三纸，未有驴字。"使汝以此为师，令人气塞。孔子曰："学也禄在其中矣[20]。"今勤无益之事，恐非业也。

注释

1. 末俗：末世的风俗。《汉书·朱博传》："今末俗之弊，政事烦多。"
2. 章句：指古书的章节句读。
3. 总丱：此指童年时代。《诗经·齐风·甫田》："总角丱兮。"角，小髻。丱，儿童的发髻向上分开的样子。
4. 出身：指出仕。
5. 冠冕：仕宦的代称。冠，帽子的总称。冕，古代贵族所戴的礼冠。
6. 何胤：见《梁书·处士传》："何胤，字子季，点之弟也。师事沛国刘瓛，受《易》及《礼记》《毛诗》；入钟山定林寺。听内典，其业皆通。辞职，居若邪山云门寺。世号点为大山，子季为小山，亦曰东山。注《周易》十卷，《毛诗总集》六卷，《毛诗隐义》十卷，《礼记隐义》二十卷，《礼答问》五十五卷。"据此，则何胤非仕宦之人，颜氏恐误。

7. 明山宾：见《梁书·明山宾传》："明山宾，字孝若，平原鬲人。七岁，能言玄理；十三，博通经传。梁台建，置五经博士，山宾首膺其选。东宫新置学士，又以山宾居之。俄兼国子祭酒。累居学官，甚有训导之益。所著《吉礼仪注》二百二十四卷，《礼仪》二十卷，《孝经丧礼服义》十五卷。"

8. 周舍：见《梁书·周舍传》："周舍，字升逸，汝南安成人。博学多通，尤精义理。高祖即位，博求异能之士，范云言之于高祖，召拜尚书祠部郎。居职屡徙，而常留省内，国史诏诰，仪礼法律，军旅谟（mó）谋，皆兼掌之。预机密者二十余年，而竟无一言漏泄机事，众尤叹服之。"

9. 朱异：见《梁书·朱异传》："朱异，字彦和，吴郡钱唐人。遍治五经，尤明《礼》《易》，涉猎文史，兼通杂艺，博弈书算，皆其所长。有诏求异能之士，明山宾表荐之。高祖召见，使说《孝经》《周易》义，谓左右曰：'朱异实异。'周舍卒，异代掌机谋，方镇改换，朝仪国典，诏诰敕（chì）书，并兼掌之。每四方表疏，当局部领，咨询详断，填委于前，顷刻之间，诸事便了。所撰《礼、易讲疏》，及《仪注》《文集》百余篇，乱中多亡逸。"

10. 周弘正：见《陈书·周弘正传》："周思行，汝南安城人。幼孤，及弟弘让、弘直，俱为叔父舍所养。十岁，通《老子》《周易》。起家梁太学博士，累迁国子博士。时于城西立士林馆，弘正居以讲授，听者倾朝野焉。特善玄言，兼明释典，虽硕学名僧，莫不请质疑滞。所著《周易讲疏》《论语疏》《庄子、老子疏》《孝经疏》及集行于世。"思行，即弘正字也。

11. 贺琛：见《梁书·贺琛传》："贺琛，字国宝，会稽山阴人。伯父玚（yáng），授其经业，一闻便通义理，尤精《三礼》。为通事舍人，累迁，皆参礼仪事。所撰《三礼讲疏》《五经滞义》及诸《仪法》，凡百余篇。"

12. 贺革：见《梁书·儒林传》："贺玚子革，字文明。少通《三礼》，及长，遍治《孝经》《论语》《毛诗》《左传》。湘东王于州置学以革领儒林祭酒，讲《三礼》，荆、楚衣冠，听者甚众。"

13. 萧子政：仕梁为都官尚书。撰《周易义疏》十四卷，《系辞义疏》三卷，《古今篆隶杂字体》一卷。

14. 崔浩：见《魏书·崔浩传》："崔浩，字伯渊，清河人。少好文学，博览经史，玄象阴阳百家之言，无不关综；研精义理，时人莫及。太宗好阴阳术数，闻浩说《易》及《洪范五行》，善之，因命浩筮吉凶，参观天文，考定疑惑。浩综核天人之际,举其纲纪,诸所处决,多有应验。恒与军国大谋,甚为宠密。"
15. 张伟:见《魏书·儒林传》:"张伟,字仲业,小名翠螭(chī),太原中都人。学通诸经,讲授乡里,受业常数百人,儒谨泛纳,勤于教训,虽有顽固,问至数十,伟告喻殷勤,曾无愠色。常依附经典,教以孝悌;门人感其仁化,事之如父。"
16. 刘芳:见《魏书·刘芳传》:"刘芳,字伯文,彭城人。聪敏过人,笃志坟典,昼则拥书以自资给,夜则诵读,终夕不寝。为中书侍郎,授皇太子经,迁太子庶子,兼员外散骑常侍。从驾洛阳,自在路及旋师,恒侍坐讲读。芳才思深敏,特精经义,博闻强记,兼览《仓》《雅》,尤长音训,辨析无疑;于是礼遇日隆,赏赉(jī)优渥。撰诸儒所注《周官、仪礼、尚书、公羊、穀(gǔ)梁、国语音》《后汉书音》《毛诗笺音义证》《周官、仪礼、礼记义证》等书。"
17. 邢子才:见《北齐书·邢邵传》:"邢邵,字子才,河间鄚(mào)人。十岁,便能属文。少在洛阳,会天下无事,与时人胜专以山水游宴为娱,不暇勤业。尝因霖雨,乃读《汉书》五日,略能遍记之,复因饮谑倦,方广寻经史,五行俱下,一览便记,无所遗忘。文章典丽,既赡且速。年未二十,名动衣冠。孝昌初,与黄门侍郎李琰之对典朝仪。自孝明之后,文雅大盛;邵雕虫之美,独步当时,每一文出,京都为之纸贵,读诵俄遍远近。晚年,尤以五经章句为意,穷其旨要,吉凶礼仪,公私咨禀,质疑去惑,为世指南。有集三十卷。"
18. 要会:要旨的意思。
19. 博士:国子学中主讲儒家经典的人,此泛指执教的人。
20. "学也"句:见《论语·卫灵公》。

夫圣人之书,所以设教,但明练经文,粗通注义,常使言行有得,亦足为人;何必"仲尼居"即须两纸疏义[1],燕寝讲堂[2],亦复何在?以此得胜,宁有益乎?

光阴可惜,譬诸逝水。当博览机要,以济功业;必能兼美,吾无间焉[3]。

俗间儒士,不涉群书,经纬之外[4],义疏而已[5]。

吾初入邺，与博陵崔文彦交游，尝说《王粲(càn)集》中难郑玄《尚书》事[6]，崔转为诸儒道之，始将发口，悬见排蹙(cù)[7]，云："文集只有诗、赋、铭、诔(lěi)[8]，岂当论经书事乎？且先儒之中，未闻有王粲也。"崔笑而退，竟不以粲集示之。

魏收之在议曹[9]，与诸博士议宗庙事，引据《汉书》，博士笑曰："未闻《汉书》得证经术。"收便忿怒，都不复言，取《韦玄成传》[10]，掷之而起。博士一夜共披寻之，达明，乃来谢曰："不谓玄成如此学也。"

注释

1. "何必"句：见《孝经·开宗明义》第一章章首文。疏义，系对经注而言，注是注解经文，疏是阐释注文。
2. 燕寝讲堂：意思是解经之家对"仲尼居"的"居"字有的释为闲居之处，有的释为讲习之所，各持一端。燕寝，闲居之处。讲堂，讲习之所。
3. 吾无间焉：见《论语·泰伯》："禹，吾无间然矣。"此句本此。间，嫌隙，这里是批评的意思。
4. 经纬：经书和纬书。经书指儒家经典著作。纬书是相对"经书"而言，是汉代混合神学附会儒家经义的书。有《诗纬》《尚书纬》《礼纬》《乐纬》《易纬》《春秋纬》和《孝经纬》，总称"七纬"。又有《论语谶(chèn)》及《河图》《洛书》等，合成"谶纬"。
5. 义疏：解经之书。其名源于佛家的解释佛典。以后指会通中国古书义理，加以阐释发挥；或指广搜群书，补充旧注，究明源委的书。
6. 王粲：东汉末年文学家。字仲宣，山阳高平人（今山东邹县）。以博洽著称。为"建安七子"之一。《隋书·经籍志》载"后汉侍中《王粲集》十一卷"，已散佚，明人辑有《王侍中集》。《三国志·魏志》有传。郑玄：东汉末年著名儒家学者、经学家。字康成，北海高密（今属山东）人。他以古文经说为主，兼采今文经说，遍注群经，成为汉代经学的集大成者，称郑学。《王粲集》中难郑玄《尚书》事，见《困学纪闻》卷二。
7. 排蹙：排挤，这里引申为斥责的意思。
8. 赋、铭、诔：均为文体名，与诗同为有韵之文。赋为"铺采摛（chī）文，体物写志"的有韵之文，铭为"称述功美"的有韵之文，诔为"累列生时行迹"的有韵之文。
9. 魏收：北齐文学家、史学家。与温子升、邢邵号称北朝三才子。《北齐书·魏收传》："收字伯起，小字佛助，钜鹿下曲阳人。读书，夏月坐板床，随树阴讽诵，积年，板床为之锐减，而精力不辍。以文华显，辞藻富逸，撰《魏书》一百三十卷，有集七十卷。"议曹：隋之咨议参军。
10. 《韦玄成传》：见《汉书·韦贤传》："贤少子玄成，字少翁。好学，修父业，以明经擢（zhuó）为谏大夫。永光中，代于定国为丞相，议罢郡国庙，又议太上皇、孝惠、孝文、孝景庙，皆亲尽宜毁，诸寝园日月间祀，皆勿复修。"

　　夫老、庄之书，盖全真养性[1]，不肯以物累已也[2]。故藏名柱史，终蹈流沙[3]；匿迹漆园，卒辞楚相[4]，此任纵之徒耳。

　　何晏[5]、王弼（bì）[6]，祖述玄宗[7]，递相夸尚，景附草靡[8]，皆以农、黄之化[9]，在乎己身，周、孔之业[10]，弃之度外。

　　而平叔以党曹爽见诛，触死权之网也[11]；辅嗣以多笑人被疾，陷好胜之阱也[12]；山巨源以蓄积取讥，背多藏厚亡之文也[13]；夏侯玄以才望被戮，无支离拥肿之鉴也[14]；荀奉倩丧妻，神伤而卒，非鼓缶（fǒu）之情也[15]；王夷甫悼子，悲不自胜，异东门之达也[16]；嵇叔夜排俗取祸，岂和光同尘之流也[17]；郭子玄以倾动专势，宁后身外己之风也[18]；阮嗣宗沉酒荒迷，乖畏途相诫之譬也[19]；谢幼舆赃贿黜削，违弃其馀鱼之旨也[20]。

彼诸人者，并其领袖，玄宗所归。其余枝梧尘滓之中，颠仆名利之下者，岂可备言乎！直取其清谈雅论，剖玄析微，宾主往复[21]，娱心悦耳，非济世成俗之要也。

洎于梁世，兹风复阐，《庄》《老》《周易》，总谓三玄。武皇、简文，躬自讲论。周弘正奉赞大猷[22]，化行都邑，学徒千余，实为盛美。

元帝在江、荆间，复所爱习，召置学生，亲为教授，废寝忘食，以夜继朝，至乃倦剧愁愤[23]，辄以讲自释。吾时颇预末筵[24]，亲承音旨，性既顽鲁，亦所不好云。

注释

1. 全真：保持本性。嵇康《忧愤诗》："养素全真。"
2. "不肯"句：《庄子》中《天道》《刻意》两篇中有"无物累"的话，《秋水》篇中有"不以物害己"的话，即不因为外物而损伤自己的意思。
3. "故藏名柱史"二句：见《列仙传》载："老子姓李，名耳，字伯阳，陈人也。生于殷时，为周柱下史。关令尹喜者，周大夫也，善内学，常服精华，隐德修行，时人莫知。老子西游，喜先见其气，知有真人当过，物色而迹之，果见老子。老子亦知其奇，为著书授之。后与老子俱游流沙化胡，服苣胜实，莫知其所终。"柱史，即柱下史省称，为周秦时官名。
4. "匿迹漆园"二句：见《史记·老子韩非列传》载："庄子者，蒙人，名周，为漆园吏。楚威王闻其贤，使使厚币迎之，许以为相。周笑曰：'子独不见郊祭之牺牛乎？养食之数岁，衣以文绣，以入太庙。当是之时，虽欲为孤豚，岂可得乎？子亟去，无污我。'"漆园，在今山东曹县，战国时庄子曾在此地为吏。
5. 何晏：曹魏时玄学家，字平叔。少以才秀知名，好老、庄言，作《道德论》及诸文赋，凡数十篇。传附见《三国志·魏志·曹真传》。
6. 王弼：曹魏时玄学家，字辅嗣。年十余，即笃好老、庄。著有《道略论》，注

《周易》《老子》。卒年二十四。传附见《三国志·魏志·钟会传》。

7. 玄宗：指道教。
8. 景："影"的本字。
9. 农、黄：神农、黄帝，道家以神农、黄帝为宗。
10. 周、孔：周公、孔子，儒家以周公、孔子为宗。
11. "而平叔以党曹爽见诛"二句：见《三国志·魏志·曹真传》："真子爽，字昭伯，明帝宠待有殊。帝寝疾，引入卧内，拜大将军，假节钺（yuè），都督中外诸军事，录尚书事，受遗诏，辅少主。乃进叙南阳何晏等为腹心。……车驾朝高陵，爽兄弟皆从，司马宣王先据武库，遂出屯洛水浮桥，奏免爽兄弟，以侯就第；收晏等下狱，后皆族诛。"死权指贪恋权势至死不休。
12. "辅嗣以多笑人被疾"二句：见西晋文学家何劭（shào）《王弼传》："弼论道，傅会文辞，不如何晏自然，有所拔858多晏。颇以其所长笑人，故时为士君子所疾。"辅嗣，王弼的字。
13. "山巨源以蓄积取讥"二句：关于山涛以蓄积取讥事，未见诸书记载，刘盼遂谓疑当是王戎之误。王戎，字濬冲。其人贪吝好货，广收八方园田，积钱无数，每自执牙筹，昼夜计算，为时人所讥。王戎与山涛同在竹林七贤，故颜之推有此之误也。山巨源，即山涛，巨源为其字，《晋书》有传。
14. "夏侯玄以才望被戮"二句：夏侯玄，曹魏玄学家，字太初。少知名。曹爽辅政，玄与爽有亲属关系，累迁散骑侍中护军，旋为征西将军，都督雍、凉州诸军事。曹爽被诛，玄被征为大鸿胪。时司马懿权重，中书令李丰等谋诛之，并以玄辅政，事败，玄亦被杀。支离，即支离疏，为《庄子·人间世》中寓言人物。其人肢体畸形，于事无补，而坐受赈济。"支离"有残缺而不中用之意。《庄子·人间世》："夫支离其形者，犹足以养其身，终其天年，又况支离其德者乎！"又《庄子·逍遥游》："惠子谓庄子曰：'吾有大树，人谓之樗（chū），其大本拥肿而不中绳墨，其小枝拳曲而不中规矩，立之途，匠者不顾。'庄子曰：'子患其无用，何不树之于无何有之乡，不夭斧斤，物无害者，无所可用，安所困苦哉？'""拥肿"之意本此。拥肿，隆起而不平直。即"臃肿"。
15. "荀奉倩丧妻"三句：事见《世说新语·惑溺》篇注引《荀粲别传》。荀奉倩，名粲。荀的妻子病死后，荀甚悲伤，岁余亦亡，亡时年二十九。鼓缶之情典出《庄子·至乐论》："庄子妻死，惠子吊之，方箕踞鼓盆而歌。惠子曰：'与人居，长子、老、身死，不哭，亦足矣，又鼓盆而歌，不亦甚乎？'庄子曰：'不然。是其始死也，我独何能无概然！察其死而本无生，非徒无生也，而本无形，非徒无形也，而本无气。人且偃然寝于巨室，而我噭（jiào）噭然随而哭之，自以为不通乎命，故止也。'"缶，古代盛酒的瓦器。

16. "王夷甫悼子"三句：见《晋书·王戎传》："戎从弟衍，字夷甫。丧幼子，山简吊之，衍悲不自胜。简曰：'孩抱中物，何至于此？'衍曰：'圣人忘情，最下不及于情，然则情之所钟，正在我辈。'简服其言，更为之恸。"东门之达典出《列子·力命》："魏人有东门吴者，其子死而不忧，其相室曰：'公之爱子，天下无有；今子死而不忧，何也？'东门吴曰：'吾尝无子，无子之时不忧。今子死，乃与向无子同，臣奚忧焉？'"

17. "嵇叔夜排俗取祸"二句：嵇叔夜是曹魏玄学家，名康。为竹林七贤之一。三国魏谯（qiáo）郡人。博洽多闻，崇尚老庄。时司马氏掌朝权，山涛为选曹郎，举康自代，康答书拒绝，自说不堪流俗，而非薄汤武。景元中遭钟会诬陷，为司马昭所杀。和光同尘，把光荣和尘浊同样看待。后多指与世浮沉，随波逐流而不自异。《老子》："和其光，同其尘。"王弼注："无所特显，则物无所偏争也。无所特贱，则物无所偏耻也。"

18. "郭子玄以倾动专势"二句：见《晋书·郭象传》："象字子玄，少有才理，好老、庄，能清言。州郡辟召，不就。常闲居，以文论自娱。东海王越引为太傅主簿，遂任职当权，熏灼内外，由是素论去之。"《汉魏丛书》本、《格致丛书》本、黄叔琳节钞本中"专"作"权"。后身外已典出《老子·道经》："后其身而身先，外其身而身存。"意思是说，把自己置之于后，反能占先；把生命置之度外，反得保全。

19. "阮嗣宗沉酒荒迷"二句：见《晋书·阮籍传》："籍字嗣宗，陈留尉氏人。本有济世志，属魏、晋之际，天下多故，名士少有全者，由是不与世事，遂酣饮为常。文帝初欲为武帝求婚于籍，籍醉六十日，不得言而止。钟会数以时事问之，欲因其可否而致之罪，皆以酣醉获免。时率意独驾，不由路径，车迹所穷，辄恸哭而反。"阮嗣宗，即阮籍，曹魏玄学家，竹林七贤之一。畏途，典出《庄子·达生》："夫畏途者，十杀一人，则父子兄弟相戒也，必盛卒徒而敢出焉。"

20. "谢幼舆赃贿黜削"二句：见《晋书·谢鲲传》："鲲字幼舆，陈国阳夏人，好《老》《易》。东海王越辟为掾，坐家童取官稿，除名。鲲不徇功名，无砥砺行，居身于可否之间，虽自处若秽，而动不累高。"谢幼舆，即谢鲲，西晋玄学家。弃其馀鱼，典出《淮南子·齐俗》："惠子从车百乘，以过孟诸，庄子见之，弃其馀鱼。"意思是说，庄子见惠子财富过多，故舍弃自己多余的鱼，以示节俭知足之意。

21. 宾主往复：宾主问答的意思。
22. 大猷：治国的大道。梁武帝大同八年（542），周弘正启梁主《周易》疑义，事见《陈书·周弘正传》。
23. 倦剧：疲倦至极的意思。
24. 颇：表程度的副词，这里是略微、偶尔的意思。

齐孝昭帝侍娄太后疾[1]，容色憔悴，服膳减损。徐之才为灸两穴[2]，帝握拳代痛，爪入掌心，血流满手。后既痊愈，帝寻疾崩，遗诏恨不见太后山陵之事[3]。

其天性至孝如彼，不识忌讳如此，良由无学所为。若见古人之讥欲母早死而悲哭之[4]，则不发此言也。孝为百行之首，犹须学以修饰之，况余事乎！

梁元帝尝为吾说："昔在会稽(kuài)[5]，年始十二，便已好学。时又患疥，手不得拳，膝不得屈。闲斋张葛帏避蝇独坐[6]，银瓯贮山阴甜酒，时复进之，以自宽痛。率意自读史书，一日二十卷，既未师受，或不识一字，或不解一语，要自重之，不知厌倦。"

帝子之尊，童稚之逸，尚能如此，况其庶士，冀以自达者哉？

古人勤学，有握锥投斧[7]，照雪聚萤[8]，锄则带经[9]，牧则编简[10]，亦为勤笃。

梁世彭城刘绮(qǐ)，交州刺史勃之孙，早孤家贫，灯烛难办，常买荻(dí)尺寸折之，然明夜读[11]。孝元初出会稽，精选寮(liáo)案(cǎi)[12]，绮以才华，为国常侍兼记室[13]，殊蒙礼遇，终于金紫光禄[14]。

义阳朱詹，世居江陵，后出扬都[15]，好学，家贫无资，累日不爨(cuàn)[16]，乃时吞纸以实腹。寒无毡被，抱犬而卧。犬亦饥虚，起行盗食，呼之不至，哀声动邻，犹不废业，卒成学士，官至镇南录事参军，为孝元所礼。此乃不可为之事，亦是勤学之一人。

东莞臧逢世，年二十余，欲读班固《汉书》，苦假借不久，乃就姊夫刘缓乞丐客刺书翰纸末[17]，手写一本，军府服其志尚，卒以《汉书》闻。

齐有宦者内参田鹏鸾[18]，本蛮人也。年十四五，初为阍(hūn)寺[19]，便知好学，怀袖握书，晓夕讽诵。所居卑末，使役苦辛，时伺闲隙，周章询请[20]。每至文林馆[21]，气喘汗流，问书之外，不暇他语。及睹古人节义之事，未尝不感激沈吟久之。吾甚怜爱，倍加开奖。后被赏遇，赐名敬宣，位至侍中开府[22]。

后主之奔青州，遣其西出，参伺动静，为周军所获。问齐主何在，绐云："已去，计当出境。"疑其不信，欧捶服之[23]，每折一支[24]，辞色愈厉，竟断四体而卒。蛮夷童丱，犹能以学成忠，齐之将相，比敬宣之奴不若也。

邺平之后，见徙入关[25]。思鲁尝谓吾曰："朝无禄位，家无积财，当肆筋力，以申供养。每被课笃(dū)[26]，勤劳经史，未知为子，可得安乎？"

吾命之曰："子当以养为心，父当以学为教[27]。使汝弃学徇财，丰吾衣食，食之安得甘？衣之安得暖？若务先王之道，绍家世之业，藜羹(lí)缊(yùn)褐[28]，我自欲之。"

注释

1. 齐孝昭帝：名演，字延安，北齐君主，560 年在位。娄太后：《北齐书·神武明皇后传》："娄氏，讳昭君，司徒内干之女。"
2. 徐之才：见《北齐书·徐之才传》："之才，丹阳人，大善医术，兼有机辩。"
3. 山陵：指帝王或皇后的坟墓。此指孝昭帝母亲的丧事。《尔雅·释丘》："秦名天子冢曰山，汉曰陵。"
4. "若见"句：见《淮南子·说山》："东家母死，其子哭之不哀。西家子见之，归谓其母曰：'社何爱速死，吾必悲哭社。'夫欲其母之死者，虽死亦不能悲哭矣。"
5. 会稽：郡名。南朝时其治所在山阴（今浙江绍兴）。
6. 葛：植物名。多年生蔓草。其茎的纤维可制葛布。
7. 握锥：指战国时苏秦以锥刺股事。《战国策·秦策》："苏秦读书欲睡，引锥自刺其股，血流至足。"投斧：指文党投斧求学事。《北堂书钞》卷九七、《太平御览》卷六一一引《庐江七贤传》："文党，字仲翁。未学之时，与人俱入山取木，谓侣人曰：'吾欲远学，先试投我斧高木上，斧当挂。'仰而投之，斧果上挂，因之长安受经。"
8. 照雪：见《初学记》引《宋齐语》："孙康家贫，常映雪读书，清淡，交游不杂。"《太平御览》卷十二亦引此文。聚萤：《晋书·车武子传》："武子，南平人。博学多通。家贫，不常得油，夏月则练囊盛数十萤火以照书，以夜继日焉。"
9. 锄则带经：见《汉书·儿宽传》："带经而锄，休息，辄读诵。"又，汉末的常林也有带经而锄的事。
10. 牧则编简：见《汉书·路温舒传》："温舒，字长君，钜鹿东里人。父为里监门，使温舒牧羊，取泽中蒲，截以为牒，编用书写。"
11. 然："燃"的本字。
12. 寮寀：见《尔雅·释诂》："寮、寀，官也。"寮，通"僚"。寀，通"采"。
13. 侍兼记室：见《隋书·百官志》："皇子府置中录事、中记室、中直兵等参军，功曹吏、录事、中兵等参军。王国置常侍官。"
14. "殊蒙礼遇"二句：见《隋书·百官志》："特进、左右光禄大夫、金紫光禄大夫，并为散官，以加文武官之德声者。"
15. 扬都：指建业，即今江苏南京。
16. 爨：烧火煮饭。
17. 客刺：名刺，名片。
18. 内参：宦官。《资治通鉴·陈纪》："宣帝太建七年，帝自率内参拒斗。"

19. 阍寺：官名。阍人寺人之省称。《礼记·内则》："深宫固门，阍寺守之。"
20. 周章：周游。
21. 文林馆：官署名。北齐置，掌著作及校理典籍，兼训生徒，置学士。
22. 开府：开建府署，辟置僚属。因其仪仗同于三司（太尉、司徒、司空），称开府"仪同三司"。
23. 欧：通"殴"。
24. 支：通"肢"。
25. "邺平之后"二句：指北周军队攻占北齐都城邺城，灭北齐，北齐君臣被押送长安事，见《北齐书·后主纪》。
26. 笃：通"督"，督促。
27. "父当"句：宋本作"父当以教为事"，原注为："'教'一本作'学'，'事'一本作'教'"。
28. 藜羹：用嫩藜煮成的羹，此指粗劣的食物。

《书》曰："好问则裕[1]。"《礼》云："独学而无友，则孤陋而寡闻[2]。"盖须切磋相起明也[3]。见有闭门读书，师心自是，稠人广坐，谬误差失者多矣。

《穀梁传》称公子友与莒挐（jǔ ná）相搏，左右呼曰"孟劳"[4]。"孟劳"者，鲁之宝刀名，亦见《广雅》[5]。近在齐时[6]，有姜仲岳谓："'孟劳'者，公子左右，姓孟名劳，多力之人，为国所宝。"与吾苦诤。时清河郡守邢峙[7]，当世硕儒，助吾证之，赧然而伏。

又《三辅决录》云[8]："灵帝殿柱题曰：'堂堂乎张，京兆田郎。'"盖引《论语》，偶以四言，目京兆人田凤也[9]。有一才士，乃言："时张京兆及田郎二人皆堂堂耳。"闻吾此说，初大惊骇，其后寻愧悔焉。

江南有一权贵，读误本《蜀都赋》注[10]，解"蹲鸱，芋也"乃为"羊"字；人馈羊肉，答书云："损惠蹲鸱[11]。"举朝惊骇，不解事义[12]，久后寻迹，方知如此。

元氏之世[13]，在洛京时[14]，有一才学重臣，新得《史记音》[15]，而颇纰缪，误反"颛顼（zhuān xū）"字，顼当为许录反，错作许缘反[16]，遂谓朝士言："从来谬音'专旭'，当音'专翾（xuān）'耳。"此人先有高名，翕（xī）然信行；期年之后，更有硕儒，苦相究讨，方知误焉。

《汉书·王莽赞》云："紫色鼃（wā）声，馀分闰位[17]。"谓以伪乱真耳。昔吾尝共人谈书，言乃王莽形状，有一俊士，自许史学[18]，名价甚高，乃云："王莽非直鸱目虎吻[19]，亦紫色蛙声。"

又《礼乐志》云："给太官挏（dòng）马酒。"李奇注："以马乳为酒也，撞（chòng）挏乃成。"二字并从手。撞挏，此谓撞捣挺挏之，今为酪酒亦然[20]。向学士又以为种桐时，太官酿马酒乃熟。其孤陋遂至于此。

太山羊肃，亦称学问，读潘岳赋："周文弱枝之枣[21]。"为杖策之杖；《世本》[22]："容成造厯[23]。"以厯为碓磨之磨。

注释

1. 好问则裕：见《商书·仲虺（huǐ）之诰》。裕，充足。
2. "独学而无友"二句：见《礼记·学记》。
3. 起：启发、开导的意思。
4. "《穀梁传》称公子友与莒挐相搏"二句：事在僖公元年。

5. 《广雅》：三国魏张揖撰。原三卷。其书体例，篇目依《尔雅》，博采汉代经书笺注及"三仓"及《方言》《说文解字》等字书增广补充，故名《广雅》。为研究古汉语词汇和训诂的重要著作。

6. 近在齐时：颜氏此书，成于入隋之后。此言"近在齐时"，说明此书在北齐时即已动笔。

7. 邢峙：见《北齐书·儒林传》："邢峙，字士峻，河间鄚人。通《三礼》《左氏春秋》。皇建初，为清河太守，有惠政。"

8. 《三辅决录》：见《隋书·经籍志》："《三辅决录》七卷，汉太仆赵岐撰，挚虞注。"

9. "堂堂乎张"五句：见《论语·子张》："曾子曰：'堂堂乎张也，难与并为仁矣。'"原意是说子张（孔子学生）外表很有气派。汉灵帝引此语品评田凤。田凤，京兆人，时为尚书郎。

10. 《蜀都赋》：南朝文学家左思写有《三都赋》，分《魏都赋》《吴都赋》《蜀都赋》。后两篇为刘逵注。

11. 损惠：谢人馈送礼物的敬辞。意谓对方降抑身份而加惠于己。

12. 事义：这里指用典故比喻事物的意义。

13. 元氏之世：指北魏。元氏为北魏皇帝之姓，孝文帝由拓跋氏改为元氏。

14. 洛京：即洛阳。北魏于孝文帝太和十八年自代迁都洛阳。

15. 《史记音》：见《隋书·经籍志》："《史记音》三卷，梁轻车都尉参军邹诞生撰。"

16. "误反'颛顼'字"三句：反，即反切，此句中"颛顼"的"顼"字音为"许录反"，亦即以许、录二字相切而成。颛顼，传说中古代部族首领，号高阳氏。

17. "《汉书·王莽赞》云"三句：王莽，字巨君。汉人。新王朝的建立者。紫色䵷声，颜师古《注》引应劭曰："紫，间色；䵷，邪音也。"又注："䵷者，乐之淫声，非正曲也。"馀分闰位，古人称非正统的帝位为闰位。颜师古《注》引服虔曰："言莽不得正王之命，如岁月之馀分为闰也。"

18. 自许：自我称许。

19. "王莽"句：见《汉书·王莽传》："待诏曰：莽，所谓鸱目虎吻，豺狼之声者矣。"

20. "又《礼乐志》云"九句：颜氏释《礼乐志》"给太官挏马酒"句，引李奇注，以为挏作"擣挏"解，即上下捣击的意思。挏马酒即取马乳上下捣击而成酒。然而宋人王观国《学林》卷七以为挏乃官名，故释此句为："（以此七十二人）拨隶太官，使之役以造酒，而供挏马之所用也。"王利器按语谓："王说给太官义甚是，而谓'役之以造酒而供捆马之所用'，又云'捆马所用之酒'则非是。"今从王利器说。
21. "读潘岳赋"二句：见《文选·潘岳〈闲居赋〉》："周文弱枝之枣，房陵朱仲之李。"李周翰注："周文王时，有弱枝枣树，味甚美。"潘岳，西晋文学家。弱枝之枣，枣名。
22. 《世本》：书名。战国时史官所撰，记黄帝讫春秋时诸侯大夫的氏族、世系、居（都邑）、作（制作）等。《汉书·艺文志》著录十五卷，原书已佚，清人雷学淇等有辑本。
23. 容成：黄帝之臣。曆：历的繁体字。

谈说制文，援引古昔，必须眼学，勿信耳受。

江南闾(lú)里间[1]，士大夫或不学问，羞为鄙朴，道听涂说，强事饰辞：呼征质为周、郑[2]，谓霍乱为博陆[3]，上荆州必称陕西[4]，下扬都言去海郡，言食则糊口[5]，道钱则孔方[6]，问移则楚丘[7]，论婚则宴尔[8]，及王则无不仲宣[9]，语刘则无不公干[10]。凡有一二百件，传相祖述[11]，寻问莫知原由，施安时复失所[12]。庄生有乘时鹊起之说[13]，故谢朓诗曰："鹊(tiāo)起登吴台[14]。"

吾有一亲表，作《七夕》诗云："今夜吴台鹊，亦共往填河[15]。"《罗浮山记》云："望平地树如荠[16]。"故戴暠(hào)诗云："长安树如荠[17]。"又邺下有一人《咏树》诗云："遥望长安荠。"又尝见谓矜诞为夸毗(pí)[18]，呼高年为富有春秋[19]，皆耳学之过也。

注释

1. 闾里：乡里。《周礼·天官·小宰》："听闾里以版图。"贾公彦疏："在六乡则二十五家为闾，在六遂则二十五家为里。"
2. 质为周、郑：见《左传·隐公二年》："周、郑交质。"质，典当，抵押；以财物或人作保证。
3. 霍乱：中医泛指有剧烈吐泻、腹痛等症状的急性肠胃疾患。又汉代大臣霍光封博陆侯，这大约是"谓霍乱为博陆"的一点因由。
4. "上荆州"句：见《南齐书·州郡志》："江左大镇，莫过荆、扬。周世二伯总诸侯，周公主陕东，召公主陕西，故称荆州为陕西也。"此处陕西为古地名，指陕陌（今河南陕县西南）以西。
5. 糊口：见《左传·隐公十一年》："而糊使其口于四方。"《说文解字·食部》："糊，寄食也。"
6. 孔方：又作"孔方兄"。钱的别称，因旧时铜钱中有方孔。晋·鲁褒《钱神论》："亲爱如兄，字曰孔方。失之则贫穷，得之则富强。"
7. "问移"句：见《左传·闵公二年》："僖之元年，齐桓公迁邢于夷仪，封卫于楚丘。邢迁如归，卫国忘亡。"
8. "论婚"句：见《诗经·邶风·谷风》："宴尔新婚，如兄如弟。"
9. "及王"句：王即王粲，为汉末著名文学家，建安七子之一，字仲宣。
10. "语刘"句：刘即刘桢，为汉末文学家，建安七子之一，字公干。
11. 祖述：效法、遵循前人的行为或学说。
12. 施安：《少仪外传》作"施行"。
13. "庄生"句：见《太平御览》卷九百二十一引《庄子》云："鹊上高城之垝，而巢于高榆之颠，城坏巢折，陵风而起。故君子之居世也，得时则蚁行，失时则鹊起也。"时，时机。
14. "鹊起"句：《文选》载谢朓（tiǎo）《和伏武昌登孙权故城诗》作"鹊起登吴山，凤翔陵楚甸"。与颜氏所引有异。吴骞《拜经楼诗话》以为颜氏所引乃原本耳。
15. 填河：也称"填桥"。民间传说，每年七月七夕牛郎、织女相会，群鹊衔接为桥以渡银河。
16. "《罗浮山记》云"二句：见《元和郡县志》卷三十四引晋代袁彦伯《罗浮山记》曰："罗浮山在博罗县西北。罗山之西有浮山，盖蓬莱之一阜，浮海而至，与罗山并体，故曰罗浮。"荼，荼菜。《诗经·邶风·谷风》："谁谓荼苦，其甘如荠。"

17. "长安"句：出自《乐府诗集》卷二七载戴嵩（hào）《度关山诗》，首云："昔听《陇头吟》，平居已流涕；今上关山望，长安树如荠。"
18. 夸毗：以谄谀、卑屈取媚于人。与"矜诞"义相反。
19. 富有春秋：指年纪小，春秋尚多，故称富。此与"高年"义正相反。春秋，指年数。

夫文字者，坟籍根本。

世之学徒，多不晓字：读五经者，是徐邈(miǎo)而非许慎[1]；习赋诵者，信褚诠而忽吕忱[2]；明《史记》者，专徐、邹而废篆籀(zhòu)[3]；学《汉书》者，悦应、苏而略《仓》《雅》[4]。

不知书音是其枝叶，小学乃其宗系[5]。至见服虔、张揖音义则贵之[6]，得《通俗》《广雅》而不屑[7]。一手之中[8]，向背如此，况异代各人乎？

夫学者贵能博闻也。郡国山川[9]，官位姓族[10]，衣服饮食，器皿制度[11]，皆欲根寻，得其原本；至于文字，忽不经怀[12]，己身姓名，或多乖舛，纵得不误，亦未知所由。

近世有人为子制名：兄弟皆山傍立字，而有名峙者[13]；兄弟皆手傍立字，而有名机者[14]；兄弟皆水傍立字，而有名凝者[15]。名儒硕学，此例甚多。若有知吾钟之不调[16]，一何可笑。

吾尝从齐主幸并州[17]，自井陉关入上艾县[18]，东数十里，有猎闾(lú)村。后百官受马粮在晋阳东百余里亢仇城侧。并不识二所本是何地，博求古今，皆未能晓。

及检《字林》《韵集》[19]，乃知猎闾是旧䜲(liè)馀聚[20]，亢仇旧是馒飲亭[21],悉属上艾。时太原王劭欲撰乡邑记注[22],因此二名闻之,大喜。

吾初读《庄子》"螝二首[23]",《韩非子》曰[24]:"虫有螝者,一身两口,争令相龁,遂相杀也[25]。"茫然不识此字何音[26],逢人辄问,了无解者。

案:《尔雅》诸书,蚕蛹名螝,又非二首两口贪害之物。后见《古今字诂》[27],此亦古之虺字,积年凝滞,豁然雾解。

尝游赵州[28],见柏人城北有一小水[29],土人亦不知名。后读城西门徐整碑云[30]:"洦流东指。"众皆不识。

吾案《说文》[31],此字古魄字也,洦,浅水貌[32]。此水汉来本无名矣,直以浅貌目之,或当即以洦为名乎?

世中书翰[33],多称勿勿,相承如此,不知所由,或有妄言此忽忽之残缺耳。

案:《说文》:"勿者,州里所建之旗也,象其柄及三游之形,所以趣民事。故恩遽者称为勿勿[34]。"

吾在益州[35],与数人同坐,初晴日晃,见地上小光,问左右:"此是何物?"有一蜀竖就视,答云:"是豆逼耳[36]。"相顾愕然,不知所谓。命取将来[37],乃小豆也。

穷访蜀士,呼粒为逼,时莫之解。吾云:"三仓、《说文》,此字白下为匕,皆训粒[38],《通俗文》音方力反。"众皆欢悟。

憨楚友婿窦如同从河州来[39],得一青鸟,驯养爱玩,举俗呼之为鶡[40]。吾曰:"鶡出上党[41],数曾见之,色并黄黑,无驳杂也。故陈思王《鹖赋》云[42]:'扬玄黄之劲羽。'"

试检《说文》:"鳺雀似鹠而青^{jiè}[43],出羗^{qiāng}中。"《韵集》音介[44]。此疑顿释。

注释

1. 徐邈:东晋东莞姑幕人。博涉多闻。四十四岁时始官中书舍人。撰《五经音训》,学者宗之。许慎:东汉经学家、文字学家。字叔重,汝南召陵人。博通经籍。著《说文解字》十四卷并叙目为十五卷,集古文经学训诂之大成,为后代研究文字及编辑字书最重要的根据。又著有《五经异义》十卷。
2. 褚诠:事迹不详。《隋书·经籍志》:"《百赋音》十卷,宋御史褚诠之撰。"疑褚诠即褚诠之,"之"字脱。吕忱:字伯雍,任城人。《隋书·经籍志》:"《字林》七卷,晋弦令吕忱撰。"
3. 徐:疑当为南朝宋中散大夫徐野民,其人撰有《史记音义》十二卷,见《隋书·经籍志》(赵曦明《颜氏家训注》说)。邹:指邹诞生。南朝宋轻车都尉。著有《史记音》三卷。篆籀:均为古代书体,通行于战国秦时。篆指小篆;籀指大篆。此句所谓"废篆籀",是指学习者不能像许慎那样通过分析篆文字形探求字义。
4. 应:指应劭。苏:指苏林。《汉书·叙例》:"应劭,字仲瑗,汝南南顿人。后汉萧令、御史、营陵令、泰山太守。苏林,字孝友,陈留外黄人。魏给事中。黄初中,迁博士,封安成亭侯。"《仓》:指"三仓",也作"三苍"。古人将汉初流传的字书《仓颉篇》及扬雄《训纂篇》、贾访《滂喜篇》共三篇字书合为一部,称"三仓"。《雅》:指《尔雅》,古代文字训诂之书。《汉书·艺文志》著录篇。今本三卷,十九篇。前三篇《释诂》《释言》《释训》解释语词,后十六篇专门解释名物术语。
5. 小学:汉代称文字学为小学,因儿童入小学先学文字,故名。隋唐以后,范围扩大,成为文字学、训诂学、音韵学的总称。
6. 服虔:东汉经学家。初名重,又名祇,字子慎,河南荥阳人。曾任九江太守。信古文经学,撰有《春秋左氏传解谊》。东晋元帝时,服虔《左传》曾立博士。南北朝时,北方盛行服《春秋左氏传注》。张揖:三国时魏国清河人。字稚让,曾官博士。所著《埤苍》《古今字诂》已佚,存者有《广雅》。

7. 《通俗》：即《通俗文》。服虔撰，一卷。训释经史用字。原书已失传。清代学者任大椿等有辑本。
8. 一手：这里指出自一人的手笔。
9. 郡国：汉代区划分郡与国。郡直辖于朝廷，国分封于诸王侯。
10. 姓族：姓氏家族。
11. 制度：法令礼俗的总称。
12. 忽：轻视。经怀：留心。
13. 峙：颜之推的时代，"峙"字的正规写法应作"岾"，《说文解字》中亦有"岾"无"峙"，颜之推的意思是说"山"字旁的"峙"字不规范，不可以命名（清朝文字训诂学家、经学家段玉裁说）。
14. "兄弟皆手傍立字"二句：卢文弨《注颜氏家训序》："'兄弟皆手傍（本作"边"）立字，而有名机者'，'手'误作'木'，'掞'误作'机'，今并注一皆改正。"据此，则此句中"机"当作"掞"。按：《说文解字》中无"掞"字，故颜氏讥其不规范。
15. 凝：宋本以下诸本俱如此作，独抱经堂本改作"癡"。段玉裁曰："此亦颜时俗字。凝本从仌，俗本从水，故颜谓其不典，今本正文仍作正体，则又失颜意矣。"
16. "若有"句：见《淮南子·修务》："昔晋平公令官为钟，钟成而示师旷，师旷曰：'钟音不调。'平公曰：'寡人以示工，工皆以为调；而以为不调，何也？'师旷曰：'使后无知音则已，若有知音者，必知钟之不调。'"此以乐工听不出钟音不协调，来讥讽"名儒硕学"们连上述名字中的不妥之处都看不出。沈揆（kuí）谓"吾"疑当作"晋"。
17. 齐主：指北齐文宣帝高阳。幸：帝王驾临。并州：古州名，治所在晋阳（今山西太原）。《隋书·地理志》："太原郡，后齐并州。"
18. 井陉：即井陉山，为太行八陉之一。上艾县：属并州。
19. 《字林》：字书。晋吕忱撰。已佚。《韵集》：韵书。晋吕静撰。已佚。
20. 籥馀聚：村落名。在今山西平定境内。《说文解字》："邑落曰聚。"
21. 馒𩜄亭：古亭名。在今山西平定境内。《广韵·桓韵》："馒，馒𩜄，亭名。在上艾。"
22. 王劭：字君懋（mào），南朝齐太原晋阳人。曾任中书舍人等职。以博物为时人所称许。
23. 𩲢：传说中一身两口的怪物。《一切经音义》四六引《庄子》，作"虺二首"，𩲢，龀古今字。
24. 《韩非子》：书名。为战国哲学家韩非死后，后人搜集其遗著，并加入他人论述韩非学说的文章编成。
25. "虫有虺者"四句：见《韩非子·说林下》。龁，咬。
26. 音：通"意"。意思。《管子·内业》："不可呼以声，而可迎以音。"清代语言学家王念孙《读书杂志》："音，即意字也。言不可呼之以声，而但可迎之以意也。"
27. 《古今字诂》：《隋书·经籍志》："《古今字诂》三卷，张揖撰。"
28. 尝游赵州：颜之推于河清（北齐武成帝高湛年号）末被举为赵州功曹参军，游赵州当在此时。（见《北齐书·颜之推传》）赵州，州名。治所在广阿（今河北隆尧县东旧城）。
29. 柏人：古县名。治所在今河北隆尧县西。
30. 徐整：字文操，豫章人，仕吴为太常卿。
31. 《说文》：即《说文解字》，为我国第一部系统的分析字形和考究字原的字书。东汉许慎撰。
32. 洦：段玉裁曰："'洦，古魄字'，此语不见于《说文》，今本但云：'洦，浅水也。'以颜语订之，《说文》有脱误，当云：'泊，浅水貌，从水白声；洦，古文泊字也，从水百声。'颜书'魄'字亦误，当作'泊'。"
33. 书翰：书信。翰，羽毛之长者。古以羽翰为笔，故称毛笔曰翰，泛称笔写的书面文字为书翰。
34. "勿者"五句：见《说文解字》："勿，州里所建旗，象其柄有三游，杂帛幅半异，所以趣民，故冗遽称勿勿。"州里，古代二千五百家为州，二十五家为里。此处泛指乡里。斿，古代旌旗末端直幅、飘带之类的下垂饰物。《玉篇·㫃部》："斿，旌旗之末垂者。或作游。"趣，催，催促。恩，急遽，急速。
35. 益州：州名。《通典》："益州，理成都、蜀二县。"
36. 豆偪：《说文解字系传》十"皀（bī）"下引作"蜀竖谓豆粒为豆皀"。"皀""偪"同音。
37. 将：助词，无义。
38. "三仓、《说文》"三句：见《说文解字》："皀，谷之馨香也，象嘉谷在裹中之形，匕所以扱之。或说，一粒也。"
39. 友婿：同门女婿相称。今称连襟。河州：州名。《通典》："河州，古西羌地，秦、汉、蜀陇西郡，前秦苻（fú）坚置河州，后魏亦为河州。"

40. 俗：指普通人。鷸：鸟名。又名鷸鸡。《本草纲目·禽部·鷸鸡》："鷸状类鸡而大，黄黑色，首有毛角如冠；性爱侪党，有被侵者，直往赴斗，虽死犹不置。"
41. 上党：郡名。战国时韩置。北魏时治所在壶关（今山西长治县东南）。
42. 陈思王：即曹植。
43. 鸀：鸟名。《说文解字·鸟部》："鸀，鸟似鷸而青，出羌中。"
44. 《韵集》：韵书。晋吕静撰。已亡佚。

梁世有蔡朗者讳纯，既不涉学，遂呼 莼（chún） 为露葵[1]。面墙之徒[2]，递相仿效。

承圣中[3]，遣一士大夫聘齐[4]，齐主客郎李恕问梁使曰[5]："江南有露葵否？"答曰："露葵是莼，水乡所出。卿今食者绿葵菜耳[6]。"李亦学问，但不测彼之深浅，乍闻无以核究。

思鲁等姨夫彭城刘灵，尝与吾坐，诸子侍焉。吾问儒行、敏行曰[7]："凡字与咨议名同音者[8]，其数多少，能尽识乎？"答曰："未之究也，请导示之。"

吾曰："凡如此例，不预研检，忽见不识，误以问人，反为无赖所欺，不容易也[9]。"因为说之，得五十许字。诸刘叹曰[10]："不意乃尔！"若遂不知，亦为异事。

注释

1. 莼：莼菜，亦作"蓴（pò）菜"，又名"水葵"。水生植物。春、夏季嫩叶可作蔬菜。露葵：即冬葵。八九月种植，可食。《本草纲目·草部·葵》："古人采葵必待露解，故曰露葵。今人呼为滑菜。"

2. 面墙：比喻不学，如面向墙而一无所见。
3. 承圣：梁元帝年号。
4. 齐：指北齐。
5. 主客郎：职官名。属祠部尚书所统。李恕：李慈铭曰："李恕之'恕'当作'庶'。李庶为李阶子，《北史》附《李崇传》。"
6. 绿葵菜：即露葵。潘岳《闲居赋》："绿葵含露。"
7. 儒行、敏行：二人均为刘灵子，亦即之推侄。
8. 咨议：即咨议参军。此代指刘灵，因之推不便在刘灵诸子面前直呼其名，故举其官号。《隋书·百官志》："皇弟、皇子府置咨议参军。"
9. 容易：这里是不在乎的意思。
10. 诸刘：指刘灵的儿子们。

校定书籍，亦何容易，自扬雄[1]、刘向[2]，方称此职耳。

观天下书未遍，不得妄下雌黄[3]。或彼以为非，此以为是；或本同末异；或两文皆欠，不可偏信一隅也。

注释

1. 扬雄：西汉文学家、哲学家、语言学家。字子云，蜀郡成都（今属四川）人。王莽时曾校书天禄阁上。
2. 刘向：西汉经学家、目录学家、文学家。字子政，沛（江苏沛县）人。曾校阅群书，撰成《别录》，为我国目录学之祖。
3. 雌黄：矿物名。橙黄色，可制颜料。古人以黄纸书字，有误，则以雌黄涂之。因称改易文字为雌黄。

卷第四

文章 名实 涉务

士君子之处世,
贵能有益于物耳。
不修身而求令名于世者,
犹貌甚恶而责妍影于镜也。

文章第九

夫文章者，原出五经[1]：诏、命、策、檄[2]，生于《书》者也；序、述、论、议[3]，生于《易》者也；歌、咏、赋、颂[4]，生于《诗》者也；祭、祀、哀、诔[5]，生于《礼》者也；书、奏、箴、铭[6]，生于《春秋》者也。朝廷宪章，军旅誓、诰[7]，敷显仁义，发明功德，牧民建国，施用多途。

至于陶冶性灵，从容讽谏，入其滋味[8]，亦乐事也。行有余力，则可习之[9]。然而自古文人，多陷轻薄：

屈原露才扬己，显暴君过[10]；宋玉体貌容冶，见遇俳优[11]；东方曼倩[12]，滑稽不雅；司马长卿，窃赀无操[13]；王褒过章《僮约》[14]；扬雄德败《美新》[15]；李陵降辱夷虏[16]；刘歆反覆莽世[17]；傅毅党附权门[18]；班固盗窃父史[19]；赵元叔抗竦过度[20]；冯敬通浮华摈压[21]；马季长佞媚获诮[22]；蔡伯喈同恶受诛[23]；吴质诋忤乡里[24]；曹植悖慢犯法[25]；杜笃乞假无厌[26]；路粹隘狭已甚[27]；陈琳实号粗疏[28]；繁钦性无检格[29]；刘桢屈强输作[30]；王粲率躁见嫌[31]；孔融、祢衡[32]，诞傲致殒；杨修、丁廙[33]，扇动取毙；阮籍无礼败俗[34]；嵇康凌物凶终[35]；傅玄忿斗免官[36]；孙楚矜夸凌上[37]；陆机犯顺履险[38]；潘岳干没取危[39]；颜延年负气摧黜[40]；谢灵运空疏乱纪[41]；王元长凶贼自诒[42]；谢玄晖侮慢见及[43]。

凡此诸人，皆其翘秀者，不能悉记，大较如此。至于帝王，亦或未免。自昔天子而有才华者，唯汉武、魏太祖、文帝、明帝、宋孝武帝[44]，皆负世议，非懿德之君也。自子游、子夏、荀况、孟轲、枚乘、贾谊、苏武、张衡、左思之俦(chóu)[45]，有盛名而免过患者，时复闻之，但其损败居多耳。

每尝思之，原其所积，文章之体，标举兴会，发引性灵，使人矜伐，故忽于持操，果于进取。今世文士，此患弥切，一事惬当，一句清巧，神厉九霄，志凌千载，自吟自赏，不觉更有傍人。加以砂砾所伤[46]，惨于矛戟，讽刺之祸，速乎风尘[47]，深宜防虑，以保元吉[48]。

注释

1. 五经：见南朝梁文学理论家刘勰（xié）《文心雕龙·宗经》："故论说辞序，则《易》统其首，诏策章奏，则《书》发其源；赋颂歌赞，则《诗》立其本；铭诔箴祝，则《礼》总其端；记传盟檄，则《春秋》为根。"与颜氏此说同。
2. 命：古代政府的一种公文。《文心雕龙·诏策》："命者，使也。秦并天下，改命曰制。汉初定仪则，则命有四品：一曰策书，二曰制书，三曰诏书，四曰戒敕。敕戒州部，诏诰百官，制施赦命，策封王侯。"诏、策、檄：均指官方文书。诏在秦汉以后专指帝王的文告；策用于封官授爵，檄多用于征召、晓喻、声讨。
3. 序、述、论、议：均为古代文体名。序，指书籍或文章的序言。述，指记述人物生平事迹的文字。明代徐师曾《文体明辨·述》："述，撰也，纂撰其人之言行以俟考也。"论、议，均指古代的议论文而言。
4. 歌、咏、赋、颂：均为古代诗体或韵文体名。唐代元稹《乐府古题序》："《诗讫于周,《离骚》讫于楚。是后,诗之流为二十四名:赋、颂、铭、赞、文、诔、箴、诗、行、咏、吟题、怨、叹、章、篇、操、引、谣、讴、歌、曲、词、调,皆诗人六义之余,而作者之旨。"

5. 祭、祀、哀、诔:均为古代哀祭类文体名。祭,祭文。祀,郊庙祭祀乐歌。哀,哀辞,用于追悼死者。《文心雕龙·哀吊》:"原夫哀辞大体,情主于痛伤,而辞穷乎爱惜。……必使情往会悲,文来引泣,乃其贵耳。"诔,亦为哀悼死者之文。《文心雕龙·诔碑》:"诔者,累也,累其德行,旌之不朽也。"

6. 书、奏:指书简、奏章等。《文心雕龙·书记》:"书者,舒也,舒布其言,陈之简牍,取象于《夬(guài)》,贵在明决而已。"《奏启》:"奏者,进也,言敷于下,情进于上也。"铭、箴:均为古文体名。《文心雕龙·铭箴》:"铭者,名也,观器必也正名,审用贵乎盛德。""箴者,针也,所以攻疾防患,喻针石也。"

7. 誓:告诫将士或互相约束的言辞。《礼记·曲礼下》:"约信曰誓。"诰:指告诫之文。《尚书正义·甘誓》"马融云:'军旅曰誓,会同曰诰。'诰、誓俱是号令之辞,意小异耳。"

8. 滋味:味道。这里指对文章魅力的感受。

9. "行有余力"二句:见《论语·学而》:"弟子入则孝,出则弟,谨而信,泛爱众,而亲仁。行有余力,则以学文。"

10. "屈原露才扬己"二句:出自班固《离骚序》:"今若屈原,露才扬己,竞乎危国群小之间,以离谗贼。然责数怀王,怨恶椒、兰,愁神苦思,强非其人,忿怼不容,沉江而死,亦贬絜(jié)狂狷景行之士。"从王逸《楚辞章句》开始,后人对班固的此段评语多有抨击。屈原,战国时楚国贵族,文学家,传见《史记》。

11. "宋玉体貌容冶"二句:宋玉《讽赋序》云:"玉为人身体容冶。"即此二句所本。宋玉,战国时楚人,辞赋家。有《九辩》等作品传世。俳优,古代以乐舞谐戏为业的艺人。

12. 东方曼倩:即东方朔。西汉文学家。平原厌次(今山东惠民县)人,字曼倩。武帝时,为太中大夫,性诙谐滑稽。善辞赋。传见《汉书》。

13. "司马长卿"二句:见《汉书·司马相如传》:"时王孙有女文君新寡,好音,故相如缪与令相重,而以琴心挑之。文君窃从户窥,心悦而好之,恐不得当也。既罢,相如乃令侍人重赐文君侍者,通殷勤。文君夜奔相如。相如与驰归成都,家徒四壁立。后俱之临邛(qióng),卖酒。卓王孙不得已,分与财物,乃归成都,买田宅,为富人。"司马长卿,即司马相如,西汉辞赋家,字长卿,蜀郡成都（今属四川）人。赀，通"资"。财货。

14. "王褒"句：王褒著有《僮约》一文，文中自言到寡妇杨惠屋中去过，这在古代社会被视作非礼之举，故颜氏谓之"过章《僮约》"。王褒，西汉辞赋家。字子渊，蜀资中人。宣帝时为谏议大夫，以辞赋著称。过，过失，指到寡妇屋中一事。章，显露。

15. "扬雄"句：扬雄在成帝时为给事黄门郎。王莽时，校书天禄阁，官为大夫。作《剧秦美新》，文中有对王莽新朝歌功颂德的内容。

16. 李陵：西汉陇西成纪（今甘肃秦安县）人，字少卿。汉名将李广之孙。善骑射。武帝时，为骑都尉，率兵出击匈奴贵族，战败投降。后病死匈奴。事见《史记·李将军传》。世传《李陵答苏武书》，乃后人伪作。

17. 刘歆：西汉末年古文经学派的开创者、目录学家、天文学家。字子骏，后改名秀，字颖叔。刘向之子。沛（今江苏沛县）人。王莽执政，立古文经博士，刘歆任"国师"。后谋诛王莽，事泄自杀。事见《汉书·楚元王传》。

18. 傅毅：东汉文学家。字武仲，扶风茂陵（今陕西兴平东北）人。章帝时为兰台令史，和班彪等同校内府藏书。他曾依附大将军窦宪为司马。事见《后汉书·文苑传》。权门：指窦宪。

19. 班固：东汉史学家、文学家。字孟坚，扶风安陵（今陕西咸阳东北）人。他继续完成其父班彪所著《史记后传》，被人告发私改国史，下狱。其弟班超上书力辩，得释。后奉诏完成其父所著书，历二十余年，修成《汉书》，文辞渊雅，叙事详赡。继司马迁之后，整齐了纪传体史书的形式，并开创了"包举一代"的断代史体例。书未成而卒，由其妹班昭及马续奉汉和帝命续修完成。颜氏此句谓班固盗窃父史，乃六朝人之偏见，前人多有辨其诬者。

20. 赵元叔：即赵壹，东汉辞赋家。字元叔，汉阳西县（今甘肃天水南）人。《后汉书·文苑传》谓赵壹"恃才倨傲，为乡党所指，屡抵罪，有人救，得免。作《穷鸟赋》，又作《刺世疾邪赋》，以纾其怨愤。举郡计吏，见司徒袁逢，长揖而已"。抗竦：高傲，倨傲。

21. 冯敬通：即冯衍，东汉辞赋家。字敬通，京兆杜陵（今陕西西安东南）人。《后汉书·冯衍传》谓冯衍"为曲阳令，诛斩剧贼，当封，以逸毁，故赏不行。建武末，上疏自陈，犹以前过不用，显宗即位，人多短衍以过其实，遂废于家"。摈压：摈弃，压抑。

22. 马季长：即马融，东汉经学家、文学家，字季长。右扶风茂陵（今陕西兴平东北）人。《后汉书·马融传》谓马融"才高博洽，为世通儒。惩于邓氏，不敢违怍势家，遂为梁冀草奏李固，又作《大将军西第颂》，以此颇为正直所羞"。
23. 蔡伯喈：即蔡邕，东汉文学家、书法家。《后汉书·蔡邕传》："邕字伯喈，陈留圉（yǔ）人。董卓为司徒，举高第，三日之间，周历三台。及卓被诛，邕在司徒王允坐，殊不意，言之而叹，有动于色。允勃然叱之，收付廷尉治罪，死狱中。"
24. 吴质：三国魏文学家，字季重，济阴（郡治今山东菏泽定陶区西北）人。建安中为朝歌长，迁元城令，以文才受知于曹丕。入魏，官振威将军，假节都督河北诸军事，入为侍中，封列侯。《三国志·魏志·王粲传》注引《吴质别传》谓其"怙威肆行，谥曰丑侯"。
25. "曹植"句：见《三国志·魏志·陈思王植传》："（曹植）善属文，太祖特见宠爱，几为太子者数矣。文帝即位，植与诸侯并就国。黄初二年，监国谒者灌均希旨，奏植醉酒悖慢，劫胁使者。有司请治罪。帝以太后故，贬爵安乡侯。"
26. 杜笃：字季雅，京兆杜陵（今陕西西安东南）人。《后汉书·文苑传》谓其"博学不修小节，不为乡人所礼。居美阳，与令游，数从请托，不谐，颇相恨。令怨，收笃送京师"。
27. 路粹：后汉陈留（今河南开封东南）人。字文蔚，少学于蔡邕。建安初拜尚书郎。后为军谋祭酒。典记室。孔融有过，曹操使粹为奏，承指数致孔融罪。融诛，人莫不畏其笔。转秘书令。坐违禁诛。
28. 陈琳：东汉末年文学家。字孔璋，广陵（今江苏扬州）人。"建安七子"之一。韦仲将语："孔璋实自粗疏。"见《三国志·魏书·王粲传》注引。
29. 繁钦：汉末文学家。字休伯，颍川（今河南禹县）人。韦仲将语："休伯都无检格。"见《三国志·魏书·王粲传》注引。检格：检正约束。
30. 刘桢：东汉末年文学家。字公干，东平（今属山东）人。为"建安七子"之一。《三国志·魏志·王粲传》裴松之注引《典略》云："太子（曹丕）命夫人甄氏出拜，坐中众人咸伏，而桢独平视。太祖（曹操）闻之，乃收桢，减死输作。"
31. 王粲：东汉末年文学家。字仲宣，山阳高平（今山东邹县）人。为"建安七子"之一，与曹植并称为"曹王"。《文心雕龙·程器》："仲宣轻脆以躁竞。"
32. 孔融：汉末文学家，字文举，鲁国（治今山东曲阜）人。曾任北海相，时称孔北海。又任少府、大中大夫等职。为人恃才负气。因触怒曹操被杀。曹丕在《典论·论文》中，曾把他与王粲等六个文学家相提并论，故被列为"建安七子"之一。祢衡：汉末文学家。字正平，平原般（今山东临邑县东北）人。少有才辩，长于笔札。性刚傲物。因触怒江夏太守黄祖被杀。

33. 杨修：东汉末年文学家。字德祖。弘农华阴（今属陕西）人。累世为汉大官。好学能文，才思敏捷，任丞相曹操主簿。积极为曹植谋划，欲使曹植取得太子地位。后曹植失宠于曹操，曹操因杨修有智谋，又是袁术之甥，虑有后患，遂借故杀之。丁廙：三国魏人。字敬礼。少有才姿，博学洽闻，汉建安中为黄门侍郎，与曹植友善。曹操谓欲立曹植为嗣，丁廙力赞其说。及文帝继位，丁廙与其兄丁仪皆被杀。

34. 阮籍：三国魏文学家、思想家。字嗣宗，陈留尉氏（今属河南）人。曾为步兵校尉，世称阮步兵。与嵇康齐名，为"竹林七贤"之一。其人蔑视礼教，尝以"白眼"看待"礼俗之士"。又常醉酒佯狂，以此自保。

35. 嵇康：三国魏文学家、思想家。字叔夜，谯郡铚（zhì）（今安徽宿县西南）人。与魏室通婚，官中散大夫，世称嵇中散。崇尚老、庄，讲求养生服食之道。为"竹林七贤"之一。因声言"非汤武而薄周孔"，且不满当时掌握政权的司马氏集团，遭钟会构陷，为司马昭所杀。

36. 傅玄：西晋哲学家、文学家。字休奕，北地泥阳（今陕西耀县东南）人。曾任司隶校尉、散骑常侍。《晋书·傅玄传》："武帝受禅，广纳直言，玄及散骑常侍皇甫陶共掌谏职，俄迁侍中。初玄进陶，及陶入而抵玄以事，玄与陶争言喧哗，为有司所奏，二人竟坐免官。"

37. 孙楚：西晋文学家。字子荆，太原中都（今属山西）人。官至冯翊（yì）太守。《晋书·孙楚传》："（孙楚）才藻卓绝，爽迈不群，多所陵傲，缺乡曲之誉。年四十余，始参镇东军事，后迁佐著作郎，复参石苞骠骑将军事。楚既负其才气，颇侮易于苞，至则长揖曰：'天子命我参卿军事。'因此而嫌隙遂构。"

38. 陆机：西晋文学家。字子衡，吴郡吴县华亭（今上海松江区）人。太康末，与弟陆云同至洛阳，文才倾动一时，时称"二陆"，曾官平原内史，世称陆平原。《晋书·陆机传》："时成都王颖推功不居，劳谦下士，机遂委身焉。太安初，颖与河间王颙起兵讨长沙王乂（yì），假机后将军河北大都督，战于鹿苑，机军大败。宦人孟玖，谮其有异志；颖大怒，使牵秀密收机，遂遇害于军中。"犯顺：违背情理，违反正道。

39. 潘岳：西晋文学家。字安仁，荥阳中牟（今属河南）人。曾任河阳令著作郎等职。长于诗赋，与陆机齐名。《晋书·潘岳传》："（潘岳）性轻躁，趋世利。其母数诮之曰：'尔当知足，而干没不已乎！'岳终不能改。初，父为琅邪内史，孙秀为小史给事，岳恶其为人，数挞辱之。赵王伦辅政，秀为中书令，遂诬岳及石崇等谋奉淮南王允、齐王冏为乱，诛之，夷三族，无长幼一时被害。"干没：求取非分之财。

40. 颜延年：即颜延之，南朝宋诗人。字延年，琅玡临沂（今属山东）人。官至金紫光禄大夫。与谢灵运齐名，世称"颜谢"。《南史·颜延之传》："延之……读书无所不览，文章冠绝当时，疏诞不能取容。刘湛军恨之，言于义康，出为永嘉太守。延年怨愤，作《五君咏》，湛以其词旨不逊，欲黜为远郡，文帝诏曰：'宜令思愆里闾，纵复不悛，当驱往东土，乃至难恕，自可随事录之。'于是屏居，不与人间事者七年。"

41. 谢灵运：南朝宋诗人。陈郡阳夏（今河南周口太康县）人，谢玄之孙。晋时袭封康乐公，故称谢康乐。入宋，曾任永嘉太守、侍中、临川内史等职。后被杀。《南史·谢灵运传》谓其"多愆礼度，……自以名辈，应时参政，多称疾不朝，出郭游行，经旬不归"。

42. 王元长：即王融，南朝齐文学家。字元长，琅玡临沂（今属山东）人。《南史·王弘传》："（王融）文词捷速，竟陵王子良特相友好。武帝疾笃暂绝，融戎服绛衫，于中书省阁口断东宫仗不得进，欲矫诏立子良。上重苏，朝事委西昌侯鸾，俄而帝崩。融方处分，以子良兵禁诸门，西昌侯闻，急驰到云龙门，不得进，乃排而入，奉太孙登殿，扶出子良。郁林深怨融，即位十余日收下廷尉狱，赐死。"

43. 谢玄晖：即谢朓，南朝齐诗人。字玄晖，陈郡阳夏（今河南周口太康县）人。曾任宣城太守，尚书吏部郎等职。据《南史·谢朓传》载："朓尝轻（江）祏（shí）为人。祏尝诣朓，朓因言有一诗，呼左右取，既而便停。朓问其故，云：'定复不急。'祏以为轻己。后祏及弟祀、刘沨、刘晏俱候朓，朓谓祏曰：'可谓带二江之双流。'以嘲弄之，祏转不堪。至是，构而害之。"

44. 汉武：指汉武帝刘彻。魏太祖：指曹操。文帝：指魏文帝曹丕。明帝：指魏明帝曹叡（ruì）。宋孝武帝：指南朝宋孝武帝刘骏。

45. 子游：姓言名偃。子夏：姓卜名商。二人俱孔子弟子。《论语·先进》："文学：子游、子夏。"荀况：即荀子。战国时思想家、教育家。名况，时人尊而号为"卿"。汉人避宣帝讳，称为孙卿。《史记》有传。孟轲：即孟子。战国时思想家、政治家、教育家。名轲，字子舆。邹人。有《孟子》传世。事见《史记·孟子列传》。枚乘：西汉辞赋家。字叔。淮阴（今属江苏）人。有《七发》等赋传世。事见《汉书·枚乘传》。贾谊：西汉政论家、文学家。洛阳（今河南洛阳东）人。时称贾生。有《鹏（fú）鸟赋》《过秦论》等文传世。事见《汉书·贾谊传》。苏武：西汉杜陵（今陕西西安东南）人，字子卿。天汉元年，奉命赴匈奴被扣，坚持十九年不屈。后被遣回朝，官典属国。《文选》载苏武五言诗四篇。张衡：东汉科学家、文学家。河南南阳西鄂（今河南南召县南）人。有《二京赋》《归田赋》等传世。事见《后汉书·张衡传》。左思：西晋文学家。字太冲，齐国临淄（今属山东淄博）人。作品有《三都赋》等。事见《晋书·文苑传》。

46. 砂砾：呈颗粒状的碎石。此处当比喻言辞。
47. 尘：《少仪外传》引"尘"作"霾"，意较胜。
48. 元：大。吉：福。

　　学问有利钝，文章有巧拙。钝学累功，不妨精熟；拙文研思，终归蚩鄙。但成学士，自足为人。必乏天才，勿强操笔。

　　吾见世人，至无才思，自谓清华，流布丑拙，亦以众矣，江南号为詅(líng)痴符[1]。

　　近在并州，有一士族，好为可笑诗赋，诋(tiǎo)掣(piē)邢、魏诸公[2]，众共嘲弄，虚相赞说，便击牛酾(shī)酒，招延声誉。其妻，明鉴妇人也，泣而谏之。此人叹曰："才华不为妻子所容，何况行路！"至死不觉。

　　自见之谓明[3]，此诚难也。

　　学为文章，先谋亲友，得其评裁，知可施行，然后出手；慎勿师心自任[4]，取笑旁人也。

　　自古执笔为文者，何可胜言。然至于宏丽精华，不过数十篇耳。但使不失体裁[5]，辞意可观，便称才士；要须动俗盖世，亦俟(sì)河之清乎！

注释

1. 詅痴符：古代方言，指没有才学而好夸耀的人。
2. 诮擎：戏言嘲弄。擎，通"撇"。邢、魏诸公：指邢邵、魏收等人。
3. "自见"句：出自《韩非子·喻老》："知之难，不在见人，在自见。故曰：自见之谓明。"
4. 师心：以己意为师，即自以为是。
5. 体裁：这里指文章的结构剪裁。

不屈二姓，夷、齐之节也[1]；何事非君，伊、箕之义也[2]。自春秋已来，家有奔亡[3]，国有吞灭，君臣固无常分矣；然而君子之交绝无恶声，一旦屈膝而事人，岂以存亡而改虑？

陈孔璋居袁裁书，则呼操为豺狼[4]；在魏制檄，则目绍为蛇虺[5]。在时君所命，不得自专，然亦文人之巨患也，当务从容消息之[6]。

或问扬雄曰："吾子少而好赋？"雄曰："然。童子雕虫篆刻，壮夫不为也。"[7]

余窃非之曰：虞舜歌《南风》之诗[8]，周公作《鸱鸮》之咏[9]，吉甫、史克《雅》《颂》之美者[10]，未闻皆在幼年累德也。孔子曰："不学《诗》，无以言[11]。""自卫返鲁，乐正，《雅》《颂》各得其所[12]。"大明孝道，引《诗》证之[13]。扬雄安敢忽之也？若论"诗人之赋丽以则，辞人之赋丽以淫[14]"，但知变之而已[15]，又未知雄自为壮夫何如也？著《剧秦美新》[16]，妄投于阁[17]，周章怖慑[18]，不达天命[19]，童子之为耳。

桓谭以胜老子[20]，葛洪以方仲尼[21]，使人叹息。此人直以晓算数，解阴阳[22]，故著《太玄经》[23]，数子为所惑耳；其遗言馀行，孙卿、屈原之不及[24]，安敢望大圣之清尘[25]？且《太玄》今竟何用乎？不啻覆酱瓿(bù)而已[26]。

齐世有席毗者，清干之士，官至行台尚书[27]，嗤鄙文学，嘲刘逖(tì)云[28]："君辈辞藻，譬若荣华[29]，须臾之玩，非宏才也；岂比吾徒千丈松树，常有风霜，不可凋悴矣！"

刘应之曰："既有寒木，又发春华，何如也？"席笑曰："可哉！"

注释

1. "不屈二姓"二句：事见《孟子·万章下》《史记·伯夷传》。夷、齐，即伯夷、叔齐，为商朝孤竹君的两个儿子。周武王灭商后，他们耻食周粟，逃到首阳山，采薇而食，饿死在山里。古代社会把他们当作高尚守节的典型。二姓，指换了朝代的两个王朝。
2. 伊：指伊尹，商朝大臣。名挚。曾佐汤伐夏桀，被尊为阿衡（宰相）。汤死后，孙太甲破坏商汤法制，伊尹把他放逐到桐宫，三年后迎之复位。一说伊尹放逐太甲，自立七年；太甲还，杀伊尹。箕：指箕子，为商纣王诸父。纣王暴虐，箕子谏之不听，乃披发佯狂为奴。《孟子·公孙丑上》："何事非君，何使非民，治亦进，乱亦进，伊尹也。"赵岐注："伊尹曰：'事非其君，何伤也，使非其民，何伤也，要欲为天理物，冀得行道而已矣。'"
3. 家：这里指古代卿大夫及其家族。
4. "陈孔璋居袁裁书"二句：见《魏志·袁绍传》注引《魏氏春秋》："陈琳《为袁绍檄州郡文》云：'操豺狼野心，潜包祸谋，乃欲挠折栋梁，孤弱汉室。'"陈孔璋，即陈琳，字孔璋。东汉末年文学家。建安七子之一。初从袁绍，后归曹操，为司空军谋祭酒，管记室。

317

5. 蛇虺：蛇、虺皆为蛇类。此喻凶残狠毒之人。
6. 消息：这里是斟酌的意思。
7. 此段见扬雄《法言·吾子》。雕虫篆刻，虫指虫书；刻指刻符。为秦书八体中的两种。西汉学童习秦书八体，尤以虫书、刻符纤巧难工，故以此代指作辞赋之雕章琢句。因其费力多而施于实用者寡，故扬雄谓"壮夫不为"也。
8. 《南风》：古代乐曲名，相传为虞舜所作。《孔子家语·辨乐解》："南风之薰兮，可以解吾民之愠兮；南风之时兮，可以阜吾民之财兮。"
9. 《鸱鸮》：见《诗经·豳风》。《毛诗序》："《鸱鸮》，周公救乱也。成王未闻周公之志，公乃为诗以遗王。"
10. "吉甫"句：见《毛诗序》："《大雅》《崧高》《烝民》《韩奕》，皆尹吉甫美宣王之诗，《駉（jiōng）》，颂僖公也，僖公能遵伯禽之法，鲁人尊之，于是季孙行父请命于周，而史克作是颂。"吉甫，即尹吉甫。周宣王大臣。克史，鲁国史官。
11. "不学《诗》"二句：见《论语·季氏》。
12. "自卫返鲁"三句：见《论语·子罕》。《雅》《颂》，此指《雅》乐和《颂》乐。
13. "大明孝道"二句：谓孔子引《诗经》中诗句来阐明孝道。
14. "诗人之赋丽以则"二句：见汉·扬雄《法言·吾子》。
15. 变：通辨。辨明。
16. 《剧秦美新》：扬雄著，见《文选》。此文评论秦朝，美化王莽新朝，故名《剧秦美新》。
17. 妄投于阁：见《汉书·扬雄传》："王莽时，刘歆、甄丰皆为上公。莽既以符命自立，欲绝其原，丰子寻，歆子棻（fēn）复献之。诛丰父子，投棻四裔。辞所连及，便收不请。时雄校书天禄阁上，治狱使者来，欲收雄，雄恐不免，乃从阁上自投下，几死。莽闻之曰：'雄素不与事，何故在此间？'问其故，乃棻尝从雄作奇字，雄不知情，有诏勿问。然京师为之语曰：'惟寂寞，自投阁；爰清静，作符命。'"
18. 周章：惊恐的意思。
19. 天命：古代以君权为神授，统治者自称受命于天，谓之天命。
20. 桓谭：东汉哲学家、经学家。字君山，沛国相人。官至议郎给事中。著有《新论》二十九篇，早佚，现传《新论·形神》一篇，收入《弘明集》内。《汉书·扬雄传》："大司空王邑纳言严尤问桓谭曰：'子尝称雄书，岂能传于后世乎？'谭曰：'必传，顾君与谭不及见也。凡人贱近而贵远，亲见子云禄位容貌，不能动人，故轻其书。老聃著虚无之言两篇，薄仁义，非礼乐，然后好之者，以为过于五经,自汉文、景之君及司马迁皆有是言。今杨子之书,文义至深,而论不诡于圣人,若使遭遇时君,更阅贤知,为所称善,则必度越诸子矣。'"
21. 葛洪:东晋道教理论家、医学家、炼丹家。字稚川,自号抱朴子,丹阳句容人。所著有《抱朴子》内、外篇,《神仙传》等,又曾托名汉刘歆撰《西京杂记》。其《抱朴子·尚博》云:"世俗率神贵古昔,而黩贱同时,虽有益世之书,犹谓之不及前代之遗文也。是以仲尼不见重于当时,《太玄》见蚩薄于比肩也。"
22. 阴阳:指阴阳家之学。阴阳家为春秋战国时九流之一。其学包括阴阳四时、八位、十二度、廿四时等度数之学和五德终始的五行之说。后世的遁甲六壬、择日、占星之属,也称为阴阳家。
23. 《太玄经》:西汉末辞赋家、思想家扬雄撰。也称《扬子太玄经》。晋范望注,今本十卷。
24. 孙卿:即荀子,字卿。
25. 安敢望大圣之清尘:即不敢望其项背之意。大圣,道德高尚完美之人。此指孔子、老子等人。清尘,车后扬起的尘埃。亦用作对尊贵者的敬称。清,敬词。《汉书·司马相如传下》:"犯属车之清尘。"颜师古注:"尘,谓行而起尘也。言清者,尊贵之意也。"
26. 瓿:古代器皿名。青铜或陶制。圆口、深腹、圈足。用以盛酒等。盛行于商代。
27. 行台:东汉以后,中央政务由三公改归台阁(尚书),习惯上遂以中央政府为"台"。东晋以后,中央官称台官,中央军称台军。因此,在大行政区代表中央的机构即称行台。多由军事关系临时设置。
28. 刘逖:见《北齐书·文苑传》:"刘逖,字子长,彭城丛亭里人。魏末,诣霸府,倦于羁旅,发愤读书,在游宴之中,卷不离手。亦留心文藻,颇工诗咏。"
29. 荣华:王利器《颜氏家训集解》:"荣华、朝菌,一物而异名。"《庄子·逍遥游》:"朝菌不知晦朔。"《释文》引司马彪:"大芝也。天阴生粪上,见日则死。一名日及,故不知月之终始也。"

凡为文章,犹人乘骐骥[1],虽有逸气[2],当以衔勒制之[3],勿使流乱轨躅(zhú)[4],放意填坑岸也。

文章当以理致为心肾[5],气调为筋骨,事义为皮肤[6],华丽为冠冕[7]。

今世相承，趋末弃本[8]，率多浮艳。辞与理竞，辞胜而理伏；事与才争，事繁而才损。放逸者流宕而忘归，穿凿者补缀而不足。

时俗如此，安能独违？但务去泰去甚耳[9]。必有盛才重誉，改革体裁者，实吾所希。

古人之文，宏才逸气，体度风格，去今实远；但缉缀疏朴，未为密致耳。今世音律谐靡，章句偶对，讳避精详，贤于往昔多矣。

宜以古之制裁为本，今之辞调为末，并须两存，不可偏弃也。

注释

1. 骐骥：良马。
2. 逸气：俊逸之气。
3. 衔勒：衔和勒。衔是横在马口中备抽勒的铁，勒是套在马头上带嚼口的笼头。此处比喻文贵有节制，好比马须用衔勒一样。
4. 轨躅：轨迹。
5. 理致：指作品的思想感情。
6. 事义：指作品所运用的典实，即下文所说的"用事"。
7. 冠冕：这里指服饰。
8. 末：指华丽。本：指理致、气调。
9. "但务"句：不要过分之意。见《老子》上篇二十九章："是以圣人去甚，去奢，去泰。"

吾家世文章，甚为典正，不从流俗；梁孝元在蕃邸时[1]，撰《西府新文》，讫无一篇见录者[2]，亦以不偶于世，无郑、卫之音故也[3]。

有诗、赋、铭、诔、书、表、启、疏二十卷，吾兄弟始在草土[4]，并未得编次，便遭火荡尽，竟不传于世。衔酷茹恨，彻于心髓！操行见于《梁史·文士传》及孝元《怀旧志》[5]。

沈隐侯曰[6]："文章当从三易：易见事，一也；易识字，二也；易读诵，三也。"

邢子才常曰[7]："沈侯文章，用事不使人觉，若胸臆语也。"深以此服之。祖孝征亦尝谓吾曰[8]："沈诗云：'崖倾护石髓[9]。'此岂似用事邪？"

邢子才、魏收俱有重名，时俗准的，以为师匠。

邢赏服沈约而轻任昉[10]，魏爱慕任昉而毁沈约，每于谈宴，辞色以之。邺下纷纭，各有朋党。祖孝征尝谓吾曰："任、沈之是非，乃邢、魏之优劣也。"

注释

1. 蕃邸：指梁元帝被封为湘东王时在镇江的住所。
2. "撰《西府新文》"二句：《西府新文》乃梁元帝使萧淑辑录各位臣僚的文章而成，当时颜之推的父亲颜协正担任镇西府咨议参军，而其文未被收录，故颜之推这样说。见《隋书·经籍志》："《西府新文》十一卷，并录，梁萧淑撰。"萧淑，兰陵人，见《南齐书·萧介传》。
3. 郑、卫之音：春秋战国时期郑国卫国的俗乐，与雅乐不同。《论语·卫灵公》有

"郑声淫"之说。后因以郑、卫之音通指淫荡的乐歌或文学作品。
4. 草土：居丧。古时居父母之丧者睡草席枕土块，故曰草土。
5. "操行"句：此处所说的《梁史》，指陈朝领军大著作郎许亨所著《梁史》五十三卷，《隋书·经籍志》著录。又《隋书·经籍志》著录："《怀旧志》九卷，梁元帝撰。"
6. 沈隐侯：即沈约，南朝梁文学家。字休文，吴兴武康人。历仕宋齐二代，后助梁武帝登位，为尚书仆射，封建昌县侯，后官至尚书令，卒谥隐。事见《梁书·沈约传》。
7. 邢子才：即邢邵，字子才。
8. 祖孝征：即祖珽，字孝征。《北齐书》有传。
9. 石髓：石钟乳。《晋书·嵇康传》："康遇王烈共入山，尝得石髓如饴，即自服半，余半与康，皆凝而为石。"
10. 任昉：南朝梁文学家。字彦升，乐安博昌人。仕宋、齐、梁三代，梁时历任义兴、新安太守等职。当时以表、奏、书、启诸体散文擅名，而沈约以诗著称，时人号曰"任笔沈诗"。

《吴均集》有《破镜赋》[1]。昔者，邑号朝歌，颜渊不舍[2]；里名胜母，曾子敛襟[3]：盖忌夫恶名之伤实也。破镜乃凶逆之兽[4]，事见《汉书》，为文幸避此名也。

比世往往见有和人诗者，题云敬同，《孝经》云："资于事父以事君而敬同。"不可轻言也。梁世费旭诗云："不知是耶非[5]。"殷沄诗云[6]："飘颻(yáoyáng)云母舟[7]。"简文曰："旭既不识其父[8]，沄又飘颻其母。"此虽悉古事，不可用也。

世人或有文章引《诗》"伐鼓渊渊"者[9]，《宋书》已有屡游之诮[10]；如此流比[11]，幸须避之。北面事亲[12]，别舅摛《渭阳》之咏[13]；堂上养老，送兄赋桓山之悲[14]，皆大失也。举此一隅，触涂宜慎[15]。

注释

1. 吴均：南朝梁文学家。字叔庠，吴兴故鄣人。官奉朝请。通史学。其文工于写景，尤以小品书札见长，文辞清拔，时人或仿效之，称为"吴均体"。《吴均集》《隋书·经籍志》著录，二十卷。《破镜赋》：今已不传。
2. "邑号朝歌"二句：此二句谓颜渊主张非乐，故闻邑名朝歌，即不在此停留。颜渊，春秋末鲁国人。名回，字子渊。孔子学生。其德行为孔子所称赞。
3. 曾子：春秋末鲁国人。名参，字子舆。孔子学生。以孝著称。敛襟：整饬衣襟，表示恭敬。
4. "破镜"句：见《汉书·郊祀志》："有言古天子尝以春解祠，祠黄帝用一枭破镜。"注："孟康曰：枭，鸟名，食母。破镜，兽名，食父。黄帝欲绝其类，故使百吏祠皆用之。"
5. "梁世费旭诗云"二句：《乐府诗集》卷十七载梁费昶（chǎng）《巫山高》云："彼美岩之曲，宁知心是非。"费旭，王利器谓当作费昶。
6. 殷沄：卢文绍谓殷沄疑当作《殷芸》，《梁书》有传："芸字灌蔬，陈郡长平人，励精勤学，博洽群书，为昭明太子侍读。"又有湘东王记室参军褚沄，河南阳翟（在今河南禹州）人，有诗。二者姓名，必有一讹。
7. 云母舟：以云母装饰之舟。
8. "简文曰"二句：南朝俗称父亲为"耶"。简文帝因此讥费旭诗。
9. 伐鼓渊渊：见《诗经·小雅·采芑（qǐ）》。
10. "《宋书》"句：见《金楼子·杂记上》："宋玉（按：当作《宋书》）戏太宰屡游之谈，流连反语，遂有鲍照伐鼓、孝绰布武、韦粲浮柱之作。"《文镜秘府论·西卷·文二十八种病》第十八："翻语病者，正言是佳词，反语则深累是也。如鲍明远诗云：'鸡鸣关吏起，伐鼓早晨晨。''伐鼓'，正言是佳词，反语则不详，是其病也。崔氏云：'"伐鼓"，反语"腐骨"，是其病。'屡游反语（按：即反切）未详。"
11. 流比：同类比照类推。
12. 北面：面向北。古礼，臣拜君，卑幼拜尊长，都面向北行礼，因而居臣下、晚辈之位曰"北面"。
13. 《渭阳》：见《诗经·小序》："渭阳，秦康公念母也。康公之母，晋献公之女。文公遭丽姬之难未返，而秦姬卒；穆公纳文公，康公时为太子，赠送文公于渭之阳，念母之不见也，我见舅氏，如母存焉。"此言丧母者看见舅舅，就仿佛看见母亲一样。现母在北堂，而与舅舅分别时却引用《渭阳》这首诗，乃大不当。
14. "堂上养老"二句：见《孔子家语》："颜回闻哭声，非但为死者而已，又有生离别者也。闻桓山之鸟，生四子焉，羽翼既成，将分于四海，其母悲鸣而送之，声有似于此，谓其往而不返也。孔子使人问哭者，果曰：'父死家贫，卖子以葬，与之长决。'子曰：'回也善于识音矣。'"桓山之悲，取喻父死而卖子，今父尚健在，而送兄引用桓山之事，乃大不当。
15. 触涂：处处。

江南文制[1]，欲人弹射，知有病累，随即改之，陈王得之于丁廙也[2]。

山东风俗，不通击难[3]。吾初入邺，遂尝以此忤人，至今为悔；汝曹必无轻议也。

注释

1. 文制：即制文，写文章。
2. 陈王：指曹植，封陈思王。曹植《与杨德祖书》（见《文选》）云："仆尝好人讥弹其文，有不善者，应时改定。昔丁敬礼常作小文，使仆润饰之。仆自以才不能过若人，辞不为也。敬礼谓仆：'卿何所疑难，文之佳恶，吾自得之，后世谁相知定吾文者邪？'吾尝叹此达言，以为美谈。"
3. 击难：攻击、责难。

凡代人为文，皆作彼语，理宜然矣。至于哀伤凶祸之辞，不可辄代。

蔡邕为胡金盈作《母灵表颂》曰[1]："悲母氏之不永，然委我而夙丧[2]。"又为胡颢作其父铭曰[3]："葬我考议郎君[4]。"《袁三公颂》曰："猗欤我祖，出自有妫(guī)[5]。"王粲为潘文则《思亲诗》云："躬此劳瘁，鞠予小人；庶我显妣，克保遐年[6]。"而并载乎邕、粲之集，此例甚众。古人之所行，今世以为讳。

陈思王《武帝诔》，遂深永蛰之思[7]；潘岳《悼亡赋》，乃怆手泽之遗[8]：是方父于虫，匹妇于考也[9]。蔡邕《杨秉碑》云："统大麓(lù)之重[10]。"潘尼《赠卢景宣诗》云："九五思龙飞[11]。"孙楚《王骠骑诔》云："奄忽登遐[12]。"陆机《父诔》云："亿兆宅心，敦叙百揆(kuí)[13]。"《姊诔》云："倪(qiàn)天之和[14]。"今为此言，则朝廷之罪人也[15]。王粲《赠杨德祖诗》云："我君饯之，其乐泄泄[16]。"不可妄施人子，况储君乎[17]？

注释

1. 胡金盈：汉代大臣胡广之女。
2. "悲母氏之不永"二句：意思是，悲叹母亲享寿不能长久，为何丢下我们过早离去。卢文弨《注颜氏家训序》谓后句在蔡集中作"胡委我以夙丧"。今从。
3. 胡颢：胡广的孙子。铭：指墓志铭。
4. "葬我"句：意思是，安葬我的亡父议郎君。考，死去的父亲称考。议郎，职官名。
5. "猗欤我祖"二句：意思是，啊！我的先祖，您出自"有妫"这一姓氏。见《左传·昭公八年》杜注："胡公满，遂之后也，事周武王，赐姓曰妫，封之陈。"

《广韵·二十一欣》:"袁姓出陈郡、汝南、彭城三望,本自胡公之后。"猗钦,表赞美的语气词。

6. "躬此劳瘁"四句:意思是,您如此劳累憔悴,养育我这小孩,希望我尊贵的亡母,能够永保长寿。显妣,对亡母的美称。遐年,长寿。

7. "陈思王《武帝诔》"二句:刘勰《文心雕龙·指瑕》:"陈思之文,群才之俊也,而武帝诔云'尊灵永蛰'……永蛰颇疑于昆虫,施之尊极,岂其当乎?"蛰,昆虫冬眠。曹植(陈思王)以"永蛰"比喻父亲的死亡。

8. "潘岳《悼亡赋》"二句:见赵曦明及清朝经学家、训诂学家郝懿行并谓潘岳《悼亡赋》中无"怆手泽"之语。按:潘岳《皇女诔》云:"披览遗物,徘徊旧居,手泽未改,领腻如初。"手泽,指手汗。后多用以称先人或前辈的遗墨遗物等。悼亡,追念亡妻。

9. "是方父于虫"二句:见《礼记·玉藻》:"父没而不能读父之书,手泽存焉尔。"故颜氏有"匹妇于考"之讥。

10. "蔡邕《杨秉碑》云"二句:赵曦明《颜氏家训注》:"今《蔡集》所载《秉碑》一篇,无此语。"大麓,指领录天子之事。《尚书·舜典》:"纳于大麓,烈风雷雨弗迷。"孔传:"麓,录也。纳舜使大录万机之政,阴阳和,风雨时,各以其节,不有迷错愆伏。"

11. "潘尼《赠卢景宣诗》云"二句:赵曦明《颜氏家训注》:"今集中有《送卢景宣》诗一首,无此句。"九五,乾卦九五,术数家说是人君的象征,后因称帝位为九五之尊。龙飞,喻圣人起而为天子。

12. "孙楚《王骠骑诔》云"二句:赵曦明《颜氏家训注》:"此篇今已亡。"奄忽,迅疾。登遐,即"登假"。原为对人死去的讳称,后专称帝王之死。

13. "亿兆宅心"二句:意思是,使万民归心,使百官和睦。《艺文类聚》卷四七引陆机《吴大司马陆抗诔》,无此二语。亿兆,众庶万民的意思。宅心,归心。敦叙,又作"敦序"。亲睦和顺。百揆,指百官。

14. 俔天之和:意思是,(她)好比天女一样。王利器《颜氏家训集解》注云:"颜(嗣慎)本、朱(轼)本及《馀师录》'和'作'妹'。今《机集》无此文。"《诗经·大雅·大明》:"大邦有子,俔天之妹。"俔,好比。

15. "则朝廷"句:以上所举蔡邕《杨秉碑》等数例,其语句均当用于帝王之尊,而蔡邕等却施于臣民,故颜氏有"朝廷罪人"之讥。

16. 其乐泄泄:此叙郑庄公与其母姜氏赋诗和好之事。出自《左传·隐公元年》:"公入而赋:'大隧之中,其乐也融融。'姜出而赋:'大隧之外,其乐也泄泄。'"泄泄，快乐的样子。

17. "不可妄施人子"二句：从文意分析，当指曹丕。"其乐泄泄"为姜氏形容自己与儿子郑庄公相见之乐的诗句，今王粲施之于储君，故颜氏非之。人子，子女。储君，已确定继承皇位的人，亦即王粲诗中的"我君"。

挽歌辞者，或云古者《虞殡》之歌[1]，或云出自田横之客[2]，皆为生者悼往告哀之意。陆平原多为死人自叹之言[3]，诗格既无此例，又乖制作本意。

凡诗人之作，刺箴美颂，各有源流，未尝混杂，善恶同篇也。

陆机为《齐讴篇》[4]，前叙山川物产风教之盛，后章忽鄙山川之情[5]，殊失厥体。其为《吴趋行》[6]，何不陈子光[7]、夫差乎[8]？《京洛行》，胡不述赧(nǎn)王[9]、灵帝乎[10]？

注释

1. 《虞殡》：挽歌名。《左传·哀公十一年》："公孙夏命其徒歌《虞殡》。"《春秋左氏传注》："《虞殡》，送葬歌曲。"
2. 田横：秦末狄县人。本齐国贵族，楚汉战争中自立为齐王，后为汉军所破。率徒党五百余人逃亡海岛。汉高祖命他前往洛阳，他不愿称臣于汉，于途中自杀。留居海岛的徒党闻田横死讯，也全部自杀。西晋学者崔豹《古今注》："《薤(xiè)露》《蒿里》，并挽歌也。田横自杀，门人伤之，为作悲歌，言人命如薤上之露，易晞灭也；亦谓人死魂魄归乎蒿里，故有二章。"
3. 陆平原：即陆机，西晋文学家、书法家，曾任平原内史。陆机《挽歌诗》三首，其一曰："广宵何寥廓，大暮安可晨？人往有反岁，我行无归年！"即自叹之辞。
4. 《齐讴篇》：即《齐讴行》，乐府杂曲歌辞名。见《乐府诗集》卷六十四。
5. "前叙山川物产风教之盛"二句：陆机《齐讴行》"惟师"以下，有指责齐景公的诗句，故颜氏谓其"后章忽鄙山川之情，殊失厥体"。王利器曰："《齐讴行》云：'鄙哉牛山叹，未及至人情。'此鄙景公耳，非鄙山川也。齐景公登牛山，悲去其国而死，见《韩诗外传》卷十、《晏子春秋·内篇·谏上》及《外篇》《列子·力命》篇及《御览》四二八引《新序》。"

6. 《吴趋行》：吴地歌曲名。陆机所作《吴趋行》篇，见《乐府诗集》卷六十四。
7. 子光：即春秋时吴王阖（hé）庐。他以专诸刺杀吴王僚而自立，又用楚亡臣伍子胥，屡败楚兵。后在与越王勾践的战争中兵败负伤而死。
8. 夫差：阖庐之子。继位后兴兵攻破越都，迫使越国屈服。后又大败齐兵，与晋国争霸，越国乘机起兵攻灭吴国，夫差自杀。
9. 赧王：即周赧王。为周朝的亡国之君。
10. 灵帝：即汉灵帝刘宏。在位期间宦官专政，党锢之祸复起。又公开标价卖官，增加田亩税，大修宫室等，阶级矛盾进一步激化，终于导致黄巾起义爆发。

　　自古宏才博学，用事误者有矣；百家杂说，或有不同，书傥湮灭，后人不见，故未敢轻议之。今指知决纰缪者，略举一两端以为诫。

　　《诗》云："有鹝雉鸣。"又曰："雉鸣求其牡^{yǎo zhì}¹。"毛《传》亦曰²："鹝，雌雉声。"又云："雉之朝雊^{gòu}，尚求其雌³。"郑玄注《月令》亦云⁴："雊，雄雉鸣⁵。"潘岳赋曰："雉鹝鹝以朝雊。"是则混杂其雄雌矣⁶。

　　《诗》云："孔怀兄弟⁷。"孔，甚也；怀，思也，言甚可思也。陆机《与长沙顾母书》，述从祖弟士璜^{huáng}死，乃言："痛心拔脑，有如孔怀。"心既痛矣，即为甚思，何故方言有如也？观其此意，当谓亲兄弟为孔怀。《诗》云："父母孔迩^{ěr 8}。"而呼二亲为孔迩，于义通乎？

《异物志》云[9]："拥剑状如蟹[10]，但一螯偏大尔[11]。"何逊诗云[12]："跃鱼如拥剑[13]。"是不分鱼蟹也。

《汉书》："御史府中列柏树，常有野鸟数千，栖宿其上，晨去暮来，号朝夕鸟[14]。"而文士往往误作乌鸢用之[15]。

《抱朴子》说项曼都诈称得仙，自云："仙人以流霞一杯与我饮之，辄不饥渴[16]。"而简文诗云："霞流抱朴碗。"亦犹郭象以惠施之辨为庄周言也[17]。

《后汉书》："囚司徒崔烈以银铛锁[18]。"银铛，大锁也；世间多误作金银字。武烈太子亦是数千卷学士[19]，尝作诗云："银锁三公脚，刀撞仆射头。"为俗所误。

注释

1. "《诗》云"四句：见《诗经·邶风·匏有苦叶》。鷕，雌野鸡的叫声。牡，雄性。这里指雄野鸡。
2. 毛《传》：即《毛诗诂训传》的简称。《汉书·艺文志》著录三十卷。郑玄以为鲁人大毛公所作。其训诂大抵以先秦学者为依据，保存了很多古义，为研究《诗经》的重要文献。
3. "雉之朝雊"二句：见《诗经·小雅·小弁（biàn）》。雊，雄野鸡叫。《说文解字·隹部》："雊，雄雌鸣也。"姚文田、严可均校议："当作雄雉鸣也。"
4. 《月令》：《礼记》中的篇名。
5. "雊"二句：郝懿行《颜氏家训斠（jiào）记》："郑注《月令》，今本无'雄'字，而云：'雊，雉鸣也。'《说文》亦云：'雊，雄雉鸣。'疑颜氏所见古本有'雄'字，而今本脱之欤？"
6. "潘岳赋曰"三句：赵曦明《颜氏家训注》："徐爰注此赋云：'延年以潘为误用。案：《诗》'有鷕雉鸣'，则云'求牡'，及其'朝雊'，则云'求雌'，今'鷕鷕朝雊'者，互文以举，雄雌皆鸣也。'案：徐说甚是，古人行文，多有似此者。"段

329

玉裁曰："徐子玉与延年皆宋人也，黄门年代在后，其所作《家训》，当是袭延年说耳。"

7. 孔怀兄弟：见《诗经·小雅·常棣》，作"兄弟孔怀"。孔怀，本为极其思念之意，后以孔怀指兄弟。
8. 父母孔迩：见《诗经·周南·汝坟》。迩，近。
9. 《异物志》：见《隋书·经籍志》："《异物志》一卷，汉议郎杨孚撰。"
10. "拥剑"句：见《古今注》中《鱼虫》第五："蟛蚏（péng yuè），小蟹也，生海边，食土，一名长卿。其有一螯偏大，谓之拥剑。"
11. 螯：同"螯"。蟹的大足。
12. 何逊：南朝梁诗人。字仲言，东海郯人。见《梁书·文学传》。
13. "跃鱼"句：见何逊《渡连圻》二首作"鱼游若拥剑，猿挂似悬瓜"。
14. "《汉书》"六句：见《汉书·朱博传》。
15. "而文士"句：王利器《颜氏家训集解》引宋祁、方以智、周寿昌诸人语，以为作"乌"不误。
16. "仙人以流霞一杯与我饮之"二句：见《抱朴子·祛惑》，而本之王充《论衡·道虚》，其文述项曼都遇仙人事。《抱朴子》，东晋葛洪著。分内外篇。内篇二十卷，谈"神仙方药，鬼怪变化，养生延年，禳邪却祸之事"。外篇五十卷，详论"人间得失，世事臧否"。
17. "而简文诗云"三句：这三句意思是简文帝不知"霞流"的典故本于《论衡》，写出不通的诗来，就好像郭象把惠施的话当成庄子的话一样。郭象，西晋哲学家。字子玄，河南人。好老庄，曾把向秀《庄子注》述而广之，别为一书。后向本佚失，仅郭注存。惠施，战国时哲学家，名家的代表人物。
18. "《后汉书》"二句：见《后汉书·崔骃传》附崔烈。银铛，刑具，铁锁链。镴，通"锁"。
19. 武烈太子：姓萧，名方等，字实相。梁元帝长子。《南史·忠壮世子方等传》云："少聪敏，有俊才，南讨军败溺死，谥忠壮，元帝即位，改谥武烈太子。"

文章地理，必须惬当。

梁简文《雁门太守行》乃云[1]："鹅军攻日逐[2]，燕骑荡康居[3]，大宛归善马[4]，小月送降书[5]。"萧子晖《陇头水》云[6]："天寒陇水急，散漫俱分泻，北注徂(cú)黄龙[7]，东流会白马[8]。"此亦明珠之颣(lèi)[9]，美玉之瑕，宜慎之。

注释

1. 雁门：郡名。战国赵地，秦置郡。今山西北部皆其地。
2. 鹳：古阵名。《左传·昭公二十一年》："郑翩愿为鹳，其御愿为鹅。"《春秋左氏传注》："鹳、鹅皆阵名。"日逐：匈奴王号，地位低于左贤王。
3. 康居：古西域城国名。东临乌孙、大宛，南接大月氏、安息，西与奄蔡交界。
4. 大宛：古西域三十六城国之一。北通康居，西南邻大月氏。盛产名马。
5. 小月：即小月氏。古西域国名。王利器案："此乃梁褚翔诗，非简文诗也。梁朝简文《从军行》云：'先平小月阵，却灭大宛城，善马还长乐，黄金付水衡。'见《乐府诗集》卷三十二，此盖相涉而误。又《乐府诗集》卷三十九载褚翔《雁门太守行》云：'戎军攻日逐，燕骑荡康居，大宛归善马，小月送降书。'"
6. 萧子晖：见《梁书·萧子恪传》："弟子晖，字景光。少涉书史，亦有文才。"陇：即陇山。六盘山南段的别称。又名陇坻、陇坂。在今陕西陇县至甘肃平凉一带。
7. 黄龙：指黄龙城。又名龙城、和龙城、龙都。故地在辽宁朝阳。
8. 白马：赵曦明《颜氏家训注》谓指汉代西南夷之白马氏。王利器按："此及《雁门太守行》所侈陈之地理，皆以夸张手法出之，颜氏以为文章瑕颣，未当。"又案：《史记·荆燕世家》：'汉四年，使刘贾将二万人，骑数百，渡白马津，入楚地。'《正义》：'《括地志》云："黎阳，一名白马津，在滑州白马县北三十里。"'则此处白马，正当以白马津释之，始与'东流'义会，不必远摭西南之白马氏以实之，且白马氏何得言'东流会'也。"王说是。
9. 颣：原指丝上的疙瘩。引申为毛病、缺点。

王籍《入若耶溪》诗云[1]："蝉噪林逾静，鸟鸣山更幽。"江南以为文外断绝,物无异议。

简文吟咏,不能忘之,孝元讽味,以为不可复得,至《怀旧志》载于《籍传》。范阳卢询祖[2],邺下才俊,乃言:"此不成语,何事于能[3]?"魏收亦然其论。

《诗》云:"萧萧马鸣,悠悠旆旌(pèi jīng)[4]。"毛《传》曰:"言不喧哗也。"吾每叹此解有情致,籍诗生于此耳。

注释

1. 王籍:见《梁书·文学传》:"王籍,字文海,琅玡临沂人。七岁能属文。及长,好学博涉,有才气。……至若邪溪,赋诗云云,当时以为文外独绝。"赵曦明《颜氏家训注》按:"此书作'断绝',疑误。"又《太平御览》五八六引"文外"作"文章"。
2. 卢询祖:北齐人。袭祖爵大夏男。有术学,文章华美。
3. "此不成语"二句:《苕溪渔隐丛话》前一引蔡居厚《宽夫诗话》:"晋、宋间诗人,造语虽秀拔,然大抵上下句多出一意,如'鱼戏新荷动,鸟散馀花落''蝉噪林逾静,鸟鸣山更幽'之类,非不工矣,终不免此病。"亦言及王籍此诗之病累。
4. "《诗》云"三句:见《诗经·小雅·车攻》。萧萧,马鸣声。

兰陵萧悫(què)[1],梁室上黄侯之子,工于篇什。尝有《秋诗》云:"芙蓉露下落,杨柳月中疏。"

时人未之赏也。吾爱其萧散,宛然在目[2]。颍川荀仲举[3]、琅玡诸葛汉[4],亦以为尔。而卢思道之徒[5],雅所不惬。

注释

1. 兰陵：故址在今山东峄（yì）县东五十里。萧悫：北齐人。字仁祖。曾任太子洗马。
2. "吾爱其萧散"二句：此二句后人多有称道者。《苕溪渔隐丛话》后集卷九："皮日休云：'北齐美萧悫"芙蓉露下落，杨柳月中疏"；孟先生（浩然）有"微云淡河汉，疏雨滴梧桐"……此与古人争胜于毫厘也。'许顗《许彦周诗话》云："六朝诗人之诗，不可不熟读，如'芙蓉露下落，杨柳月中疏'，锻炼至此，自唐以来，无人能及也。退之云：'齐、梁及陈、隋，众作等蝉噪。'此语，吾不敢议，亦不敢从。"《朱子语类》一四〇："或问：'李白"清水出芙蓉，天然去雕饰"，前辈多称此语，如何？'曰：'自然之好。又如"芙蓉露下落，杨柳月中疏"，则尤佳。'"李东阳《麓堂诗话》："'芙蓉露下落，杨柳月中疏'，有何深意，却自是诗家语。"
3. 荀仲举：北齐颍川人，字士高。仕梁为南沙令，从萧明于寒山，被执。入馆除符玺郎。后以年老家贫，出为义宁太守。事见《北齐书·文苑传》。
4. 诸葛汉：即诸葛颍，隋朝药学家。字汉，丹阳建康人。有集二十卷。事见《北史·文苑传》。此言琅玡，盖举郡望。
5. 卢思道：隋朝诗人。字子行，范阳人。少时从邢邵学。曾仕北齐为给事黄门侍郎。北周时授仪同三司，后为武阳太守。隋初官至散骑侍郎。其诗纤艳，多游宴酬赠之作。

何逊诗实为清巧[1]，多形似之言[2]；扬都论者，恨其每病苦辛，饶贫寒气，不及刘孝绰之雍容也[3]。

虽然，刘甚忌之，平生诵何诗，常云："'邃(qú)车响北阙'，懵(huà)懵不道车[4]。"又撰《诗苑》[5]，止取何两篇，时人讥其不广。刘孝绰当时既有重名，无所与让；唯服谢朓[6]，常以谢诗置几案间，动静辄讽味。简文爱陶渊明文[7]，亦复如此。

江南语曰："梁有三何，子朗最多。"三何者，逊及思澄、子朗也[8]。子朗信饶清巧。思澄游庐山，每有佳篇，亦为冠绝。

注释

1. 何逊：南朝梁诗人。字仲言，东海郯人。任安城王参军事，兼尚书水部郎，后为庐陵王记室。其诗长于写景及炼字，为杜甫所推重。事见《梁书·何逊传》。
2. 形似：这里是形象的意思，指描绘或表达具体生动。
3. 刘孝绰：南朝梁文学家。原名冉，小字阿士。彭城人。曾任秘书丞等职。能诗文，颇为萧统（昭明太子）所重。事见《梁书·刘孝绰传》。
4. "蘧车响北阙"二句：蘧车：抱经堂本作"蘧居"，王利器据孙祖志说校改。孙氏《读书脞录》七曰："案：'蘧居'，'居'字误，当作'车'，盖用蘧伯玉事。何逊《早朝》诗云：'蘧车响北阙，郑履人南宫。'见《艺文类聚·朝会类》《文苑英华》，彭叔夏辨证云：'《集》本题作《早朝车中听望》，是也。''懂懂不道车'，是讥何诗语，然不得其解，岂以'蘧车'二字音韵不谐亮耶？"洪业曰："案《烈女传·仁智》篇：'卫灵公与夫人夜坐，闻车声辚（lín）辚，至阙而止。过阙复有声。公问夫人曰：知此谓谁？夫人曰：此蘧伯玉也。公曰：何以知之？夫人曰：妾闻礼下公门，式路马，所以广敬也。……蘧伯玉，卫之贤大夫也；仁而有智，敬于事上。此其人必不以暗昧废礼；是以知之。公使视之，果伯玉也。'夫伯玉之车，至阙而无声。何仲言《早朝》诗中之车乃响于北阙，是乖戾貌。无礼之车也。故孝焯讥之为懂懂不道之车，不得称蘧车也。"懂懂，乖戾貌。
5. 《诗苑》：此书未见著录，盖已亡佚。
6. 谢朓：《南齐书·谢朓传》："朓善草隶，长五言诗，沈约常云：'二百年来无此诗也。'"《梁书·庾肩吾传》："梁简文《与湘东王书》：'至如近世谢朓、沈约之诗，任昉、陆倕之笔，斯实文章之冠冕，述作之楷模。'"
7. 陶渊明：东晋诗人。一名潜，字元亮，浔阳柴桑人。曾任江州祭酒、镇军参军、彭泽令等职。其诗兼有平淡与爽朗之胜，语言质朴自然，而又极为精炼。散文以《桃花源记》最有名。有《陶渊明集》。
8. "三何者"二句：见《梁书·文苑传》："初，思澄与宗人逊及子朗俱擅文名，时人语曰：'东海三何，子朗最多。'思澄闻之曰：'此言误耳。如其不然，故当归逊。'意谓宜在己也。"何思澄,南明梁人。字元静。少勤学,工文辞,起家为南康王侍郎,迁治书侍御使,终武陵王录事参军。何子朗,何思澄宗人。字世明。早有才思,工清言。历官员外散骑侍郎,卒年二十四。

名实第十

名之与实[1],犹形之与影也[2]。德艺周厚,则名必善焉;容色姝丽,则影必美焉。

今不修身而求令名于世者,犹貌甚恶而责妍影于镜也。

上士忘名,中士立名,下士窃名。忘名者,体道合德[3],享鬼神之福佑,非所以求名也;立名者,修身慎行,惧荣观之不显,非所以让名也;窃名者,厚貌深奸,干浮华之虚称,非所以得名也。

注释

1. 名:名声。实:实质,实际。
2. 影:指从镜子等反射物中反映出来的物体的形象。
3. 道:事理,规律。

人足所履,不过数寸,然而咫尺之途,必颠蹶(jué)于崖岸[1],拱把之梁[2],每沉溺于川谷者,何哉?为其旁无馀地故也。

君子之立己,抑亦如之。

至诚之言，人未能信，至洁之行，物或致疑[3]，皆由言行声名，无馀地也。

吾每为人所毁，常以此自责。若能开方轨之路[4]，广造舟之航[5]，则仲由之言信，重于登坛之盟[6]，赵熹之降城，贤于折冲之将矣[7]。

注释

1. 颠蹶：颠仆、跌倒。
2. 拱把之梁：指很小的独木桥。拱，两手合围，把，只手所握。
3. 物：即人。
4. 方轨：车辆并行。这里指平坦的大道。
5. 造舟：连船为桥，即今之浮桥。
6. "则仲由之言信"二句：见《左传·哀公十四年》："小邾（zhū）射以句绎来奔，曰：'使季路要我，吾无盟矣。'使子路，子路辞。季康子使冉有谓之曰：'千乘之国，不信其盟，而信子之言，子何辱焉？'对曰：'鲁有事于小邾，不敢问故，死其城下可也。彼不臣而济其言，是义之也，由弗能。'"仲由，即子路，孔子学生。性直爽勇敢。登坛，指诸侯会盟。
7. "赵熹之降城"二句：见《后汉书·赵熹传》："舞阴大姓李氏拥城不下，更始遣柱天将军李宝降之，不肯，云：'闻宛之赵氏有孤孙熹，信义著名，愿得降之。'使诣舞阴，而李氏遂降。"折冲，使敌人战车后撤。即制敌取胜。冲，冲车。战车的一种。

吾见世人，清名登而金贝入[1]，信誉显而然诺亏，不知后之矛戟，毁前之干橹也[2]。虙（fú）子贱云[3]："诚于此者形于彼[4]。"人之虚实真伪在乎心，无不见乎迹，但察之未熟耳。一为察之所鉴，巧伪不如拙诚，承之以羞大矣。

注释

1. 金贝：指货币。《汉书·食货志》："金刀龟贝，所以通有无也。"
2. "不知后之矛戟"二句：见《韩非子·难一》："楚人有鬻楯与矛者，誉之曰：'吾楯之坚，物莫能陷也。'又誉其矛曰：'吾矛之利，于物无不陷也。'或曰：'以子之矛，陷子之楯，何如？'其人弗能应也。"此二句本此。干橹，指盾牌。
3. 虙子贱：一作宓（fú）子贱。春秋末期鲁国人，名不齐。孔子学生。曾为单父宰。王利器《颜氏家训集解》注语谓："罗本、傅本、颜本、程本、胡本、何本、黄本、文津本、朱本、《通录》二'虙'作'宓'，宋本作'虑'。赵曦明《颜氏家训注》：'案颜氏有辨，在《书证》篇。宋本作"虑"，信颜氏元本，今从之。'"
4. "诚于"句：意思是在这件事上态度诚实，就给另一件事树立了榜样。卢文弨曰："《家语·屈节解》：'巫马期入单父界，见夜鱼（yú）者，得鱼辄舍之，巫马期问焉。鱼者曰："鱼之大者，吾大夫爱之，其小者，吾大夫欲长之，是以得二者辄舍之。"巫马期返以告孔子，曰："宓子之德至矣，使民暗行，若有严刑于旁。敢问宓子何行而得于是？"孔子曰："吾尝与之言曰：'诚于此者刑于彼。宓子行此术于单父也。'"'案：刑、形古通。据《家语》乃孔子告子贱之言。"

伯石让卿[1]，王莽辞政[2]，当于尔时，自以巧密；后人书之，留传万代，可为骨寒毛竖也。

近有大贵，以孝著声，前后居丧，哀毁逾制[3]，亦足以高于人矣。

而尝于苫(shān)块之中[4]，以巴豆涂脸[5]，遂使成疮，表哭泣之过。左右童竖，不能掩之，益使外人谓其居处饮食，皆为不信。以一伪丧百诚者，乃贪名不已故也。

注释

1. 伯石让卿：指春秋时郑国的伯石假意推辞对自己的任命一事。《左传·襄公三十年》："伯有既死，使太史命伯石为卿，辞。太史退，则请命焉。复命之，又辞。如是三，乃受策入拜。子产是以恶其为人也，使次己位。"
2. 王莽辞政：指东汉末王莽假意推辞不当大司马事。《汉书·王莽传》："大司马王根，荐莽自代，上遂擢莽为大司马。哀帝即位，莽上疏乞骸骨。哀帝曰：'先帝委政于君而弃群臣，朕得奉宗庙，嘉与君同心合意。今君移病求退，朕甚伤焉。已诏尚书待君奏事。'又遣丞相孔光等白太后：'大司马即不起，皇帝不敢听政。'太后复令莽视事。已因傅太后怒，复乞骸骨。"
3. 哀毁：居丧时因悲伤过度而损害身体。后常用作居丧尽礼之辞。
4. 苫块："寝苫枕块"的略称。古人居父母之丧，以草垫为席，土块为枕。《仪礼·既夕礼》："居倚庐，寝苫枕块。"贾公彦疏："孝子寝卧之时，寝于苫以块枕头，必寝苫者，哀亲之在草；枕块者，哀亲之在土云。"
5. 巴豆：植物名。因产于巴蜀而形如菽（shū）豆，故名。亦名巴菽。果实阴干后，可供药用。

有一士族，读书不过二三百卷，天才钝拙，而家世殷厚，雅自矜持。

多以酒犊珍玩，交诸名士，甘其饵者[1]，递共吹嘘。朝廷以为文华，亦尝出境聘[2]。

东莱王韩晋明笃好文学[3]，疑彼制作，多非机杼[4]，遂设宴言[5]，面相讨试。

竟日欢谐，辞人满席，属音赋韵，命笔为诗，彼造次即成[6]，了非向韵[7]。众客各自沉吟，遂无觉者。

韩退叹曰："果如所量！"韩又尝问曰："玉珽杼上终葵首[8]，当作何形？"乃答云："珽头曲圜（yuán），势如葵叶耳[9]。"韩既有学，忍笑为吾说之。

339

注释

1. 饵：以利诱人。
2. 聘：古代国与国之间通问修好。
3. 韩晋明：北齐人。袭父爵。后改封东莱王。《北齐书·韩轨传》谓"诸勋贵子孙中，晋明最留心学问"。
4. 机杼：织布机，用以比喻诗文创作中构思和布局的新巧。
5. 宴言：指宴饮言谈。
6. 造次：仓促，急遽。
7. 韵：这里指文学作品的风格。
8. "玉珽"句：韩晋明此问的意思是：把玉珽从下往上削刮到椎头为止（留六寸为椎头）。玉珽，即玉笏（hù），为古代天子所持的玉制手板。《说文解字·玉部》："珽，大圭，长三尺，杼上，终葵首。"杼，削薄的意思。《周礼·考工记·玉人》："大圭长三尺，杼上终葵首，天子服之。"郑玄注："杼，䂫（shā）也。"贾公彦疏："谓于三尺圭上除六寸之下两畔杀去之，使已上为椎头。"终葵，《说文解字》及《考工记》郑玄注均云齐人谓"椎"曰"终葵"。
9. "珽头曲圜"二句：此二句说该世家子弟因不理解韩晋明所问何意，也不知齐人把椎叫作终葵，故想当然地以"葵叶"答之。葵叶，指终葵的叶子。此处之终葵为草名。《尔雅·释草》："蔠（zhōng）葵，蘩露。"郝懿行《义疏》："此草叶圆而刻上，如椎之形，故曰终葵。"

治点子弟文章[1]，以为声价，大弊事也。

一则不可常继，终露其情；二则学者有凭，益不精励。

邺(yè)下有一少年，出为襄国令[2]，颇自勉笃。公事经怀[3]，每加抚恤，以求声誉。

凡遣兵役，握手送离，或赍(jī)梨枣饼饵[4]，人人赠别，云："上命相烦，情所不忍；道路饥渴，以此见思。"民庶称之，不容于口。

及迁为泗州别驾[5],此费日广,不可常周,一有伪情,触涂难继,功绩遂损败矣。

注释

1. 治点:修改润色。
2. 襄国:古县名。前206年,项羽改信都县置,以赵襄子谥为名。治所在今河北邢台西南。
3. 经怀:经心。
4. 赍:以物送人。
5. 泗州:见《隋书·地理志》:"下邳(pī)郡,后魏置南徐州,后周改为泗州。"别驾:官名。汉置别驾从事史,为刺史的佐吏,刺史巡视辖境时,别驾乘驿车随行,故名。魏晋以后承汉制,诸州置别驾,总理众务,职权甚重。

或问曰:"夫神灭形消,遗声馀价,亦犹蝉壳蛇皮,兽远鸟迹耳[1],何预于死者,而圣人以为名教乎[2]?"

对曰:"劝也,劝其立名,则获其实。

"且劝一伯夷[3],而千万人立清风矣;劝一季札[4],而千万人立仁风矣;劝一柳下惠[5],而千万人立贞风矣;劝一史鱼[6],而千万人立直风矣。

"故圣人欲其鱼鳞凤翼,杂遝(tà)参差[7],不绝于世,岂不弘哉?四海悠悠,皆慕名者,盖因其情而致其善耳。

"抑又论之,祖考之嘉名美誉[8],亦子孙之冕服墙宇也[9],自古及今,获其庇荫者亦众矣。夫修善立名者,亦犹筑室树果,生则获其利,死则遗其泽。

"世之汲汲者[10],不达此意,若其与魂爽俱升[11],松柏偕茂者[12],惑矣哉!"

注释

1. 远:兽迹。
2. 名教:指以正定名分为主的古代社会礼教。
3. 伯夷:商末孤竹君长子。孤竹君死,他与弟叔齐争让王位。后二人投奔到周,又反对周武王伐商,逃至首阳山,不食周粟而死。《孟子·万章下》:"故闻伯夷之风者,顽夫廉,懦夫有立志。"
4. 季札:又称公子札。春秋时吴国贵族。多次推让君位。事见《史记·吴太伯世家》。
5. 柳下惠:即展禽。春秋时鲁国大夫。展氏,名获,字禽。食邑在柳下,谥惠。以善讲礼节著称。《孟子·万章下》:"故闻柳下惠之风者,鄙夫宽,薄夫敦。"
6. 史鱼:一作史鰌(qiū)。春秋时卫国大夫,以正直敢谏著名。《论语·卫灵公》:"子曰:'直哉史鱼,邦有道如矢,邦无道如矢。'"
7. "故圣人欲其鱼鳞凤翼"二句:意思是,圣人希望天下之民,不论其天资禀赋的差异,都纷纷起而仿效伯夷诸人。鱼鳞,鱼的鳞片。这里形容密集相从。杂遝,众多杂乱貌。《史记·淮阴侯列传》:"天下之士云合雾集,鱼鳞杂遝。"参差,不齐貌。
8. 祖考:祖先。生曰父,死曰考。
9. 冕服:古代统治者举行吉礼时所用的礼服。冕指冕冠,服指服饰。冕同而服异,有大裘冕、衮(gǔn)冕、鷩(bì)冕、毳(cuì)冕、希冕、玄冕之别,通称冕服。
10. 汲汲:心情急切的样子。
11. 魂爽:即魂魄。《左传·昭公二十五年》:"心之精爽,是谓魂魄。"
12. "松柏"句:见《诗经·小雅·天保》:"如松柏之茂。"

涉务第十一[1]

士君子之处世，贵能有益于物耳[2]，不徒高谈虚论，左琴右书，以费人君禄位也。

国之用材，大较不过六事：一则朝廷之臣，取其鉴达治体[3]，经纶博雅[4]；二则文史之臣[5]，取其著述宪章[6]，不忘前古；三则军旅之臣，取其断决有谋，强干习事；四则藩屏之臣[7]，取其明练风俗，清白爱民；五则使命之臣[8]，取其识变从宜，不辱君命[9]；六则兴造之臣[10]，取其程功节费，开略有术，此则皆勤学守行者所能辨也。

人性有长短，岂责具美于六涂哉[11]？但当皆晓指趣[12]，能守一职，便无愧耳。

注释

1. 涉务：二字义同，都是专心致力于某事的意思。《勉学》篇"耻涉农商，羞务工技"，即以"涉""务"对文成义。
2. 物：指人。
3. 治体：指政治法度。刘勰《文心雕龙·诏策》："孔融之守北海，文教丽而罕于理，乃治体乖也。"

4. 经纶：原指整理丝缕，引申为规划处理国家大事。博雅：学识渊博纯正。
5. 文史之臣：指在中央负责主管文书档案、起草诏令典章以及修撰国史的官员。
6. 宪章：见《礼记·中庸》："仲尼祖述尧舜，宪章文武。"《正义》："宪，法也；章，明也。言夫子法明文武之德。"
7. 藩屏之臣：指地方上的高级长官，可为中央藩屏。
8. 使命之臣：指奉朝廷之命办理内政外交的官员。
9. 不辱君命：不使君命受辱，即完成使命之意。《论语·子路》："使于四方，不辱君命。"
10. 兴造之臣：指负责土木建筑的官员。
11. 六途：指上文所指的"六事"。涂，通"途"。
12. 指：通"旨"。

吾见世中文学之士，品藻古今[1]，若指诸掌[2]，及有试用，多无所堪。

居承平之世，不知有丧乱之祸；处庙堂之下[3]，不知有战陈之急[4]；保俸禄之资，不知有耕稼之苦；肆吏民之上[5]，不知有劳役之勤，故难可以应世经务也。

晋朝南渡[6]，优借士族；故江南冠带[7]，有才干者，擢为令仆已下尚书郎中书舍人已上[8]，典掌机要。其余文义之士，多迂诞浮华，不涉世务；纤微过失，又惜行捶楚，所以处于清高，盖护其短也。

至于台阁令史[9]，主书监帅[10]，诸王签省[11]，并晓习吏用，济办时须，纵有小人之态，皆可鞭杖肃督，故多见委使，盖用其长也。

人每不自量，举世怨梁武帝父子爱小人而疏士大丈[12]，此亦眼不能见其睫耳[13]。

注释

1. 品藻：鉴定等级。
2. 若指诸掌：像指示掌中之物一样，比喻事理浅近易明。《论语·八佾（yì）》："子曰：'知其说者之于天下也，其如示诸斯乎！'指其掌。"
3. 庙堂：宗庙明堂，古代帝王议事之处，故也以庙堂指朝廷。
4. 战陈：作战的阵法。陈，"阵"的本字。
5. 肂：见《玉篇·长部》："肂，踞也。"
6. 晋朝南渡：指西晋被灭后，晋元帝于建武元年（317）南渡，在建康（今南京）建立东晋事。
7. 冠带：官吏或士大夫的代称，以其带冠束带，故称。
8. 令：即尚书令，为尚书省的长官。仆：即尚书仆射，为尚书省的副长官。尚书郎：尚书省属官，掌管文书起草之事。中书舍人：中书省属官，掌管进呈奏案之事。以上详见《晋书·职官志》。
9. 台阁：指尚书省。令史：尚书省属下的官员。
10. 主书：尚书省属下官员。监帅：监督军务的官员。
11. 签：指典签，南朝以诸王出镇，由朝廷派典签佐之，本为处理文书的小吏，但实际起监视诸王的作用，权力甚大，遂有签帅之称。省：指省事、尚书省属官。以上所言令史、主书、监帅、典签、省事等均属低级官员。
12. 梁武帝父子：指南朝梁的君主梁武帝萧衍和他的儿子梁简文帝萧纲、梁元帝萧绎。
13. "此亦"句：见《韩非子·喻老》："杜子谏楚庄王曰：'臣患王之智如目也，能见百步之外，而不能自见其睫。'"

梁世士大夫，皆尚褒衣博带[1]，大冠高履[2]，出则车舆，入则扶侍，郊郭之内，无乘马者。

周弘正为宣城王所爱[3],给一果下马[4],常服御之,举朝以为放达[5]。至乃尚书郎乘马,则纠劾之。

及侯景之乱,肤脆骨柔,不堪行步,体羸气弱,不耐寒暑,坐死仓促者,往往而然。建康令王复性既儒雅,未尝乘骑,见马嘶喷陆梁[6],莫不震慑,乃谓人曰:"正是虎,何故名为马乎?"其风俗至此。

古人欲知稼穑之艰难[7],斯盖贵谷务本之道也[8]。夫食为民天,民非食不生矣,三日不粒[9],父子不能相存[10]。耕种之,茠(hāo)锄之[11],刈(yì)获之,载积之,打拂之,簸扬之,凡几涉手,而入仓廪,安可轻农事而贵末业哉?

江南朝士,因晋中兴[12],南渡江,卒为羁旅,至今八九世,未有力田,悉资俸禄而食耳。假令有者,皆信童仆为之[13],未尝目观起一坺(fá)土[14],耘一株苗;不知几月当下,几月当收,安识世间馀务乎?故治官则不了,营家则不办[15],皆优闲之过也。

注释

1. 褒衣博带:宽大的袍子和衣带。
2. 高履:即高齿屐。
3. 宣城王:简文帝的儿子萧大器。
4. 果下马:在当时视为珍品的一种小马,只有三尺高,能在果树下行走,故名。详见《魏志·东夷传》。
5. 放达:这里是放纵不拘礼法的意思。
6. 陆梁:跳跃。
7. "古人"句:见《尚书·无逸》:"先知稼穑之艰难。"稼穑,指农事。

8. 本：与下文之"末业"相对，本指农业，末指商业。
9. 粒：以谷米为食。
10. 存：想念、省问。曹操《短歌行》："越陌度阡，枉用相存。"
11. 茠：即"薅"，除草。
12. 中兴：西晋亡后，东晋又建国于江南，故称中兴。
13. 信：依靠。
14. 垡：耕地时一耦（ǒu）所翻起的土。
15. 办：治理。

卷第五

省事　止足　诫兵
养生　归心

多为少善，
不如执一。
君子当守道崇德，
蓄价待时，
少欲知足。

省事第十二

铭金人云:"无多言,多言多败;无多事,多事多患[1]。"至哉斯戒也!

能走者夺其翼,善飞者减其指[2],有角者无上齿,丰后者无前足,盖天道不使物有兼焉也。古人云:"多为少善,不如执一[3];鼫(shí)鼠五能,不成伎术[4]。"

近世有两人[5],朗悟士也,性多营综,略无成名,经不足以待问,史不足以讨论,文章无可传于集录,书迹未堪以留爱玩,卜筮(shì)射六得三[6],医药治十差(chài)五[7],音乐在数十人下,弓矢在千百人中,天文、画绘、棋博[8]、鲜卑语、胡书[9],煎胡桃油[10],炼锡为银,如此之类,略得梗概,皆不通熟。惜乎,以彼神明,若省其异端,当精妙也。

注释

1. "铭金人云"五句:见《说苑·敬慎》:"孔子之周,观于太庙,右陛之前,有金人焉,三缄其口,而铭其背曰:'古之慎言人也,戒之哉!戒之哉!无多言,多言多败;无多事,多事多患。'"
2. 指:郝懿行《颜氏家训斠记》:"'指'当为'趾'字之讹。"

3. 执一：专一。《吕氏春秋》有《执一》篇，云："王者执一而为万物正。"
4. "鼫鼠五能"二句：《说文解字》："鼫，五伎鼠也，能飞不能过屋，能缘不能穷木，能游不能度谷，能穴不能掩身，能走不能先人。"鼫鼠，一种危害农作物的鼠。详见《尔雅·释兽》。
5. "近世"句：郝懿行、李详俱引杭世骏《诸史然疑》，指为祖珽、徐之才二人。洪业谓杭世骏说不可从，因徐、祖二人，不可谓"略无成名"者也。
6. 卜筮：古时预测吉凶，用龟甲称卜，用蓍（shī）草称筮，合称卜筮。
7. 差：病愈。
8. 博：指六博，为古代的一种博戏。共十二棋，六黑白，两人相博，每人六棋，故名。
9. 胡书：胡人的文字。这里当指鲜卑文字。
10. 胡桃油：胡人用以作画的一种材料。《北齐书·祖珽传》："珽善为胡桃油以涂画。"

上书陈事，起自战国，逮于两汉，风流弥广[1]。

原其体度：攻人主之长短，谏诤之徒也；讦群臣之得失，讼诉之类也；陈国家之利害，对策之伍也；带私情之与夺，游说之俦也。

总此四涂[2]，贾（gǔ）诚以求位[3]，鬻言以干禄。或无丝毫之益，而有不省之困，幸而感悟人主，为时所纳，初获不赀之赏，终陷不测之诛，则严助[4]、朱买臣[5]、吾丘寿王[6]、主父偃之类甚众[7]。

良史所书，盖取其狂狷（juàn）一介[8]，论政得失耳，非士君子守法度者所为也。今世所睹，怀瑾瑜而握兰桂者[9]，悉耻为之。

注释

1. 风流:遗风。《汉书·赵充国辛庆忌传赞》:"今之歌谣慷慨,风流犹存耳。"
2. 四涂:这里指上文提到的四种情况。涂,也作"途",道路。
3. 贾诚:即贾忠,避隋文帝父杨忠讳改。贾,卖。
4. 严助:西汉辞赋家。会稽人。武帝初即位,郡举贤良对策,擢为中大夫,后迁会稽太守。后因与淮安王刘安谋反事有牵连,被杀。
5. 朱买臣:西汉吴县人,字翁子。武帝时,为会稽太守、主爵都尉等。后被杀。
6. 吾丘寿王:西汉赵人,字子赣。为侍中中郎,坐法免,上书愿击匈奴,拜东郡都尉,征入为光禄大夫侍中。后坐事诛。
7. 主父偃:西汉临淄人,主父为复姓。任中大夫,主张进一步削弱割据势力,武帝采其建议,下"推恩令"。后为齐相,以迫齐王自杀,被诛。
8. 狂狷:指志向高远的人与拘谨自守的人。《论语·子路》:"子曰:'不得中行而与之,必也狂狷乎!狂者进取,狷者有所不为也。'"何晏集解引包咸曰:"狂者进取于善道,狷者守节无为。"一介:这里是耿介的意思。
9. 瑾瑜:美玉。兰桂:兰草与桂花。皆有异香。此用以比喻怀才抱德之士。

守门诣阙,献书言计,率多空薄,高自矜夸,无经略之大体,咸秕糠之微事,十条之中,一不足采,纵合时务,已漏先觉,非谓不知,但患知而不行耳。

或被发奸私,面相酬证,事途回穴[1],翻惧愆尤[2];人主外护声教,脱加含养[3],此乃侥幸之徒,不足与比肩也[4]。

谏诤之徒,以正人君之失尔,必在得言之地[5],当尽匡赞之规,不容苟免偷安,垂头塞耳;至于就养有方[6],思不出位[7],干非其任,斯则罪人。

故《表记》云[8]:"事君,远而谏,则谄也;近而不谏,则尸利也[9]。"《论语》曰:"未信而谏,人以为谤己也[10]。"

注释

1. 迴穴：纡曲、变化无定的意思。
2. 愆尤：指罪过。
3. 脱：或者。这里用作表推度的副词。含养：包容养育。形容帝德博厚。
4. 比肩：并肩。这里指与之为伍。
5. 得言：犹当言。
6. 就养：这里指侍奉国君。意思是说作为臣子应在自己的职权范围内侍奉国君，不可侵权。《礼记·檀弓上》："事君有犯而无隐，左右就养有方。"郑玄注曰："不可侵官。"
7. 思不出位：见《论语·宪问》："君子思不出其位。"指思考问题不超出自己的职务范围。
8. 表记：《礼记》篇名。
9. 尸利：如尸之只受享祭而无所事事，比喻受禄而不尽职责。
10. "未信而谏"二句：见《论语·子张》。

君子当守道崇德，蓄价待时[1]。

爵禄不登，信由天命。须求趋竞，不顾羞惭，比较材能，斟量功伐[2]，厉色扬声，东怨西怒；或有劫持宰相瑕疵，而获酬谢，或有喧聒时人视听，求见发遣；以此得官，谓为才力，何异盗食致饱，窃衣取温哉！

世见躁竞得官者[3]，便谓"弗索何获"；不知时运之来，不求亦至也。见静退未遇者，便谓"弗为胡成"；不知风云不与[4]，徒求无益也。凡不求而自得，求而不得者，焉可胜算乎！

注释

1. 价：指声望。
2. 功伐：指功劳。伐也是功的意思。
3. 躁竞：急于与人比高下，争权势。
4. 风云：指人的际遇。

　　齐之季世[1]，多以财货托附外家[2]，喧动女谒[3]。拜守宰者[4]，印组光华[5]，车骑辉赫，荣兼九族，取贵一时。而为执政所患，随而伺察，既以利得，必以利殆，微染风尘[6]，便乖肃正，坑阱殊深[7]，疮痏(wěi)未复[8]，纵得免死，莫不破家，然后噬脐[9]，亦复何及。

　　吾自南及北，未尝一言与时人论身分也[10]，不能通达，亦无尤焉。

注释

1. 齐：当指北齐。季世：指末世、衰世。季，末的意思。
2. 外家：指母亲和妻子的娘家。
3. 女谒：也称妇谒。指通过宫中嬖宠的女子请求说情。
4. 守宰：指地方长官。
5. 印组：即印绶。绶为系印的丝带。
6. 风尘：风起尘扬，天地昏暗。此比喻上述靠钱财女谒得官之事。
7. 坑阱：陷阱。
8. 疮痏：创伤、瘢(bān)痕。
9. 噬脐：自啮腹脐。喻后悔不及。
10. 身分：指人在社会上的地位、资历等。

王子晋云："佐饔(yōng)得尝，佐斗得伤[1]。"

此言为善则预，为恶则去，不欲党人非义之事也[2]。凡损于物[3]，皆无与焉。

然而穷鸟入怀，仁人所悯；况死士归我，当弃之乎？伍员之托渔舟[4]，季布之入广柳[5]，孔融之藏张俭[6]，孙嵩之匿赵岐[7]，前代之所贵，而吾之所行也，以此得罪，甘心瞑目。

至如郭解之代人报仇[8]，灌夫之横怒求地[9]，游侠之徒[10]，非君子之所为也。如有逆乱之行，得罪于君亲者，又不足恤焉。亲友之迫危难也，家财己力，当无所吝；若横生图计，无理请谒，非吾教也。

墨翟之徒[11]，世谓热腹，杨朱之侣[12]，世谓冷肠；肠不可冷，腹不可热，当以仁义为节文尔[13]。

注释

1. "王子晋云"三句：出自《国语·周语下》："佐雝者尝焉，佐斗者伤焉。"韦昭注："雝，烹煎之官也。"徐元诰注："雝即饔。"王子晋，周灵王太子。
2. 党：朋党。指为私利结成一伙的人。
3. 物：指人。
4. 伍员：春秋时吴国大夫。字子胥。楚大夫伍奢次子。伍奢被杀，他由楚国奔到吴国，帮助吴王阖闾夺取王位，后率吴军攻破楚国。《史记·伍子胥列传》："伍子胥……奔吴，追者在后；有一渔父乘船，知伍胥之急，乃渡伍胥。"
5. 季布：汉初楚人，楚汉战争中，为项羽部将。《史记·季布列传》："季布者，楚人也。为气任侠，有名于楚。项籍使将兵，数窘汉王。及项羽灭，高祖购布千金。布匿濮阳周氏，周氏献计，髡(kūn)钳布，衣褐衣，置广柳车中，之鲁朱家所卖之。朱家心知是季布，买而置之田，诫其子，与同食。"广柳：即广柳车，一种载运棺柩的大车。
6. 张俭：见《后汉书·党锢传》："张俭，字元节，山阳高平人。《后汉书·孔融传》：融，字文举，鲁国人，孔子二十世孙也。山阳张俭为中常侍侯览所恶，刊章捕俭。俭与融兄褒有旧，亡抵褒，不遇。时融年十六，见其有窘色，谓曰：'吾独不能为君主邪？'因留舍之。后事泄，俭得脱，兄弟争死，诏书竟坐褒焉。"
7. 赵岐：见《后汉书·赵岐传》："岐，字邠卿，京兆长陵人。耻疾宦官，中常侍唐衡兄玹为京兆尹，收其家属尽杀之。岐逃难，自匿姓名，卖饼北海市中。时安丘孙嵩游市，察非常人，呼与共载。岐惧失色。嵩屏人语曰：'我北海孙宾石，阖门百口，势能相济。'遂与俱归，藏复壁中。"
8. "至如"句：见《史记·游侠传》："郭解，轵人也，字翁伯。为人短小精悍，以躯借交报仇。"
9. "灌夫"句：见《史记·魏其武安侯列传》："武安侯田蚡（fén）为相，使籍福请魏其城南田，不许。灌夫闻，怒骂籍福，福恶两人有郤，乃谩好，谢丞相。已而武安闻魏其、灌夫实怒不与田，亦怒曰：'蚡事魏其，无所不可，何爱数顷田？且灌夫何与也？'由此大怨灌夫、魏其。"横怒、暴怒、震怒。
10. 游侠：古指敢于反抗，不顾社会秩序，救人急难的人。
11. 墨翟：即墨子。春秋战国之际思想家、政治家，墨家的创始人。主张"兼爱""非攻"，其本人更有"摩顶放踵，利天下为之"的实践精神。
12. 杨朱：战国初哲学家。魏国人。孟子说他"拔一毛而利天下不为也"，极力抨击他的"为我"思想。
13. 节文：节制修饰的意思。

    前在修文令曹[1]，有山东学士与关中太史竞历[2]，凡十馀人，纷纭累岁，内史牒付议官平之[3]。

    吾执论曰："大抵诸儒所争，四分并减分两家尔[4]。历象之要，可以晷（guǐ）景测之[5]；今验其分至薄蚀[6]，则四分而减分密。疏者则称政令有宽猛，运行致盈缩[7]，非算之失也；密者则云日月有迟速，以术求之，预知其度[8]，无灾祥也。用疏则藏奸而不信，用密则任数而违经[9]。且议官所知，不能精于讼者，以浅裁深，安有肯服？既非格令所司[10]，幸勿当也[11]。"

举曹贵贱，咸以为然。有一礼官，耻为此让，苦欲留连[12]，强加考核。机杼既薄[13]，无以测量，还复采访讼人，窥望长短，朝夕聚议，寒暑烦劳，背春涉冬，竟无予夺，怨诮滋生，赧然而退，终为内史所迫：此好名之辱也。

注释

1. "前在"句：刘盼遂认为此指北齐后主武平三年时，颜氏在修文殿撰御览之事。引证《北齐书·颜之推传》中《观我生赋》自注："齐武平中，署文林馆，待诏者仆射阳休之、祖孝徵以下三十馀人，之推专掌，其撰《修文殿御览》《续文章流别》皆诣进贤门奏之。"又缪钺《颜之推年谱》认为竞历之事约在隋开皇十年。修文令曹，洪业以为"疑是开皇中所设修订法令之局，故后文以'格令所司'为说也"。
2. 关中：地名。指今陕西一带。太史：官名，掌历法。详见《隋书·百官志》。竞历：指争论历法。
3. 内史：官名，掌民政。《隋书·百官志》："内史置令二人，侍郎四人。"牒：公文。平：平议，即公正地论定是非曲直。
4. 四分：指四分历。减分：指减分历。《后汉书·律历志中》："今改行四分，以遵于尧，以顺孔圣奉天之文。"
5. 晷景：日晷上晷表的投影。晷，指日晷，测度日影以确定时刻的仪器。亦指兼测日月星等天象的仪器。景，古"影"字。
6. 分至：指春分、秋分和夏至、冬至。薄蚀：日月相掩食。
7. 盈缩：也称赢缩，《汉书·天文志》："岁星超舍而前为赢，退舍为缩。"
8. 度：躔（chán）度。日月星辰运行的度次。
9. 任数：指顺应天数。

10. 格令：律令。
11. 当：见《字汇·田部》："当，断罪曰当，言使罪法相当。"
12. 留连：舍不得离开。
13. 机杼既薄：指有关的知识能力欠缺。机杼，胸臆。

止足第十三

　　《礼》云："欲不可纵，志不可满[1]。"宇宙可臻其极，情性不知其穷，唯在少欲知足，为立涯限尔。

　　先祖靖侯戒子侄曰[2]："汝家书生门户，世无富贵；自今仕宦不可过二千石[3]，婚姻勿贪势家[4]。"吾终身服膺，以为名言也。

　　天地鬼神之道，皆恶满盈[5]。谦虚冲损，可以免害。人生衣趣以覆寒露[6]，食趣以塞饥乏耳。形骸之内，尚不得奢靡，已身之外，而欲穷骄泰邪？

　　周穆王[7]、秦始皇[8]、汉武帝[9]，富有四海，贵为天子，不知纪极[10]，犹自败累，况士庶乎？

注释

1. "欲不可纵"二句：见《礼记・曲礼上》。
2. 靖侯：指之推九世祖含，字宏都，谥号"靖侯"。
3. 二千石：汉制，郡守俸禄为二千石。盖自汉、魏以来，因仕途凶险，一般浮沉宦海者多以俸禄二千石的官职为限。《世说新语・贤媛》："王经少贫苦，仕至二千石，母语之曰：'汝本寒家子，仕至二千石，此可以止乎！'"与之推先祖

4. "婚姻"句：据《景定建康志》卷四三引晋朝学者李阐《右光禄大夫西平靖侯颜府君碑》所载，大司马桓温求与颜含联姻，颜不许，并以"婚嫁不须贪世位家"之语为戒。势家，王利器谓"势"字疑出妄改，原当作"世"。
5. "天地鬼神之道"二句：见《周易·谦象》："天道亏盈而益谦，地道变盈而流谦，鬼神害盈而福谦，人道恶盈而好谦。"天地鬼神之道，即今天所谓自然法则之意。
6. 趣：仅够的意思。卢文弨《注颜氏家训序》："趣者，仅足之意，与《孟子》'杨子取为我'之取同。"
7. 周穆王：西周国王。姬姓，名满。昭王之子。传说他曾周游天下，《穆天子传》即写其西游故事。
8. 秦始皇：即嬴政。秦王朝的建立者。在位期间实行严刑苛法，租役繁重，加之连年用兵，使社会矛盾激化。死后不久即爆发大规模农民起义。
9. 汉武帝：西汉皇帝。名刘彻。汉景帝子。在位期间是西汉军事、政治、文化的极盛时期。但由于连年用兵等，使国内虚耗，人口减半，人民不断起义反抗。
10. 纪极：终极，限度。

　　常以二十口家，奴婢盛多，不可出二十人，良田十顷，堂室才蔽风雨，车马仅代杖策，蓄财数万，以拟吉凶急速[1]，不啻此者[2]，以义散之；不至此者，勿非道求之。

　　仕宦称泰[3]，不过处在中品，前望五十人，后顾五十人，足以免耻辱，无倾危也。高此者，便当罢谢，偃仰私庭[4]。吾近为黄门郎[5]，已可收退；当时羁旅[6]，惧罹谤讟[7]，思为此计，仅未暇尔。

　　自丧乱已来，见因托风云，徼幸富贵，旦执机权，夜填坑谷，朔欢卓、郑[8]，晦泣颜、原者[9]，非十人五人也。慎之哉！慎之哉！

注释

1. 吉凶：婚事丧事。急速：指仓促间发生的事。
2. 不啻：不但，不止。不啻此，即过于此。与下文"不至此"相对。
3. 泰：太极，过甚。
4. 偃仰：安居的意思。私庭：指自己的家庭。
5. 黄门郎：即黄门侍郎。职官名。属门下省。东汉始设专官，其职为侍从皇帝，传达诏命。南朝以后因掌管机密文件，备皇帝顾问，职位日渐重要。
6. 羁旅：作客他乡。
7. 讟：诽谤；怨言。
8. 卓：指卓氏。战国时秦、汉间大商人，祖先为赵国人。秦破赵时，被迁到蜀，居于临邛（今四川邛崃），冶铁成巨富，有家童千人。郑：指程郑。汉初大工商主。本战国时关东人，其祖先于秦始皇时被迁至蜀郡临邛。他冶铸铁器，卖与西南少数民族，以此致富。
9. 颜：指颜渊。春秋末鲁国人。名回，字子渊。孔子学生。原：指原宪，春秋时鲁国人，一说宋国人。字子思，亦称原思。孔子学生。以上二人均以安贫乐道著称，故亦用来泛指贫士。

诫兵第十四

颜氏之先,本乎邹、鲁[1],或分入齐,世以儒雅为业,遍在书记。仲尼门徒,升堂者七十有二[2],颜氏居八人焉[3]。秦、汉、魏、晋,下逮齐、梁,未有用兵以取达者。

春秋世,颜高、颜鸣、颜息、颜羽之徒[4],皆一斗夫耳。齐有颜涿(zhuō)聚[5],赵有颜最(zuì)[6],汉末有颜良[7],宋有颜延之[8],并处将军之任,竟以颠覆。汉郎颜驷,自称好武,更无事迹。颜忠以党楚王受诛[9],颜俊以据武威见杀[10],得姓已来,无清操者,唯此二人,皆罹祸败。顷世乱离,衣冠之士[11],虽无身手,或聚徒众,违弃素业,徼幸战功。

吾既羸薄,仰惟前代[12],故置心于此[13],子孙志之。孔子力翘门关[14],不以力闻,此圣证也[15]。吾见今世士大夫,才有气干[16],便倚赖之,不能被甲执兵,以卫社稷;但微行险服[17],逞弄拳腕,大则陷危亡,小则贻耻辱,遂无免者。

注释

1. 邹:古国名。有今山东费、邹、滕、济宁、金乡等县地。战国时为楚所灭。

2. 升堂：升堂入室的略语。后称人学问造诣精深为升堂入室。《论语·先进》："由也升堂矣，未入于室也。"
3. "有颜氏"句：据《史记·仲尼弟子列传》，此八人为颜回、颜无繇（yáo）、颜幸、颜高、颜祖、颜之仆、颜哙（kuài）、颜何。
4. 颜高、颜鸣、颜息、颜羽：四人均为春秋时期鲁国人，事分见《左传》定公八年、昭公二十六年、哀公十一年。
5. 颜涿聚：春秋末齐国人。事见《韩非子·十过》。
6. 颜冣：战国时赵国将领，为秦所俘，事见《史记·赵世家》。清代文字训诂学家段玉裁曰："冣，才句切，上多一点，是俗最字。"《战国策·赵策下》即作颜最。
7. 颜良：三国时袁绍大将，与曹操作战时被杀，事见《三国志·袁绍传》。
8. 颜延之：南朝宋临沂人。字延年，历官至金紫光禄大夫。文章冠绝当时，与谢灵运齐名。这里说颜延之以为兵颠覆，与史实不符。当衍一"之"字，作"颜延"。颜延为东晋末年王恭的将领，为刘牢之所杀，事见《宋书·刘敬宣传》。"宋有"应作"晋有"。
9. "颜忠"句：见《后汉书·楚王英传》。
10. "颜俊"句：见《资治通鉴》汉献帝建安二十四年。
11. 衣冠：士大夫，官绅。
12. 仰惟前代：想起过去时代姓颜的人以好兵致祸之事。惟，思。
13. 置心于此：把心放在读书仕宦上面。
14. "孔子"句：见《列子·说符》："孔子之劲，能招国门之关，而不肯以力闻。"翘，即"招"，举的意思。
15. 圣证：见三国时曹魏著名经学家王肃《圣证论》。王肃撰《圣证论》，并伪造《孔子家语》等书作为论据。后因以"圣证"谓取证于圣人之言。此句不便直译，故意译。
16. 气干：气血和躯体。
17. 微行：指隐匿身份，易服出行。险服：武士或剑客所穿的上衣，后幅较短，便于活动。

国之兴亡，兵之胜败，博学所至，幸讨论之。入帷幄之中[1]，参庙堂之上[2]，不能为主尽规以谋社稷，君子所耻也。

然而每见文士,颇读兵书[3],微有经略。若居承平之世,睥睨宫阃[4],幸灾乐祸,首为逆乱,诖误善良[5];如在兵革之时,构扇反覆[6],纵横说诱[7],不识存亡,强相扶戴:此皆陷身灭族之本也。诫之哉!诫之哉!

习五兵[8],便乘骑,正可称武夫尔。今世士大夫,但不读书,即称武夫儿,乃饭囊酒瓮也[9]。

注释

1. "入帷幄"句:见《史记·太史公自序》:"运筹帷幄之中,制胜于无形。"帷幄,此指天子决策之处。
2. 庙堂:朝廷。指人君接受朝见、议论政事的殿堂。
3. 颇:这里是略微的意思。
4. 睥睨:窥视;侦伺。宫阃:帝王后宫。
5. 诖误:贻误;连累。
6. 构扇:也作"构煽"。挑拨煽动。
7. 纵横:即"合纵连横"的简称。战国时,苏秦游说六国诸侯联合拒秦,称合纵;张仪游说诸侯共同事秦,称连横(也叫连衡)。此指在各个势力之间进行游说煽动,使之互相攻伐。
8. 五兵:五种兵器。所指不一。《周礼·夏官·司兵》:"掌五兵五盾。"郑玄注《司兵》引郑司农云:"五兵者,戈、殳(shū)、戟、酋矛、夷矛也。"此指车之五兵。步卒之五兵,则无夷矛而有弓矢。
9. 饭囊酒瓮:即现在俗称酒囊饭袋之意。瓮,一种陶制盛器。

养生第十五

神仙之事,未可全诬;但性命在天[1],或难钟值[2]。

人生居世,触途牵絷[3];幼少之日,既有供养之勤;成立之年,便增妻孥(nú)之累。衣食资须,公私驱役;而望遁迹山林,超然尘滓,千万不遇一尔。加以金玉之费[4],炉器所须[5],益非贫士所办。

学如牛毛,成如麟角[6]。华山之下[7],白骨如莽,何有可遂之理?

注释

1. 性命:这里指万物的天赋和禀受。《周易·乾》:"乾道变化,各正性命。"孔颖达疏:"性者,天生之质,若刚柔迟速之别;命者,人所禀受,若贵贱夭寿之属也。"
2. 钟:适逢。值:相遇。
3. 触途:各方面,处处。
4. 金玉之费:炼丹药时耗费的金、玉。这里泛指炼制丹药的费用。《抱朴子·金丹》:"朱草喜生岩石之下,刻之,汁流如血。以玉及八石金银投其中,便可丸如泥,久则成水;以金投之,名为金浆;以玉投之,名为玉醴(lǐ)。"
5. 炉器:指炼丹炉。

6. 麟角：麒麟的角，比喻珍贵稀少。
7. 华山：在陕西东部。古代传说为仙人居住之处。

　　考之内教[1]，纵使得仙，终当有死，不能出世[2]，不愿汝曹专精于此。

　　若其爱养神明[3]，调护气息，慎节起卧，均适寒暄，禁忌食饮，将饵药物，遂其所禀[4]，不为夭折者，吾无间然[5]。诸药饵法，不废世务也。

　　庾肩吾常服槐实[6]，年七十余，目看细字，须发犹黑。

　　邺中朝士，有单服杏仁、枸杞、黄精、术（zhú）、车前得益者甚多[7]，不能一一说尔。

　　吾尝患齿，摇动欲落，饮食热冷，皆苦疼痛。见《抱朴子》牢齿之法，早朝叩齿三百下为良[8]；行之数日，即便平愈，今恒持之。

　　此辈小术，无损于事，亦可修也。凡欲饵药，陶隐居《太清方》中总录甚备[9]，但须精审，不可轻脱。近有王爱州在邺学服松脂[10]，不得节度，肠塞而死，为药所误者甚多。

注释

1. 内教：指佛教。
2. 出世：宗教徒以人间世为俗世；脱离人世的束缚，称出世。
3. 神明：指人的精神，心思。

4. 遂其所禀：指达到上天所赋予的自然年限。禀，赐予，赋予。
5. 间然：找空子。这里指批评。
6. 庾肩吾：字子慎。南朝梁人。曾任度支尚书、江州刺史。槐实：槐的果实。可入药。《名医别录》："槐实味酸咸，久服，明目益气，头不白，延年。"
7. 杏仁、枸杞、黄精、（白）术、车前：均为中药名。
8. "见《抱朴子》牢齿之法"二句：见《抱朴子·应难》："或问坚齿之道，抱朴子曰：'能养以华池，浸以醴液，清晨建齿三百过者，永不动摇。'"
9. 陶隐居：即陶弘景。南朝时丹阳秣陵人，字通明。初为齐诸王侍读，后隐居于句容句曲山，自号华阳隐居。《太清方》：《隋书·经籍志》："《太清草木集要》二卷，陶隐居撰。"
10. 松脂：松树树干所分泌的树脂。《本草纲目》："松脂，一名松膏，久服，轻身，不老延年。"

夫养生者先须虑祸[1]，全身保性，有此生然后养之，勿徒养其无生也[2]。

单豹养于内而丧外，张毅养于外而丧内[3]，前贤所戒也。

嵇康著《养生》之论，而以傲物受刑；石崇冀服饵之征[4]，而以贪溺取祸，往世之所迷也。

注释

1. 养生：摄养身心，以期保健延年。
2. 无生：指不生存在世上。
3. "单豹养于内而丧外"二句：单豹、张毅，均为人名。《庄子·达生》："鲁有单豹者，岩居而水饮，不与民共利，行年七十，而犹有婴儿之色；不幸遇饿虎，饿虎杀而食之。有张毅者，高门县薄，无不走也，行年四十，而有内热之病以死。豹养其内而虎食其外，毅养其外而病攻其内：此二子者，皆不鞭其后者也。"内，内心。指身体。外，指外部灾祸。
4. 石崇：西晋渤海南皮人，字季伦。历任散骑常侍、荆州刺史等职。以劫掠客商致富。于河阳置金谷园，奢靡成风，与贵戚王恺、羊琇（xiù）等以豪侈相尚。后为赵王伦所杀。《晋书·石苞传》："（石崇）有妓曰绿珠，孙秀使人求之，崇尽出数十人以示之，曰：'任所择。'使者曰：'本受命索绿珠。'崇曰：'吾所爱，不可得也。'秀怒，乃矫诏收崇。绿珠自投楼下而死。崇母兄妻子，无少长，皆被杀害。"

夫生不可不惜，不可苟惜。

涉险畏之途，干祸难之事，贪欲以伤生，逸慝（tè）而致死，此君子之所惜哉；行诚孝而见贼[1]，履仁义而得罪，丧身以全家，泯躯而济国，君子不咎也[2]。

自乱离已来，吾见名臣贤士，临难求生，终为不救，徒取窘辱，令人愤懑。

侯景之乱，王公将相，多被戮辱，妃主姬妾[3]，略无全者。唯吴郡太守张嵊（shèng）[4]，建义不捷[5]，为贼所害，辞色不挠；及鄱阳王世子谢夫人[6]，登屋诟怒，见射而毙。夫人，谢遵女也。

何贤智操行若此之难？婢妾引决若此之易[7]？悲夫！

注释

1. 诚孝：即忠孝，避隋讳改。贼：杀害。
2. 咎：抱怨。
3. 妃：皇帝的妾，太子、王的妻。主：公主。姬：皇宫中女官。妾：指大臣的小老婆。

4. 张嵊：南朝梁人。字四山。少有志操。累官吴兴太守。举兵讨侯景，兵败被执。遇害。事见《梁书·张嵊传》。
5. 建义：此指发动义军讨伐侯景。
6. 世子：帝王及诸侯的正妻所生的长子。此指萧嗣。谢夫人：萧嗣的妻子。
7. 引决：自杀。

归心第十六

三世之事[1]，信而有征，家世归心[2]，勿轻慢也。

其间妙旨，具诸经论[3]，不复于此，少能赞述；但惧汝曹犹未牢固，略重劝诱尔。

原夫四尘五荫[4]，剖析形有；六舟三驾[5]，运载群生；万行归空，千门入善[6]；辩才智惠[7]，岂徒七经、百氏之博哉？明非尧、舜、周、孔所及也。内外两教[8]，本为一体，渐极为异[9]，深浅不同。

内典初门，设五种禁[10]；外典仁义礼智信，皆与之符。

仁者，不杀之禁也；义者，不盗之禁也；礼者，不邪之禁也；智者，不酒之禁也；信者，不妄之禁也。至如畋(tián)狩军旅，燕享刑罚，因民之性，不可卒除，就为之节，使不淫滥尔。

归周、孔而背释宗[11]，何其迷也！

注释

1. 三世：佛教以过去、未来、现在为三世。
2. 归心：从心里归附。这里是归心佛教之意。语本《论语·尧曰》："兴灭国，继绝

3. 经论：佛教以经、律、论为三藏。经为佛所自说，论是经义的解释，律记戒规。
4. 四尘：佛教称色、香、味、触为四尘。《楞严经》卷一："我今观此，浮根四尘，祇在我面；如是识心，实居身内。"五荫：即"五阴"，佛教"五蕴"的旧译，指色（色相）、受（情欲）、想（意念）、行（行为）、识（心灵）。识为认识的主观要素，色、受、想、行为认识的客观要素。唐玄奘译《般若波罗蜜多心经》："照见五蕴皆空，度一切苦厄。"
5. 六舟：即六度。"度"是梵文 pāramitā（波罗蜜多）的意译。指使人由生死之此岸度到涅槃（寂灭）之彼岸的六种法门：布施、持戒、忍辱、精进、静虑（禅定）、智慧（般若）。三驾：即三乘，见《法华经》。佛教以羊车喻声闻乘，鹿车喻缘觉乘，牛车喻菩萨乘。《火宅经》："羊车、鹿车、牛车，竞共驰走，争出火宅。"
6. 千门：佛教语。谓种种修行的法门。《仁王经》："修千法名门，说十善道，化一切众生。"
7. 惠：同"慧"。
8. 内外两教：内教指佛教，外教指儒学。下文所说的"内典"指佛书，"外典"指儒书。
9. 渐极为异：是说中土之民与天竺之民因所处地域不同，其悟道的过程、方式也有所不同。渐，指佛理。极，指儒学。
10. 五种禁：即五戒。《魏书·释老志》："又有五戒：去杀、盗、淫、妄言、饮酒。大意与仁、义、礼、智、信同，名为异耳。"
11. 释宗：佛教，因佛教创始者汉译为释迦牟尼，故以"释"指佛教。

俗之谤者，大抵有五：其一，以世界外事及神化无方为迂诞也；其二，以吉凶祸福或未报应为欺诳也；其三，以僧尼行业多不精纯为奸慝也；其四，以糜费金宝减耗课役为损国也；其五，以纵有因缘如报善恶[1]，安能辛苦今日之甲，利益后世之乙乎？为异人也。

今并释之于下云。

释一曰：夫遥大之物，宁可度量？今人所知，莫若天地。天为积气，地为积块，日为阳精，月为阴精，星为万物之精，儒家所安也。星有坠落，乃为石矣：精若是石，不得有光，性又质重，何所系属？

一星之径，大者百里，一宿首尾，相去数万；百里之物，数万相连，阔狭从斜，常不盈缩。又星与日月，形色同尔，但以大小为其等差；然而日月又当石也？石既牢密，乌兔焉容[2]？石在气中，岂能独运？

日月星辰，若皆是气，气体轻浮，当与天合，往来环转，不得错违，其间迟疾，理宜一等；何故日月五星二十八宿，各有度数，移动不均[3]？宁当气坠，忽变为石？

地既渟浊，法应沉厚，凿土得泉，乃浮水上；积水之下，复有何物？江河百谷，从何处生？东流到海，何为不溢？归塘尾闾，澥(xiè)何所到[4]？沃焦之石[5]，何气所然[6]？潮汐去还，谁所节度？天汉悬指[7]，那不散落？水性就下，何故上腾？

天地初开，便有星宿；九州未划[8]，列国未分，翦疆区野，若为躔次[9]？封建已来，谁所制割？

国有增减，星无进退，灾祥祸福，就中不差；乾象之大[10]，列星之伙，何为分野，止系中国？昴为旄(máo)头[11]，匈奴之次；西胡、东越、雕题、交阯(zhǐ)[12]，独弃之乎？

以此而求，迄无了者，岂得以人事寻常，抑必宇宙外也。

凡人之信，唯耳与目；耳目之外，咸致疑焉。儒家说天，自有数义：或浑或盖，乍宣乍安[13]。斗极所周[14]，管维所属[15]。

若所亲见，不容不同；若所测量，宁足依据？何故信凡人之臆说，迷大圣之妙旨[16]，而欲必无恒沙世界[17]、微尘数劫也[18]？而邹衍亦有九州之谈[19]。

山中人不信有鱼大如木，海上人不信有木大如鱼；汉武不信弦胶[20]，魏文不信火布[21]；胡人见锦，不信有虫食树吐丝所成[22]；昔在江南，不信有千人毡帐，及来河北，不信有二万斛船[23]。皆实验也。

世有祝师及诸幻术[24]，犹能履火蹈刃，种瓜移井，倏忽之间，十变五化。

人力所为，尚能如此；何况神通感应，不可思量，千里宝幢(chuáng)[25]，百由旬座[26]，化成净土[27]，踊出妙塔乎[28]？

注释

1. 因缘：佛教语。梵语尼陀那。指产生结果的直接原因及促成这种结果的条件。
2. 乌兔：古代神话传说日中有乌，月中有兔。《春秋元命苞》："阳数起于一，成于三，故日中有三足乌。月两设以蟾蜍与兔者，阴阳双居，明阳之制阴，阴之制阳。"
3. "何故日月五星二十八宿"三句：见《尚书·尧典·正文》正义："《六历》诸纬与《周髀(bì)》皆云：'日行一度，月行十三度十九分度之七。'《汉书·律历志》："金、水皆日行一度，木日行千七百二十八分度之百四十五，土日行四千三百二十分度之百四十五，火日行万三千八百二十四度之七千三百五十五。又二十八宿所载黄赤道度各不同。"五星，指金、木、水、火、土五大行星。二十八宿，我国古代天文学家为了观测天象及日、月、五星在天空中的运行，在黄道带与赤道带的两侧绕天一周，选取了二十八个星官作为观察时的标志，称为"二十八宿"。

4. "归塘尾闾"二句：归塘，即归墟，传说为海中无底之谷。《列子·汤问》："渤海之东，不知几亿万里，有大壑焉，实惟无底之谷，其下无底，名曰归墟。"尾闾，古代传说中泄海水之处。《庄子·秋水》："天下之水，莫大于海，万川归之，不知何时止而不盈；尾闾泄之，不知何时已而不虚。"渫，即"泄"。

5. 沃焦：古代传说中东海南部的大石山。《文选·嵇康〈养生论〉》："泄之以尾闾。"李善注引晋司马彪曰："一名沃焦……在扶桑之东，有一石，方圆四万里，厚四万里，海水注者无不焦尽，故名沃焦。"

6. 然："燃"的本字。

7. 天汉：即银河。

8. 九州：传说中的我国中原上古行政区划。按《尚书·禹贡》，为冀、兖（yǎn）、青、徐、扬、荆、豫、梁、雍。

9. 躔次：日月星辰运行的轨迹。古代认为地上各州郡邦国与天上一定的区域相对应，谓之分野，故作者有此问。

10. 乾象：天象。

11. 昴：星名，二十八宿之一。《史记·天官书》："昴曰髦头，胡星也。"

12. 交阯：见《后汉书·南蛮传》："《礼记》称南方曰蛮、雕题、交阯，其俗男女同川而浴，故曰交阯。"

13. "或浑或盖"二句：见《晋书·天文志》："古言天者有三家：一曰盖天，二曰宣夜，三曰浑天。"浑天说认为：天地的形状浑圆如鸟卵，天包地外，就像壳裹卵黄一样。盖天说认为：天像盖着的斗笠，地像覆盖的盘子，天和地都是中高外低。宣夜说认为：日月星辰自然飘浮在无边的虚空之中，气体构成无限的宇宙。安，指《安天论》，为汉代虞喜根据宣夜说写成。

14. 斗：指北斗七星。极：指北极星。

15. 管维：又作"斡（guǎn）维"。转运的枢纽，指斗枢。《楚辞·天问》："斡维焉系。"王逸注："斡，转也。维，纲也。言天昼夜转旋，宁有维纲系缀其间？"

16. 大圣：佛家称佛或菩萨为大圣。

17. 恒沙："恒河沙数"的省称。此言其多至不可胜数。《金刚经》："是诸恒河所有沙数，佛世界如是，宁为多不？"恒河为流经今印度、孟加拉国的大河。

18. 微尘：佛教语。指极细小的物质。劫：佛教以天地的形成到毁灭为一劫。《法华经》："如人以力磨三千大千土，复尽末为尘，一尘为一劫，如此诸微尘数，其劫复过是。"

19. "而邹衍"句：见《史记·孟子荀卿列传》："驺衍著书十余万言，以为……中国名曰赤县神州，赤县神州，内自有九州……中国外，如赤县神州者九，乃所谓九州也。"驺即"邹"。
20. "汉武"句：见《云笈七签》卷二六引《十洲记》凤麟洲云："仙家煮凤喙及麟角，合煎作胶，名之为续弦胶，或名连金泥。此胶能续弓弩已断之弦，连刀剑已断之金，更以胶连续之处，使力士掣之，他处乃断，所续之际，终无所损也。"
21. "魏文"句：见《抱朴子·内篇·论仙》："魏文帝穷览洽闻，自呼于物无所不经，谓天下无切玉之刀，火浣之布。及著《典论》，尝据言此事。其间未期，二物毕至。帝乃叹息，遽毁斯论。"《搜神记》亦载此事。火布即火浣之布。《列子·汤问》："火浣之布，浣之必没于火，布则火色，垢则布色，出火而振之，皓然疑乎雪。"
22. "胡人见锦"二句：见《太平御览》八二五、《艺文类聚》六五引《玄中记》。《金楼子·志怪》亦载此事。
23. 二万斛船：王利器《颜氏家训集解》谓《太平御览》引"二万斛船"作"万石舟舡（chuán）"，与上"千人毡帐"对文，较今本为胜。
24. 祝：男巫。
25. 宝幢：佛寺中悬挂的幢旗。
26. 由旬：古代印度计长度的单位。也译作"俞旬""由延""踰缮（yú shàn）那"。军行一日的行程。或言四十里，或言三十里，或言十六里。
27. 净土：佛教谓庄严洁净，没有五浊（劫浊、见浊、烦恼浊、众生浊、命浊）的极乐世界。
28. 踊出妙塔乎：见《妙法莲华经·见宝塔品》第十一云："尔时，佛前有七宝塔，高五百由旬，纵广二百五十由旬，从地踊出，住在空中，种种宝物而庄校之。"

　　释二曰：夫信谤之征，有如影响[1]；耳闻目见，其事已多，或乃精诚不深，业缘未感[2]，时傥差阑，终当获报耳。

　　善恶之行，祸福所归。九流百氏[3]，皆同此论，岂独释典为虚妄乎？

项橐、颜回之短折[4]，伯夷、原宪之冻馁[5]，盗跖、庄蹻之福寿[6]，齐景、桓魋之富强[7]，若引之先业[8]，冀以后生，更为通耳。如以行善而偶钟祸报，为恶而傥值福征，便生怨尤，即为欺诡；则亦尧、舜之云虚，周、孔之不实也，又欲安所依信而立身乎？

注释

1. 影响：影子与回声。
2. 业缘：佛教指善业生善果、恶业生恶果的因缘。谓一切众生的境遇、生死都由前世业缘所决定。
3. 九流：战国时的九个学术流派。即儒家、道家、阴阳家、法家、名家、墨家、纵横家、杂家、农家。又有小说家一派，合为十家。详见《汉书·艺文志》。后又作为各种学术流派的泛称。百氏：指诸子百家。
4. 项橐：春秋时人。《战国策·秦策》："甘罗曰：'项橐生七岁而为孔子师。'"颜回：孔子弟子。《孔子家语·弟子》："颜回二十九而发白，三十一早死。"
5. 伯夷：商朝孤竹君之子。周武王灭商，他与弟弟叔齐耻食周粟，逃到首阳山，采薇而食，饿死在山里。事见《史记·伯夷传》。原宪：春秋鲁人，一说宋人。字子思。又叫原思，孔子弟子。传说蓬户褐衣蔬食，不减其乐。事见《庄子·让王》《史记·仲尼弟子传》《新序·节士》。
6. 盗跖：相传为春秋末期人。《史记·伯夷列传》："盗跖日杀不辜，肝人之肉，暴戾恣睢，聚党数千人，横行天下，竟以寿终。"《庄子》有《盗跖》篇。庄蹻：战国人。楚庄王之后。顷襄王时使蹻将兵循江上略巴、蜀、黔中以西，至滇池，以兵威定属楚。欲归报，会秦击夺楚巴、黔中郡，道塞，因还，以其众王滇。高诱注《淮南子·主术》篇云："庄蹻，楚威王之将军，能大为盗也。"
7. 齐景：即齐景公。桓魋：即向魋。春秋时宋大夫。
8. 业：即梵语"羯磨"。佛教谓在六道中生死轮回，是由业决定的。业包括行动、语言、思想意识三个方面，分别指身业、口业（或语业）、意业。

释三曰：开辟已来[1]，不善人多而善人少，何由悉责其精洁乎？见有名僧高行，弃而不说；若睹凡僧流俗，便生非毁。

且学者之不勤，岂教者之为过？俗僧之学经律[2]，何异世人之学《诗》《礼》？以《诗》《礼》之教，格朝廷之人，略无全行者；以经律之禁，格出家之辈，而独责无犯哉？且阙行之臣，犹求禄位；毁禁之侣，何惭供养乎[3]？

其于戒行[4]，自当有犯。一披法服，已堕僧数，岁中所计，斋讲诵持，比诸白衣[5]，犹不啻山海也。

注释

1. 开辟已来：相传盘古开天辟地。开辟已来，就是指有天地以来。
2. 经律：佛教徒称记述佛的言论的书叫经，记述戒律的书叫律。
3. 供养：佛教徒不事生产，靠人提供食物，称供养。
4. 戒行：佛教指恪守戒律的操行。
5. 白衣：佛教徒穿黑衣，故称世俗之人为白衣。

释四曰：内教多途，出家自是一法耳。

若能诚孝在心，仁惠为本，须达[1]、流水[2]，不必剃落须发；岂令罄井田而起塔庙，穷编户以为僧尼也？皆由为政不能节之，遂使非法之寺，妨民稼穑，无业之僧，空国赋算，非大觉之本旨也[3]。

抑又论之：求道者，身计也；惜费者，国谋也。身计国谋，不可两遂。诚臣徇主而弃亲，孝子安家而忘国，各有行也，儒有不屈王侯高尚其事，隐有让王辞相避世山林；安可计其赋役，以为罪人？

若能偕化黔首[4]，悉入道场，如妙乐之世[5]，禳佉之国[6]，则有自然稻米，无尽宝藏，安求田蚕之利乎？

注释

1. 须达：为舍卫国给孤独长者的本名，是祇园精舍的施主。事见《经律异相》《须达经》《中阿含经》。
2. 流水：见《金光明经》："流水长者见涸池中有十千鱼，遂将二十大象，载皮囊，盛河水置池中，又为称祝宝胜佛名。后十年，鱼同日升忉利天，是诸天子。"此举流水长者救鱼事，以为仁惠之证。
3. 大觉：佛教语。指佛的觉悟。此用以指佛教。《阿育王经》："如来大觉于菩提树下觉诸法。"
4. 黔首：老百姓。《史记·秦始皇本纪》："二十六年，更名民曰黔首。"
5. 妙乐：古印度俗语 Surattha 的意译。古代西印度国名。详见玄奘《大唐西域记·苏剌侘国》。
6. 禳佉：即儴佉。印度古代神话中国王名，即转轮王。佛书谓转轮王为最有势力的王。此王在世，有瑞轮旋转。《佛说弥勒大成佛经》："其国尔时有转轮圣王名儴佉，有四种兵，不以威武，治四天下。"

释五曰：形体虽死，精神犹存。

人生在世，望于后身似不相属[1]；及其殁后，则与前身似犹老少朝夕耳。世有魂神，示现梦想，或降童妾，或感妻孥，求索饮食，征须福祐，亦为不少矣。今人贫贱疾苦，莫不怨尤前世不修功业；以此而论，安可不为之作地乎[2]？

夫有子孙，自是天地间一苍生耳，何预身事？而乃爱护，遗其基址，况于己之神爽[3]，顿欲弃之哉？

凡夫蒙蔽，不见未来，故言彼生与今非一体耳；若有天眼[4]，鉴其念念随灭[5]，生生不断[6]，岂可不怖畏邪？

又君子处世，贵能克己复礼[7]，济时益物。治家者欲一家之庆，治国者欲一国之良，仆妾臣民，与身竟何亲也，而为勤苦修德乎？亦是尧、舜、周、孔虚失愉乐耳。一人修道，济度几许苍生？免脱几身罪累？

幸熟思之！汝曹若观俗计[8]，树立门户，不弃妻子，未能出家；但当兼修戒行，留心诵读，以为来世津梁[9]，人生难得，无虚过也。

注释

1. 后身：佛教认为人死要转生，故有前身、后身之说。
2. 为之作地：为他（后身）留余地。
3. 神爽：神魂，心神。
4. 天眼：佛教所说五眼之一。即天趣之眼，能透视六道、远近、上下、前后、内外及未来等。
5. 念念随灭：生命在极短的时间内不断产生又不断消亡。梵语"刹那"，译为念。念念，指极短的时间。
6. 生生：佛教指轮回。庾信《庾子山集·卷十三·陕州弘农郡五张寺经藏碑》："盖闻如来说法，万万恒沙，菩萨转轮，生生世界。"

7. 克己复礼：见《论语·颜渊》："子曰：'克己复礼为仁，一日克己复礼，天下归仁焉。'"
8. 观：傅太平本"观"作"顾"，译文从之。
9. 来世：佛教谓人死后会重新投生，故称转生之事为"来世"。

儒家君子，尚离庖厨，见其生不忍其死，闻其声不食其肉[1]。高柴[2]、折像[3]，未知内教，皆能不杀，此乃仁者自然用心。

含生之徒，莫不爱命；去杀之事，必勉行之。好杀之人，临死报验，子孙殃祸，其数甚多，不能悉录耳，且示数条于末。

梁世有人，常以鸡卵白和沐，云使发光，每沐辄二三十枚。临死，发中但闻啾啾数千鸡雏声。

江陵刘氏，以卖鳝羹为业[4]。后生一儿头是鳝，自颈以下，方为人耳。

王克为永嘉郡守[5]，有人饷羊，集宾欲宴。而羊绳解，来投一客，先跪两拜，便入衣中。此客竟不言之，固无救请。须臾，宰羊为羹，先行至客。一脔入口[6]，便下皮内，周行遍体，痛楚号叫；方复说之。遂作羊鸣而死。

梁孝元在江州时，有人为望蔡县令，经刘敬躬乱[7]，县廨被焚，寄寺而住。民将牛酒作礼，县令以牛系刹柱[8]，屏除形像[9]，铺设床坐，于堂上接宾。

未杀之顷，牛解，径来至阶而拜，县令大笑，命左右宰之。饮啖醉饱，便卧檐下。稍醒而觉体痒，爬搔隐疹[10]，因尔成癞，十许年死。

379

杨思达为西阳郡守，值侯景乱，时复旱俭，饥民盗田中麦。思达遣一部曲守视[11]，所得盗者，辄截手腕，凡戮十余人。部曲后生一男，自然无手。

　　齐有一奉朝请[12]，家甚豪侈，非手杀牛，啖之不美。年三十许，病笃，大见牛来，举体如被刀刺，叫呼而终。

　　江陵高伟，随吾入齐，凡数年，向幽州淀中捕鱼。后病，每见群鱼啮之而死。

注释

1. "儒家君子"四句：见《孟子·梁惠王上》："君子之于禽兽也，见其生，不忍见其死；闻其声，不忍食其肉。是以君子远庖厨也。"
2. 高柴：孔子弟子。《孔子家语·弟子行》："高柴启蛰不杀，方长不折。"
3. 折像：《后汉书·方术列传》："折像幼有仁心，不杀昆虫，不折萌芽。"
4. 鳝：通称"黄鳝""鳝鱼"，体细长，黄色有黑斑，肉可食。
5. "王克"句：见《北周书·王褒传》："江陵城陷，褒与王克等同至长安，俱授仪同大将军即此人。"
6. 脔：切成块的肉。
7. "梁孝元在江州时"三句：见《梁书·武帝纪下》："大同八年春正月，安城郡民刘敬躬挟左道以反，内史萧诜（shēn）委郡东奔。"
8. 刹柱：即幡柱。佛塔顶上相轮等矗立部分。此文中刹柱似指刹竿，即寺庙中悬挂旗幡的高竿。
9. 形像：指佛的塑像。
10. 隐疹：指皮肤病。
11. 部曲：古时军队的编制单位。此处是部下的意思。《后汉书·百官志》："大将军营五部，部校尉一人……部下有曲，曲有军候一人。"
12. 奉朝请：古代诸侯春季朝见天子叫朝，秋季朝见叫请。后遂以奉朝请的名义，来安置闲散官员等。详见《宋书·百官志下》。

世有痴人，不识仁义，不知富贵并由天命。为子娶妇，恨其生资不足，倚作舅姑之尊[1]。蛇虺其性，毒口加诬，不识忌讳，骂辱妇之父母，却成教妇不孝己身，不顾他恨。

但怜己之子女，不爱己之儿妇。如此之人，阴纪其过[2]，鬼夺其算[3]。慎不可与为邻，何况交结乎？避之哉[4]！

注释

1. 舅姑：丈夫的父母。
2. 纪：记载。
3. 鬼夺其算：见《抱朴子·微旨》："按：《易内戒》及《赤松子经》及《河图记命符》皆云：'天地有司过之神，随人所犯轻重，以夺其算，算减则人贫耗疾病，屡逢忧患，算尽则人死。'"算，寿命。
4. "慎不可与为邻"三句：王利器《颜氏家训集解》："《广弘明集》无此条，则所见本不在此篇，当从宋本入《涉务》篇为是。"

卷第六

书证

所见渐广,
更知通变,
救前之执,
将欲半焉。

书证第十七

《诗》云："参差荇菜[1]。"《尔雅》云："荇，接余也。"字或为莕。先儒解释皆云：水草，圆叶细茎，随水浅深。今是水悉有之[2]，黄花似莼[3]，江南俗亦呼为猪莼，或呼为荇菜。刘芳具有注释[4]。而河北俗人多不识之，博士皆以参差者是苋菜[5]，呼人苋为人荇[6]，亦可笑之甚。

注释

1. 参差荇菜：见《诗经·周南·关雎》。参差，长短不齐的样子。荇菜，一种水生植物。也作"莕菜"。孔颖达疏："白茎，叶紫赤色，正圆，径寸余；浮在水上。"
2. 是水：犹言凡有水之处。
3. 莼：莼菜。
4. 刘芳：字伯文，彭城人。《魏书》有传。《隋书·经籍志》："《毛诗笺音义证》十卷，后魏太常卿刘芳撰。"
5. 博士：古代学官名。
6. 人苋：苋的一种。卢文弨补注引《本草图经》："苋有六种：有人苋、赤苋、白苋、紫苋、马苋、五色苋。入药者人、白二苋，其实一也，但人苋小而白苋大耳。"

《诗》云:"谁谓荼苦[1]?"《尔雅》《毛诗传》并以荼,苦菜也。又《礼》云:"苦菜秀[2]。"

案:《易统通卦验玄图》曰[3]:"苦菜生于寒秋,更冬历春,得夏乃成。"今中原苦菜则如此也。一名游冬,叶似苦苣而细,摘断有白汁,花黄似菊。江南别有苦菜,叶似酸浆[4],其花或紫或白,子大如珠,熟时或赤或黑,此菜可以释劳。

案:郭璞注《尔雅》[5],此乃蘵(zhī)黄蒢(chú)也[6]。今河北谓之龙葵。梁世讲《礼》者,以此当苦菜;既无宿根,至春方生耳,亦大误也。又高诱注《吕氏春秋》曰[7]:"荣而不实曰英[8]。"苦菜当言英,益知非龙葵也。

注释

1. 谁谓荼苦:见《诗经·邶风·谷风》。荼,《尔雅·释草》:"荼,苦菜。"
2. 苦菜秀:见《礼记·月令》。
3. 《易统通卦验玄图》:此书《隋书·经籍志》著录,未著撰人。
4. 酸浆:草名。《尔雅·释草》作"葴(zhēn)"。
5. 郭璞:字景纯,河东闻喜(今属山西)人。东晋文学家、训诂学家。《隋书·经籍志》:"《尔雅》五卷,郭璞注。《图》十卷,郭璞撰。"郭璞亦通阴阳历算、卜筮之术。后被王敦所杀。《晋书》有传。
6. 蘵黄蒢:见《尔雅·释草》:"蘵,黄蒢。"郭璞注:"蘵草,叶似酸浆,华小而白,中心黄江东以作菹(zū)食。"
7. 高诱:东汉涿郡涿县(今河北涿州)人。著有《吕氏春秋注》等。《吕氏春秋》亦称《吕览》。战国末秦相吕不韦集合门客共同编写。全书二十六卷。内容以儒、道思想为主,兼及名、法、墨、农及阴阳家言。
8. "荣而"句:见《吕氏春秋·孟夏纪》,本《尔雅·释草》文。荣,开花。英,花。

《诗》云:"有杕之杜[1]。"江南本并木傍施大,《传》曰:"杕,独皃也[2]。"徐仙民音徒计反[3]。《说文》曰:"杕,树皃也。"在《木部》。《韵集》音次第之第,而河北本皆为夷狄之狄[4],读亦如字,此大误也。

注释

1. 有杕之杜:见《诗经·唐风》中《杕杜》《有杕之杜》两篇。杕,树木孤立貌。杜,木名,杜梨,即棠梨。
2. "杕"二句:《毛诗传》此句作"杕,特皃","特"训"独",颜氏改作"独"。后文一律作"貌"。皃,古"貌"字。
3. 徐仙民:名邈。《隋书·经籍志》:"《毛诗音》十六卷,徐邈等撰;《毛诗音》二卷,徐邈撰。"
4. 河北本:指黄河以北一带流行的《诗经》版本,与"江南本"相对而言。文廷式《纯常子枝语》三九:"《颜氏家训·书证》篇每称江南、河北本异同……要以见唐以前传本之殊别耳。"

《诗》云:"駉駉牡马[1]。"江南书皆作牝牡之牡[2],河北本悉为放牧之牧。邺下博士见难云[3]:"《駉颂》既美僖公牧于坰野之事[4],何限騲騭乎[5]?"

余答曰:"案:毛《传》云:'駉駉,良马腹干肥张也[6]。'其下又云:'诸侯六闲四种[7]:有良马、戎马、田马、驽马。'若作放牧之意,通于牝牡[8],则不容限在良马独得駉駉之称。良马,天子以驾玉辂[9],诸侯以充朝聘郊祀[10],必无牝也。《周礼·圉人职》：'良马，匹一人。驽马[11]，丽一人[12]。'圉人所养[13]，亦非騋也；颂人举其强骏者言之，于义为得也。《易》曰：'良马逐逐[14]。'《左传》云：'以其良马二[15]。'亦精骏之称，非通语也。今以《诗传》良马，通于牧騋，恐失毛生之意[16]，且不见刘芳《义证》乎[17]？"

注释

1. 駉駉牡马：见《诗经·鲁颂·駉》。駉駉，马肥壮貌。牡，鸟兽的雄性。
2. 牝：鸟兽的雌性。
3. 见难：向我发出诘问。
4. "《駉颂》"句：见《诗序》："駉，颂僖公也。公能遵伯禽之法，俭以足用，宽以爱民，务农重谷，牧于坰野，鲁人尊之。于是季孙行父请命于周，而史克作是颂。"坰，远郊。
5. 騋：雌马。骘：雄马。邺下博士信河北本而非江南本，故发出诘问。
6. 肥张：肥壮貌。
7. 六闲：闲，古代宫廷养马的地方；马厩。《周礼·夏官·校人》："天子十有二闲，马六种；邦国六闲，马四种。"
8. 通：互通。以下"通"字义亦同。
9. 玉辂：古代帝王所乘之车，以玉为饰。
10. 朝聘：古代诸侯亲自或派使臣按期朝见天子。郊祀：古于郊外祭祀天地。郊谓大祀，祀谓群祀。
11. 驽马：能力低下的马。
12. 丽：双的意思。《周礼》郑玄注："丽，耦也。"
13. 圉人：养马的人。卢文弨《注颜氏家训序》："'所养'下当有'良马'二字。"译文从卢说。
14. 良马逐逐：见《周易·大畜》："九三，良马逐，利艰贞。"郝懿行《颜氏家训斠记》："案：今《易》文云：'良马逐。'此衍一字者，盖从郑《易》，陆氏《释文》引之云：'良马逐逐，两马走也。'"

15. "以其"句：见《左传·宣公十二年》。
16. 毛生：指毛苌。撰《诗传》十卷，今传。生，汉以来称儒者为生。
17. 《义证》：即《毛诗笺音义证》。《魏书·刘芳传》："芳撰《毛诗笺音义证》十卷。"

《月令》云[1]："荔挺出。"郑玄注云："荔挺，马薤(xiè)也[2]。"《说文》云："荔，似蒲而小[3]，根可为刷。"《广雅》云："马薤，荔也。"《通俗文》亦云马蔺[4]。《易统通卦验玄图》云："荔挺不出，则国多火灾[5]。"蔡邕《月令章句》云："荔似挺(tíng)[6]。"高诱注《吕氏春秋》云："荔草挺出也。"

然则《月令注》荔挺为草名[7]，误矣。河北平泽率生之。江东颇有此物，人或种于阶庭，但呼为旱蒲，故不识马薤。讲《礼》者乃以为马苋；马苋堪食，亦名豚耳，俗名马齿。

江陵尝有一僧，面形上广下狭；刘缓幼子民誉，年始数岁，俊晤善体物[8]，见此僧云："面似马苋。"其伯父绦因呼为荔挺法师。绦亲讲《礼》名儒[9]，尚误如此。

注释

1. 《月令》：《礼记》篇名。
2. "郑玄注云"三句：郑玄此注将"荔挺"二字当作草名，故颜氏下文讥之。马薤，草本植物名。
3. 蒲：草本植物名。
4. 《通俗文》：书名。汉朝服虔撰。《隋书·经籍志》著录。

387

5. "荔挺不出"二句：依颜氏文意当理解为："荔草茎儿长不出，则国家多火灾。"但亦有不同理解者，见注7。下文中亦有此种情况，均依颜氏文意译出。
6. 荔似挺：《太平御览》引作"荔以挺出"。卢文弨《注颜氏家训序》："荔似挺，语不明，据《本草图经》引作'荔以挺出'，当是也。"依卢说，则此句意思当为："荔草以它的茎冒出地面。"挺，通"莛（tíng）"，草茎。
7. 荔挺：颜氏认为郑玄把"荔挺"二字作草名是错误的。但后人亦有不同意见。如王引之《经义述闻》卷十四"荔挺出"条云："如高氏所说，则是荔草挺然而出也。检《月令》篇中：凡言'萍始生''王瓜生''半夏生''芸始生'；草名二字者则但言生，一字者则言始生以足其文，未有状其生之貌者。倘经义专以荔之一字为草名，则但言荔始出可矣，何烦又言挺乎？且据颜氏引《易通卦验》'荔挺不出'，则以荔挺为草名者，自西汉时已然。《逸周书·时训篇》亦曰：'荔挺不生，卿士专权。'郑氏殆相承旧说，非臆断也。挺之言莛也。《说文》曰：'莛，茎也。'荔草抽茎作华，因谓之荔挺矣。"此说可作参考。
8. 俊晤：亦作"俊悟"。聪明卓异。体物：铺陈描摹事物的形态。
9. "绦亲讲"句：此句说刘绦本人是讲《礼记》的名儒。亲，犹言本人或本身。

《诗》云："将其来施施[1]。"《毛传》云："施施，难进之意。"郑《笺》云："施施，舒行皃也[2]。"《韩诗》亦重为施施[3]。河北《毛诗》皆云施施。江南旧本，悉单为施，俗遂是之，恐为少误。

注释

1. "将其"句：见《诗经·王风·丘中有麻》。
2. "郑《笺》云"三句：此句今本郑玄《毛诗传笺》作："施施，舒行伺间独来见己之貌。"郑《笺》，郑玄对《毛诗》的注释。
3. 《韩诗》：《诗经》今文学派之一。汉初韩婴所传。《汉书·艺文志》著录《内传》

四卷、《外传》六卷,另有《韩故》三十六卷、《韩说》四十一卷。南宋以后,仅存《外传》。清赵怀玉曾辑《内传》佚文,附于《外传》之后。

《诗》云:"有渰萋萋,兴云祁祁[1]。"毛《传》云:"渰,阴云皃[2]。萋萋,云行皃。祁祁,徐皃也。"《笺》云:"古者,阴阳和,风雨时,其来祁祁然,不暴疾也。"

案:渰已是阴云,何劳复云"兴云祁祁"耶?"云"当为"雨",俗写误耳。班固《灵台》诗云:"三光宣精,五行布序,习习祥风,祁祁甘雨[3]。"此其证也[4]。

注释

1. "有渰萋萋"二句:见《诗经·小雅·大田》。
2. 皃:同"貌",下同。
3. "三光宣精"四句:此诗大意是:太阳、月亮和星星散发着光芒,水、火、木、金、土安排着大自然的节令,和风习习吹拂,甘雨缓缓降临。三光,指日、月、星。精,日、月、星发出的光芒。五行,指水、火、木、金、土。古代认为它们是构成各种物质的五种元素。序,季节。
4. 此其证也:颜氏此说,段玉裁、臧琳、顾宁人均有不同意见。详见王利器《颜氏家训集解》。

《礼》云:"定犹豫,决嫌疑[1]。"《离骚》曰:"心犹豫而狐疑。"先儒未有释者。

案:《尸子》曰[2]:"五尺大为犹。"《说文》云:"陇西谓犬子为犹。"

吾以为人将犬行,犬好豫在人前,待人不得,又来迎候,如此往还,至于终日,斯乃豫之所以为未定也,故称犹豫。或以《尔雅》曰:"犹如麂(jǐ),善登木³。"犹,兽名也,既闻人声,乃豫缘木,如此上下,故称犹豫⁴。狐之为兽,又多猜疑,故听河冰无流水声,然后敢渡⁵。今俗云:"狐疑,虎卜⁶。"则其义也。

注释

1. "定犹豫"二句:见《礼记·曲礼》:"决嫌疑,定犹与。"《经典释文》:"与音预,本亦作豫。"
2. 《尸子》:书名。《隋书·经籍志》:"《尸子》二十卷,秦相卫鞅上客尸佼撰。"
3. "犹如麂"二句:为《尔雅·释兽》文。麂,一种小型鹿类动物。
4. "犹"六句:颜氏此说误。犹豫为双声联绵词,以声取义,本无定字,故亦作"犹与""由与""尤与""犹夷"等。参见宋人王观国《学林》卷九、清人黄生《义府》上篇。
5. "狐之为兽"四句:见晋朝学者郭缘生《述征记》。
6. 虎卜:卜筮的一种。传说虎能以爪画地,观奇偶以卜食,后人效之为一种卜术,称虎卜。详见《太平御览》七二六、八九二引《博物志》。

《左传》曰:"齐侯痎(jiē),遂痁(shān)¹。"《说文》云:"痎,二日一发之疟。痁,有热疟也。"

案:齐侯之病,本是间日一发,渐加重乎故²,为诸侯忧也。今北方犹呼痎疟,音皆。

而世间传本多以瘥为疥，杜征南亦无解释[3]，徐仙民音介，俗儒就为通云[4]："病疥[5]，令人恶寒，变而成疟。"此臆说也。疥癣小疾，何足可论，宁有患疥转作疟乎[6]？

注释

1. "齐侯疥"二句：见《左传·昭公二十年》："齐侯疥，遂痁。"孔颖达疏："疥当为痎，痎是小疟，是大疟。"齐侯，指齐景公。
2. 乎故：中国当代著名学者、校雠学家、文史学家向宗鲁曰："'故'字疑当重，'乎故'句绝。"
3. 杜征南：即杜预，字元凯，西晋人，位征南大将军。自称有《左传》癖。撰有《春秋左氏经传集解》。
4. 俗儒：浅陋迂腐的儒士。就：从。通：贯通。
5. 疥：依颜氏此段文意，此"疥"字当理解为疥疮之意。
6. "疥癣小疾"三句：颜氏此说，段玉裁、郝懿行诸人有文驳之，详见王利器《颜氏家训集解》所引。

《尚书》曰："惟影响[1]。"《周礼》云："土圭测影，影朝影夕[2]。"《孟子》曰："图影失形[3]。"《庄子》云："罔两问影[4]。"如此等字，皆当为光景之景[5]（yǐng）。凡阴景者，因光而生，故即谓为景。《淮南子》呼为景柱[6]，《广雅》云："晷柱挂景[7]。"并是也。

至晋世葛洪《字苑》傍始加彡[8]，音于景反。而世间辄改治《尚书》《周礼》《庄》《孟》从葛洪字，甚为失矣。

注释

1. 惟影响：出自《尚书·大禹谟》："惠迪吉，从逆凶，惟影响。"孔传："吉凶之报，若影之随形，响之应声，言不虚。"影，影子。响，回声。
2. "土圭测影"二句：见《周礼·地官·大司徒》："以土圭之法测土深，正日景以求地中，日南则景短多暑，日北则景长多寒，日东则景夕多风，日西则景朝多阴。"土圭，古代用以测日影、正四时和测度土地的器具。
3. 图影失形：见《孟子外书·孝经第三》："传言失指，图景失形，言治者尚核实。"图影，画面上的景物。
4. 罔两问影：见《庄子·齐物论》。郭庆藩注："罔两，景外之微阴也。"
5. 光景：光和阴影。景，后作"影"。
6. 景柱：即影柱。古代测日影，定时刻的表柱。
7. 晷柱：即晷表，日晷上测量日影的标杆。
8. "至晋"句：段玉裁据清代学者、藏书家惠定字说，认为汉代张平子碑即有"影"字，不始于葛洪。《旧唐书·经籍志》和《新唐书·艺文志》均著录有葛洪《要用字苑》一卷，今有任大椿辑本。

太公《六韬》[1]，有天陈、地陈、人陈、云鸟之陈（zhèn）[2]。《论语》曰："卫灵公问陈于孔子[3]。"《左传》："为鱼丽之陈[4]。"俗本多作阜傍车乘之车（fù）[5]。

案：诸陈队，并作陈、郑之陈。夫行陈之义，取于陈列耳，此六书为假借也[6]，《仓》《雅》及近世字书[7]，皆无别字；唯王羲之《小学章》[8]，独阜傍作车，纵复俗行，不宜追改《六韬》《论语》《左传》也。

注释

1. 《六韬》：兵书名。《隋书·经籍志》："太公《六韬》五卷，《文韬》《武韬》《龙韬》《虎韬》《豹韬》《犬韬》。"太公指姜太公，即吕尚。《六韬》是战国时人依托于他的作品。
2. "有天陈"句：见《六韬》："周武王问太公曰：'凡用兵，为天阵、地阵、人阵，奈何？'太公曰：'日月星辰斗杓（sháo），一左一右，一迎一背，此谓天陈；丘陵水泉，亦有左右前后之利，此谓地阵；用马用人，用文用武，此谓人阵。'"又："武王问曰：'引兵入诸侯之地，高山磐石，其避无草木，四面受敌，士卒迷惑，为之奈何？'太公曰：'当为云鸟之阵。'"阵，原作"陈"。
3. "卫灵公"句：见《论语·卫灵公》。
4. 鱼丽之陈：军阵名。详见《左传·桓公五年》。《春秋左氏传注》："司马法：车战二十五乘为偏，以车居前，以伍次之，承偏之隙，而弥缝缺漏也，五人为伍。此盖鱼丽之法。"
5. 阜傍：左偏旁是"阝"。
6. 六书：古人分析汉字造字的理论。即象形、指事、会意、形声、转注、假借。许慎《〈说文解字〉叙》："假借者，本无其字，依声托事，令、长是也。"段玉裁注："如汉人谓县令曰令、长……令之本义发号也；长之本义久远也。县令、县长本无字，而由发号久远之义，引申展转而为之，是谓假借。"
7. 《仓》：《仓颉篇》。《雅》：《尔雅》。
8. "唯王羲之"句：抱经堂校定本"王羲之"作"王羲"，此仍从宋本。王羲之，东晋书法家。字逸少。琅玡临沂（今属山东）人。官至右军将军，会稽内史，人称"王右军"。《小学章》，书名。徐鲲引《魏书·任城王云传》《新唐书·艺文志》，孙志祖《读书脞录》均作《小学篇》。

《诗》云："黄鸟于飞，集于灌木[1]。"《传》云："灌木，丛木也。"此乃《尔雅》之文，故李巡注曰[2]："木丛生曰灌。"《尔雅》末章又云："木族生为灌。"族亦丛聚也。所以江南《诗》古本皆为丛聚之丛，而古丛字似冣(zuì)字，近世儒生，因改为冣[3]，解

393

云："木之冣高长者[4]。"

案：众家《尔雅》及解《诗》无言此者，唯周续之《毛诗注》[5]，音为徂会反，刘昌宗《诗注》[6]，音为在公反，又祖会反：皆为穿凿，失《尔雅》训也。

注释

1. "黄鸟于飞"二句：见《诗·周南·葛覃》。黄鸟，黄鹂。一说黄雀。
2. 李巡：东汉汝南人。有《尔雅注》三卷。
3. "所以江南《诗》古本皆为丛聚之丛"四句：古"丛"字作"藂"，或作"藜"，并似"冣"字，因此致误（据郝懿行说）。冣，古同"最"。
4. "木之"句：此句说"近世儒生"按"冣"（最）字义解释诗句，把"灌木"的含义说成"树木中最高大的"。
5. 周续之：南朝宋人，事见《宋书·隐逸传》。
6. 刘昌宗：晋人（依卢文弨说）。其《毛诗音》，《匡谬正俗》引有两条，但《隋书·经籍志》未见著录。

"也"是语已及助句之辞[1]，文籍备有之矣，河北经传[2]，悉略此字，其间字有不可得无者，至如"伯也执殳[3]""於旅也语[4]""回也屡空[5]""风，风也，教也[6]"，及《诗传》云："不戢(jí)，戢也；不傩(nuó)，傩也[7]。""不多，多也[8]。"如斯之类，倪削此文，颇成废阙[9]。

《诗》言："青青子衿(jīn)[10]。"《传》曰："青衿，青领也，学子之服。"按：古者，斜领下连于衿，故谓领为衿。孙炎[11]、郭璞注《尔雅》,曹大家(gū)注《列女传》[12],并云:"衿,交领也[13]。"邺下《诗》本,既无"也"字,群儒因谬说云:"青衿、青领,是衣两处之名,皆以青为饰。"用释"青青"二字,其失大矣!又有俗学[14],闻经传中时须也字,辄以意加之,每不得所,益成可笑。

注释

1. 语已:即语尾。助句:即语助词。
2. 经传:儒家典籍经与传的统称。
3. 伯也执殳:见《诗经·卫风·伯兮》。此句说伯拿着殳。伯,指兄弟排行,伯为老大。殳,古兵器,杖类。《毛诗传》:"殳,长丈二而无刃。"
4. 於旅也语:见《仪礼·乡射礼记》。此句说射礼完毕方可言语。
5. 回也屡空:见《论语·先进》,原文为:"回也其庶乎,屡空。"回,指颜回。孔子学生。庶,庶几,差不多。空,贫穷。
6. "风"三句:见《诗大序》。第一个"风",指《诗经》的十五国风;第二个"风"读去声,通"讽",微言劝告的意思。
7. "不戢"四句:此句释《诗经·小雅·桑扈》"不戢不难"句。不,语助词。《续家训》"傩"作"难"。马瑞辰云:"戢当读为濈(jí),《说文》:'濈,和也。'……难当读为戁。《说文》:'戁,敬也。'不戢不难,言和且敬也。两'不'字皆语词。"
8. "不多"二句:此句释《诗经·大雅·卷阿》"矢诗不多"句。不,语助词。
9. 废阙:缺漏。这里指句子不完整。
10. 青青子衿:见《诗经·郑风·子衿》。衿,衣的交领。又指古代读书人穿的衣服。
11. 孙炎:三国魏人。字叔然。受学郑玄之门,称东州大儒。曾注《尔雅》,久已失传。
12. 曹大家:即东汉时期著名史学家、文学家班昭。班固之妹。嫁曹世叔,世叔死后,汉和帝召她入宫,令皇后贵人师事之,号曹大家(家,通"姑")。《列女传》:书名。一名《古列女传》。《隋书·经籍志》:"《列女传》十五卷,刘向撰,曹大家注。"曹注今已佚。
13. 交领：古代交叠于胸前的衣领。
14. 俗学：世俗流行之学。这里指盲从世俗流行之学的人。

《易》有蜀才注[1]，江南学士，遂不知是何人。王俭《四部目录》[2]，不言姓名，题云："王弼后人[3]。"谢炅、夏侯该[4]，并读数千卷书，皆疑是谯周[5]；而《李蜀书》一名《汉之书》[6]，云："姓范名长生，自称蜀才[7]。"南方以晋家渡江后[8]，北间传记，皆名为伪书，不贵省读[9]，故不见也。

注释

1. "《易》有"句：《隋书·经籍志》："《周易》十卷，蜀才注。"
2. 王俭：南齐琅玡临沂人，字仲宝。曾任太子舍人，秘书丞等职。撰有《七志》《元徽四部书目》等书。见《南齐书·王俭传》。《四部目录》：即《元徽四部书目》。王俭于南朝宋元徽元年据当时国家藏书撰成。
3. 王弼：三国魏山阳人，字辅嗣。曾任尚书郎。著有《道略论》，并注《周易》《老子》。事见《三国志·魏志·钟会传》。
4. 谢炅：人名。其事不详。夏侯该：赵曦明《颜氏家训注》、刘盼遂均谓"该"当作"咏（yǒng）"，此人应为撰《汉书音》《四声韵略》的夏侯泳，为南朝梁人。
5. 谯周：三国蜀巴西西充国人，字允南。在蜀，官至光禄大夫；入晋，拜骑都尉。著有《法训》《五经论》《古史考》等百余篇，皆佚。《三国志·蜀志》有传。
6. "而《李蜀书》"句：清朝学者、藏书家、出版家严式诲曰："案：'一名《汉之书》'五字，颜氏自注语，当旁注。"译文从严说。《李蜀书》，《史通·古今正史》《经典释文叙录》均作《蜀李书》。《史通·古今正史》云："蜀初号成，后改成汉，李势散骑常侍常璩撰《汉书》十卷，后入晋秘阁，改为《蜀李书》。"
7. "姓范名长生"二句：见《经典释文叙录》："蜀才注，十卷。《蜀李书》云：'姓范，名长生，一名贤，隐居青城北，自号蜀才。李雄以为丞相。'"
8. 晋家渡江：指西晋灭亡后，司马睿在长江以南的建康建立东晋王朝。晋家，指晋朝。
9. 省读：阅读。

《礼·王制》云："裸股肱[1]。"郑注云："谓擐(xuān)衣出其臂胫[2]。"今书皆作擐(huàn)甲之擐[3]。国子博士萧该云[4]："擐当作揎，音宣，擐是穿著之名，非出臂之义。"案《字林》[5]，萧读是，徐爰音患[6]，非也。

注释

1. 股肱：大腿和小臂。
2. 郑注：郑玄作的注。擐：同"揎"。挽起衣袖露出手臂。
3. 擐：贯穿；穿着。
4. 萧该：南朝梁兰陵人。撰有《汉书音义》《文选音义》。
5. 《字林》：字书。晋吕忱撰。已亡佚。清任大椿有《字林考逸》八卷，陶方琦有《字林考逸》一卷。
6. 徐爰：南朝宋人，任中散大夫。撰有《礼记音》二卷。

《汉书》："田肎(kěn)贺上[1]。"江南本皆作"宵"字。沛国刘显[2]，博览经籍，偏精班《汉》，梁代谓之《汉》圣。显子臻[3]，不坠家业。读班史[4]，呼为田肎。梁元帝尝问之，答曰："此无义可求，但臣家旧本，以雌黄改宵为'肎'。"元帝无以难之。吾至江北，见本为"肎"。

注释

1. 田肎贺上：王利器《颜氏家训集解》注："《续家训》及各本'肎'作'肯'，乃俗字，今从宋本。引《汉书》见《高纪》六年。"
2. 刘显：字嗣芳，沛国相人。以精研《汉书》著称。《梁书》有传。
3. 显子臻：见《梁书·刘显传》："显有三子：莠、荏、臻。臻早著名。"《隋书·文学》有传。
4. 班史：指班固的《汉书》。

《汉书·王莽赞》云："紫色𫎇声^{wā}¹，馀分闰位²。"盖谓非玄黄之色³，不中律吕之音也⁴。近有学士，名问甚高⁵，遂云："王莽非直鸱䏶虎视⁶，而复紫色𫎇声。"亦为误也。⁷

注释

1. 紫色：不正之色。𫎇声：不正之声。
2. 闰位：非正统的帝位。
3. 玄黄：指天地的颜色。玄为天色，黄为地色。此处用以表示正色。《周易·坤》："夫玄黄者，天地之杂也，天玄而地黄。"
4. 律吕：古代校正乐律的器具。后亦用以指乐律或音律。此外用以表示正音。
5. 名问：名声，名望。
6. 鸱䏶：老鹰的肩膀。鸱，老鹰。
7. 此段已见前《勉学》篇，而文有小异，可参看。

简策字[1]，竹下施束，末代隶书[2]，似杞、宋之宋[3]，亦有竹下遂为夹者；犹如刺字之傍应为束，今亦作夹。徐仙民《春秋·礼音》[4]，遂以笧为正字，以策为音，殊为颠倒。

《史记》又作悉字，误而为述，作妬字，误而为姤，裴、徐、邹皆以悉字音述[5]，以妬字音姤。既尔，则亦可以亥为豕字音，以帝为虎字音乎[6]？

注释

1. 简策：编连成册的竹简。
2. 隶书：字体名。由篆书简化演变而成。始于秦代，普遍使用于汉魏。
3. 杞、宋：春秋时的两个国名。
4. 徐仙民：即徐邈。《隋书·经籍志》："《春秋左氏传音》三卷，《礼记音》三卷，并徐邈撰。"
5. "裴、徐、邹"句：见《隋书·经籍志》："《史记》八十卷，宋南中郎外兵参军裴骃注。《史记音义》十二卷，宋中散大夫徐野民撰。《史记音》三卷，梁轻车录事参军邹诞生撰。"裴，即裴骃，字龙驹。徐，即徐广，字野民。邹，即邹诞生。
6. "既尔"三句：均指书籍传写中文字因形近而误。《吕氏春秋·察传》："子夏之晋，过卫，有读《史记》者曰：'晋师三豕涉河。'子夏曰：'非也，是己亥也。夫己与三相近，豕与亥相似。'至于晋而问之，则曰晋师己亥涉河也。"又《太平御览》卷六一八引葛洪《抱朴子·遐览》："书三写，以鲁为鱼（zhòu），以帝为虎。"

张揖云："虙，今伏羲氏也[1]。"孟康《汉书》古文注亦云[2]："虙，今伏。"而皇甫谧云："伏羲或谓之宓羲。"按诸经史纬候[3]，遂无宓羲之号。虙字从虍，宓字从宀，下俱为必，末世传写，遂误以虙为宓，而《帝王世纪》因误更立名耳。

何以验之？孔子弟子虙子贱为单父宰[4]，即虙羲之后，俗字亦为宓，或复加山。今兖州永昌郡城，旧单父地也，东门有"子贱碑"，汉世所立，乃曰："济南伏生[5]，即子贱之后。"是知虙之与伏，古来通字，误以为宓，较可知矣[6]。

注释

1. 伏羲氏：中国神话中人类的始祖，传说人类由他和女娲氏兄妹相婚而产生。
2. 孟康：字公休，三国魏安平人。曾任魏中书令等职。
3. 纬：指纬书。其书以儒家经义，附会人事吉凶祸福，预言治乱兴废，多迷信内容。候：指占验之书。
4. 单父：地名，在今山东单县南。
5. 伏生：济南人。秦代为博士。汉孝文帝时，求能治《尚书》者，时伏生已九十余岁，朝廷派晁错前往就学。事见《汉书·儒林传》。
6. "是知虙之与伏"四句：见《史记正义》："虙字从虍，音呼，宓从宀，音绵，下俱为必，世传写误也。"《集韵》云："虙与伏同。虙牺氏，亦姓也。宓与密同，亦姓，俗作密，非是。"

《太史公记》曰[1]："宁为鸡口，无为牛后[2]。"此是删《战国策》耳[3]。

案：延笃《战国策音义》曰[4]："尸，鸡中之主。从，牛子[5]。"然则，"口"当为"尸"，"后"当为"从"，俗写误也。

注释

1. 《太史公记》：汉、魏、南北朝人称司马迁《史记》为《太史公记》。
2. "宁为鸡口"二句：谓宁做进食的鸡口，小而洁；不做出粪的牛后，大而臭。牛后，牛肛门。
3. 删：选取，采取。
4. 延笃：字叔坚。汉南阳犨人。博通经传及百家之言，以文章名于时。《后汉书》有传，然未见言及《战国策音义》。
5. "尸"四句：《尔雅翼·释貜（zōng）》引此四句即作"宁为鸡尸，无为牛从"，并释云："尸，主也，一群之主，所以将众者。从，从物者也，随群而往，制不在我也。"比喻宁可在局面小的地方自主，不愿在局面大的地方听人支使。

应劭《风俗通》云[1]："《太史公记》：'高渐离变名易姓[2]，为人庸保[3]，匿作于宋子[4]，久之作苦，闻其家堂上有客击筑[5]，伎痒[6]，不能无出言。'"

案：伎痒者，怀其伎而腹痒也。是以潘岳《射雉赋》亦云[7]："徒心烦而伎痒。"今《史记》并作"徘徊"，或作"彷徨不能无出言"，是为俗传写误耳。

注释

1. 应劭：东汉汝南南顿（今河南项城西南）人，字仲远，献帝时，任泰山太守。著有《汉官仪》十卷、《风俗通义》三十卷。《风俗通》：即《风俗通义》。内容以考释议论名物、时俗为主。
2. 高渐离：战国末年燕人，擅长击筑。燕太子丹派荆轲前往秦国刺杀秦始皇时，他曾在易水边击筑送行。秦朝建立后，他刺杀秦始皇未遂，被杀。事见《史记·刺客列传》。

3. 庸保：受雇而被役使的人。
4. 宋子：县名。
5. 筑：古代弦乐器名。形如琴，十三弦。
6. 伎痒：谓有所擅长，遇机会即欲表现，如痒难忍。伎，通"技"。
7. 《射雉赋》：西晋文学家潘岳赋，见《文选》。

　　《太史公》论英布曰[1]："祸之兴自爱姬，生于妒媚，以至灭国[2]。"又《汉书·外戚传》亦云："成结宠妾妒媢之诛[3]。"此二"媚"并当作"媢[4]"，媢亦妒也[5]，义见《礼记》、三仓。且《五宗世家》亦云："常山宪王后妒媢[6]。"王充《论衡》云："妒夫媢妇生，则忿怒斗讼[7]。"益知媢是妒之别名。原英布之诛为意贲赫耳[8]，不得言媚。

注释

1. 《太史公》：即《史记》。英布：汉初诸侯王，六县（今安徽六安东北）人。曾坐法黥（qíng）面，故又被称为黥布。楚汉战争中，背楚归汉，立为淮南王。汉初，因彭越、韩信相继为刘邦所杀，举兵反叛，战败被杀。
2. "祸之兴自爱姬"三句：盖言英布谋反被诛的起因。英布欲反之时，其爱姬生病，与中大夫贲赫饮于医家。英布怀疑二人有染，欲捕贲赫。赫至长安告发英布欲反之事。朝廷追查此事，英布遂反，终兵败被诛。故《史记》谓"祸之兴自爱姬"。
3. "成结"句：此言赵飞燕事。赵飞燕为汉成帝皇后，与其妹赵昭仪专宠十余年，皆无子。成帝死后，司隶解光奏言赵氏杀后宫所产诸子，汉哀帝未予追究。平帝即位，赵被废为庶人，遂自杀。
4. 媢：男子嫉妒妻妾。也泛指嫉妒。

5. "媢亦"句：见《礼记·大学》："媢嫉以恶之。"郑玄注："媢，妒也。"《史记·五宗世家·索隐》："郭璞注三仓云：'媢，丈夫妒也。'又云：'妒女为媢。'"
6. 常山宪王：即刘舜。汉景弟少子，立为常山王。卒谥宪。刘舜多幸姬，引起王后妒忌，故刘舜病时，王后不常侍病。及刘舜死，此事被告发，汉朝廷遂废王后。
7. "妒夫媢妇生"二句：出自《论衡·论死》："妒夫媢妻，同室而处，淫乱失行，忿怒斗讼。"
8. 意：怀疑。《广雅·释言》："意，疑也。"

《史记·始皇本纪》："二十八年[1]，丞相隗（wěi）林、丞相王绾（wǎn）等，议于海上。"诸本皆作山林之"林"。

开皇二年五月[2]，长安民掘得秦时铁称权[3]，旁有铜涂镀（dù）铭二所[4]。其一所曰："廿六年，皇帝尽并兼天下诸侯，黔首大安[5]，立号为皇帝，乃诏丞相状、绾[6]，法度量则不壹歉疑者[7]，皆明壹之。"凡四十字。

其一所曰："元年，制诏丞相斯、去疾[8]，法度量，尽始皇帝为之，皆□刻辞焉[9]。今袭号而刻辞不称始皇帝，其于久远也，如后嗣为之者，不称成功盛德，刻此诏□左[10]，使毋疑。"凡五十八字，一字磨灭，见有五十七字，了了分明。其书兼为古隶[11]。

余被敕写读之[12]，与内史令李德林对[13]，见此称权，今在官库；其"丞相状"字，乃为状貌之"状"，爿旁作犬；则知俗作"隗林"，非也，当为"隗状"耳。

注释

1. 二十八年：即秦始皇帝二十八年（前219）。
2. 开皇二年：582年。开皇，隋文帝年号。
3. 权：秤锤。
4. 铜涂镌铭：镀铜的镌刻铭文。涂，以金饰物，后写作"镀"。所：量词。相当于"处"。
5. 黔首：百姓。
6. 状、绾：即前《史记》文中丞相隗林、王绾。"林"在此铭文中作"状"。
7. 法：规范，用如动词。则：准则，用如动词。壹：统一。歉疑：北宋诗人梅尧臣《陆子履示秦篆宝》诗题注中载此铭文，"歉"作"嫌"，是。
8. 斯：李斯。时为秦左丞相。去疾：即冯去疾，时为秦右丞相。
9. "皆囗"句：囗处宋本空一格。沈揆《考证》作"有"。
10. "刻此"句：囗处，即下文所谓"一字磨灭"者。
11. 兼：全部；整个。古隶：指秦汉隶书。与三国后盛行的今隶（楷书）相对。
12. 被：受。敕：皇帝的诏书。
13. 内史令：职官名。隋文帝改中书省为内史省，置内史监、令各一员。李德林：字公辅，博陵安平人。仕齐时，与颜之推同在文林馆。入隋为内史令。《隋书》有传。

《汉书》云："中外禔^{zhī}福[1]。"字当从示。禔，安也，音匙匕之匙，义见《仓》《雅》《方言》[2]。河北学士皆云如此。而江南书本[3]，多误从手[4]，属文者对耦[5]，并为提挈之意，恐为误也。

注释

1. 中外禔福：见《汉书·司马相如传》："遐迩一体，中外禔福。不亦康乎？"颜师古注："禔，安也。"

2. 《方言》：我国最早的一部方言词典。汉代扬雄撰。今本十三卷。此书体例仿《尔雅》，类集古今各地同义的词语，大部分注明通行范围。可见汉代语言分布情况。
3. 江南书本：指在江南地区通行的写本。
4. 多误从手：赵曦明《颜氏家训注》："下云'恐为误'，则此处'误'字衍。"
5. 对耦：也作"对偶"。指字句两两相对，以加强语言的表达效果。

或问："《汉书注》：'为元后父名禁，故禁中为省中[1]。'何故以'省'代'禁'？"

答曰："案：《周礼·宫正》：'掌王宫之戒令纠禁。'郑注云：'纠，犹割也，察也。'李登云：'省，察也[2]。'张揖云：'省，今省誩（chá）也[3]。'然则小井、所领二反[4]，并得训察。其处既常有禁卫省察，故以'省'代'禁'。誩，古察字也。"

注释

1. "为元后父名禁"二句：为《汉书·昭帝纪》"共养省中"句下注文。伏俨注曰："蔡邕云：本为禁中。门闼（gé）有禁，非侍御之臣，不得妄入行道，豹尾中，亦为禁中。孝元皇后父名禁。避之，故曰省中。"颜师古注曰："省，察也。言入此中皆当察视，不可妄也。"禁中、省中，均指宫禁之中。
2. "省"二句：见三国魏左校令李登《声类》。
3. "省"二句：见东汉古汉语训诂学者张揖《古今字诂》，此书已佚，任大椿《小学钩沉·古今字诂》有此句。
4. "然则"句：指"省"字有"小井""所领"两个反切音。

405

《汉明帝纪》[1]："为四姓小侯立学[2]。"按：桓帝加元服[3]，又赐四姓及梁、邓小侯帛，是知皆外戚也[4]。

明帝时，外戚有樊氏、郭氏、阴氏、马氏为四姓。谓之小侯者，或以年小获封，故须立学耳。或以侍祠猥朝[5]，侯非列侯[6]，故曰小侯，《礼》云："庶方小侯[7]。"则其义也。

注释

1. 《汉明帝纪》：应为《后汉书·明帝纪》。赵曦明《颜氏家训注》："'汉'上当有'后'字。"是。
2. 小侯：旧时称功臣子孙或外戚子弟之封侯者为小侯。李贤注引袁宏《后汉纪》曰："又为外戚樊氏、郭氏、阴氏、马氏诸子弟立学，号四姓小侯，置'五经'师。以非列侯，故曰小侯。"立学：设置学校。
3. 元服：指冠。古称行冠礼为加元服。
4. 外戚：指帝王的母族、妻族。前述四姓及梁、邓，均为外戚。
5. 侍祠：侍祠侯。东汉学者应劭《汉官典职》有四姓侍祠侯。猥朝：猥朝侯；亦即猥诸侯。汉代，王子封为侯者称诸侯；群臣异姓以功封者称彻侯。在长安者，皆奉朝请。其有赐特进者，位在三公下，称朝侯。位次九卿以下者，但侍祠而无朝位，称侍祠侯。其非朝侯侍祠，而以下土小国或以肺腑宿亲，若公主子孙，或奉先侯坟墓在京师者，随时会见，称猥诸侯。
6. 列侯：诸侯。指王子封为侯者。
7. 庶方小侯：见《礼记·曲礼下》："庶方小侯，入天子之国曰某人，于外曰子，自称曰孤。"

《后汉书》云："鹳(guàn)雀衔三鳝鱼[1]。"多假借为鱣鲔(zhānwěi)之鱣[2]；俗之学士，因谓之为鳣鱼。

案：魏武《四时食制》[3]："鱣鱼大如五斗奁[4]，长一丈。"郭璞注《尔雅》："鱣长二三丈。"安有鹳雀能胜一者，况三乎？鱣又纯灰色，无文章也。鳝鱼长者不过三尺，大者不过三指，黄地黑文，故都讲云[5]："蛇鳝，卿大夫服之象也[6]。"

《续汉书》及《搜神记》亦说此事[7]，皆作"鳝"字。孙卿云："鱼鳖鳅鱣[8]。"及《韩非》《说苑》皆曰："鱣似蛇，蚕似蠋[9]。"并作"鱣"字。假"鱣"为"鳝"，其来久矣。

注释

1. "鹳雀"句：见《后汉书·杨震传》。鳝，黄鳝。此字原作"鱓"，为"鳝"的异体字。
2. 鱣：鱼名。《尔雅·释鱼》郭璞注："鱣，大鱼，似鲟而短鼻，口在颔下，体有邪行甲，无鳞，肉黄。大者长二三丈。今江东呼为黄鱼。"
3. 《四时食制》：书名。《隋志》《唐志》均未见著录。
4. 奁：古代盛放梳妆用品的器具，作圆形、长方形或多边形。
5. 都讲：门弟子中成绩优良者。赵曦明《颜氏家训注》曰："都讲，高第弟子之称也。"
6. "蛇鳝"二句：见《后汉书·杨震传》："震字伯起，弘农华阴人。常客居于湖，不答州郡礼命数十年。后有冠雀衔三鱣鱼，飞集讲堂前，都讲取鱼进曰：'蛇鳝者，卿大夫服之象也；数三者，法三台也。先生自此升矣。'"象，征象。
7. 《续汉书》：晋秘书监司马彪撰。《搜神记》：志怪之书。晋干宝撰。王利器曰："今《搜神记》无此文，《能改斋漫录》四引《靖康缃素杂记》引此文，'《搜神记》'作'谢承《书》'，《杨震传》李贤注，亦云：'案《续汉》及谢承《书》。'而《御览》九三七引谢承《后汉书》正有此文，疑当作'谢承《书》'为是。"
8. "孙卿云"二句：见《荀子·富国》。孙卿，即荀卿。
9. "鱣似蛇"二句：见《韩非子·内储说上》。蠋，鳞翅目昆虫的幼虫。青色，似蚕，大如手指。

《后汉书》："酷吏樊晔为天水郡守[1]，凉州为之歌曰：'宁见乳虎穴，不入冀府寺[2]。'"而江南书本"穴"皆误作"六"。学士因循，迷而不寤[3]。夫虎豹穴居，事之较者，所以班超云："不探虎穴，安得虎子[4]？"宁当论其六七耶？

注释

1. 樊晔：字仲华，东汉南阳新野人，为天水太守。事见《后汉书·酷吏传》。天水郡：郡名。西汉置。东汉永平十七年改为汉阳郡，治所在冀县（今甘肃甘谷县东南）。
2. "宁见乳虎穴"二句：此二句言樊晔之凶暴胜过乳虎。乳虎，正在哺乳的母虎，性情特别凶猛。寺，官府办公之地。冀人天水太守治所，故称冀府寺。
3. 寤：通"悟"。觉悟，了解。
4. "所以班超云"三句：见《后汉书·班超传》："（班超）使西域，到鄯（shàn）善，王礼敬甚备，后忽疏懈，召问侍胡曰：'匈奴使来，今安在？'胡俱服其状。超乃会其吏士三十六人激怒之，官属皆曰：'今在危亡之地，死生从司马。'超曰：'不入虎穴，不得虎子。因夜以火劫房，必大震怖，可尽殄（tiǎn）也。'"班超，东汉名将。字仲升，扶风安陵人（今陕西咸阳东北）。班固之弟。

《后汉书·杨由传》云[1]："风吹削肺[2]（fèi）。"此是削札牍之柿耳。古者，书误则削之，故《左传》云"削而投之"是也[3]。或即谓札为削[4]，王褒《童约》曰："书削代牍[5]。"苏竟书云："昔以摩研编削之才[6]。"皆其证也。

《诗》云："伐木浒浒（xǔ）[7]。"毛《传》云："浒浒，柿貌也。"史家假借为肝肺字，俗本因是悉作脯腊之脯（fǔ）[8]，或为反哺之哺[9]。

学士因解云："削哺，是屏障之名。"既无证据，亦为妄矣！此是风角占候耳[10]。《风角书》曰[11]："庶人风者，拂地扬尘转削[12]。"若是屏障，何由可转也？

注释

1. 杨由：字哀侯，成都人。
2. 削肺：《后汉书·方术传》作"削哺"，云："有风吹削哺，太守以问由。由对曰：'方当有荐木实者，其色黄赤。'顷之，五官掾献橘数包。"削哺，即削柿，削札牍时削下的碎片。
3. 削而投之：见《左传·襄公二十七年》孔颖达疏："子罕削其字而又投之于地也。"
4. 札：古代书写用的小而薄的木片。
5. 牍：古代写字用的木板。
6. "昔以"句：见《后汉书·苏竟传》。苏竟，字伯况，扶风平陵人。摩研，切磋研究。编削，指编纂书籍。削即札。古代书籍用木片或竹简制成。
7. 伐木浒浒：见《诗经·小雅·伐木》。浒浒，伐木声。今本《诗经》作"许许"。
8. 脯腊：干肉。
9. 反哺：雏鸟长成，衔食喂养其母。
10. 风角：古代占候之术。《后汉书·郎传》注："风角，谓候四方四隅之风，以占吉凶也。"
11. 《风角书》：讲风角占候之书。如《隋书·经籍志》著录有《风角要占》十二卷。
12. "庶人风者"二句：意思是，普通人的风，能够吹拂地面，扬起尘土，使地上的木屑刨花随风旋转。削，碎木屑。

《三辅决录》云[1]："前队大夫范仲公，盐豉蒜果共一筒[2]。""果"当作魏颗之"颗"[3]。北土通呼物一由，改为一颗[4]，蒜颗是俗间常语耳。故陈思王《鹞雀赋》曰[5]："头如果蒜，目似擘(bò)椒[6]。"又《道经》云："合口诵经声璅璅(suǒ)[7]，眼中泪出珠子砢(kē)[8]。"

其字虽异，其音与义颇同，江南但呼为蒜符，不知谓为颗。学士相承，读为裹结之裹[9]，言盐与蒜共一苞裹[10]，内筒中耳[11]。《正史削繁》音义又音蒜颗为苦戈反[12]，皆失也。

注释

1. 《三辅决录》：汉赵岐撰。晋挚虞注。汉景帝时分内史为左右内史，与主爵中尉同治长安城中，所辖皆京畿(jī)之地，故合称"三辅"。《三辅决录》即记汉时三辅事。书已佚。有清张澍、茆(máo)泮林辑本。
2. "前队大夫范仲公"二句：见《太平御览》九七七引《三辅决录》："平陵范氏，南陵旧语曰：'前队大夫范仲公，盐豉蒜果共一筒。'言其廉俭也。"前队，指南阳郡。大夫，南阳郡置大夫，职如太守。
3. 魏颗：春秋时晋国大夫。
4. "北土通呼物一由"二句：郝懿行《颜氏家训斠记》："呼块为颗，北人通语也。颗与块一声之转。"由，古同"块"。
5. 陈思王：即曹植。南宋学者沈揆曰："诸本皆作《雀鹞赋》。"
6. 擘：分开；剖裂。
7. 璅璅：形容声音细碎。璅，即"琐"。
8. 砢：同"颗"。颗粒。以上二句出《老子化胡经》，前言"《道经》"指此。
9. "江南但呼为蒜符"四句：据刘盼遂引吴承仕说，"蒜符"之"符"恐误。因此处既谓学士"读为裹结之裹"，则其音必与"裹"近。"符"字与"裹"字发音相去甚远。故恐有误。
10. 苞裹：犹包裹。
11. 内：纳入。
12. "《正史削繁》"句：见《隋书·经籍志》："《正史削繁》九十四卷，阮孝绪撰。"

有人访吾曰："《魏志》蒋济上书云'弊攰之民'[1]，是何字也？"

余应之曰："意为劫即是攰倦之攰耳[2]。张揖、吕忱并云：'支傍作刀剑之刀，亦是刿字。'不知蒋氏自造支傍作筋力之力，或借刿字？终当音九伪反[3]。"

注释

1. "《魏志》"句：见《三国志·魏志·蒋济传》载蒋济上疏云："今其所急，唯当息耗百姓，不至甚弊；弊攰之民，儻有水旱，百万之众，不为国用。"蒋济，字子通，楚国平阿人。任护军将军，加散骑常侍。攰，困疲。
2. 攰：极度疲乏。郝懿行《颜氏家训斠记》："攰音垝，《集韵》作攱，疲极也。"
3. "支傍作刀剑之刀"五句：见《颜氏家训斠记》："《玉篇》云：'刿同刿，居蚁切，刃曲也。'是攰字支傍作刀，与刿字音义俱同之证。"刿，雕刻用的曲刀。

《晋中兴书》[1]："太山羊曼[2]，常颓纵任侠[3]，饮酒诞节[4]，兖州号为㩉伯[5]。"此字皆无音训。梁孝元帝常谓吾曰："由来不识。唯张简宪见教，呼为嚃羹之嚃[6]。自尔便遵承之，亦不知所出。"简宪是湘州刺史张缵谥也[7]，江南号为硕学。

案：法盛世代殊近[8]，当是耆老相传[9]；俗间又有㩉㩉语，盖无所不施、无所不容之意也。顾野王《玉篇》误为黑傍沓[10]。顾虽博物，犹出简宪、孝元之下，而二人皆云重边。吾所见数本，并无作黑者。重沓是多饶积厚之意，从黑更无义旨。

注释

1. 《晋中兴书》：见《隋书·经籍志》："《晋中兴书》七十八卷，起东晋，宋湘东太守何法盛撰。"
2. 羊曼：晋人，字祖延。任达颓纵，好饮酒。与温峤等并为中兴名士。《晋书》有传。
3. 常：通"尝"，曾经。颓纵：疏慢放纵。任侠：凭借权威、勇力或财力等手段扶助弱小，帮助他人。
4. 诞节：漫无节制的意思。
5. "兖州"句：见《晋书·羊曼传》："时州里称陈留阮放为宏伯，高平郗鉴为方伯，太山胡毋辅之为达伯，济阴卞壶为裁伯，陈留蔡谟为朗伯，阮孚为诞伯。高平刘绥为委伯，而曼为䰄伯，号兖州八伯。"
6. 嚃羹：谓饮羹不加咀嚼而连菜吞下。《礼记·曲礼上》："侍食于长者……毋嚃羹。"
7. 张缵：字伯绪，仕梁为湘州刺史，后被害。梁元帝即位后，赠侍中中卫将军，开府仪同三司，谥简宪。事见《梁书·张缅传》。
8. 法盛：即著《晋中兴书》的何法盛，南朝宋人。
9. 耆老：老年人。
10. 《玉篇》：一部按汉字形体分部编排的字书。南朝梁顾野王撰。今本三十卷。黑傍查：即"黵"字。

《古乐府》歌词，先述三子，次及三妇，妇是对舅姑之称。其末章云："丈人且安坐，调弦未遽央。"[1]

古者，子妇供事舅姑，旦夕在侧，与儿女无异，故有此言。丈人亦长老之目，今也俗犹呼其祖考为先亡丈人[2]。又疑"丈"当作"大"，北间风俗，妇呼舅为大人公。"丈"之与"大"，易为误耳。

近代文士，颇作《三妇诗》，乃为匹嫡并耦己之群妻之意[3]，又加郑、卫之辞[4],大雅君子[5],何其谬乎?

注释

1. 此段见《乐府·清调曲·相逢行》。其词曰:"相逢狭路间,道隘不容车。不知何年少,夹毂(gǔ)问君家。君家诚易知,易知复难忘。黄金为君门,白玉为君堂;堂上置尊酒,作使邯郸倡。中庭生桂树,华灯何煌煌。兄弟两三人,中子为侍郎。五日一来归,道上自生光,黄金络马头,观者盈路傍。入门时左顾,但见双鸳鸯,鸳鸯七十二,罗列自成行。音声何噰(yōng)噰,鹤鸣东西厢。大妇织绮罗,中妇织流黄,小妇无所为,挟瑟上高堂,丈人且安坐,调丝方未央。"颜氏谓"先述三子,次及三妇",于诗中可见。舅姑、丈人,均指公婆。未遽央,仓促未尽的意思。
2. 祖考:指已故的祖辈、父辈。
3. 匹嫡:婚配。耦己:成双。
4. 郑、卫之辞:指春秋时郑国、卫国的歌词。后用以代指淫荡的文学作品。
5. 大雅君子:指道德才学俱佳者。

《古乐府》歌百里奚词曰[1]:"百里奚,五羊皮,忆别时,烹伏雌,吹(yān yí)㐄;今日富贵忘我为[2]!""吹"当作炊煮之"炊"[3]。

案:蔡邕《月令章句》曰[4]:"键,关牡也,所以止扉,或谓之剡移(yǎn)[5]。"然则当时贫困,并以门牡木作薪炊耳。《声类》作䈝(diàn),又或作䈎[6]。

注释

1. 百里奚：春秋时秦穆公贤相。原为虞国大夫。虞国被灭后，他流落到楚国。秦穆公闻其贤，用五张羊皮将他从楚国赎回。故被称为"五羖（gǔ）大夫"。后辅佐秦穆公建成霸业。
2. "百里奚"六句：据《乐府解题》引《风俗通义》：百里奚为秦相后，其妻为洗衣妇。在相府举行的一次音乐会上，她演唱了这首歌词。百里奚方知这位洗衣妇就是他过去的妻子，遂重新结为夫妇。伏雌，母鸡。扊扅，门闩。
3. "'吹'当作"句：王利器曰："吹，炊古通，《荀子·仲尼》篇：'可炊而僷也。'杨倞注：'炊与吹同。'《庄子·在宥》篇：'而万物炊累焉。'《释文》：'炊本作吹。'是其证。"
4. "案"二句：见《隋书·经籍志》著录蔡邕《月令章句》十二卷，已佚。今有叶德辉等诸家辑本。
5. "键"四句：为蔡邕《月令章句》解释"键"的话。"键""关牡"都指门闩。扉，门。剡移，即扊扅，也指门闩。
6. 启：门闩。

《通俗文》，世间题云"河南服虔字子慎造"[1]。虔既是汉人，其《叙》乃引苏林、张揖；苏、张皆是魏人。且郑玄以前，全不解反语，《通俗》反音，甚会近俗[2]。阮孝绪又云"李虔所造"[3]。河北此书，家藏一本，遂无作李虔者。《晋中经簿》及《七志》[4]，并无其目，竟不得知谁制。

然其文义允惬，实是高才。殷仲堪《常用字训》，亦引服虔《俗说》，今复无此书，未知即是《通俗文》，为当有异[5]？近代或更有服虔乎？不能明也。

注释

1. "《通俗文》"二句:《隋书·经籍志》著录有服虔《通俗文》。今有臧镛（yōng）堂、马国翰辑本。《通俗文》，训释经史用字之书。
2. 会：合。近俗：现在的习尚。
3. 阮孝绪：南朝梁人，字士宗。以德行显于世。撰有《七录削繁》。此云《通俗文》李虔所造，当出其中。李虔《通俗文》，《隋志》不载，两《唐志》并云："李虔《续通俗文》二卷。"则是李虔所撰当为服虔《通俗文》的续书。今有臧镛堂、马国翰辑本。
4. 《晋中经簿》：即《中经新簿》。三国魏荀勖（xù）撰。《七志》：南朝宋王俭撰。二书均为书目。
5. 为：或者，还是。表选择。

或问："《山海经》，夏禹及益所记[1]，而有长沙、零陵、桂阳、诸暨[2]，如此郡县不少，以为何也？"

答曰："史之阙文[3]，为日久矣；加复秦人灭学[4]，董卓焚书[5]，典籍错乱，非止于此。譬犹《本草》神农所述[6]，而有豫章、朱崖、赵国、常山、奉高、真定、临淄（zī）、冯翊（yì）等郡县名[7]，出诸药物；《尔雅》周公所作[8]，而云'张仲孝友[9]'；仲尼修《春秋》，而《经》书孔丘卒[10]；《世本》左丘明所书[11]，而有燕王喜、汉高祖；《汲冢（zhǒng）琐语》乃载《秦望碑》[12]；《仓颉篇》李斯所造，而云'汉兼天下，海内并厕，豨（xī）黥韩覆[13]，畔讨灭残[14]'；《列仙传》刘向所造[15]，而《赞》云七十四人出佛经；《列女传》亦向所造[16]，其子歆又作《颂》[17]，终于赵悼后[18]，而传有更始韩夫人[19]，明德马后及梁夫人嫕（yì）[20]：皆由后人所羼（chàn）[21]，非本文也。"

注释

1. "《山海经》"二句:《山海经》,志怪之书,保存有很多远古的神话传说和史地文献材料。夏禹:夏后氏部落领袖,史称禹、大禹、戎禹。以治水著称。继舜之后任部落联盟领袖。益,即伯益。传说他助禹治水有功,禹要让位给他,他避居箕山之北。
2. 长沙:郡名。秦时置。零陵、桂阳:都是郡名。汉时置。诸暨:县名。秦时置。参见《汉书·地理志》。
3. 阙文:缺疑不书。《论语·卫灵公》:"子曰:'吾犹及史之阙文也。'"王利器《颜氏家训集解》:"包曰:'古之良史,于书字有疑则阙之,以待知者。'"
4. 秦人灭学:指秦丞相李斯下令焚书之事。
5. 董卓:东汉临洮人,字仲颖。本为地方豪强,后率兵入洛阳,废少帝,立献帝,专断朝政。曹操与袁绍等起兵反对,他挟献帝西迁长安,自为太师。残暴专横,为王允、吕布所杀。
6. 《本草》:本名《神农本草经》。因书中所记各药以草类为多,故称《本草》。神农:传说古帝名。古史又称炎帝、烈山氏。传说他尝百草为药以治病。
7. 豫章:郡名。朱崖:县名,属合浦郡。赵国:郡名。常山:郡名。奉高:县名,属泰山郡。真定:真定国,汉武帝元鼎四年置。临淄:县名,属齐郡。冯翊:郡名。以上均为汉时地名。
8. 周公:姬旦。周文王子,辅助武王建周王朝。成王时摄政,平管叔、蔡叔之乱。
9. 张仲孝友:为《小雅·六月》篇中诗句。张仲是周宣王时人,在周公之后百余年。
10. 《经》:指《左传》。
11. 《世本》:书名。战国时史官所撰,记黄帝讫春秋时诸侯大夫的氏族、世系、居(都邑)、作(制作)等。左丘明:春秋鲁国人。相传曾任鲁太史,为《春秋》作传,成《左传》。皇甫谧《帝王世纪》谓《世本》即左丘明所作。
12. 《汲冢琐语》:晋太康二年,汲郡人不准盗魏襄王墓(或言安釐王墓),得竹书数十车,中有《琐语》十一篇,为战国时各国卜梦妖怪相书。《秦望碑》:秦始皇帝上会稽祭大禹时所立的纪功碑。
13. 豨:陈豨。韩:韩信。二人均为汉高祖时叛臣。
14. 畔:通"叛"。灭残:卢文弨《注颜氏家训序》:"阳湖孙渊如定作'残灭',以颜氏为非。"
15. 《列仙传》:旧题西汉刘向撰。二卷。记赤松子等神仙故事,各附赞语。刘孝标注《世说新语·文学》篇引《列仙传》曰："历观百家之中，以相检验，得仙者百四十六人，其七十四人，已在佛经，故撰得七十二人，可以多闻博识焉，遐观焉。"按：刘向时佛教尚未传入中国，故颜氏有是疑。

16. 《列女传》：一名《古列女传》。西汉刘向撰。七篇七卷。又《续列女传》一卷，著者不详。分母仪、贤明、仁智、贞顺、节义、辨通、孽（bì）孽等七门，共记一百零五名妇女事迹。
17. 《颂》：即《列女传颂》。
18. 赵悼后：战国时赵悼襄王之妻。
19. 更始韩夫人：东汉刘圣公宠姬。刘先为更始将军，故名更始韩夫人。
20. 梁夫人嫕：汉和帝的姨妹。
21. 羼：掺杂。

或问曰："《东宫旧事》何以呼鸱尾为祠尾[1]？"

答曰："张敞者[2]，吴人，不甚稽古[3]，随宜记注，逐乡俗讹谬，造作书字耳。吴人呼祠祀为鸱祀，故以祠代鸱字；呼绀(gàn)为禁，故以糸傍作禁代绀字；呼盏为竹简反，故以木傍作展代盏字；呼镬(huò)字为霍字，故以金傍作霍代镬字；又金傍作患为镮字，木傍作鬼为魁字，火傍作庶为炙字，既下作毛为髻字；金花则金傍作华，窗扇则木傍作扇[4]；诸如此类，专辄不少[5]。"

又问："《东宫旧事》：'六色罽縿(jì wēi)[6]'，是何等物？当作何音？"

答曰："案：《说文》云：'莙(jūn)，牛藻也，读若威[7]。'《音隐》[8]：'坞瑰反。'即陆机所谓'聚藻，叶如蓬'者也[9]。又郭璞注三仓亦云：'蕴[10]，藻之类也，细叶蓬茸生。'然今水中有此物[11]，一节长数寸，细茸如丝，圆绕可爱，长者二三十节，犹呼为莙。又寸断五色丝，横著线股间绳之，以象莙草，用以饰物，即名为莙；于时当绀六色罽[12]，作此莙以饰绲带[13]，张敞因造糸旁畏耳，宜作褪[14]。"

注释

1. 《东宫旧事》：书名。《隋书·经籍志》著录十卷，未著撰人，《旧唐书·经籍志》题张敞撰，与颜氏同。鸱尾：宫殿屋脊正脊两端构件上的装饰。
2. 张敞：晋吴郡吴人，仕至侍中尚书，吴国内史，见《宋书·张茂度传》。
3. 稽古：研习古事。
4. "吴人呼祠祀为鸱祀"十四句：颜氏举"逐乡俗讹谬"而造作的俗字共九例，分别写作：縉（jìn）、榐（zhǎn）、鏵、鎴、槐、爔（zhì）、氀、鏵（huá）、擤（shàn）。
5. 专辄：专断，专擅。段玉裁《说文解字注》释为"凡人有所倚恃而妄为之"。
6. 六色罽緅："罽"为毡类毛织品。"六色"乃状其色彩斑斓。"緅"之义见下文。
7. "莙"三句：王利器曰："君、威二字，古声近通用，如君姑亦作威姑，即其例证，故许慎读莙若威。"莙，水藻名。
8. 《音隐》：即《说文解字音隐》。《隋书·经籍志》著录四卷。今有毕沅辑本。
9. 陆机：《经典释文序录》作陆玑，字元恪。三国吴国吴郡人。著有《毛诗草木虫鱼疏》二卷。
10. 蕰：即蕰藻。《左传·隐公三年》："涧谿沼沚之毛，蘋蘩蕰藻之菜。"《疏》："此草好聚生；蕰，训聚也，故云蕰藻，聚藻也。"
11. "然今"句：《太平御览》此句"然"字在上句"生"字上，译文从之。
12. 绀：呈红色的深青色。此处作"绀"，义不可通。《太平御览》作"绁"，缚的意思，较可通。
13. 绲带：织带。
14. 作：《续家训》"作"作"音"，译文从之。

柏人城东北有一孤山[1]，古书无载者。唯阚骃《十三州志》

以为舜纳于大麓[2]，即谓此山，其上今犹有尧祠焉；世俗或呼为宣务山，或呼为虚无山，莫知所出。赵郡士族有李穆叔、季节兄弟、李普济[3]，亦为学问，并不能定乡邑此山。

余尝为赵州佐[4]，共太原王邵读柏人城西门内碑。碑是汉桓帝时柏人县民为县令徐整所立，铭曰："山有*𡾰嵍*(quánwù)[5]，王乔所仙[6]。"方知此𡾰嵍山也。𡾰字遂无所出。嵍字依诸字书，即旄丘之旄也；旄字，《字林》一音亡付反[7]，今依附俗名，当音权务耳。入邺，为魏收说之，收大嘉叹。值其为《赵州庄严寺碑铭》，因云："权务之精。"即用此也。

注释

1. 柏人：县名。西汉置，治所在今河北隆尧县西。
2. 阚骃：字玄阴，后魏敦煌人，《魏书》有传。《十三州志》：阚骃撰。《隋书·经籍志》著录十卷。舜纳于大麓：见《淮南子·泰族》："既入大麓，烈风雷雨而不迷。"高诱注："林属山曰麓。尧使舜入林麓之中，遭大风雨不迷也。"麓，山林。
3. 李穆叔：即李公绪，字穆叔。北齐人。季节：即李槩（gài），字季节。李公绪弟。事见《北史·李公绪传》。李普济：北齐人。事见《北史·李雄传》。
4. 赵州：北齐时州名。治所在广阿（今河北隆尧县东旧城）。佐：辅官。
5. 𡾰嵍：山名。
6. 王乔：即王子乔，传说中古代仙人，见《列仙传》。
7. "嵍字依诸字书"四句：见中国近现代著名经学家、古文字学家、教育家吴承仕《经籍旧音辨证》曰："'字林'上'旄也'二字疑衍。"旄，此处同"嵍"。

或问："一夜何故五更？更何所训？"

答曰："汉、魏以来，谓为甲夜、乙夜、丙夜、丁夜、戊夜，又云鼓[1]，一鼓、二鼓、三鼓、四鼓、五鼓，亦云一更、二更、三更、四更、五更，皆以五为节。《西都赋》亦云[2]：'卫以严更之署[3]。'所以尔者，假令正月建寅[4]，斗柄夕则指寅[5]，晓则指午矣；自寅至午，凡历五辰[6]。冬夏之月，虽复长短参差，然辰间辽阔，盈不过六，缩不至四，进退常在五者之间。更，历也，经也，故曰五更尔。"

注释

1. 鼓：卢文弨谓此字衍。
2. 《西都赋》：班固作。
3. "卫以"句：此句意思是，以督行夜鼓的郎署护卫汉宫。卫，保卫。严更之署，督行夜鼓的郎署。护卫汉宫。汉宫周卫，郎在内，卫卒在外，郎所居为署。
4. 建寅：夏历以寅月为岁首，称建寅。
5. 斗柄：北斗七星中，玉衡、开阳、摇光三星组成斗柄，称作杓。
6. 五辰：古人用十二地支表示一昼夜的十二个时辰，每个时辰等于现在的两小时。从寅时开始，经卯、辰、巳、午，共五个时辰。

《尔雅》云："术，山蓟也[1]。"郭璞注云："今术似蓟而生山中。"

案：术叶其体似蓟，近世文士，遂读蓟为筋肉之筋，以耦地骨用之[2]，恐失其义。

注释

1. "术"二句：术、蓟均为草名。
2. "以耦"句：意思是，以"山蓟（筋）"与"地骨"为对偶。耦，通"偶"。地骨，枸杞。

或问："俗名傀儡子为郭秃[1]，有故实乎？"

答曰："《风俗通》云：'诸郭皆讳秃。'当是前代人有姓郭而病秃者，滑稽戏调[2]，故后人为其象，呼为郭秃，犹《文康》象庾亮耳[3]。"

注释

1. 傀儡子：即傀儡戏，现在通称作木偶戏。
2. 戏调：开玩笑。
3. 《文康》：乐舞名。又名《礼毕》。因扮演晋太尉庾亮，亮谥号为文康，故名。《隋书·音乐志下》："《礼毕》者，本出自晋太尉庾亮家，亮卒，其伎追思亮，因假为其面，执翳（yì）以舞，像其容，取其谥以号之，谓之《文康乐》。"

或问曰："何故名治狱参军为长流乎？"

答曰："《帝王世纪》云[1]：'帝少昊崩，其神降于长流之山[2]，于祀主秋[3]。'案：《周礼·秋官》，司寇主刑罚[4]、长流之职，汉、魏捕贼掾（yuàn）耳[5]。晋、宋以来，始为参军，上属司寇，故取秋帝所居为嘉名焉[6]。"

421

注释

1. 《帝王世纪》：书名。魏晋著名医学家、文学家皇甫谧撰。
2. "帝少昊崩"二句：见《山海经·西山经》："长留之山，其神白帝，少昊居之。"长留，即长流，"留""流"古通。少昊，传说古部落首领名。也作"少皞（hào）"。
3. 于祀主秋：主持秋祭，即秋祭之神主。《吕氏春秋·孟秋》："孟秋之月，日在翼，昏斗中，且毕中，其日庚辛，其帝少昊。"高诱注："庚辛，金日也，少皞……以金德王天下，号为金天氏，死配金，为西方金德之帝，为金神。"古人把五行中的金与秋相配，故说"于祀主秋"。
4. 司寇：主管刑狱的官员。
5. 掾：官府中佐助官吏的通称。
6. 秋帝：指少昊。

客有难(nàn)主人曰[1]："今之经典，子皆谓非，《说文》所言，子皆云是，然则许慎胜孔子乎？"

主人拊掌大笑，应之曰："今之经典，皆孔子手迹耶？"

客曰："今之《说文》，皆许慎手迹乎？"

答曰："许慎检以六文[2]，贯以部分[3]，使不得误，误则觉之。孔子存其义而不论其文也。先儒尚得改文从意，何况书写流传耶？

"必如《左传》止戈为武[4]，反正为乏[5]，皿虫为蛊[6]，亥有二首六身之类[7]，后人自不得辄改也，安敢以《说文》校其是非哉？且余亦不专以《说文》为是也，其有援引经传，与今乖者，未之敢从。

"又相如《封禅书》曰：'导(dǎo)一茎六穗于庖，牺双觡(gé)共抵之兽[8]。'此導训择，光武诏云'非徒有豫养導择之劳[9]'，是也。

"而《说文》云：'薁(dào)是禾名。'引《封禅书》为证[10]；无妨自当有禾名薁，非相如所用也。'禾一茎六穗于庖'，岂成文乎？纵使相如天才鄙拙，强为此语；则下句当云'麟双觡共抵之兽'，不得云牺也。

"吾尝笑许纯儒[11]，不达文章之体，如此之流，不足凭信[12]。大抵服其为书[13]，隐括有条例[14]，剖析穷根源，郑玄注书，往往引以为证；若不信其说，则冥冥不知一点一画，有何意焉。"

注释

1. 难：责备；非难。主人：作者自称。
2. 六文：即六书。
3. 部分：指许慎在《说文解字》中首创的部首编排法。
4. 止戈为武：见《左传·宣公十二年》："潘党曰：'……臣闻克敌必示子孙，以无忘武功。'楚子曰：'非尔所知也。夫文，止戈为武。'"楚子意思是说能平息战乱，停止使用武器，才是真正的武功。按：武字从"止"从"戈"。
5. 反正为乏：见《左传·宣公十二年》："故文反正为乏。"按：古文"乏"为"正"字的反写。
6. 皿虫为蛊：见《左传·昭公元年》："赵孟曰：'何谓蛊？'对曰：'淫溺惑乱之所生也。于文皿虫为蛊……'"皿虫，以器皿盛毒虫。
7. 亥有二首六身：见《左传·襄公三十年》："史赵曰：'亥有二首六身，下二如身，是其日数也。'"意思是，亥字有二字头六字身。按：此亥字当是指晋国当时的字体而言。
8. "導一茎六穗于庖"二句：大意是，选择一茎六穗的佳禾送到厨房供做祭品，把双角共底的白麟用为宗庙祭祀时的牺牲。導，通"薁"，选择。庖，厨房。牺，宗庙祭祀的牲畜。觡，角。抵，本，指角的底部。《汉书·司马相如传》服虔

注："抵，本也。武帝获白麟，两角共一本，因以为牲也。"

9. 導择：二字连文为义，即选择的意思。
10. "而《说文》云"三句：《说文解字》所引《封禅书》句，"導"作"橐"。
11. 纯儒：纯粹的儒者。这里指专于文字训诂。
12. "不达文章之体"三句：清朝学者黄承吉《字诂附校》以为《说文解字》作"橐"不误。橐即佳禾，牺即牺牲，二字乃名词用为动词。详见王利器《颜氏家训集解》所引黄说。
13. 大抵：表示总括一般情况。服：佩服。
14. 隐括：也作"隐栝"。矫正竹木弯曲的器具。引申为修改、订正之意。

世间小学者[1]，不通古今，必依小篆[2]，是正书记[3]；凡《尔雅》、三仓、《说文》，岂能悉得仓颉本指哉[4]？亦是随代损益，互有同异。西晋已往字书，何可全非？但令体例成就，不为专辄耳[5]。考校是非，特须消息[6]。至如"仲尼居"，三字之中，两字非体，三仓"尼"旁益"丘"[7]，《说文》"尸"下施"几"[8]：如此之类，何由可从？古无二字，又多假借，以中为仲，以说为悦，以召为邵，以间为闲：如此之徒，亦不劳改。

自有讹谬，过成鄙俗，"亂"旁为"舌"[9]，"揖"下无"耳"[10]，"黿""鼉"从"龜"，"奮""奪"从"雚"(guàn)[11]，"席"中加"带"[12]，"惡"上安"西"，"鼓"外设"皮"，"鑿"(záo)头生"毀"，"離"则配"禹"，"壅"乃施"豁"，"巫"混"經"旁[13]，"皋"分"澤"片[14]，"獵"化为"獦"(gé)[15]，"寵"变成"寵"(lǒng)，"業"左益"片"[16]，"靈"底著"器"，"率"字自有律音，强改为别；"單"字自有善音，辄析成异[17]：如此之类，不

424

可不治。

吾昔初看《说文》,蚩薄世字[18],从正则惧人不识,随俗则意嫌其非,略是不得下笔也[19]。所见渐广,更知通变,救前之执,将欲半焉[20]。若文章著述,犹择微相影响者行之[21],官曹文书[22],世间尺牍,幸不违俗也。

注释

1. 小学:指文字、音韵、训诂之学。
2. 小篆:书体的一种。相传是由秦相李斯将籀文简化而成。
3. 是正:订正;校正。书记:书籍。
4. 本指:本意。这里指最初的字形。指,通"旨"。
5. 专辄:专擅;专断。
6. 消息:斟酌。
7. "尼"旁益"丘":字作"阠"。古时作"尼"的正字。
8. "尸"下施"几":字作"凥",古人以之作"居处"的"居"字。段玉裁曰:"凡今人'居处'字,古只作'凥处'。居,蹲也,凡今人'蹲踞'字,古只作'居'。"又曰:"今字用'蹲居'字为'凥处'字而'凥'字废矣,又别制'踞'字为'蹲居'字而'居'之本义废矣。"
9. "亂"旁为"舌":字作"乱"。《广韵·换韵》:"亂,俗作乱。"按:今为"亂"的简化字。
10. "揖"下无"耳":字作"捐"。
11. "奮""奪"从"蒮":徐鲲谓此二字分别作"奮""奪"。乃从"蒮"的俗体。
12. "席"中加"带":字作"㡲"。《文选·司马相如〈上林赋〉》李善注:"'㡲'与'席'古字通。"
13. "巫"混"經"旁:徐鲲曰:"按:《太公吕望碑》'巫'作'垩',而诸碑中'經'字旁多有作'至'者,'垩'与'垩'相似,'巠'与'巫'亦相似,故以为混也。"
14. "皋"分"澤"片:字作"睪"。清朱珔《说文假借义证》:"睪,古书多以睪为皋。"
15. "獵"化为"獦"：见《玉篇·犬部》："獦，獦狚，兽名。"
16. "業"左益"片"：字作"牒"。段玉裁曰："'業'俗作'牒'，见《广韵》。"
17. "'單'字自有善音"二句：郝懿行《颜氏家训斠记》："案：《篇海》：'窜，时战切，音善，姓也。'《广韵》：'單，單襄公之后。'然则窜、單二文，作字虽异，音训则同，辄析成异，非通论也。又姓亦有读'單复'之'單'者，《广韵》云'可單氏后改为單氏'是也。"
18. 蚩薄：讥笑鄙薄。蚩，通"嗤"。
19. 略：《少仪外传》"略"作"为"。
20. 将欲半焉：需要把从正和随俗二者结合起来。半，指从正和随俗各占一半。
21. 影响：这里是近似的意思。
22. 官曹：官吏的办事机关。

案：弥亘字从二间舟[1]，《诗》云"亘之柜秠"是也[2]。今之隶书，转舟为日；而何法盛《中兴书》乃以舟在二间为舟航字[3]，谬也。

《春秋说》以人十四心为德，《诗说》以二在天下为酉[4]，《汉书》以货泉为白水真人[5]，《新论》以金昆为银[6]，《国志》以天上有口为吴[7]，《晋书》以黄头小人为恭[8]，《宋书》以召刀为邵[9]，《参同契》以人负告为造[10]：如此之例，盖数术谬语[11]，假借依附，杂以戏笑耳。如犹转贡字为项[12]，以叱为七[13]，安可用此定文字音读乎？

潘、陆诸子《离合诗》《赋》《栻卜》《破字经》[14]，及鲍昭《谜字》[15]，皆取会流俗[16]，不足以形声论之也。

注释

1. 弥亘：绵延的意思。按：亘字篆文作亙，舟字篆文作月，故言"亘字从二间舟"，用来指出汉字所由构成的成分。
2. 亘之秬秠：出自《诗经·大雅·生民》句。秬、秠，黑黍。
3. 何法盛：南朝宋人。《中兴书》：即《晋中兴书》。
4. "《春秋说》以人十四心为德"二句：卢文弨《注颜氏家训序》："《春秋说》《诗说》，皆纬书也，今多不传。德本作惪；酉本作㥏（yǒu）：二说所言，皆非本谊。"按："二在天下"者，小篆"天"作天，其下加"二"则略似"酉"字之形也。
5. 货泉：东汉王莽时货币名。钱币上有"货泉"二字。白水真人：即"货泉"二字拆开后的文字组合。泉含白、水二字，货（繁体作貨）含真（眞）、人二字。此亦牵强之说。
6. 《新论》：汉桓谭撰。已佚。龚向农曰："《御览》八百十二引桓谭《新论》：'鈆铜则金之公，而银者金之昆弟也。'"
7. 《国志》：即《三国志》。西晋陈寿撰。《三国志·吴志·薛综传》："综应声曰：'无口为天，有口为吴，君临万邦，天子之都。'"按：《说文解字》以"吴"字从矢口，故《三国志》以天上有口为吴，谬。
8. "《晋书》"句：见《宋书·五行志》谓王恭在京口时，民间有谣云："黄头小人欲作贼，阿公在城下指缚得。""黄头小人"即影射"恭"字。卢文昭："恭字上从共，下从心；'黄'字本作'黃'，《说文》从田，从芄（guāng），芄，古文光；今以恭为黄头小人，非字义。"
9. "《宋书》"句：据《南史》，南朝宋文帝长子初名邵，因"卩"的形体近"刀"，文帝恶之，故改作"劭"。召旁作刀应为"剖"字，故颜氏非之。
10. "《参同契》"句：卢文弨《注颜氏家训序》："《参同契下》魏伯阳自叙，寓其姓名，末云'柯叶萎黄，失其华容，吉人乘负，安稳长生'。四句（当云二句）合成造字。今颜氏云'人负告'，岂'人负吉'之讹欤？"卢说是，清朝著名经学家、诗人郑珍谓汉碑"造"正作"造"。
11. 数术：即术数。有关天文、历法、占卜方面的学问。
12. 如犹：当作犹如。赵曦明《颜氏家训注》："'如犹'二字疑倒。"
13. 以叱为七：见《太平御览》卷九百六十五《东方朔别传》："武帝时，上林献枣，上以所持杖击未央前殿槛，呼朔曰：'叱叱，先生，来来，先生知此箧中何等物？'朔曰：'上林献枣四十九枚。'上曰：'何以知之？'朔曰：'呼朔者，上也；

427

以杖击楹两木，两木者，林也；来来者，枣也；叱叱，四十九枚。'上大笑，赐帛十匹。"按："叱"之半为七，七七四十九，此东方朔玩弄的文字游戏，即颜氏所谓"杂以戏笑"耳。

14. 潘、陆：指潘岳、陆机，二人均为西晋文学家。离合诗：杂诗的一种。离合字的偏旁以成文。如潘岳《离合诗》云："佃渔始化，人民穴处。意守醇朴，音应律吕。桑梓被源，卉木在野。锡（yáng）鸾未设，金石弗举。害咎蠲（juān）消，吉德流晋。谿（xī）谷可安，奚作栋宇。嫣然以憙（xī），焉惧外侮？熙神委命，已求多祜。叹彼季末，口出择语。谁能默诚，言丧厥所。垄亩之谚，龙潜岩阻。尟（xiǎn）义崇乱，少长失叙。"即含"思杨容姬难堪"六字。《栻卜》：占卜书名。栻，古代占卜时日的器具，后称为星盘。《破字经》：书名。破字，即拆字。
15. 鲍昭：当即鲍照，南朝宋文学家。鲍照《谜字》今见于《艺文类聚》。
16. 取会：迎合。流俗：社会上流行的风俗习惯。

河间邢芳语吾云[1]："《贾谊传》云：日中必熭(wèi)[2]。注：'熭，暴也[3]。'曾见人解云：'此是暴疾之意，正言日中不须臾，卒(cù)然便昃耳(zè)[4]。'此释为当乎？"

吾谓邢曰："此语本出太公《六韬》，案字书，古者暴(pù)晒字与暴疾字相似[5]，唯下少异，后人专辄加傍日耳。言日中时，必须暴晒，不尔者，失其时也。晋灼已有详释[6]。"

芳笑服而退。

注释

1. 河间：郡名。在今河北境内。邢芳：人名。其事不详。
2. "《贾谊传》云"二句：此解释出自《太公六韬》卷一《文韬·守土第七》。《贾谊传》，此指《汉书·贾谊传》。熭，暴晒，晒干。《说文解字·火部》："熭，暴干也。"
3. 暴：此处作暴疾解，即迅猛的意思。
4. 卒然：突然。卒，通"猝"。昃：通"仄"。太阳偏西。
5. "古者"句："暴"字从"米"，"曓"字从"夲"，故颜氏谓二字相似。暴，通"曝"。曝晒。《说文解字·日部》："暴，晞也。"曓（pù），通"暴"，暴疾，《说文解字·夲部》："曓，疾有所趣也。"
6. 晋灼：晋代学者。河南人。仕晋为尚书郎。《新唐书·艺文志》有晋灼《汉书集注》十四卷，《汉书音义》十七卷。

卷第七

音辞 杂艺 终制

汝曹宜以传业扬名为务,
不可顾恋朽壤,
以取湮没也。

音辞第十八

夫九州之人[1]，言语不同，生民已来，固常然矣。自《春秋》标齐言之传[2]，《离骚》目楚词之经[3]，此盖其较明之初也。后有扬雄著《方言》，其言大备。然皆考名物之同异，不显声读之是非也。逮郑玄注六经[4]，高诱解《吕览》《淮南》[5]，许慎造《说文》，刘熹制《释名》[6]，始有譬况假借以证音字耳[7]。

而古语与今殊别，其间轻重清浊，犹未可晓；加以内言外言[8]、急言徐言[9]、读若之类[10]，益使人疑。孙叔言创《尔雅音义》，是汉末人独知反语[11]。至于魏世，此事大行。高贵乡公不解反语[12]，以为怪异。自兹厥后，音韵锋出[13]，各有土风[14]，递相非笑，指马之谕[15]，未知孰是。共以帝王都邑，参校方俗，考核古今，为之折衷[16]。榷(què)而量之，独金陵与洛下耳[17]。

南方水土和柔，其音清举而切诣[18]，失在浮浅，其辞多鄙俗。北方山川深厚，其音沉浊而鈋(é)钝[19]，得其质直，其辞多古语。

然冠冕君子[20]，南方为优；闾里小人，北方为愈。易服而与之谈，南方士庶，数言可辩；隔垣而听其语，北方朝野，终日难分。而南染吴、越[21]，北杂夷虏[22]，皆有深弊，不可具论。[23]

其谬失轻微者，则南人以钱为涎，以石为射，以贱为羡，以是为舐[24]；北人以庶为戍，以如为儒，以紫为姊，以洽为狎[25]。如此之例，两失甚多。

注释

1. 九州：传说中的我国中原上古行政区划。此泛指全国各地。
2. "自《春秋》"句：见《春秋公羊传·隐公五年》："公曷（hé）为远而观鱼？登来之也。"赵曦明注："登来，读言得来。得来之者，齐人语也；齐人名求为得来，其言大而急，由口授也。"此其例。
3. "《离骚》"句：《离骚》中多楚语，如"羌""些"等字。
4. 郑玄注六经：指郑玄为《毛诗》《仪礼》《周礼》《礼记》《周易》《尚书》作注。
5. "高诱"句：见《隋书·经籍志》："《吕氏春秋》二十六卷，《淮南子》二十一卷，并高诱注。"《吕氏春秋》，即《吕览》。
6. 《释名》：训诂书。东汉刘熙撰。体例仿《尔雅》，而专用音训，以音同、音近的字解释意义，以探求语源，辨证古音和古义。清毕沅有《释名疏证》，王先谦有《释名疏证补》及《释名疏证补附》。颜氏此云撰者为刘熹，盖古字通用。
7. 譬况：最早的注音方法之一，是用描述性的话来说明某一个字的发音情况，如像刘熙《释名·释天》注"风"的读音："兖豫司冀横口合唇言之，风，泛也，其气博泛而动物也；青徐言'风'踧（cù）口开唇推气言之，风，放也，气放散也。"
8. 内言外言：古代注家譬况字音用语。所谓内外指韵之洪细而言，内言发洪音，外言发细音。《汉书·王子侯表上》有"襄嚵（chán）侯建"，颜师古注引晋灼曰："音内言鑱（chán）兔。"参见中国当代著名语言学家周祖谟《颜氏家训音辞篇注补》。
9. 急言徐言：汉代注家譬况字音用语。急言指发有i〔i〕介音的细音字，因发音时口腔的气道先窄而后宽，肌肉先紧而后松，其音急促，故名。徐言即缓言，缓气言。周祖谟《颜氏家训音辞篇注补》："考急言、徐言之说，见于高诱之解《吕览》《淮南》……凡言急者，皆细音字；凡言缓气者，皆洪音字。"
10. 读若：训诂学术语，也写作"读如"，其作用有二：一是用一个同音而较常见的字来示意所要注解的字的读音。如《说文解字·玉部》："璁（cōng），读若葱。"二是同时说明假借。如《礼记·儒行》："虽危，起居竟信其志。"郑玄注："信，读如屈伸之伸，假借字也。"

11. "孙叔言创《尔雅音义》"二句：见《隋书·经籍志》："《尔雅音义》八卷，孙炎撰。"《魏志·王肃传》、陆德明《经典释文》均以为孙炎字叔然，此作叔言，恐误。又反切之法，非创自孙炎，汉末王肃、服虔、应劭皆有用反切注音之例。

12. "高贵乡公"句：此"不解反语"事，无可确考。高贵乡公，即曹髦。魏文帝曹丕孙。在位七年。《经典释文·叙录》谓曹髦有《左传音》三卷。

13. 锋出：锋刃齐出。比喻锐不可拒。

14. 土风：乡土歌曲。这里指地方口语。

15. 指马之谕：战国时公孙龙提出"物莫非指，而指非指""白马非马"等命题，讨论名与实之间的关系。《庄子·齐物论》则云："以指喻指之非指，不若以非指喻指之非指也；以马喻马之非马，不若以非马喻马之非马也。天地一指也，万物一马也。"谓事物应各任自然，不分彼此、是非、长短、多少，后遂以"指马"为争辩是非、差别的代称。

16. 折衷：亦作"折中"。取正之意。《楚辞·九章·惜诵》："令五帝以折中兮，戒六神以向服。"朱熹集注："折中，谓事理有不同者，执其两端而折其中，若《史记》所谓'六艺折中于夫子'是也。"

17. "榷而量之"二句：当时韵书的制作，北方人多以洛阳音为主，南方人多以建康（金陵）音为主。榷，研究。量，商酌。金陵，即建康。吴、东晋、宋、齐、梁、陈均建都于此。洛下，即洛阳。为魏、晋、后魏的都城。

18. 清举：声音清脆而悠扬。切诣：谓发音迅急。

19. 沉浊：声音低沉粗重。钝：滞浊迟缓。

20. 冠冕：冠族，仕宦之家。

21. 吴、越：春秋时的吴国和越国（今苏浙一带）。这里指吴越故地的语言。

22. 夷虏：指我国北方的少数民族。这里指他们的语言。

23. 此段与前一段论南北官绅市民语言的优劣。周祖谟《颜氏家训音辞篇注补》："自五胡乱华以后，中原旧族多侨居江左，故南朝士大夫所言，仍以北音为主。而庶族所言，则多为吴语。故曰：'易服而与之谈，南方士庶，数言可辨。'而北方华夏旧区，士庶语音无异，故曰：'隔垣而听其语，北方朝野，终日难分。'惟北人多杂胡虏之音，语多不正，反不若南方士大夫音辞之彬雅耳。至于闾巷之人，则南方之音鄙俗，不若北人之音为切正矣。"

24. "其谬失轻微者"五句：周祖谟《颜氏家训音辞篇注补》："此论南人语音，声多不切。案：钱，《切韵》昨仙反，涎，叙连反，同在仙韵；而钱属从母，涎属邪母，发声不同。贱，《唐韵》（唐写本）才线反，羡，似面反，同在线韵；而贱属从母，羡属邪母，发声亦不相同。南人读钱为涎，读贱为羡，是不分从邪也。石，《切韵》常尺反，射，食亦反，同在昔韵；而石属禅母，射属床母三等。是，《切韵》承纸反，舐，食氏反，同在纸韵；而是属禅母，食属状母三等。南人误石为射，读是为舐，是床母三等与禅母无分也。"

25. "北人以庶为戍"四句：周祖谟《颜氏家训音辞篇注补》："此论北人语音，分韵之宽，不若南人之密。案：庶、戍同为审母字，《广韵》庶在御韵，戍在遇韵，音有不同。庶，开口，戍，合口。如，儒同属日母，如在鱼韵，儒在虞韵，韵亦有开合之分；北人读庶为戍，读如为儒，是鱼、虞不分也。又紫、姊同属精母，而紫在纸韵，姊在旨韵，北人读紫为姊，是支、脂无别矣。又洽、狎同为匣母字，《切韵》分为两韵；北人读洽为狎，是洽、狎不分也：由此足见北人分韵之宽。"

至邺已来[1]，唯见崔子约、崔瞻叔侄[2]，李祖仁、李蔚兄弟[3]，颇事言词，少为切正。李季节著《音韵决疑》[4]，时有错失；阳休之造《切韵》[5]，殊为疏野。吾家儿女，虽在孩稚，便渐督正之；一言讹替[6]，以为己罪矣。云为品物[7]，未考书记者[8]，不敢辄名，汝曹所知也。

注释

1. 至邺已来：颜之推《观我生赋》自注云："至邺便至陈兴而梁灭，故不得还南。"则当在齐天保八年（557）。
2. 崔瞻：字彦通。《北史》卷二十四作崔赡。周祖谟谓瞻与彦通义相应，当作赡。此从周说。崔赡官至吏部郎中。其叔崔子约，任司空祭酒。

3. 李祖仁：即李岳，字祖仁。官中散大夫。李蔚：李岳弟，官秘书丞。
4. 李季节：名概，字季节。事见《北史·李公绪传》。《隋书·经籍志》："《续修音韵决疑》十四卷，李概撰。"又"《音谱》四卷"。
5. 阳休之：字子烈，右北平无终人。仕齐为尚书右仆射。周武平齐，除开府仪同。其所著《韵略》已佚，今有任大椿、马国翰辑本。
6. 讹替：谬误。
7. 云为：所为。品物：指各种物品。
8. 书记：书籍。

    古今言语，时俗不同；著述之人，楚、夏各异[1]。《仓颉训诂》[2]，反稗为逋(bài bū)卖[3]，反娃为于乖[4]；《战国策》音刎为免[5]，《穆天子传》音谏为间[6]；《说文》音戛为棘[7]，读皿为猛[8]；《字林》音看为口甘反[9]，音伸为辛[10]；《韵集》以成、仍、宏、登合成两韵，为、奇、益、石分作四章[11]；李登《声类》以系音羿[12]，刘昌宗《周官音》读乘若承[13]。此例甚广，必须考校。前世反语，又多不切，徐仙民《毛诗音》反骤为在遘(gòu)，《左传音》切椽为徒缘[14]，不可依信，亦为众矣。

    今之学士，语亦不正；古独何人，必应随其讹僻乎[15]？《通俗文》曰："入室求曰搜。"反为兄侯。然则兄当音所荣反。今北俗通行此音，亦古语之不可用者[16]。玙璠(yú fán)，鲁人宝玉，当音余烦，江南皆音藩屏之藩。岐山当音为奇，江南皆呼为神祇之祇[17]。江陵陷没，此音被于关中，不知二者何所承案[18]。以吾浅学，未之前闻也。

    北人之音，多以举、莒为矩；唯李季节云："齐桓公与管仲于台上谋伐莒，东郭牙望见桓公口开而不闭，故知所言者莒也[19]。然则莒、矩必不同呼[20]。"此为知音矣。

注释

1. 楚、夏：泛指南、北地区。楚，春秋战国时的楚国地域；夏，华夏，即中原地区。
2. 《仓颉训诂》：书名。后汉杜林撰。《旧唐书·经籍志》著录。
3. "反稗"句：反切"稗"字的音为"逋卖"，即用"逋"的声母和"卖"的韵母拼读出"稗"字。周祖谟《颜氏家训音辞篇注补》："此音不知何人所加。稗为逋卖反，逋为帮母字，《广韵》作傍卦切，则在并母，清浊有异。颜氏以为此字当读傍卦切，故不以《仓颉训诂》之音为然。"
4. "反娃"句：段玉裁曰："娃，于佳切，在十三佳，以于乖切之，则在十四皆。"
5. "《战国策》"句：周祖谟《颜氏家训音辞篇注补》："案：刎，《切韵》音武粉反，在吻韵，免音亡辨反，在狝韵，二音相去较远，故颜氏不得其解。考刎之音免，殆为汉代青、齐之方音。如《释名·释形体》云：吻，免也，入之则碎，出则免也。吻、刎同音，刘成国以免训刎，取其音近，与高诱音刎为免正同。又《仪礼·士丧礼》：'众主人免于房。'注云：'今文免皆作纮。'《释文》：'免音问。'《礼记·内则》：'纷帨免甍（kǎo）。'《释文》免亦音问，是免有问音也。刎、问又同为一音，惟四声小异。高诱之音刎为免，正古今方俗语音之异耳，又何疑焉。颜氏固不知此，即清儒钱大昕、段玉裁诸家，亦所不寤，审音之事，诚非易易也。"
6. "《穆天子传》"句：见《穆天子传》："道里悠远，山川间之。"郭璞注："间音谏。"《唐韵》"谏"音"古晏反"，在谏韵，"间"音"古苋反"（去声），在襉（jiǎn）韵。"谏""襉"韵不同类，故颜氏以郭注为非。段玉裁、周祖谟均以为"谏""间"古音相近，故得假借。
7. "《说文》"句：《唐韵》"戛"音"古黠反"，在黠韵，"棘"音"纪力反"，在职韵。二音韵部不同。故颜氏以《说文解字》为非。周祖谟以为《说文解字》无误，盖"戛"字古有二音，除"古黠反"之外，尚有"纪力反"一读。
8. "读皿"句：《切韵》"皿"音"武永反"，"猛"音"莫杏反"，同在梗韵，而猛为二等字，皿为三等字，音之洪细有别。故颜氏以"皿"音"猛"为非。周祖谟以为"猛"从"孟"声，"孟"从"皿"声，猛、孟、皿三字古音亦相近。

9. "《字林》"句：周祖谟《颜氏家训音辞篇注补》："看，《切韵》音苦寒反，在寒韵。《字林》音口甘反，读入谈韵，与《切韵》音相去甚远。考任大椿《字林考逸》所录寒韵字，无读入谈韵者，疑甘字有误。若否，则当为晋世方音之异。"

10. 音伸为辛：周祖谟《颜氏家训音辞篇注补》："伸，《切韵》音书邻反，辛，音息邻反，申为审母三等，辛为心母，审、心同为摩擦音，故方言中，心、审往往相乱。《字林》音伸为辛，是审母读为心母矣。"

11. "《韵集》以成、仍、宏、登合成两韵"二句：段玉裁曰："今《广韵》本于《唐韵》，《唐韵》本于陆法言《切韵》。法言《切韵》，颜之推同撰集；然则颜氏所执，略同今《广韵》。今《广韵》成在十四清，仍在十六蒸，别为二韵。宏在十三耕，登在十七登，亦别为二韵。而吕静《韵集》，成、仍为一类，宏、登为一类，故曰合成两韵。今《广韵》为，奇同在五支，益、石同在二十二昔，而《韵集》为，奇别为二韵，益、石别为二韵，故曰分作四章。皆与颜说不合，故以为不可依信。"

12. 李登：三国魏人，撰有《声类》一书，《隋书·经籍志》著录作十卷，已佚，有清马国翰黄奭（shì）等辑本。钱馥曰："《广韵》：系，胡计切，喉音，匣母……羿，五计切，牙音，疑母。"周祖谟《颜氏家训音辞篇注补》："李登以系音羿，牙、喉音相混矣。"

13. "刘昌宗"句：段玉裁曰："《广韵》：乘，食陵切，音同绳；承，署陵切，音同丞。今江浙人语多与刘昌宗音合。"周祖谟《颜氏家训音辞篇注补》："案：《经典文释叙录》，刘昌宗《周官音》一卷。《周礼·夏官》：'王行乘石。'《释文》云：'刘音常丞反。'常丞即承字音。乘为床母三等，承为禅母。颜氏以为二者有分，不宜混同，故论其非。考床、禅不分，实为古音……下至晋宋，以迄梁、陈、吴语床、禅亦读同一类。"

14. "徐仙民《毛诗音》反骤为在遘"二句：清代学者钱大昕曰："《广韵》：'骤，锄祐切。'在宥韵，依徐音，当入侯韵。"周祖谟《颜氏家训音辞篇注补》："徐仙民反骤为在遘，骤为宥韵字，遘为侯韵字，以遘切骤，韵之洪细有殊，故颜氏深斥其非。而在遘与锄祐音亦不同，锄、床母，在、从母，床、从不同类。疑今本'在'为'仕'字之误，仕、在形近而讹。锄、仕皆床母字也。《诗经·四牡》：'载骤駸（qīn）駸。'《释文》：'骤，助救反，又仕救反。'《玉篇》骤亦音

437

仕救切,足证在为讹字。此云《毛诗音》反骤为仕遘,《左传音》切橼为徒缘,上论韵,下论声,若作在遘,则声韵均有不合,于辞例不顺,故知在必有误。橼,徐反为徒缘者,考《左传·桓公十四年》:'以大官之橼,归为卢门之橼。'《释文》:'橼,音直专反。'直专与徒缘,本为一音,但直专为音和切,徒缘为类隔切,颜氏病其疏缓,故曰不可依信。"

15. 讹僻:谬误。
16. "今北俗通行此音"二句:周祖谟《颜氏家训音辞篇注补》:"'此音',当指兄侯反而言,颜云兄当音所荣反者,假设之辞。其意谓搜以作所鸠姓反为是,若作兄侯,则兄当反为所荣矣,岂不乖谬。服音虽古,亦不可承用,故曰今北俗通行此音,亦古语之不可用者。"
17. "岐山当音为奇"二句:周祖谟《颜氏家训音辞篇注补》:"《切韵》:'烦,附袁反;藩,甫烦反。'二字同在元韵,而烦为奉母,藩为非母,清浊有异。《切韵》璠作附袁反,与颜说正合。……《切韵》:'奇,渠羁(jī)反;衹,巨支反。'二字同在支韵,皆群母字,而等第有差。奇三等,衹四等。"
18. 承案:依据。承,接受。案,依从。
19. "齐桓公与管仲于台上谋伐莒"三句:见《管子·小问》。
20. "然则"句:周祖谟《颜氏家训音辞篇注补》:"此引李季节之言,当见《音韵决疑》。举、莒《切韵》音居许反,在语韵,矩音俱羽反,在虞韵。颜氏举此以见鱼、虞二韵,北人多不能分,与古不合。李氏举桓公伐莒事,以证莒、矩音呼不同,其言是矣。盖莒为开口,矩为合口。故东郭牙望桓公口开而不闭,知其所言者莒也。"

夫物体自有精粗,精粗谓之好恶(hǎo è)[1];人心有所去取,去取谓之好恶(hào wù)[2]。此音见于葛洪、徐邈[3]。而河北学士读《尚书》云"好生恶杀(hǎo è)[4]"。是为一论物体,一就人情,殊不通矣。

甫者,男子之美称,古书多假借为父字;北人遂无一人呼为甫者,亦所未喻[5]。唯管仲、范增之号,须依字读耳[6]。

注释

1. 好恶：好和坏的意思。卢文弨《注颜氏家训序》："好、恶并如字读。"
2. 好恶：喜爱和讨厌的意思。宋本原注："上呼号，下乌故反。"
3. "此音"句：指第二个"好恶"的读音见于葛洪、徐邈的音韵学著作。周祖谟《颜氏家训音辞篇注补》："案：以四声区别字义，始于汉末。好、恶之有二音，当非葛洪、徐邈所创，其说必有所本（详见拙著《四声别义释例》）。葛有《要用字苑》一卷，见两《唐志》。徐有毛诗、左传《音》，见《经典释文叙录》。"
4. 好生恶杀：此指"好生恶杀"的"好""恶"应读作"去取谓之好恶"的"好"（呼到切）、"恶"（乌路切），而"河北学士"却读作"精粗谓之好恶"的"好"（呼皓切）、"恶"（乌各切），故下云"殊不通"。
5. "甫者"五句：周祖谟《颜氏家训音辞篇注补》："甫、父二字不同音，《切韵》：'甫，方主反；父，扶羽反。'皆虞韵字，而甫非母，父奉母。北人不知父为甫之假借，辄依字而读，故颜氏讥之。"
6. "唯管仲、范增之号"二句：宋本原注："管仲号仲父，范增号亚父。"按，这两个"父"字都仍读作"父"而不能读作"甫"。

案：诸字书，焉者鸟名[1]，或云语词[2]，皆音于愆(qiān)反。自葛洪《要用字苑》分焉字音训[3]：若训何训安[4]，当音于愆反，"于焉逍遥""于焉嘉客""焉用佞""焉得仁"之类是也[5]；若送句及助词[6]，当音矣愆反，"故称龙焉""故称血焉""有民人焉""有社稷焉""托始焉尔""晋、郑焉依"之类是也[7]。

江南至今行此分别，昭然易晓；而河北混同一音，虽依古读，不可行于今也[8]。

邪者，未定之词。《左传》曰："不知天之弃鲁邪？抑鲁君有罪于鬼神邪[9]？"《庄子》云"天邪地邪[10]"，《汉书》云"是邪非邪[11]"之类是也。

而北人即呼为也，亦为误矣[12]。难者曰："《系辞》云：'乾坤，《易》之门户邪[13]？'此又为未定辞乎？"

答曰："何为不尔！上先标问，下方列德以折之耳[14]。"

注释

1. 焉者鸟名：《说文解字·鸟部》："焉，焉鸟，黄色，出于江淮，象形。"段玉裁注："今未审何鸟也。自借为助词而本义废矣。"
2. 语词：无实义的词，即今天所称的虚词。
3. 音训：对古籍中的字词注音释义。
4. 若训何训安：如果解释作何或解释作安。何、安，相当于今天的"哪里"。
5. "于焉逍遥""于焉嘉客"：见《诗经·小雅·白驹》。于焉，在这里。"焉用佞""焉得仁"：见《论语·公冶长》。焉用，哪里用得着。
6. 送句：句尾语气词。助词：在句中起各种语气作用的虚词。
7. "故称龙焉""故称血焉"：见《周易·坤》。故称龙焉，所以称作龙；故称血焉，所以称作血。"有民人焉""有社稷焉"：见《论语·先进》。意思是，有老百姓，有祭土地神的社和祭五谷神的稷。"托始焉尔"：见《春秋公羊传·隐公二年》。"晋、郑焉依"：见《左传·隐公六年》。即依晋、郑，意思是依靠晋国和郑国。
8. "江南至今行此分别"五句：周祖谟《颜氏家训音辞篇注补》："案：焉音于愆反，用为副词，即安、恶一声之转。安（乌寒切）、恶（哀都切）皆影母字也。焉音矣愆反，用为助词，即矣、也一声之转。矣（于纪切）、也（羊者切）皆喻母字也。"
9. "不知天之弃鲁邪"二句：见《左传·昭公二十六年》，第二句末"邪"字未见。意思是说，不知是上天抛弃鲁国呢？还是鲁君得罪了鬼神呢？
10. 天邪地邪：见《庄子·大宗师》。原文为："（子桑）则若歌若哭，鼓琴曰：'父邪？母邪？天乎？人乎？'有不任其声而趋举其诗焉。"与颜氏所引稍异。
11. 是邪非邪：见《汉书·外戚传》汉武帝李夫人歌。
12. "而北人即呼为也"二句：周祖谟《颜氏家训音辞篇注补》："邪、也古多通用。

惟后世音韵有异，《切韵》邪以遮反，在麻韵，也以者反，在马韵，邪平声，也为上声。"
13. "乾坤"二句：见《周易·系辞下》，原文为："乾坤，其《易》之门邪？"意思是，明晓《乾》《坤》两卦的意蕴，是通会《周易》的门径吗？
14. 列德：阐明阴阳之德。《周易·系辞下》："乾，阳物也。坤，阴物也。阴阳合德，而刚柔有体。"列，明朝学者程荣《汉魏丛书》本"列"作"刿"，刘盼遂引吴承仕曰："'列德'当作'效德'，校者意改为'列'耳。"刿，即"效（xiào）"的异体字。折：判断，裁决。这里是作出结论的意思。

江南学士读《左传》，口相传述，自为凡例[1]，军自败曰败，打破人军曰败。诸记传未见补败反，徐仙民读《左传》，唯一处有此音，又不言自败、败人之别，此为穿凿耳[2]。

古人云："膏粱难整[3]。"以其为骄奢自足，不能尅(kè)励也[4]。吾见王侯外戚，语多不正，亦由内染贱保傅[5]，外无良师友故耳。

梁世有一侯，尝对元帝饮谑，自陈"痴钝[6]"，乃成"飔(sī)段"，元帝答之云："飔异凉风，段非干木[7]。"谓"郢(yīng)州"为"永州"，元帝启报简文，简文云："庚辰吴入，遂成司隶。"如此之类，举口皆然[8]。元帝手教诸子侍读[9]，以此为诫。

河北切攻字为古琮，与工、公、功三字不同，殊为僻也[10]。比世有人名暹，自称为纤；名琨，自称为衮；名洸(guāng)，自称为汪；名䎽(yào)，自称为獡(shuò)䠚(chuǎn)。非唯音韵舛错，亦使其儿孙避讳纷纭矣[11]。

注释

1. 凡例：通例，章法。
2. "诸记传未见补败反"五句：周祖谟《颜氏家训音辞篇注补》："案：自败、败人之音有不同，实起于汉、魏以后之经师，汉魏以前，当无此分别。徐仙民《左传音》亡佚已久，惟陆氏《释文》存其梗概。《释文》于自败、败他之分，辨析甚详。《叙录》'……及夫自败（蒲迈反）、败他（补败反）之殊，自坏（呼怪反）、坏撤（音怪）之异，此等或近代始分，或古已为别，相仍积习，有自来矣。余承师说，皆辨析之'云云。考《左传·隐公元年》：'败宋师于黄。'《释文》云：'败，必迈反，败佗也，后放此。'斯即陆氏分别自败、败他之例。他如'败国''必败''败类''所败''侵败'等败字，皆必迈反。必迈、补败音同。是必江南学士所口相传述者也。尔后韵书乃兼作二音，《唐韵·夬部》：'自破曰败，薄迈反；破他曰败，北迈反。'即承《释文》而来。北迈与必迈、补败同属帮母，薄迈与蒲迈同属并母，清浊有异。"
3. 膏粱难整：韦昭注："膏，肉之肥者；粱，食之精者。"此句中的"膏粱"一词，兼指代富贵人家。《续家训》"整"作"正"，与《国语》合。《国语·晋语七》："夫膏粱之性难正也。"
4. 尅励：克制私欲，力求上进。
5. 保傅：负责保育、教导贵族子弟的人。
6. 痴钝：愚笨，迟钝。
7. "飂异凉风"二句：因此人将"痴钝"误发音为"飂段"，故梁元帝戏以此二句作答以讥之。见《说文解字》："飂，凉风也。"赵曦明《颜氏家训注》："段干木，魏文侯时人。《广韵》引《风俗通》，以段为氏。"
8. "谓'郢州'为'永州'"七句：周祖谟《颜氏家训音辞篇注补》："案：梁侯自陈'痴钝'而成'飂段'，上字声误，下字韵误。盖痴《切韵》丑之反，飂楚治反，二字同在之韵，而痴为彻母，飂为穿母二等，舌齿部位有殊。钝王仁昫（xù）《切韵》徒困反，在慁（hùn）韵，段徒玩反，在翰韵，同属定母，而韵类有别。故元帝短之。至如谓'郢'为'永'，则声韵皆非矣。郢《切韵》以整反，在静韵，永荣昞（bǐng）反，在梗韵。梗、静韵有洪杀，以、荣声有等差，岂可混同？其音不正，是不学之过也。简文所云'庚辰吴入'云者，曾运乾《韵母古读考》云：'《后汉书》："鲍永字君长，建武十一年征为司隶校尉，永辟扶风鲍恢为都从事，帝尝曰：贵戚且宜敛手，以避二鲍。又永父宣，哀帝时为司隶校尉，永子昱，中元时拜司隶校尉，帝尝曰：吾固欲天下知忠臣之子·复为司隶也。"

简文答语,举《春秋》吴入楚都为郢之歇后语,举后汉抗直不阿之司隶为永之歇后语,齐、梁之际,多通声韵,故剖判入微如此云。'"简文,梁简文帝萧纲,为梁元帝萧绎之兄。

9. 侍读:南北朝时诸王的属官。
10. 僻:差错。
11. 纷纭:盛多、杂乱的样子。周祖谟《颜氏家训音辞篇注补》:"案:此杂论当时语音之不正。攻字《切韵》(王写本第二种)有二音:一训击,在东韵,与工、公、功同纽,音古红反;一训伐,在冬韵,音古冬反。二者声同韵异。此云河北切为古琮,即与古冬一音相合。颜氏以为攻当作古红反,河北之音,恐未为得。遥、纤《切韵》并音息廉反,在盐韵,颜读当与《切韵》相同,疑此'纤'字或为'歼''韱'等字之误。歼、韱《切韵》子廉反,亦盐韵字,而声有异。遥心母,歼精母也。琨《切韵》占浑反,在魂韵,衮古本反,在混韵,一为平声,一为上声,读琨为衮,则四声有误。洸《切韵》古皇反,汪乌光反,二字同在唐韵,而洸为见母,汪为影母。读洸为汪,牙喉音相乱。虉音药,《切韵》以灼反,狖音烁,书灼反。虉为喻母,狖为审母。读虉为狖,亦舛错之甚者。揆颜氏此论,无不与《切韵》相合。陆氏《切韵序》尝称'欲更捃(jùn)选精切,除削疏缓,颜外史、萧国子多所决定'。由此可知,《切韵》之分声析韵,多本乎颜氏矣。"

杂艺第十九

真草书迹[1],微须留意。江南谚云:"尺牍书疏[2],千里面目也。"承晋、宋余俗,相与事之,故无顿狼狈者[3]。

吾幼承门业[4],加性爱重,所见法书亦多[5],而玩习功夫颇至,遂不能佳者,良由无分故也。

然而此艺不须过精。夫巧者劳而智者忧,常为人所役使,更觉为累;韦仲将遗戒[6],深有以也。

注释

1. 真:真书。即楷书。草:草书。
2. 尺牍:汉代诏书写于一尺一寸长的书版上,称"尺一牍",省称"尺牍"。后用为书信的通称。
3. 狼狈:狼和狈。传说狈的前足短,须将前足搭在狼背上方能行走。卢文弨《注颜氏家训序》:"狼狈,兽名,皆不善于行者,故以喻人造次之中,书迹不能善也。"
4. 幼承门业:《梁书·颜协传》称颜之推的父亲颜协"博涉群书,工于草隶"。故颜之推自称"幼承门业"。门业,家传的学业。
5. 法书:名家的书法范本。
6. 韦仲将:即韦诞,字仲将,仕魏任光禄大夫,善书法。据《世说新语·巧艺》篇载:韦仲将善书法。魏明帝修建殿堂,命韦登梯题字。下来后,头发都花白了,于是告诫子孙不要再学书法。

王逸少风流才士[1]，萧散名人，举世惟知其书，翻以能自蔽也[2]。萧子云每叹曰[3]："吾著《齐书》，勒成一典，文章弘义，自谓可观；唯以笔迹得名，亦异事也。"王褒地胄清华[4]，才学优敏，后虽入关，亦被礼遇[5]。犹以书工，崎岖碑碣(jié)之间[6]，辛苦笔砚之役，尝悔恨曰："假使吾不知书，可不至今日邪？"

以此观之，慎勿以书自命。虽然，厮猥之人[7]。以能书拔擢者多矣。故道不同不相为谋也[8]。

梁氏秘阁散逸以来[9]，吾见二王真草多矣[10]，家中尝得十卷；方知陶隐居、阮交州、萧祭酒诸书，莫不得羲之之体[11]，故是书之渊源。萧晚节所变，乃右军年少时法也[12]。

注释

1. 王逸少：即王羲之，字逸少。东晋书法家。传见《晋书》。
2. 翻：反而。
3. 萧子云：南朝梁人，字景乔。其书法为时人所称赏。著有《晋书》一百一十卷。已佚。下云著《齐书》，或误。
4. 王褒：北周文学家，书法与萧子云并重。地胄清华：指门第高贵。地胄，南北朝时称世家豪门为地胄。
5. "才学优敏"三句：此指梁承圣三年（554）西魏军陷江陵，王褒被遣送长安事。
6. 碑碣：碑和墓志等石刻文字的总称。碑，长方形的刻石。碣，圆首形的或形在方圆之间、上小下大的刻石。
7. 厮猥：地位卑微。

445

8. "故道"句：出自《论语·卫灵公》。
9. "梁氏"句：据《历代名画记》载，梁武帝收集了许多珍贵的图书画册，藏于内府。侯景之乱，内府所藏图书画册数百函被侯景所焚。至江陵陷没，梁元帝将降之时，将所藏名画书帖及各种典籍尽数焚烧。秘阁，即内府，古代宫中珍藏图书之处。
10. 二王：指王羲之、王献之父子。
11. "方知陶隐居、阮交州、萧祭酒诸书"二句：唐代书法家、书学理论家张怀瓘（guàn）《书断》称陶弘景、阮研、萧子云三人的书法"各得右军一体"。阮交州，即阮研，字文几，官至交州刺史。萧祭酒，即萧子云，曾任国子祭酒。
12. 右军：即王羲之，王官至右军将军。

晋、宋以来，多能书者。故其时俗，递相染尚，所有部帙，楷正可观，不无俗字，非为大损。

至梁天监之间[1]，斯风未变；大同之末，讹替滋生。萧子云改易字体，邵陵王颇行伪字[2]；朝野翕（xī）然，以为楷式，画虎不成[3]，多所伤败。至为一字，唯见数点[4]，或妄斟酌，逐便转移。尔后坟籍，略不可看。

北朝丧乱之余，书迹鄙陋，加以专辄造字，猥拙甚于江南。乃以百念为忧，言反为变，不用为罢，追来为归，更生为苏，先人为老[5]，如此非一，遍满经传[6]。唯有姚元标工于楷隶[7]，留心小学，后生师之者众。泊（jì）于齐末[8]，秘书缮写，贤于往日多矣。

江南闾里间有《画书赋》，乃陶隐居弟子杜道士所为；其人未甚识字，轻为轨则[9]，托名贵师，世俗传信，后生颇为所误也。

注释

1. 天监：与下文"大同"均为梁武帝年号。
2. 邵陵王：即萧纶，为梁武帝第六子，封邵陵王。伪字：指不规范的字。
3. 画虎不成：即"画虎不成反类狗"的省称。比喻好高骛远，一无所成，反贻笑柄。语出《后汉书·马援传》："效季良不得，陷为天下轻薄子，所谓画虎不成反类狗者也。"
4. "至为一字"二句：如《龙龛（kān）手鉴·杂部》写"焱（yàn）"作"灬"。
5. "乃以百念为忧"六句：百念为忧，《龙龛手鉴·心部》写作"𢝤"。不用为罢，《龙龛手鉴·不部》写作"甭"，音"弃"。追来为归，《龙龛手鉴·来部》写作"逨"。更生为苏，《龙龛手鉴·更部》写作"甦"。今仍流行。先人为老，《张猛龙碑》作"𠈄"。
6. 经传：儒家典籍经和传的统称。经文难读，以传文来疏通文义。此处泛指书籍。
7. 姚元标：北魏书法家。《北史·崔浩传》："左光禄大夫姚元标以工书知名于时。"
8. 洎：及；到。
9. 轨则：准则。

画绘之工，亦为妙矣；自古名士，多或能之。吾家尝有梁元帝手画蝉雀白团扇及马图，亦难及也。武烈太子偏能写真[1]，坐上宾客，随宜点染[2]，即成数人，以问童孺，皆知姓名矣。

萧贲[3]、刘孝先[4]、刘灵[5]，并文学已外，复佳此法。玩阅古今，特可宝爱。若官未通显，每被公私使令，亦为猥役[6]。

吴县顾士端出身湘东王国侍郎，后为镇南府刑狱参军，有子曰庭，西朝中书舍人[7]，父子并有琴书之艺，尤妙丹青[8]，常被元帝所使，每怀羞恨。

彭城刘岳，橐之子也，仕为骠骑府管记[9]、平氏县令[10]，才学快士[11]，而画绝伦。后随武陵王入蜀[12]，下牢之败[13]，遂为陆护军画支江寺壁[14]，与诸工巧杂处。

向使三贤都不晓画，直运素业，岂见此耻乎？

注释

1. 武烈太子：梁元帝长子，名方等，字实相。年二十二战死。谥武烈。写真：人物写生。
2. 随宜：随意的意思。
3. 萧贲：南齐竟陵王萧子良之孙，字文奂，有文才，能书善画。
4. 刘孝先：仕梁为侍中，善五言诗，见重于世。
5. 刘灵：颜之推的姨妹夫。
6. 猥役：杂役。
7. 西朝：指江陵。梁元帝建都于此。中书舍人：中书省属官。
8. 丹青：丹砂和青䕺（huò），为中国画中常用颜色。此泛指绘画艺术。
9. 管记：指记室，掌章表书记文檄。
10. 平氏县：属南阳。故城在今河南桐柏县西。
11. 快士：豪爽之士。
12. 武陵王：即萧纪，字世询。梁武帝第八子。天监十三年封武陵王。
13. 下牢之败：指梁元帝承圣二年武陵王萧纪的叛军被陆法和击败之事。下牢，梁朝宜州旧治，在今湖北宜昌西北。
14. 陆护军：即陆法和。《北齐书》有传。支江：洪业曰："'支江'疑是'枝江'之异文。《嘉庆一统志·荆州府》云：'枝江故城在今枝江县东。'又云：'陆法和宅在枝江县东。'"

弧矢之利，以威天下[1]，先王所以观德择贤[2]，亦济身之急务也。江南谓世之常射，以为兵射，冠冕儒生[3]，多不习此，别有博射[4]，弱弓长箭[5]，施于准的[6]，揖让升降，以行礼焉。防御寇难，了无所益。乱离之后，此术遂亡。

河北文士，率晓兵射，非直葛洪一箭，已解追兵[7]，三九宴集[8]，常縻荣赐[9]（mí）。虽然，要轻禽，截狡兽[10]，不愿汝辈为之。

注释

1. "弧矢之利"二句：出自《周易·系辞下》："弦木为弧，剡木为矢，弧矢之利，以威天下。"
2. 观德择贤：见《礼记·射义》："射者，何也。射以观德也。孔子曰：'射者何以射，何以听，循声而发，发而不失正鹄者，其唯贤者乎！'"
3. 冠冕：指做官的人。
4. 博射：古代一种游戏性习射方式。《南史·柳恽（yùn）传》："恽尝与琅邪王瞻博射，嫌其皮阔，乃摘梅帖乌珠之上，发必命中，观者惊骇。"又《梁书·萧琛传》："善弓马，遣人伏地持帖，奔马射之，十发十中，持帖者亦不惧。"王利器曰：皮与帖俱谓射垛也。博射如博弈也。
5. 弱弓：弹射力差的软弓。
6. 准的：指射垛。
7. "非直葛洪一箭"二句：葛洪《抱朴子自叙》："昔在军旅，曾手射追骑，应弦而倒，杀二贼一马，遂得免死。"
8. 三九：指三公九卿。
9. 縻：分。《集韵·脂韵》："縻，分也。"
10. "要轻禽"二句：见魏文帝曹丕《典论自序》："要狡兽，截轻禽。"要，通"邀"，拦截。

卜筮者[1]，圣人之业也；但近世无复佳师，多不能中。古者，卜以决疑[2]，今人生疑于卜，何者？守道信谋，欲行一事，卜得恶卦，反令怵怵[3]，此之谓乎！且十中六七，以为上手[4]，粗知大意，又不委曲[5]。凡射奇偶，自然半收，何足赖也[6]。

世传云："解阴阳者，为鬼所嫉，坎壈贫穷，多不称泰。"吾观近古以来，尤精妙者，唯京房[7]、管辂[8]、郭璞耳，皆无官位，多或罹灾，此言令人益信。倘值世网严密[9]，强负此名，便有诖误，亦祸源也。及星文风气，率不劳为之。

吾尝学《六壬式》[10]，亦值世间好匠，聚得《龙首》《金匮》《玉軨变》《玉历》十许种书，讨求无验，寻亦悔罢。

凡阴阳之术，与天地俱生，亦吉凶德刑[11]，不可不信；但去圣既远，世传术书，皆出流俗，言辞鄙浅，验少妄多。至如反支不行[12]，竟以遇害；归忌寄宿[13]，不免凶终；拘而多忌，亦无益也。

注释

1. 卜筮：古时预测吉凶，用龟甲称卜，用蓍草称筮，合称卜筮。
2. 卜以决疑：出自《左传·桓公十一年》："卜以决疑，不卜何疑。"
3. 怵怵：忧惧不安的样子。
4. 上手：上等手艺。
5. 委曲：这里是详尽的意思。
6. 赖：依靠，凭借。
7. 京房：西汉人，字君明。善占卜，后被处死。事见《汉书·京房传》。
8. 管辂：三国时魏人，字公明。善占卜。事见《三国志·魏志·管辂传》。
9. 世网：比喻社会上法律礼教、伦理道德对人的束缚。
10. 《六壬式》：《隋书·经籍志》著录《六壬式经杂占》九卷，《六壬释兆》六卷。六壬，运用阴阳五行进行占卜凶吉的一种方法。

11. 德刑：恩泽与处罚。
12. 反支：古代术数星名之说，以反支日为禁忌之日。汉代王符《潜夫论·爱日》："孝明皇帝尝问今旦何得无上书者？左右对曰：'反支故。'"汪继培笺："本传注云：'凡反支日用月朔为正。戌、亥朔一日反支；申、酉朔二日反支……子、丑朔六日反支。见《阴阳书》也。'"
13. 归忌：不宜回家的忌日。《后汉书·郭躬传》附陈伯敬："桓帝时，汝南有陈伯敬者，行必矩步，坐必端膝，呵叱狗马，终不言死，目有所见，不食其肉，行路闻凶，便解驾留止，还触归忌，则寄宿乡亭。"《后汉书注》："《阴阳书·历法》曰：归忌日，四孟在丑，四仲在寅，四季在子，其日不可远行归家及徙也。"

算术亦是六艺要事[1]；自古儒士论天道，定律历者，皆学通之。然可以兼明，不可以专业。

江南此学殊少，唯范阳祖 暅(gèng) 精之[2]，位至南康太守[3]。河北多晓此术。

注释

1. 六艺：古代教育学生的六种科目。《周礼·地官司徒·保氏》谓指礼、乐、射、御、书、数。
2. 范阳：郡名，治所涿县（即今河北涿州）。祖暅：即祖暅之。南朝梁人，字景烁。古代著名数学家祖冲之之子。精于天文历算。
3. 南康：郡名，治所赣县（即今江西赣州）。

医方之事，取妙极难，不劝汝曹以自命也。微解药性，小小和合[1]，居家得以救急，亦为胜事，皇甫谧、殷仲堪则其人也[2]。

注释

1. 小小：稍稍。和合：调和，这里是配药方的意思。
2. 殷仲堪：东晋人，曾任荆州刺史等职。颇通医学，《随书·经籍志》著录其《殷荆州要方》一卷，已佚。

　　《礼》曰："君子无故不彻琴瑟[1]。"古来名士，多所爱好。洎于梁初，衣冠子孙，不知琴者，号有所阙；大同以末，斯风顿尽。然而此乐愔愔雅致[2]，有深味哉！

　　今世曲解[3]，虽变于古，犹足以畅神情也。唯不可令有称誉，见役勋贵，处之下坐，以取残杯冷炙之辱[4]。戴安道犹遭之[5]，况尔曹乎！

注释

1. "君子"句：见《礼记·曲礼下》："大夫无故不彻县，士无故不彻琴瑟。"彻，通"撤"，撤除。
2. 愔愔：和悦安舒的样子。《左传·昭公十二年》："祈招之愔愔，式招德音。"杜预注："愔愔，安和貌。"
3. 曲解：古乐府一节称一解。因以此泛指乐曲。
4. 残杯冷炙：残羹冷饭的意思。
5. 戴安道：即戴逵，字安道，晋朝人。博学能文，善鼓琴。武陵王司马晞使人招之，戴对使者破琴，曰："戴安道不为王门伶人。"事见《晋书·隐逸传》。

　　《家语》曰："君子不博，为其兼行恶道故也[1]。"《论语》

云:"不有博弈者乎？为之，犹贤乎已[2]。"然则圣人不用博弈为教；但以学者不可常精，有时疲倦，则傥为之，犹胜饱食昏睡，兀然端坐耳。

至如吴太子以为无益，命韦昭论之[3]；王肃、葛洪、陶侃之徒，不许目观手执[4]，此并勤笃之志也。能尔为佳。

古为大博则六箸[5]，小博则二茕(qióng)[6]，今无晓者。比世所行，一茕十二棋，数术浅短，不足可玩。

围棋有手谈、坐隐之目[7]，颇为雅戏；但令人耽愦，废丧实多，不可常也。

投壶之礼[8]，近世愈精。古者，实以小豆，为其矢之跃也[9]。今则唯欲其骁[10]，益多益喜，乃有倚竿、带剑、狼壶、豹尾、龙首之名[11]。其尤妙者，有莲花骁[12]。

汝南周璝(guī)，弘正之子[13]，会稽贺徽，贺革之子[14]，并能一箭四十余骁。贺又尝为小障，置壶其外，隔障投之，无所失也。

至邺以来，亦见广宁、兰陵诸王，有此校具，举国遂无投得一骁者。

弹棋亦近世雅戏[15]，消愁释愦，时可为之。

注释

1. "君子不博"二句：见《孔子家语·五仪解》。博，博戏，又叫局戏，为古代一种游戏，六箸十二棋。恶道，不正之道。
2. "不有博弈者乎"三句：见《论语·阳货》。奕，围棋。贤，超过。已，止，什么都不干。

3. "至如吴太子以为无益"二句：见《三国志·吴志·韦曜传》。韦曜即韦昭，因避晋讳改之。王利器曰：韦昭《博弈论》见《三国志·韦曜传》及《文选》卷五十二，略云："今世之人，多不务经术，好玩博弈，废事弃业，忘寝与食，穷日尽明，继以脂烛。当其临局交争，雌雄未决，专精锐意，心劳体倦，人事旷而不修，宾旅阙而不接。至或赌及衣服，徙棋易行，廉耻之意弛，而忿戾之色发。然其所志，不出一枰之上，所务不过方罫（guǎi）之间，技非六艺，用非经国，求之于战阵，则非孙、吴之伦也，考之于道艺，则非孔氏之门也。"

4. "王肃、葛洪、陶侃之徒"二句：见《晋中兴书》。王肃，三国时魏人，字子雍，著名经学家。其反对博弈之事未详。葛洪，东晋道教理论家。葛洪《抱朴子》外篇《自叙》："见人博戏，了不目眄（miǎn），或强牵引观之，殊不入神，有若昼睡，是以至今不知棋局上有几道，樗蒲齿名。亦念此辈末技，乱意思而妨日月，在位有损政事，儒者则废讲诵，凡民则废稼穑，商人则失货财。至于胜负未分，交争都市，心热于中，颜愁于外，名之为乐，而实煎悴。丧廉耻之操，兴争竞之端，相去重货，密结怨隙。昔宋闵公、吴太子致碎首之祸，生叛乱之变，覆灭七国，几倾天朝，作戒百代，其鉴明矣。"陶侃，西晋人。陶在任荆州刺史时，见佐吏玩博戏、围棋，就将上述器具投之于江。

5. 箸：博戏时所用竹棍。

6. 凳：博戏时所用骰子。

7. 手谈、坐隐：均为下围棋的别称。《世说新语·巧艺》："王中郎以围棋是坐隐，支公以围棋为手谈。"

8. 投壶：古代宴会礼制。也是一种娱乐活动。宾主依次用矢投入壶口，以投中多少决胜负。

9. "古者"三句：见《礼记·投壶》："壶颈修七寸，腹修五寸，口径二寸半，容斗五升。壶中实小豆焉，为其矢之跃而出也。壶去席二矢半。矢以柘若棘，毋去其皮。"

10. 骁：指把矢投入壶内，并使之又弹出壶外。

11. 倚竿、带剑、狼壶、豹尾、龙首：都是骁的各种名目。司马光《投壶格》："倚竿，箭斜倚壶口中。带剑，贯耳不至地者。狼壶，转旋口上而成倚竿者。龙尾，倚竿而箭羽正向己者。龙首，倚竿而箭首正向己者。"龙尾，即颜氏所谓豹尾。

12. 莲花骁：骁的名目之一。具体情况不详。

13. "汝南周璝"二句：见《陈书·周弘正传》："子璝，官至吏部郎。"

14. "会稽贺徽"二句：见《南史·贺革传》："子徽，美风仪，能谈吐，深为革爱。

先革卒,革哭之,因遘疾而卒。"
15. 弹棋:古代博戏之一。《艺经》:"弹棋,二人对局,黑白棋各六枚,先列棋相当,下呼上击之。"

终制第二十

死者，人之常分[1]，不可免也。

吾年十九，值梁家丧乱，其间与白刃为伍者，亦常数辈[2]；幸承余福，得至于今。

古人云："五十不为夭。"吾已六十余，故心坦然，不以残年为念[3]。先有风气之疾[4]，常疑奄然[5]，聊书素怀，以为汝诫。

注释

1. 常分：定分。
2. 辈：次。王利器曰："辈犹言人次。《史记·秦始皇本纪》：'高使人请子婴数辈。'用法与此相同。"
3. 残年：人将尽的岁月，指晚年。
4. 风气：病名。《史记·扁鹊仓公列传》："所以知齐王太后病者，臣意诊其脉，切其太阴之口，湿然风气也。"
5. 奄然：奄忽。此指死亡。

先君先夫人皆未还建邺旧山[1]，旅葬江陵东郭[2]。承圣末，已启求扬都，欲营迁厝（cuò）[3]。蒙诏赐银百两，已于扬州小郊北地烧砖[4]，便值本朝沦没[5]，流离如此，数十年间，绝于还望。

今虽混一[6]，家道罄穷，何由办此奉营资费[7]？且扬都污毁，无复孑遗[8]，还被下湿[9]，未为得计。自咎自责，贯心刻髓。

计吾兄弟，不当仕进；但以门衰，骨肉单弱，五服之内[10]，傍无一人，播越他乡[11]，无复资荫[12]；使汝等沉沦厮役[13]，以为先世之耻；故靦(tiǎn)冒人间[14]，不敢坠失[15]。兼以北方政教严切，全无隐退者故也。

注释

1. 先君先夫人：指颜之推的亡父母。建邺：即建业。东晋及南朝宋齐梁陈的都城，在今江苏南京。旧山：故乡。颜之推九世祖颜含随晋元帝东渡，故称建业为故乡。
2. 旅葬：指葬在外地而不曾归葬故乡。
3. 迁厝：迁葬。厝，灵柩暂置。
4. 扬州：即上文之扬都，指建业。
5. 本朝：古人谓所服务的国家为本朝。之推早年仕梁，故称梁为本朝，以示不忘故也。
6. 混一：统一。指隋文帝开皇九年灭陈，统一中国。
7. 奉营：奉祀营迁。营，料理。
8. "且扬都污毁"二句：指隋平陈后，下诏将原扬州城毁弃，而另置蒋州事。孑遗，剩余。《诗经·大雅·云汉》："周馀黎民，靡有孑遗。"
9. 下湿：古人言江南地区地势低而潮湿，故称下湿。《史记·屈原贾生列传》中有"长沙卑湿"句，《史记·货殖列传》中有"江南卑湿"句。"卑湿"即下湿。
10. 五服：旧时丧服制度，以亲疏为差等，有斩衰、齐衰、大功、小功、缌麻五种名称，称五服。
11. 播越：流离失所的意思。《后汉书·袁术传》："天子播越。"李贤注："播，迁也；越，逸也；言失所居。"

12. 资荫：依托庇护。
13. 厮役：奴仆。
14. 觍冒：惭愧冒昧。
15. 坠失：废弛。此处坠失作辞官退隐解。《国语·周语上》："庶人、工、商各守其业，以共其上，犹恐其有坠失也，故为车服、旗章以旌之。"

今年老疾侵，傥然奄忽[1]，岂求备礼乎[2]？一日放臂[3]，沐浴而已，不劳复魄[4]，殓以常衣[5]。

先夫人弃背之时[6]，属世荒馑，家涂空迫[7]，兄弟幼弱，棺器率薄，藏内无砖[8]。吾当松棺二寸，衣帽已外，一不得自随，床上唯施七星板[9]。

至如蜡鹅牙、玉豚、锡人之属[10]，并须停省，粮罂(yīng)明器[11]，故不得营，碑志旒旐(liú zhào)[12]，弥在言外。载以鳖甲车[13]，衬土而下，平地无坟[14]；若惧拜扫不知兆域[15]，当筑一堵低墙于左右前后，随为私记耳[16]。灵筵勿设枕几[17]，朔望祥禫(dàn)[18]，唯下白粥清水干枣，不得有酒肉饼果之祭。亲友来馈酹(chuò lèi)者[19]，一皆拒之。

汝曹若违吾心，有加先妣[20]，则陷父不孝，在汝安乎？其内典功德[21]，随力所至，勿刳竭生资[22]，使冻馁也。

四时祭祀[23]，周、孔所教[24]，欲人勿死其亲[25]，不忘孝道也。求诸内典，则无益焉。杀生为之，翻增罪累。若报冈极之德[26]，霜露之悲[27]，有时斋供[28]，及七月半盂兰盆(yú)[29]，望于汝也。

注释

1. 傥然：倘若。奄忽：突然死去。
2. 备礼：谓礼仪周备。《诗经·小雅·鱼丽序》："美万物盛多，能备礼也。"
3. 放臂：指死亡。
4. 复魄：古代丧礼，将刚死者之衣升屋，并呼其名，以此希望召回死者魂魄。《仪礼·士丧礼》："复者一人。"郑玄注："复者，有司招魂复魄也。"贾公彦疏："出入之气谓之魂，耳目聪明谓之魄，死者魂神去离于魄，今欲招取魂来复归于魄，故云招魂复魄。"
5. 殓：替死者穿衣。
6. 弃背：指死亡。
7. 家涂：也作"家途"。指家庭境况。
8. 藏：寿藏，即坟墓。《后汉书·赵岐传》："先自为寿藏。"注："寿藏，谓冢圹（zhǒng kuàng）也；称寿者，取其久远之意也，犹如寿宫、寿器之类。"
9. 床：物体的底部，如牙床、河床等。此处即指棺材的底部。七星板：古代棺木中所用垫尸之板。
10. 蜡弩牙、玉豚、锡人：均为陪葬之物。弩牙，弩机钩弦的部件，这里指弓弩。
11. 罍：一种小口大腹的盛酒器。明器：即冥器。为随葬而制作的器物。
12. 碑志：刻在碑上的纪念文字。旐旌：铭旌，古人用以书德行。
13. 鳖甲车：灵车。因车盖似鳖甲而得名。《释名·释丧制》："舆棺之车曰辌……其盖曰柳……亦曰鳖甲，似鳖甲然也。"
14. 平地无坟：古代埋葬死者，封土隆起的叫坟，平的叫墓。
15. 兆域：墓地四旁的界限。也用以通称坟墓。《周礼·春官·冢人》："掌公墓之地，辨其兆域而为之图。"清末学者孙诒（yí）让《周礼正义》："辨其兆域者，谓墓地之四畔有营域堳埒（méi liè）也。"
16. 私记：指私家的记载。庾信《五张寺经藏碑》："秦景遥传，竺兰私记。"
17. 灵筵：供奉死者的几筵，又称灵床。
18. 朔望：朔日和望日，即旧历每月初一和十五日。祥禫：丧祭名。《礼记·杂记下》："期之丧，十一月而练、十三月而祥，十五月而禫。"祥分大祥小祥。大祥是父母丧后两周年的祭礼，小祥指父母丧后一周年的祭礼。禫是除丧服的祭祀。《仪礼·士虞礼》："中月而禫。"郑玄注："中，犹间也；禫，祭名也，与大祥间一月。自丧至此，凡二十七月。"
19. 馂：祭奠。酹：以酒洒地表示祭奠。

20. 先妣：指颜之推已去世的母亲。
21. 内典：指佛经。功德：佛教语。指念佛、诵经、布施等事。
22. 刳：挖，这里是耗费的意思。生资：生活资料。
23. 四时：指春、夏、秋、冬四季。
24. 周、孔：周公、孔子。
25. 勿死其亲：意思是不要亲人一死就忘掉他。
26. 罔极之德：见《诗经·小雅·蓼莪》："欲报之德，昊天罔极。"《集传》："言父母之恩如天，欲报之以德，而其恩之大如天无穷，不知所以为报也。"
27. 霜露之悲：见《礼记·祭义》："霜露既降，君子履之，必有悽怆之心，非其寒之谓也！"注："非其寒之谓，谓悽怆及怵惕，皆为感时念亲也。"
28. 斋供：供奉神佛用的食品。
29. 盂兰盆：梵语，意译为救倒悬。旧传目连从佛言，于农历七月十五日置百味五果，供养三宝，以解救其母于饿鬼道中所受倒悬之苦。详见《盂兰盆经》。南朝梁以后，成为民间超度先人的节日。之推笃信佛教，故于盂兰斋供，谆谆嘱咐后人。

孔子之葬亲也，云："古者，墓而不坟。丘东西南北之人也[1]，不可以弗识也[2]。"于是封之崇四尺[3]。然则君子应世行道[4]，亦有不守坟墓之时，况为事际所逼也[5]！

吾今羁旅，身若浮云，竟未知何乡是吾葬地；唯当气绝便埋之耳。汝曹宜以传业扬名为务，不可顾恋朽壤[6]，以取埋没也。

注释

1. 东西南北之人：指到处漂泊，居无定所。

2. 识：标志，记号。
3. 封：积土为坟。崇：高。
4. 应世：应付世事。行道：实践自己的主张。
5. 事际：情势。《晋书·杨佺期传》："欲因事际以逞其志。"
6. 朽壤：腐土，此指坟墓。

译后记

古今家训 以此为祖

儒家历来重视教育。家训，便是儒家知识分子在立身、处世、为学等方面教育训诫其后辈儿孙的家庭教育读物。早期出现的这类作品，如三国时期诸葛亮的《诫子书》、西晋杜预的《家诫》之类，或者未能流传，或者篇幅短小、内容简略，对后世影响不大。至北齐黄门侍郎颜之推撰成《颜氏家训》一书[1]，分七卷二十篇，"述立身治家之法，辨正时俗之谬"[2]，兼论字画音训，并考证典故，品第文艺，内容全面而详备，立论平实而多切实用。

作者写作此书，虽意在"整齐门内，提撕子孙"[3]，但由于书中内容适应了中国古代社会中儒家知识分子教育其子女的需要，因而得以广泛流传，对后世产生了比较普遍而深远的影响。宋人

---

1. 此书《止足》篇中有"吾近为黄门侍郎"等语，乃北齐后主武平三年（572）事；而《风操》《终制》篇中又有"今日天下大同""今虽混一，家道罄穷"等语，当是隋文帝开皇九年（589）平陈以后事，故此书的写作，大约是时断时续，持续了十几年，而成于隋平陈之后。旧本题署"北齐黄门侍郎颜之推撰"，大约因颜之推在北齐时间较久，且黄门侍郎官职清贵，为时人所重。参看中国近现代文献学与目录学家余嘉锡《四库提要辨证》。
2. 南宋著名目录学家、藏书家晁公武《郡斋读书志》语。
3. 见《序致》篇。

陈振孙在《直斋书录解题》中评此书说："古今家训，以此为祖。"清人王钺(yuè)在《读书丛残》中也称赞道："北齐黄门颜之推《家训》二十篇，篇篇药石，言言龟鉴，凡为人子弟者，可家置一册，奉为明训，不独颜氏。"可见此书在中国古代社会知识分子心目中的地位。

此书的内容，涉及范围颇广，除《序致》一篇主要谈写作《家训》的宗旨外，其余十九篇则分别谈某一方面的具体问题。大体说来如下：

《教子》篇：谈如何教育子女；

《兄弟》篇：谈如何处理兄弟关系；

《后娶》篇：谈男子续弦及非亲生子女问题；

《治家》篇：谈如何治理家庭；

《风操》篇：谈在避讳、称谓、丧事等方面所应遵循的种种礼仪规范并评论南北时俗风尚的差异优劣；

《慕贤》篇：谈对待贤才应持的正确态度；

《勉学》篇：谈学习问题；

《文章》篇：谈文章理论；

《名实》篇：主张崇实而不务虚名；

《涉务》篇：主张接触社会实际，办实事；

《省事》篇：主张用心专一，不作非分之想；

《止足》篇：主张少欲知足；

《诫兵》篇：反对文人参与军事；

《养生》篇：谈养生之道。

以上十四篇内容主要涉及个人在立身、治家、处世等方面所应遵循的儒家伦理道德规范。除此之外：

《归心》篇：为佛教张目；

《书证》《音辞》两篇：考证古书，涉及文字、音韵、训诂、校勘方面的学问；

《杂艺》篇：讲书法、绘画、射箭、算术、医学、弹琴、卜筮、棋博、投壶诸种杂艺。

这几篇都属于比较专门的问题，也可视为对上述十五篇内容的补充。而最后一篇《终制》则可算作作者晚年的遗嘱。总的看来，此书各篇内容虽涉及范围很广，但大体不脱儒家思想体系的轨道。《唐志》《宋志》将此书列入儒家，《四库全书总目》将此书列入杂家，是从不同的角度着眼，各有一定的根据。

颜之推生平大事记

《颜氏家训》的作者颜之推（531—约590年以后），字介，琅玡（在今山东临沂北五十里）人，是南北朝时期杰出的学者、文学家。

颜之推的一生，正值我国南北分裂、割据的时代。从他出生的梁中大通三年（531）算起，到隋代统一，短短六十余年时间，北方一直处于少数民族的统治之下，经历了北齐代东魏、北周代西魏、北周灭北齐、隋代北周等变故。南方经历了梁、陈两个汉族政权的更替，虽暂时偏安东南一隅，也遭受了侯景之乱、西魏陷江陵、隋灭陈等大的事变。在这六十余年的时间里，南北统治者互相攻伐，兵连祸结，百姓惨遭荼毒，陷于水深火热之中。这些，颜之推不仅是耳闻目睹，而且是身受其害的。

颜之推的先祖为北方士族[1]。九世祖颜含于西晋末随晋元帝南渡，是"中原冠带随晋渡江者百家"之一，故"琅玡颜氏"在南方亦属"侨姓高门"[2]。

颜之推于梁武帝中大通三年（531）生于江陵（今湖北荆州）。父亲颜协，曾任梁武帝第七子湘东王萧绎的王国常侍、军府的咨议参军等职。《梁书·文学传》称他"博涉群书，工于草隶"；《颜氏家训·文章》篇也称许他的文章"甚为典正，不从流俗""无郑、卫之音"。这对颜之推的文章风格及文论主张是颇有影响的。

颜之推家族"世善《周官》《左氏》学"，他本人在青少年时期便"博览群书，无不该洽；词情典丽，甚为西府所称"[3]。

梁武帝太清三年（549），颜之推十九岁就担任了湘东王国右常侍，加镇西墨曹参军，可谓少年得志。

梁简文帝大宝二年（551），颜之推二十一岁，正在郢(yīng)州治所夏口（今湖北武汉）掌管记。侯景叛军攻陷郢州，颜之推被俘，例当见杀，赖人救免，被囚送建康（今江苏南京）。第二年，即梁

---

1. 士族：东汉末年以后，大官僚地主依靠政治、经济特权逐渐形成大姓豪族，称为士族或世族，又称高门。
2. 颜之推《观我生赋》自注。
3. 见《北齐书·颜之推传》。

元帝承圣元年（552），梁军收复建康，侯景败死，颜之推才回到江陵，任梁元帝萧绎的散骑侍郎，奏舍人事，奉命校书，两年时间内，得尽读秘阁藏书。

梁元帝承圣三年（554），西魏军攻陷江陵，二十四岁的颜之推再次被俘，次年，被遣送弘农郡（治所弘农县，在今河南灵宝北）李远处掌书翰。

他不忘故国，蓄志南归，于北齐文宣帝天保七年（556）冒险逃至北齐，意欲由此返梁，但在北齐京都邺城听到梁将陈霸先废梁自立的消息，遂绝南归之意而留仕北齐。

从此时起，他在北齐过了二十年相对稳定的生活，先后担任赵州功曹参军、通直散骑常侍、中书舍人、黄门侍郎等官职，主持文林馆工作并主编《修文殿御览》。

这段时期他在仕途上屡有升迁，然而身处险恶的官场，时时有被陷害甚至招致杀身之祸的危险。《北齐书·颜之推传》就称他"为勋要者所嫉，常欲害之"。武平四年（573），侍中崔季舒等六人因谏止后主赴晋阳被杀，颜之推也险受殃及。这些经历，都使他内心蒙受阴影。

北周建德六年（577），周武帝宇文邕（yōng）灭北齐，颜之推第三次做了亡国之人，时年四十七岁。周静帝大象二年（580），颜之推在京城长安做御史上士。隋取代周后，他在隋文帝开皇中被太子杨勇召为学士，不久便病逝了。

他的生平著述，有《文集》三十卷、《家训》二十篇、《训俗文字略》一卷、《集灵记》二十卷、《急就章注》一卷、《笔墨法》

一卷、《稽圣赋》三卷、《证俗音字》五卷、《还冤志》三卷。今存于世者仅《家训》《还冤志》，又《北齐书·文苑传》中存其《观我生赋》一篇，另有佚诗五首。

颜之推作为一个高门士族的子弟，早传家业，知书识礼，却遭逢乱世，饱经忧患，三为亡国之人，性命几乎不保。他这一特定的身世经历，铸就了他特定的思想性格，这些在《颜氏家训》一书中是有比较充分反映的。

《颜氏家训》核心观点陈述

这里从"知人论世"的角度谈谈《颜氏家训》中表现得比较突出的某些思想。与儒家经典著作中的正统思想比较，《颜氏家训》中的某些思想可以说是发生了某种程度的变形。如果我们结合颜之推的身世经历及其所处的社会历史背景来看待这一现象，就不难明白其中的因果关系：

第一，颜之推从小受儒家思想文化的熏陶并终生服膺儒学，故他亦以此教育儿孙，希望他们能遵循儒家的伦理道德规范，以求在社会上立身处世而不致倾覆。

第二，颜之推身当乱世，饱经忧患，遂产生了强烈的忧患意识和惧祸心理，故他希望儿孙能懂得现实社会中的利害关系，从而在乱世中得以全身免祸。

第三，颜之推出身于世族官宦之家，祖上世代为官，自己也一生做官，故他希望儿孙能保有既得的官宦世家的社会地位，不致"沉沦厮役,以为先世之耻"[1]。

上述三种思想常常是互相矛盾的:

比如,要想苟全性命于乱世,就应该远避官场的倾轧,这就与想保有官宦世家的社会地位的企望产生了矛盾;要想既保官又免祸,这就与正统的儒家伦理道德观念发生了矛盾。在这种情况下,颜之推的思想发生某种程度的变形,就是可以理解的了。

以下就《颜氏家训》中所体现的颜之推的这方面思想作具体分析。

关于颜之推之服膺儒学,这是不用赘言的。他在《诫兵》一篇中有段表明心迹的话:

> 颜氏之先,本乎邹、鲁,或分入齐。世以儒雅为业,遍在书记。……顷世乱离,衣冠之士,虽无身手,或聚徒众,违弃素业,徼幸战功。吾既羸薄,仰惟前代,故置心于此,子孙志之。

这段话清楚地说明,颜之推不仅本人继承了他的先辈世代从事的儒学事业,而且希望子子孙孙都不要背弃这一事业。他用以训诫教育子孙的《家训》也是充分体现了儒家的伦理道德观念的。但是,如前所述,颜之推的身世经历造成了他某些思想的变形,与正统的儒家观念是不相协调的。

---

1. 见《终制》篇。

比如，在仁德和生命二者的取舍上，儒家正统观念所赞赏的是"杀身成仁"的态度。《论语·卫灵公》说："志士仁人，无求生以害仁，有杀身以成仁。"作为儒家信徒的颜之推，在《养生》篇中也用过类似的话来教育儿孙：

夫生不可不惜，不可苟惜。

涉险畏之途，干祸难之事，贪欲以伤生，谗慝而致死，此君子之所惜哉；行诚孝而见贼，履仁义而得罪，丧身以全家，泯躯而济国，君子不咎也。

在这段话中，颜之推并举了对待生命的两种态度："不可不惜"和"不可苟惜"。所谓"不可苟惜"，也就是"杀身成仁"的意思，这样看来，颜之推的思想与《论语·卫灵公》中的思想并无什么大的区别。

但是，我们如果通观《颜氏家训》全书，特别是《省事》《止足》《诫兵》《养生》这几篇之后，就会感到颜之推训诫儿孙的着眼点，并不是如何对待"杀身"，而是如何"求生"。书中那些叮咛儿孙要知足退让、全身免祸的话，是说得既多而又恳切的：

砂砾所伤，惨于矛戟，讽刺之祸，速乎风尘，深宜防虑，以保元吉。（《文章》）

铭金人云："无多言，多言多败；无多事，多事多患。"至哉斯戒也！（《省事》）

> 天地鬼神之道，皆恶满盈。谦虚冲损，可以免害。(《止足》)
> 夫养生者先须虑祸，全身保性，有此生然后养之，勿徒养其无生也。(《养生》)

颜之推所生活的那个时代，人的生命时时受到威胁。我们从前述颜之推的经历中也可知道，他本人就曾好几次性命几乎不保。显然，这种坎坷的经历使他意识到，只有首先生存下来，才能谈到"述先王之道，绍家世之业"[1]。但是，想要苟活于乱世并保持既有社会地位，又不违背儒家的伦理道德标准，这实在是一个两难的问题，因为，在那个国家四分五裂、政权更换频繁的时代，为臣属者不得不面临忠于旧主和侍奉新主的痛苦选择。

在这个问题上，颜之推的言行就显出了矛盾：

一方面，他对北齐宦者田鹏鸾及鄱阳王世子谢夫人等不屈于敌、杀身成仁的壮举歌颂备至，而严厉抨击"齐之将相，比敬宣之奴不若"[2]，慨叹"何贤智操行若此之难，婢妾引决若此之易"[3]。

另一方面，他面对国家破亡、身为虏囚的命运，却是历仕萧梁、北齐、北周、隋，既可为旧主效忠，也可为新主尽力，"一生而三化"[4]，他在《文章》篇中有一段话可算对自己这一行为的辩解：

---

1. 见《勉学》篇。
2. 见《勉学》篇。
3. 见《养生》篇。
4. 《观我生赋》语。

译后记

> 不屈二姓，夷、齐之节也；何事非君，伊、箕之义也。自春秋已来，家有奔亡，国有吞灭，君臣固无常分矣。

颜之推在这里是化用了儒家"亚圣"孟子的话[1]，伯夷不屈二姓，固然是高风亮节，伊尹对任何君主都可侍奉，也是负责的表现。既然"君臣固无常分"，则一臣而事二主，甚至三主四主，也就没有什么不妥了。话虽这么说，但颜之推以一个南朝汉族官员的身份，被俘后被迫在北朝为官，内心毕竟还是痛苦的。

在南朝时，他目睹鲜卑军队给南方汉族百姓造成的灾难，到北朝后，又身受鲜卑武人的猜忌陷害，几及于祸，故他当时的心态，与当年伊尹之积极参政是不可同日而语的。他的为官，主要是出于资荫子孙、不辱先世的目的，而并不奢望在政治上有所作为，这与儒家主张积极入世、参与政治的观念又是大相径庭的。即使对于儿孙的仕宦，他也要求他们保持一种谨慎的中庸态度：

> 仕宦称泰，不过处在中品，前望五十人，后顾五十人，足以免耻辱，无倾危也。高此者，便当罢谢，偃仰私庭。吾近为黄门郎，已可收退，当时羁(jī)旅，惧罹谤黩(dú)，思为此计，仅未暇尔。

> 自丧乱已来，见因托风云，徼幸富贵，旦执机权，夜填坑谷，朔欢卓、郑，晦泣颜、原者，非十人五人也。慎之

---

1. 见《孟子·公孙丑上》《孟子·万章下》。

哉！慎之哉！(《止足》)

乱世莫做大官，这段话说得再清楚不过。中品以下的官，有一定身份地位，不致使官宦世家的门庭受辱，也就够了。高于中品的官，权柄过重，处于政治漩涡的中心，容易招致倾覆，应该坚决推辞不就，这就是颜之推总结自己宦海浮沉的经验得出的结论。

《颜氏家训》中表现得比较突出的另一个思想是重视学习、讲求实际。如果说颜之推反对儿孙追求高官、参与政治是为了全身免祸，以求在乱世中生存，那么，他勉励儿孙努力学习、重视实干则是为了获取谋生的本领，同样是出于在乱世中求生存的考虑。这方面的话同样是说得既多而且恳切的。如在《勉学》篇中就很明确地说道：

夫明六经之指，涉百家之书，纵不能增益德行，敦厉风俗，犹为一艺，得以自资。父兄不可常依，乡国不可常保，一旦流离，无人庇荫，当自求诸身耳。

谚曰："积财千万，不如薄伎在身。"伎之易习而可贵者，无过读书也。

同篇中他还具体地谈到，那些在战乱中沦为俘虏的人，读过书的，即使是平民百姓，也可给人当老师；没有读过书的，即使是官宦子弟，也只能给人耕田养马。再从他自身经历看，由于他肯读书，有学问，故尽管朝代更换，他都照样做官。

由此可以看出，颜之推勉励儿孙勤学是带有强烈功利目的的，因此，他特别强调学习必须讲求实用，而不是装门面。《勉学》篇中也谈到这方面的问题：

夫所以读书学问，本欲开心明目，利于行耳。……世人读书者，但能言之，不能行之，忠孝无闻，仁义不足；加以断一条讼，不必得其理；宰千户县，不必理其民；问其造屋，不必知楣横而梲(zhuō)竖也；问其为田，不必知稷(shǔ)早而黍迟也；吟啸谈谑，讽咏辞赋，事既优闲，材增迂诞，军国经纶，略无施用；故为武人俗吏所共嗤诋，良由是乎！

在颜之推看来，学习须结合实用：或者是加强自身道德品质的修养，或者是提高处理实际事物的能力，如能断案、善治民、懂得造屋、种田等。如果学习只是为了能高谈阔论、吟诗作赋，那是没有实际意义的。基于这种务实的观点，他对当时士族养尊处优、脱离实际、不事生业的弊端进行了毫不留情的批判。因为他自己是士族营垒中人，对这个阶层空疏无用的本质认识得很清楚，故其攻击也特别有力。

如《涉务》篇就指出士族官员"品藻古今，若指诸掌，及有试用，多无所堪。居承平之世，不知有丧乱之祸；处庙堂之下，不知有战陈之急；保俸禄之资，不知有耕稼之苦；肆吏民之上，不知有劳役之勤，故难可以应世经务也"。这些人平时都是"褒衣博带，大冠高履，出则车舆，入则扶持，城郊之内，无乘马者"，有的甚至从未骑过马,看见马嘶叫跳跃,就感到"震慑",说:"正是虎,何故名为马乎?"这些议论,都能击中要害,而使儿孙痛感应世经务的可贵。

以上分析了颜之推在其《家训》中表现出的某些突出的思想。概括地说,颜之推出身于"世以儒雅为业"的士族之家,自己也一生为官,从小受儒家文化的熏陶并终生服膺儒学,身处阶级矛盾、民族矛盾都极端尖锐的乱世,饱经忧患困厄,对现实有清醒的认识,这就造就了他以儒学为宗,然而又远避政治、知足退让、全身免祸以及重视学习、讲求实用的思想性格。这就是我们阅读《颜氏家训》时所应抱的"知人论世"的态度。

《颜氏家训》的永恒价值

《颜氏家训》作为一本在古代流传较广、影响较大的著作,在许多方面都有其重要价值。

首先,本书所阐述的儒家伦理思想,有许多在今天仍有其现实意义。作者之训家,意在使子孙能够继承先辈的事业,保住既有的社会地位。为此,他要求子孙恪守作为中国古代社会统治思想的儒家思想中所包含的各种伦理道德规范,加强自身道德修养,以此立足于险恶复杂的社会而不致倾覆。儒家的伦理道德思想,固然有不少消极落后的成分,但也包含了许多体现中华民族固有美德的积极因素。就本书而言,我认为以下方面是值得我们借鉴继承、发扬光大的:

1.重视教育,鼓励勤学。如《教子》篇强调对子女的教育要赶早,要严格要求,要一视同仁,这些都是符合教育学原理的;《勉学》篇鼓励子女靠勤学自立于世,而不要靠祖上的庇荫养尊处优;此外,书中论述的学无止境、转益多师、学以致用以及种种治学之道,都很有现实意义。

2.重视家庭、社会人际关系的和谐。如《兄弟》《治家》诸篇宣传父慈子孝、兄友弟恭、夫义妇顺,主张对亲友部属要乐于帮助、宽大为怀。这中间固然有不合今天时代潮流之处,但总的说来,这种以相互尊重友爱为特征的伦理道德观念对于我们今天调整家庭、社会人际关系以达到和谐,无疑是有其积极的借鉴意义的。

3.重视对儿女道德品质的培养。如《教子》篇教育子女不可为仕进而诣事权贵;《治家》篇主张儿女婚配关键要注重配偶的"清白",而不要去贪图权势之家的地位,搞买卖婚姻;《慕贤》篇说"凡有一言一行,取于人者,皆显称之,不可窃人之美,以为己力";《省事》篇对以钱财、女宠通关节谋取爵禄的行为表示极大的蔑视;《名实》篇强调为人要言行一致、表里如一;而《止足》诸篇所强调的少欲知足的思想,虽有其明哲保身的一面,但如果把它看作对待名利所应持的正确态度,则也颇有可取之处。此外,书中关于躬俭节用、慎于交友、礼貌待客、爱护书籍、主张薄葬、反对迷信等的讨论,都值得今人借鉴参考。

其次,本书有较大的认识价值。书中对当时社会生活的各个方面多有生动详尽的记述,读来饶有趣味。如《勉学》篇记载:

梁朝全盛之时，贵游子弟，多无学术，至于谚云："上车不落则著作，体中何如则秘书。"无不熏衣剃面，傅粉施朱，驾长檐车，跟高齿屐，坐棋子方褥，凭斑丝隐囊，列器玩于左右，从容出入，望若神仙。明经求第，则顾人答策；三九公宴，则假手赋诗。当尔之时，亦快士也。

及离乱之后，朝市迁革，铨(quán)衡选举，非复曩者之亲；当路秉权，不见昔时之党。求诸身而无所得，施之世而无所用。被褐而丧珠，失皮而露质，兀若枯木，泊若穷流，鹿独戎马之间，转死沟壑之际。当尔之时，诚驽材也。

写梁朝士族子弟不学无术，靠祖上庇荫养尊处优，及至遭逢乱离，即陷于穷途末路的狼狈情状，可谓入木三分。同篇又记载梁朝玄风大盛的状况：

洎于梁世，兹风复阐，《庄》《老》《周易》，总谓三玄。武皇、简文，躬自讲论。周弘正奉赞大猷，化行都邑，学徒千余，实为盛美。

元帝在江、荆间，复所爱习，召置学生，亲为教授，废寝忘食，以夜继朝，至乃倦剧愁愤，辄以讲自释。

梁朝君臣狂热信奉道家玄学的行径，暴露无遗。

此外，如《教子》篇写北齐一位士大夫教儿子学鲜卑语、弹琵琶以谄事权贵的丑恶面目；《治家》篇写自己一位远亲弃杀女婴的残酷场面;《风操》篇评述南北习俗风尚的优劣差异;《勉学》篇写俗儒之迂腐,以致当时的谚语讽刺他们"博士买驴,书卷三纸,未有驴字";《名实》篇写某"贵人"服丧期间以巴豆涂脸,使脸上长疮,表"哭泣之过"的无耻行径;《省事》篇写北齐末年以钱财女宠通关节走后门以谋取爵禄的末世颓风……凡此种种,都可使我们得以窥见当时社会的习俗风尚,提供我们以知人论世的可靠依据。

最后,本书具有一定学术价值。颜之推作为"当时南北两朝最通博最有思想的学者"[1],他的《颜氏家训》除以儒家思想训诫子孙外,还大量记载了自己的学术观点和研究成果,评述历史人物和事件,这些都为后来的研究工作提供了有用的资料。比较集中地体现出这一特点的,是《书证》《音辞》《杂艺》《文章》诸篇。

《书证》篇考辨古书文字词义,纠正古书中的错误,颇多精到之处。在这方面,颜之推不仅能引证群书,而且能以方言口语或实物进行印证。比如他考释《诗经》草木"荼":

> 《诗云》:"谁谓荼苦?"《尔雅》《毛诗传》并以荼,苦菜也。又《礼》云:"苦菜秀。"
> 案:《易统通卦验玄图》曰:"苦菜生于寒秋,更冬历春,

---

[1] 见中国近现代历史学家范文澜《中国通史简编》修订本第二编第六章第三节(人民出版社1964年8月第4版)。

得夏乃成。"今中原苦菜则如此也。一名游冬,叶似苦苣而细,摘断有白汁,花黄似菊。江南别有苦菜,叶似酸浆,其花或紫或白,子大如珠,熟时或赤或黑,此菜可以释劳。

案:郭璞注《尔雅》,此乃蘵(zhī)黄蔯(chú)也。今河北谓之龙葵。梁世讲《礼》者,以此当苦菜;既无宿根,至春方生耳,亦大误也。又高诱注《吕氏春秋》曰:"荣而不实曰英。"苦菜当言英,益知非龙葵也。

颜之推在这里为了对"茶"给予正确训释,纠正梁朝一些人把江南的龙葵当作"茶"的错误,不仅多方引用古书的解释,而且考验实物进行比较,显得很有说服力。又如他利用当时出土的秦代铁称权上的铭文来校勘《史记·秦始皇本纪》,发现其中的"丞相隗(kuí)林"应当作"隗状",也很值得称道。

颜之推精于声韵之学。他既注意到因地域不同而造成的语言的差异,也注意到因时代不同而引起的古今声韵的变迁。《音辞》就是他有关声韵之学的专论。其中评论南北语音的优劣得失,指陈历代韵书、字书的讹误,是宝贵的语音史资料,恰如周祖谟(mó)先生所说:"黄门此制,专为辨析声韵而作,斟酌古今,掎摭(jǐ zhí)利病,具有精义,实为研求古音者所当深究。"[1]陆法言在声韵学方面也深受颜之推的启发,他所撰写的《切韵》一书,就有采用颜之推意

---

1. 见《颜氏家训音辞篇注补》(载《中国历代语言文字学文选》,江苏人民出版社1982年4月第1版)。

见之处[1]。

《杂艺》篇分论书法、绘画、射箭、卜筮、算术、医药、音乐、博弈、投壶等各种技艺，有助于我们了解这些"杂艺"在当时的种种情状。如记常射与博射的区别，论投壶之礼的古今演变等，就具有宝贵的学术资料价值。

此外，本书各篇论及当时人物事件之处颇多，这方面内容，可与南北诸史互相参证，或补南北诸史的遗缺。

本书《文章》篇集中体现了颜之推的文学理论思想，其大旨与刘勰(xié)《文心雕龙》的主张相近，在中国古代文学批评史上占有一定地位。当时南北文风的异同，如李延寿在《北史·文苑传序》中所说：

> 江左宫商发越，贵于清绮(qǐ)；河朔词义贞刚，重于气质。气质则理胜其词，清绮则文过其意；理胜者便于时用，文华者宜于咏歌。

颜之推由南入北，故他对文学能融合南北，取折中态度。他说：

> 文章当以理致为心肾，气调为筋骨，事义为皮肤，华丽为冠冕。

---

1. 见隋朝音韵学家陆法言《切韵序》及王国维《观堂集林》卷八《六朝人韵书分部说》的有关解说。

> 今世相承，趋末弃本，率多浮艳。辞与理竞，辞胜而理伏；事与才争，事繁而才损。

由此看来，他是把"理致""气调"这些属于思想内容方面的东西放在首位的，对当时"趋末弃本""辞胜而理伏"的"浮艳"文风深致不满。但是，他也并不因此而矫枉过正，忽视辞采等艺术形式的作用。

他认为古人文章的体度风格胜过今人，而今人文章的声律辞采则胜过古人，"宜以古之制裁为本，今之辞调为末，并须两存，不可偏废"。颜之推很以父辈文章"典正""无郑卫之音"而感到自豪；他标举沈约"文从三易"（易见事、易识字、易诵读）之说，主张"用事不使人觉，若胸臆语"，反对"穿凿补缀""事繁而才损"；他十分赞赏萧悫"芙蓉露下落，杨柳月中疏（què）"的诗句，"爱其萧散，宛然在目"，这样的鉴赏标准，"已经有些开唐诗的风气了"[1]。

作为他的文学主张的实践，他的《颜氏家训》虽时有骈体，但内容充实、情意真切，文笔平易近人，具有独特的朴质风格，对当时及后世文风也产生了不小的影响。

---

1. 见现代语言学家、文学家、文学批评史家郭绍虞《中国文学批评史》第三章第二十四节。

译后记

版本说明

《颜氏家训》历代刻本很多，但一直没有注本。至清代始有学者赵曦明的《颜氏家训注》为之作注，卢文弨又作补注，刻入《抱经堂丛书》中。卢氏的抱经堂丛书本，是用七卷本宋本作底本[1]，经过校勘整理，较为精当。今人王利器撰有《颜氏家训集解》（上海古籍出版社1980年7月第1版），所用底本即为卢氏抱经堂丛书本，并以经元人补修重印的南宋刻本及多种明清刻本对底本进行了校勘。

王利器在《颜氏家训集解》中除汇列赵曦明和卢文弨的旧注外，还广泛搜集了后继学者如钱大昕等人对《颜氏家训》的解说，间亦补充自己的看法，较为完备。此外，台联国风出版社出版有周法高撰辑的《颜氏家训汇注》，此书亦汇列赵曦明注、卢文弨补注及钱大昕等后起诸家的解说，与王利器《颜氏家训集解》大致相同，而其汇列后起诸家解说中亦有为《颜氏家训集解》所未引者，且附录列有"《颜氏家训》词语索引"和"补正引用诸家索引"等，为研究者提供了很大方便。之后问世的，还有黄永年译注的《颜氏家训选译》（巴蜀书社1991年10月第1版）。

---

1. 卢文弨《注颜氏家训序》说："余友江阴赵敬夫先生……取宋本《颜氏家训》而为之注。"而翁方纲《书卢抱经刻颜氏家训注本后》则说："同年卢弓父学士以其友赵君所注《颜氏家训》校正精椠……然如第六卷内诏内下，沈校宋本空格，此云沈氏不空；皲字注作皺，此皺云作皲，则疑弓父所见沈校宋本者，特偶见一钞本，而非原本耳。"据此，则卢氏抱经堂丛书本所据之宋本当是抄本而非原本。

481

这本《颜氏家训》，原文依据底本为卢氏的《抱经堂丛书》版本。注释参考诸家解说，遵从简明通俗的原则，一般说来，译文中已解决的问题就不再出注。

书稿草成后，承王锳先生审阅《书证》《音辞》两篇，匡误补失，助我良多；谭优学先生、顾玖先生分别就《归心》《音辞》两篇的注译提出了很好的意见；李立朴先生加工全稿，为此书增色不少；我母亲董移平、弟弟程幼铭为我查抄资料，费了不少心血；此外，承王文琪、张雪美二位女士从美国、台湾地区惠寄有关资料、图书，在此一并表示衷心的谢意。

程小铭
于贵阳东山

颜之推大事年表

梁武帝中大通三年
531年　一岁

出生于江陵（今湖北荆州江陵县），字介。其名和字是为了纪念春秋时期晋国的名臣义士介子推。

祖籍琅玡临沂（今山东临沂），为名门望族，是"孔门七十二贤之首"颜回的后人。

九世祖颜含在西晋末年"八王之乱"时期跟随琅玡王司马睿南渡，辗转居于建康（今江苏南京）、江陵。

祖父颜见远，齐和帝任他为御史中丞，监察百官。至梁武帝篡位，颜见远拒不为官，最终绝食而死。时人都称赞他忠烈。

父亲颜协，曾任梁武帝萧衍的第七子湘东王萧绎的王国常侍、军府的咨议参军等职，学识渊博，文风典正，擅长草书和隶书。

四十二岁去世，萧绎作《怀旧诗》纪念他。

颜之推自幼承袭家学，七岁便能背诵东汉辞赋家王延寿的《鲁灵光殿赋》。

梁武帝大同五年 539年 九岁	父亲去世，颜之推自此受兄长颜之仪教养。 颜之仪比颜之推大八岁，他自幼聪颖，三岁能读《孝经》。后于朝中历任麟趾学士、司书上士、御正中大夫、集州刺史等官职，有文集十卷。开皇十一年冬去世，年六十九岁。
梁武帝大同八年 542年 十二岁	萧绎在江州（今江西九江）亲自讲授《老子》《庄子》。颜之推成为他的门徒，后因不喜虚谈而回家自己研习《周礼》《左传》。博览群书，文辞典雅华丽，极得时人称颂。
梁武帝太清二年 548年 十八岁	八月，梁武帝收留的东魏叛将侯景以清君侧的名义在寿阳（今安徽淮南寿县寿春镇）起兵叛乱，"侯景之乱"爆发。

梁武帝太清三年
549 年　十九岁

三月，叛军攻陷台城（今江苏南京鸡鸣山南）。四月，萧绎任大都督中外诸军事、司徒，秉承皇帝旨意便宜行事。五月，梁武帝萧衍在囚禁中忧愤而死，太子萧纲即位，即简文帝。

萧绎任命颜之推为湘东王国右常侍，加镇西墨曹参军。颜之推喜好饮酒，不拘礼法，不修边幅，当时有人因此轻视他。

梁简文帝大宝元年
550 年　二十岁

萧绎在江陵起兵讨伐侯景，派世子萧方诸出镇郢州（今湖北武汉武昌区），颜之推被任为中抚军外兵参军，掌管记。

梁简文帝大宝二年
551 年　二十一岁

闰四月，侯景攻陷郢州，处死了萧方诸，被俘虏的颜之推得行台郎中王则相救而幸免于难，后被囚送建康。

十月，侯景杀简文帝，自称帝，国号汉。

梁元帝承圣元年
552 年　二十二岁

三月，萧绎所遣将王僧辩等击败叛军侯景。十一月，萧绎在江陵被拥立为帝。

颜之推与颜家世交中书郎殷不害的侄女

殷氏成婚，从建康回到江陵。后被萧绎封为散骑侍郎，奏舍人事，奉命校书。两年间得尽读秘阁藏书。

梁元帝承圣三年 554年　二十四岁	九月，西魏遣兵伐梁。十一月，西魏攻陷江陵，萧绎被俘后遇害，颜之推再次被俘并被遣送西魏。西魏大将军李显庆看重颜之推，推荐他到弘农（今河南三门峡）掌管其兄阳平公李远的书信。 颜之推的长子颜思鲁约于这一年出生。颜思鲁字孔归，名字中寄托了颜之推对故乡的怀思（颜回即鲁国人）和对孔圣的尊崇。颜思鲁后来也成为名儒，在北齐做卫府参军，在隋朝任东宫学士，又在唐高祖武德年间任秦王府记室参军。他曾编订父亲颜之推的文集并作序录，他的四个孩子师古、相时、勤礼、育德，都做过高官，闻名于世。
北齐文宣帝天保七年 556年　二十六岁	颜之推有意南归，想从北齐借道返回江南故地，正值黄河水暴涨，他备船携妻带子归服北齐，途中经历险阻，时人都称赞他勇敢果断。

	北齐王高洋见到颜之推后十分欣赏他，授予他奉朝请之职，让他在内馆之中随侍左右。
北齐文宣帝天保八年 557年　二十七岁	十月，北齐京都邺城（今河北邯郸临漳县境内）传来了梁将陈霸先废梁敬帝萧方智而自立为帝的消息，颜之推闻之终断绝南归之意，留仕北齐。
北齐后主天统元年 565年　三十五岁	任赵州功曹参军。
北齐后主天统二年 566年　三十六岁	北齐后主高纬颇好文学艺术，将颜之推调至京都。
北齐后主武平三年 572年　四十二岁	北齐左仆射祖珽辅政，采纳颜之推的提议，向后主上书建议修立文林馆、编撰《御览》。颜之推与李德林一同主持文林馆工作，并主编《修文殿御览》，其间常与祖珽等讨论文章、衡量人物。不久又被任命为通直散骑常侍、中书舍人及至黄门侍郎。

武平年间，颜之推的次子愍楚出生。"愍"指忧患、痛心的事，"愍楚"即暗含了对故国的哀思（梁元帝以江陵为都城，而江陵也是楚国旧都）。颜愍楚于隋朝任通事舍人，著《证俗音略》二卷。隋末，朱粲自称楚皇帝，其时颜愍楚被降职到南阳（今河南南阳），朱粲便招抚颜愍楚为自己的幕僚。后朱粲攻占邓州，军队遭遇饥荒，他和军士便残忍地分食了颜愍楚一家。

北齐后主武平四年
573年　四十三岁

由于在仕途上屡有升迁，又蒙皇帝厚待，身为汉人和文官的颜之推在官场上为当时一些鲜卑族勋贵和武官所嫉恨。十月，侍中崔季舒等六人（其中四位皆为文林馆中人）因谏止后主赴晋阳（今山西太原）被杀，颜之推因请假回家而未在谏书上签名，才幸免于杀身之祸。

此间开始创作《家训》。

北周武帝建德六年
577年　四十七岁

周武帝宇文邕攻灭北齐，颜之推第三次做了亡国之人，被遣送北周都城长安（今陕西西安）。途中，他创作了《和阳纳言听鸣蝉篇》，抒发内心苦闷与对人生无常的感叹。

到达长安后，颜之推的小儿子游秦出生。颜游秦后来在唐武德年间任刺史，撰有《汉书决疑》十二卷，为后世学者称颂。

颜思鲁与殷不害的孙女成婚，颜殷两家共渡难关。

北周静帝大象二年
580年　五十岁

在长安任御史上士。

隋文帝开皇元年
581年　五十一岁

杨坚废周静帝而自立为隋文帝，北周灭亡，隋朝建立。

颜思鲁的长子颜籀出生。颜籀字师古，是隋唐时期著名的经学家、训诂学家、历史学家，官至秘书监，有《文集》六十卷，注《汉书》与《急就章》，撰《匡谬正俗》八卷。颜师古之弟颜勤礼的曾孙（也即颜之推的五世孙）即唐朝名臣、书法家颜真卿。

隋文帝开皇二年
582年　五十二岁

颜之推向文帝进言，希望他能够依梁国旧例考订雅乐，但文帝拒不听从。

二月，隋文帝立子杨勇为太子。后杨勇召颜之推为学士，十分器重他。

此年前后，颜之推、刘臻、萧该等八位学者与陆法言讨论音韵学，评议古今是非，其中颜之推与萧该提出了许多建设性观点。后陆法言根据讨论的要点，经过认真斟酌，于隋文帝仁寿元年（601）编成《切韵》五卷。此书是汉语音韵学的第一经典，代表了中国研究语音的规则标准，也是了解和研究语音史的基础。

隋文帝开皇三年 583年　五十三岁	奉命接待南陈使臣、文学家阮卓。后隋文帝开皇九年（589）灭陈，阮卓亦入隋。
隋文帝开皇四年 584年　五十四岁	二月，道士张宾上奏新历，文帝下诏颁行。之后朝中探讨争论新旧历法之优劣，绵历十余年，颜之推亦曾参加讨论。《家训》中所谓"竞历"即指此事。
隋文帝开皇九年 589年　五十九岁	正月，隋文帝灭陈，完成了大一统，结束了纷乱近四百年的魏晋南北朝。 颜之推于《家训·风操》中有言"今日天下大同"，可见其书稿完成于隋文帝灭陈之后。

隋文帝开皇十年　　　颜之推卒年不可考，大约在开皇十余年
590 年　六十岁　　　中，因病去世，年六十余。
　　　　　　　　　　　生平著述，有《文集》三十卷、《家训》二十篇、《训俗文字略》一卷、《集灵记》二十卷、《急就章注》一卷、《笔墨法》一卷、《稽圣赋》三卷《证俗音字》五卷《还冤志》三卷。今存于世者仅《家训》《还冤志》，《北齐书·文苑传》中存其《观我生赋》一篇，另有佚诗五首。

参考文献：

《读史存稿》缪钺著
（生活·读书·新知三联书店 1963 年版）

《周书》令狐德棻编修
（中华书局 1971 年版）

《隋书》魏征等编修
（中华书局 1973 年版）

《旧唐书》刘昫等修撰
（中华书局 1975 年版）

《新编〈陋巷志〉》新编《陋巷志》编纂委员会
（齐鲁书社 2002 年版）

《北史》李延寿修撰
（中华书局 2013 年版）

《北齐书》李百药著
（中华书局 2016 年版）

《梁书》姚察、姚思廉著
（中华书局 2022 年版）

491

译者｜程小铭

知名中国古典文学学者。

1988年硕士毕业于贵州师范大学中文系。曾供职于贵州人民出版社。

参与国家"八五""九五"重点图书出版规划"中国历代名著全译丛书"出版，该丛书获中宣部"五个一工程"奖，获第五届全国书市"受读者欢迎的书"称号。

主要作品

《贵州历代诗选》(贵州人民出版社，1993)
《明清笑话集六种》(中州古籍出版社，2013)
《颜氏家训》(作家榜经典名著，2023)
《唐宋传奇集》(作家榜经典名著，待出)

策　划 ｜ 作家榜
出　品 ｜

出 品 人 ｜ 吴怀尧
总 编 辑 ｜ 周公度
产品经理 ｜ 赵晓菲　王涵越
版式设计 ｜ 陈　芮
全书插图 ｜ Tsuyu鱼猫
封面设计 ｜ 王贝贝
产品监制 ｜ 陈　俊
特约印制 ｜ 吴怀舜

版权所有 | 大星文化
官方电话 | 021-60839180

图书在版编目（CIP）数据

颜氏家训 /（北齐）颜之推著；程小铭译注. -- 北京：中信出版社，2023.3
（作家榜经典名著）
ISBN 978-7-5217-5071-3

Ⅰ.①颜… Ⅱ.①颜…②程… Ⅲ.①家庭道德-中国-南北朝时代②《颜氏家训》-译文③《颜氏家训》-注释 Ⅳ.① B823.1

中国版本图书馆 CIP 数据核字（2022）第 237193 号

颜氏家训
著者： ［北齐］颜之推
译注： 程小铭
出版发行：中信出版集团股份有限公司
（北京市朝阳区东三环北路 27 号嘉铭中心　邮编　100020）
承印者： 浙江新华数码印务有限公司

开本：889mm×1194mm 1/32　　印张：16.375　　字数：332 千字
版次：2023 年 3 月第 1 版　　印次：2023 年 3 月第 1 次印刷
书号：ISBN 978-7-5217-5071-3
定价：78.00 元

版权所有·侵权必究
如有印刷、装订问题，本公司负责调换。
服务热线：400-600-8099
投稿邮箱：author@citicpub.com